KB218070

내가 만들고 네가 행복한 PET & PEOPLE LIFE

모모부띠끄의

사계절 강아지 옷 만들기

내가 만들고 네가 행복한 PET & PEOPLE LIFE

모모부띠끄의
사계절 강아지 옷 만들기

ISBN : 978-89-314-6698-0

독자님의 의견을 받습니다.
이 책을 구입한 독자님은 영진닷컴의 가장 중요한 비평가이자 조언가입니다. 저희 책의 장점과 문제점이 무엇인지, 어떤 책이 출판되기를 바라는지, 책을 더욱 알차게 꾸밀 수 있는 아이디어가 있으면 팩스나 이메일, 또는 우편으로 연락주시기 바랍니다. 의견을 주실 때에는 책 제목 및 독자님의 성함과 연락처(전화번호나 이메일)를 꼭 남겨 주시기 바랍니다. 독자님의 의견에 대해 바로 답변을 드리고, 또 독자님의 의견을 다음 책에 충분히 반영하도록 늘 노력하겠습니다.

이메일 : support@youngjin.com
주　소 : (우)08512 서울특별시 금천구 디지털로9길 32 갑을그레이트밸리 B동 10층
(주)영진닷컴 기획1팀

STAFF
저자 서성림 | **총괄** 김태경 | **기획** 윤지선 | **디자인·편집** 김유진
영업 박준용, 임용수, 김도현, 이윤철 | **마케팅** 이승희, 김근주, 조민영, 김민지, 김진희, 이현아
제작 황장협 | **인쇄** 제이엠

모델 신지원 | **포토그래퍼** 이소정 | **일러스트레이터** 구구즈
강아지 모델 모모, 코코A, 코코B, 레오, 심쿵, 짱구, 유, 로우, 콜라, 베리, 버찌, 솜, 달봉이

서성림

일본 동경 문화복장전문학교 졸업

現 모모부띠끄 대표 & 수석 디자이너
現 부산경상대학교 반려동물과 겸임교수
現 한국반려동물디자인협회 협회장

前 일본 동경 애프터모드 디자이너
前 일본 동경 EM 프래닝 디자이너
前 앙코르비스, 윤순영패션, 디즈니골프 디자이너
前 네파, K2, 비트로 등 국내 대기업 아웃도어 아웃소싱
前 앙트미 애견패션 수석 디자이너

PET & PEOPLE LIFE, MOMOBOUTIQUE

반려동물과 사람이
늘 함께하는 삶을 추구하는 모모부띠끄입니다.

모모부띠끄는 부산 광안리해수욕장에 위치한 반려동물 패션 전문 소잉 공방으로
부산을 기반으로 펫팸족을 위한 나만의 펫 패션을 완성시키고자 온라인과 오프라인을 통해
기초부터 디자인, 패턴, 제작, 판매, 창업지원까지 논스톱 클래스를 운영하고 있습니다.
그뿐만 아니라 소잉 초보자들도 누구나 쉽게 입문할 수 있도록 매월 정기적으로
원데이 클래스도 운영하고 있습니다.

모모부띠끄가 디자인하고 제작한 반려동물 옷과 용품을 1:1 맞춤으로 판매하며
반려동물 캐릭터인 모모랜드 굿즈와 소품도 판매 중입니다.
우리 아이들과의 일상을 기억하기 위한 셀프 스튜디오도 운영하고 있습니다.
모모부띠끄는 모모부띠끄만의 감성으로 PET & PEOPLE LIFE를 추구하고 있습니다.

인스타그램 @momoboutique_sewing, @heehee_smile_
네이버 블로그 https://blog.naver.com/momoboutique
네이버 스마트스토어 https://smartstore.naver.com/momoboutique
클래스 101
- 현직 패션 디자이너에게 배우는 반려동물 옷 만들기의 A to Z
  https://class101.net/ko/products/5f968eb203dd4a000d7542b5
- 유명 오프라인 클래스를 온라인으로! 반려동물 '감성 커플템' 만들기
  https://class101.net/ko/products/60dc603dc55e040015cd713c

유튜브 모모부띠끄 https://www.youtube.com/@user-di7rw3oy9i

프롤로그

반려동물과 사람의 시간은 다른 속도로 흐른다고들 말한다. 강아지가 5살이면 성인, 10살이면 중년, 15살이면 노년으로 비교를 하곤 하는데, 사실 이건 사람들이 만든 잣대일 뿐 5살 강아지는 5살, 10살 강아지는 10살이다.

내가 만약 10살까지만 혹은 15살까지만 살 수 있다면 어떻게 사는 것이 좋을지 곰곰이 생각해봤다. 하루하루를 소중히 생각하며 모든 계절의 즐거움을 깊숙이 맛보고, 즐거운 것만 보고 또 듣고 싶을 것이다. 나와 운명적으로 인연을 맺은 나의 강아지에게도 이러한 행복을 주고 싶은 마음에 이 책을 쓰게 되었다.

나에게도 평생을 함께하고 싶은 너무나 귀엽고 사랑스러운 모모와 코코가 있다. 이 아이들도 내가 보고, 듣고, 느낀 사계절의 행복함을 느낄 수 있도록 내가 할 수 있는 우리 아이들을 위한 특별한 사계절을 준비했다.

모든 옷은 우리 아이들을 배려해 입었을 때 불편함이 없도록 체형을 고려해 패턴을 그렸으며, 누가 봐도 한눈에 사로잡히도록 계절별 특징과 날씨를 고려해 디자인했다. 내가 만들고 네가 행복한 강아지 옷을 한 땀 한 땀 만든다면, 만드는 순간도 특별한 1년이 되고, 함께 떠나는 사계절도 추억이 차곡차곡 쌓이는 특별한 나날이 될 것이다.

되돌아보면 한국과 일본에서 패션 디자이너로 10여 년간 활동하며 '왜 반려동물을 위한 제대로 된 펫 패션은 없을까?' '신나게 달릴 수 있고 입고 벗기도 편하면서 시선도 한눈에 사로잡을 수 있는 예쁜 옷은 왜 없을까?'라는 질문에서 우리 아이들을 위한 옷을 만들기 시작했다. 현직 패션 디자이너로서 얻은 경험을 바탕으로 우리 아이들의 신체 구조를 공부하고, 체형을 분석하고, 안전한 원단을 연구하며 제대로 된 옷을 만들기 위해 또 10여 년간을 달려왔다. 약 20여 년간의 패션 노하우를 이 책 한 권에 특별한 추억과 함께 담고자 지난 1년간 불철주야 끊임없이 노력하고 노력했다.

지난 1년간 책 쓰기에 도움을 준 모모부띠끄의 김미주 고문, 이지언(HeeHee) 디자이너에게 다시 한번 감사의 인사를 전한다. 또한, 집필하는 1년의 시간을 기다려준 영진닷컴에도 감사를 전한다.

You make me smile, MOMOBOUTIQUE
2023년 특별한 추억과 함께, 모모부띠끄 서성림

첫 번째, 봄

추운 겨울 동안 움츠렸던 몸을 펼, 따스함을 기다렸을 봄. 화사한 컬러의 옷을 입고 함께 피크닉을 가보자. 나와 우리 아이들을 위한 간단한 음식과 매트를 옆에 끼고 근처 공원으로 멍크닉을 떠나보자. 봄을 맞아 새롭게 피어나는 잔디 냄새도 맡아보고, 따스한 봄볕 아래 여유로운 산책과 멍크닉을 즐기다 보면 우리 아이의 마음도 따스해질 것이다.

두 번째, 여름

뜨거운 태양 아래서 즐기는 바캉스의 계절 여름. 트로피칼, 플라밍고 디자인으로 다른 사람들의 시선을 한눈에 사로잡으며 가족과 함께 물놀이를 가보자. 화려하면서 피부도 보호하는 수영복을 입히고 시원한 바다나 계곡으로 멍캉스를 떠나보자. 물장구를 치고 시원한 과일도 나눠 먹으며 특별하고도 열정적으로 우리 아이와 즐거운 시간을 보내면, 뜨거운 태양도 잊은 채 온종일 서로의 웃는 얼굴만 보게 될 것이다.

세 번째, 가을

낙엽이 떨어지는 가을에는 나와 강아지, 서로를 이해하는 조용한 시간을 가져보는 건 어떨까? 그래서 가을에는 캠핑을 추천한다. 둘이서 오붓하게 혹은 가족과 친구와 함께 멍캠핑을 떠나보자. 가을바람을 막는 티셔츠와 바람막이를 입고 텐트를 치는 나를 바라보는 우리 아이들, 저녁을 준비하는 모습을 그윽이 바라보는 우리 아이들, 그리고 모닥불을 피워 놓고 밤하늘의 별을 함께 바라보는 우리 아이들. 친구이자 가족이자 영원히 함께하고 싶은 우리 아이들을 바라보며 서로가 얼마나 사랑하는지 느낄 수 있을 것이다.

마지막, 겨울

어느덧 찾아온 파티와 이벤트의 연말. 초대받거나 초대하거나, 특별한 기억을 남기기 위한 촬영 등 여러 이벤트가 있는 겨울이 성큼 다가온다. 그러니 조금은 특별한 옷을 우리 아이들과 함께 입으면 어떨까? 한복이라 하면 매우 전통적인 느낌을 떠올리지만, 매스컴에서도 자주 소개가 되듯이 남들과 다르게 특별하게 입을 수 있는 옷으로도 각광을 받고 있다. 우리 아이들이 여러 파티나 이벤트에서 주인공이 될 수 있길 바라며 색동의 한복으로 한껏 멋을 내어 해피 멍 이얼을 즐겨보자. 지난 한 해도 우리 아이들과 행복하게 보낸 것에 감사하며 새로운 한 해도 건강하게 즐겁게 행복하게 함께하길 바라보자.

동영상으로 배우는 재봉법

이 책에서 사용하는 필수 재봉법을 동영상으로 제공합니다. 반드시 알아야 할 재봉법을 QR코드 동영상으로 학습할 수 있습니다.

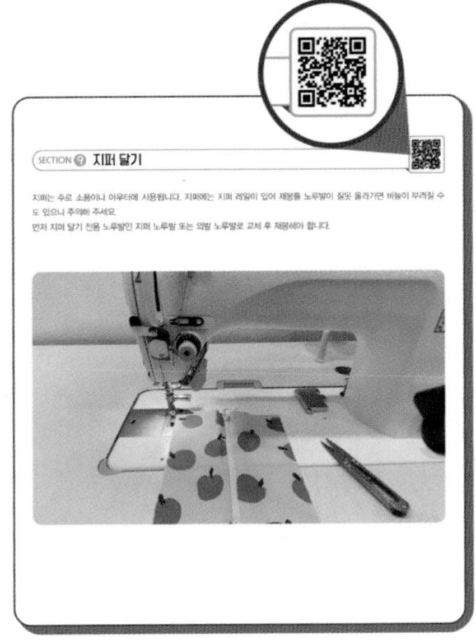

실물 패턴 수정하기

제공되는 실물 패턴을 수정해서 우리 강아지에 딱 맞는 옷을 만들 수 있습니다. 패턴을 베끼는 방법과 재단 방법 등을 소개하여 초보자도 따라 할 수 있습니다.

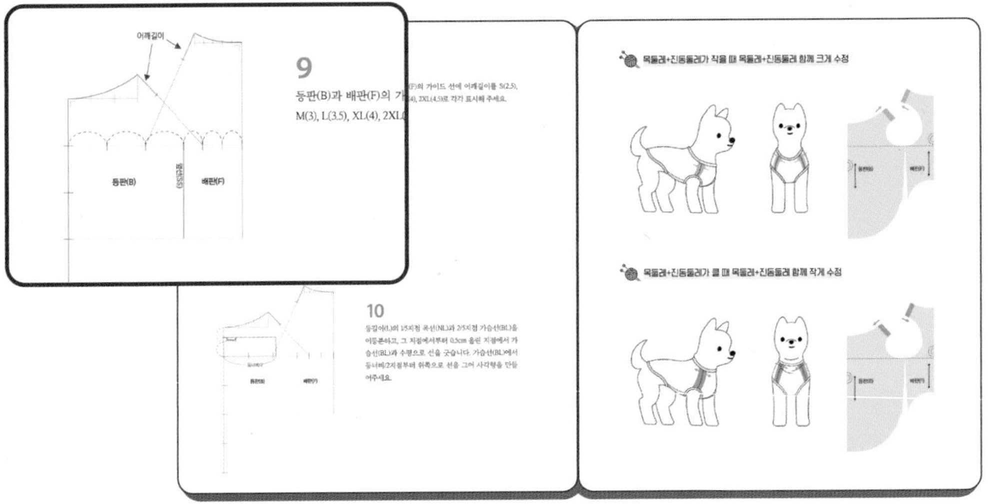

사계절 강아지 옷 만들기

옷뿐만 아니라 가방 등의 소품과 커플 아이템도 다룹니다. 모모부띠끄만의 활동적이면서도 예쁜 디자인을 살펴보세요.

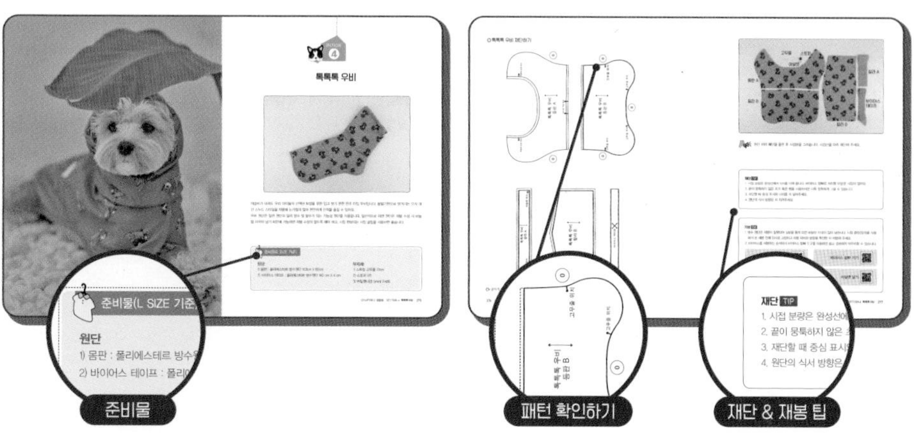

옷 만들기 과정

아주 상세하고 자세하게 사진과 함께 과정을 설명합니다. 팁을 참고하면서 따라가면 어느새 우리 아이를 위한 옷이 완성됩니다.

※ 실물 패턴은 부록으로 제공됩니다.

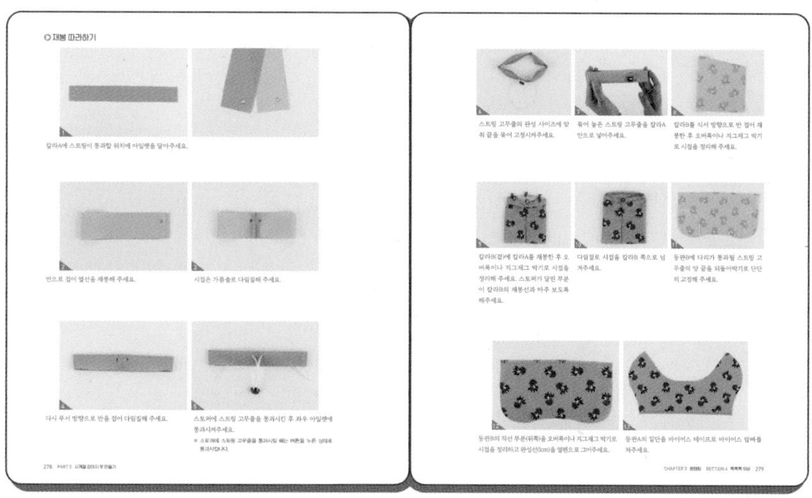

차례
CONTENTS

PART 2 패턴의 기초

PART 3 사계절 강아지 옷 만들기

PET & PEOPLE LIFE

PART 1

momo boutique

소잉의 기초

CHAPTER 1 도구 이해하기

CHAPTER 2 재봉틀 이해하기

CHAPTER 3 원단 이해하기

CHAPTER 4 패턴 이해하기

CHAPTER 5 필수 재봉법 이해하기

도구 이해하기

SECTION 1 기본도구

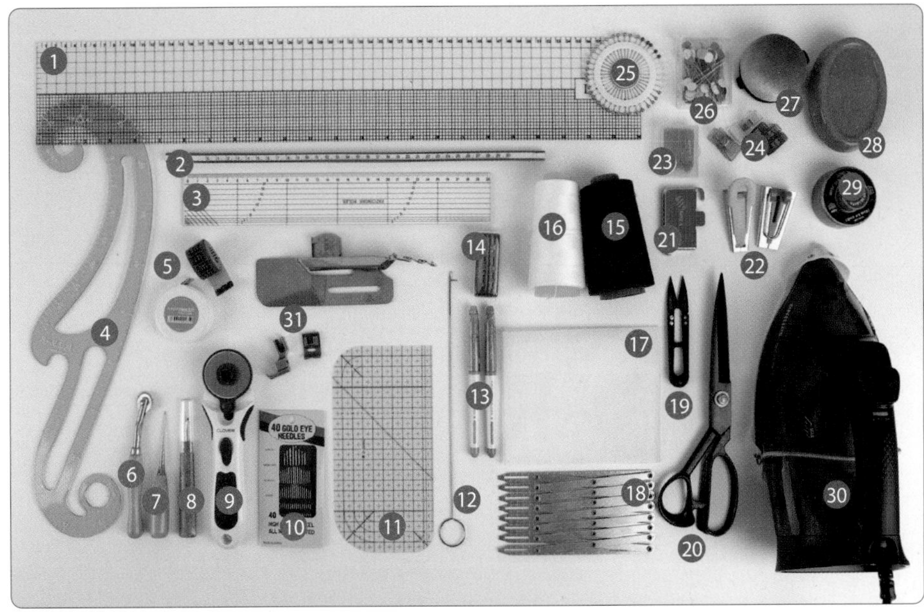

우리 아이들의 옷을 만들기 위해서는 다양한 도구가 사용됩니다. 특히 옷의 완성도를 높여주거나 좀 더 쉽게 만들 수 있도록 도와주는 대표적인 기본도구를 직접 사용해보고 알려 드립니다.

1 그레이딩 자

직선을 그릴 때 사용합니다. 눈금과 모눈이 모두 있어 시접선을 그리기도 편리합니다. 길이는 30cm부터 다양하게 있지만, 하나만 사야 한다면 50cm 이상으로 추천합니다.

2 자유 곡선 자

암홀처럼 커브를 재기 편리하도록 모양이 자유로이 움직이며 고정되는 자입니다.

3 시접 자

시접을 균일하게 그려 넣을 수 있는 자입니다.

4 S모드 자

암홀, 소매 등 커브를 그릴 때 사용하는 자입니다.

5 줄 자

강아지 사이즈를 잴 때 사용하는 자입니다. 버튼식과 일반식이 있습니다.

6 룰렛

지그재그 날이 있어 챠코 페이퍼와 함께 패턴을 원단에 베낄 때 사용합니다.

⑦ 송곳
원단에 구멍을 내서 표시하거나, 단추를 달 위치에 구멍을 낼 때도 사용합니다.

⑧ 실뜯개
재봉이 잘못되어 실밥을 뜯어야 할 때 편리하게 사용합니다.

⑨ 롤러커터
바이어스 원단을 재단할 때 편리합니다. 반드시 바닥에 고무판을 깔고 사용하세요.

⑩ 손바느질 바늘
호수에 따라 바늘 두께와 길이가 달라집니다.

⑪ 아이론 시접자
자에 눈금이 표시되어 있고, 열에 강하여 동일한 분량으로 시접을 접어 다림질할 때 사용합니다.

⑫ 루프 뒤집개
얇고 긴 끈을 만들 때 뒤집기 편리합니다.

⑬ 열펜
여러 가지 컬러가 있는 펜이며, 열이 가해지면 사라집니다. 원단에 그려도 다림질로 쉽게 지워져서 사용이 편리합니다.

⑭ 초크
원단에 완성선이나 시접선을 그릴 때 사용합니다. 세탁 전까지 초크선이 남아 있어 다리미 열에 녹아 없어지는 초자고(초초크)를 사용하기도 합니다.

⑮ 봉제사
재봉틀에 걸어 사용하는 실입니다. 봉제사는 40수 2합, 60수 3합을 많이 사용합니다.

⑯ 날라리사
다이마루나 텐션 있는 원단을 재봉할 때 사용합니다. 일반 봉제사는 신축성이 없어 원단과 함께 늘어나지 못해 끊어집니다.

⑰ 부직포
패턴을 베끼는 용도로 사용합니다. 얇고 질겨서 베끼기 쉽고 보관이 용이합니다.

⑱ 단춧구멍 표시자
단추 위치 혹은 균등한 간격으로 표시하고 싶을 때 간편하게 사용할 수 있는 도구입니다.

⑲ 쪽가위
실밥 정리나 가윗밥을 낼 때 사용합니다.

⑳ 재단 가위
원단을 자를 때 사용하는 가위입니다. 재단 시 시침 핀을 함께 자르거나 원단 외에 사용하게 되면 가윗날이 무뎌져 사용이 어렵게 됩니다.

㉑ 자석 조기
자석이 달려있어 재봉틀에 원하는 간격만큼의 위치에 고정하면 일정한 간격으로 재봉이 가능합니다.

㉒ 바이어스 메이커
다양한 폭의 사이즈가 있어 필요한 사이즈로 선택해 사용합니다.

㉓ 실크 핀
원단 시침 고정용으로 사용합니다. 실크 핀은 일반 시침 핀보다 가늘어서 얇고 예민한 원단에 사용하기 좋습니다.

㉔ 시침 클립(집개)
시침 핀 사용이 어려운 두껍고 단단한 원단이나 시침 핀 구멍자국이 생기기 쉬운 원단은 시침 클립으로 대체해 사용합니다.

㉕ 진주 시침 핀
손잡이에 구슬이 달린 일반 시침 핀으로 실크 핀만큼 가늘지 않습니다.

㉖ 낙엽 시침 핀
실크 핀만큼 가늘고 길이가 2배로 길며, 낙엽모양 손잡이가 달려있어서 사용에 용이합니다.

㉗ 핀봉
내부에 솜이 들어 있어 핀을 꽂아 보관 할 수 있습니다.

㉘ 자석 핀홀더(자석 핀봉)
자석이 들어 있어 핀을 꽂지 않아도 핀을 보관할 수 있습니다. 무게감이 있는 핀홀더는 문진으로도 사용합니다.

㉙ 문진
재단할 때 원단이나 패턴을 눌러주는 역할을 합니다. 재단할 때 꼭 필요한 도구이며 다양한 디자인과 형태로 판매되고 있습니다.

㉚ 다리미
심지 부착, 시접 넘기기, 그리고 완성 단계에서의 등 재봉까지 여러 번 사용되는 도구입니다. 다리미 판은 항상 깨끗하게 사용해야 원단이 오염되거나 상하지 않게 다림질을 할 수 있습니다.

㉛ 바이어스 랍빠 도구
바이어스 테이프로 완성선을 감싸 재봉할 때 사용합니다. 전용 노루발이 있어 가정용과 공업용 재봉틀에 맞게 교체해 사용합니다.

SECTION 2 장식도구

장식도구는 완성도를 높여주는 도구로 마치 구매한 제품처럼 보이게 하는 효과가 있습니다. 요즘은 다양한 장식도구가 많이 있어 하나하나 다 나열하지 못하고 기본적으로 사용하는 것 위주로 준비했습니다. 부자재 시장에서 다양한 장식도구를 접해보고 직접 사용해 보세요.

❶ 고무사(실고무)
실처럼 생긴 고무줄입니다. 스모킹 주름을 만들 때 밑실로 사용합니다.

❷ 고무 밴드
다양한 폭과 디자인, 소재의 밴드가 있습니다. 일반적으로 원단 안쪽으로 통과시켜 사용하지만 노출시켜 사용하는 밴드도 있습니다.

❸ 스트링 고무줄
주로 스토퍼와 함께 밑단이나 허리 등을 조여주는 부분에 사용합니다.

❹ 스토퍼
스트링 고무줄 길이를 조절하거나 고정할 때 사용합니다.

❺ 왈자 조리개(플라스틱/금속)
스트랩 길이 조절에 사용하는 도구입니다.

❻ 버클
웨빙끈을 걸어 암, 수를 끼웠다 뺐다 가능한 도구입니다.

❼ 바이어스 테이프
1cm 폭으로 만들어진 바이어스 테이프입니다.

❽ 면끈
파우치나 소품에 사용되며 아주 얇은 끈은 파이핑용으로도 사용합니다.

❾ 골지 피콧 리본
주로 소품 장식용으로 사용되며 리본을 만들 때도 사용합니다.

❿ 오간자 리본
풍성한 리본을 만들 때 사용합니다.

⓫ 테슬 트리밍
원단에 눌러 박아 장식 효과를 낼 수 있습니다.

⑫ 면 리본 테이프

무지 혹은 각종 디자인이 가미된 테이프로 두께도 다양합니다.

⑬ 각종 레이스

랏셀, 면 레이스 등 다양한 디자인과 사이즈가 있고, 텐션이 있는 것도 있습니다.

⑭ 벨크로

찍찍이로도 불리며 부드러운 면과 거친 면이 한 세트입니다.

⑮ 웨빙 테이프(웨빙끈)

주로 가방끈으로 사용합니다.

⑯ 떡볶이 단추 세트

주로 더플 코트에 사용하는 단추입니다.

⑰ 가죽 버클

단추가 없는 가죽 여밈 스타일의 버클입니다.

⑱ 흔들단추, 오징어 깡

데님 오버롤의 어깨끈으로 주로 사용합니다.

⑲ 금속 D링

스트랩을 고정하거나 길이를 조절하는 용도로 사용합니다.

⑳ 각종 단추

단추 소재, 디자인과 사이즈는 아주 다양합니다.

㉑ 라벨

면, 폴리, 무광/유광, 가죽, 비닐 등 종류가 다양합니다.

㉒ 와펜

원하는 부위에 부착할 수 있으며 사이즈나 디자인이 다양합니다.

㉓ 장신구

작은 솜 인형 혹은 나무, 플라스틱 소재의 장식품으로 글루건이나 손바느질로 제품에 직접 붙이거나 옷핀에 붙여 꽂아서 장식합니다.

㉔ 전사지

다림질로 간단하게 프린트 효과를 낼 수 있습니다. 다양한 사이즈와 디자인이 있습니다. 구매 시 반드시 사용법을 확인하세요.

SECTION 3 특수도구

단추 및 장식소품

			특징	사용방법
여밈단추	티단추		•컬러가 다양하며 소품, 아동복, 성인복까지 사용범위가 넓고 완성도가 높다. •가격이 비싸며 두께가 있거나 힘 있는 원단에는 사용하기 어렵다. 사용도구: 티단추 기구	
	가시단추		•다양한 헤드가 있어 장식 효과와 여밈의 기능까지 있다(진주, 큐빅, 스터드 등). •원단 손상을 감수해야 하며 두꺼운 원단에는 사용하기 어렵다. 사용도구: 가시단추 기구	
	흔들단추		•청바지용 단추로 알려져 있으며 두꺼운 원단에도 사용하기 쉽고 수선이 가능하다. 단춧구멍이 필요하다. •컬러가 다양하진 않지만 나름의 빈티지한 느낌의 효과를 낼 수 있다. 사용도구: 고무망치 + 손 몰드	
	싸개단추		•원단을 사용한 단추로 몸판에 딱 맞는 단추, 개성 있는 나만의 단추를 만들 수 있다. 몰드에 맞춰 크기 선택이 가능하다. •가격이 비싸며 두께가 있거나 힘 있는 원단에는 사용하기 어렵다. 사용도구: 단추 압축기(프레스기)	
	스냅단추		•가격이 싸고 특별 도구가 필요하지 않다. 숨겨진 여밈으로 사용하기 좋다. •컬러가 다양하지 않으나 사이즈는 다양하다. 원단 두께에 구애받지 않으나 바느질 고정이므로 힘이 약하다. 사용도구: 실, 바늘	
	스프링도트		•사이즈와 디자인이 다양하며 청재킷, 두꺼운 퀼팅재킷 등 두께가 있거나 힘 있는 원단에 주로 사용한다. •가격이 비싸며 작업 시 불량이 잘 생긴다. 사용도구: 단추 압축기(프레스기)	
	링도트		•헤드 디자인이 다양하며 청재킷, 두꺼운 퀼팅재킷 등 두께가 있거나 힘 있는 원단에 주로 사용한다. •가격이 비싸며 작업 시 불량이 잘 생긴다. 사용도구: 단추 압축기(프레스기)	
장식소품	아일렛		•구멍을 뚫어 마감하는 용도로 하도메라고 불리기도 한다. 끈을 끼울 때 몸판이 상하지 않도록 방지하는 것이 목적이다. •후드티, 스트랩, 커튼, 운동화 등에 사용한다. 사용도구: 단추 압축기(프레스기) + 고무망치 + 손 몰드	
	리벳		•청바지, 청재킷, 가죽제품에 자주 사용된다. 가죽라벨을 달거나 두꺼운 원단을 고정하며 빈티지한 효과를 낼 수 있다. •재봉틀 작업이 불가능한 곳에 사용하여 고정과 장식 효과를 동시에 내기도 한다. 사용도구: 고무망치 + 손 몰드	

손 & 기계 몰드

위 표의 부자재를 달기 위한 도구로 손 몰드 도구와 기계 몰드 도구가 있습니다.

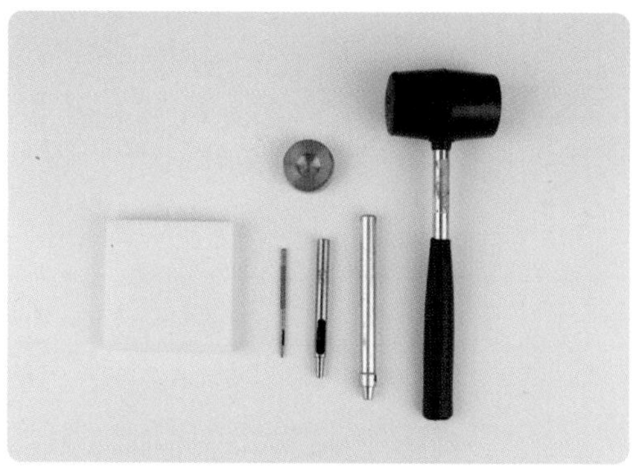

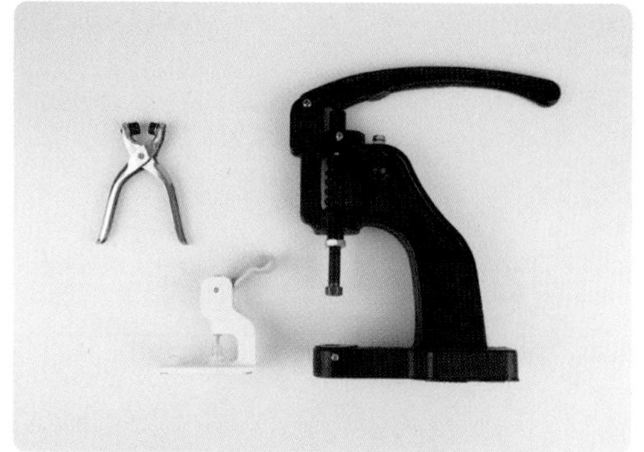

1 **손 몰드 도구** : 고무망치(타공 펀치)와 몰드(종발)를 이용해 누름쇠를 통통 쳐서 아일렛, 흔들단추 등을 달 수 있는 도구입니다. 가격이 저렴하고 구하기 쉬우며 가죽이나 두꺼운 원단에 구멍을 뚫을 때도 유용하게 사용할 수 있습니다. 단, 손으로 작업을 하기 때문에 불량이 나기 쉽고, 자칫 손을 다칠 수 있습니다.

2 **기계 몰드 도구 :** 각종 프레스기가 있고, 사용 아이템과 형태가 조금씩 다릅니다. 손 몰드 도구를 손쉽게 기계 프레스로 작업할 수 있게 만든 도구입니다. 사진 내 왼쪽은 스냅펜치 도구입니다. 가시단추를 달 때도 사용하고 외발 아일렛을 달 때도 사용합니다. 가운데는 티단추 도구입니다. 여러 가지 형태가 있으며 가격이 저렴하고 사용법이 간단 편리해서 아이들 옷이나 소품 제작에 많이 사용합니다. 오른쪽 큰 기계는 압축식(프레스식) 기계로 컴바인 멀티기구(작두기계)라고 불리기도 합니다. 싸개단추, 아일렛, 링도트, 스프링도트 등 헤드가 있는 부속품을 달 때 사용합니다. 컴바인 멀티기구는 가격이 비싸고 크기도 크고 무겁지만, 손 몰드로 달 수 없는 다양한 단추나 장식을 달 수 있고 마무리도 깔끔하게 됩니다.

재봉틀 이해하기

SECTION 1 재봉틀의 종류

가정용 재봉틀
실 끼우는 방법 및 바늘 교체

공업용 재봉틀
실 끼우는 방법 및 바늘 & 노루발 교체

재봉틀은 모터의 힘에 따라 공업용과 가정용으로 나누고, 기능에 따라 오버록, 삼봉, 자수 재봉틀로 나눕니다. 공업용과 가정용은 각각 장단점이 있으므로 구매 전에 꼼꼼히 확인해서 본인에게 잘 맞는 제품을 선택하세요. 재봉틀의 디자인은 여러 가지이지만 실 끼우는 방법, 바늘 및 노루발 교체 등은 거의 비슷합니다. 사용법 참고 동영상을 확인하세요.

가정용 재봉틀

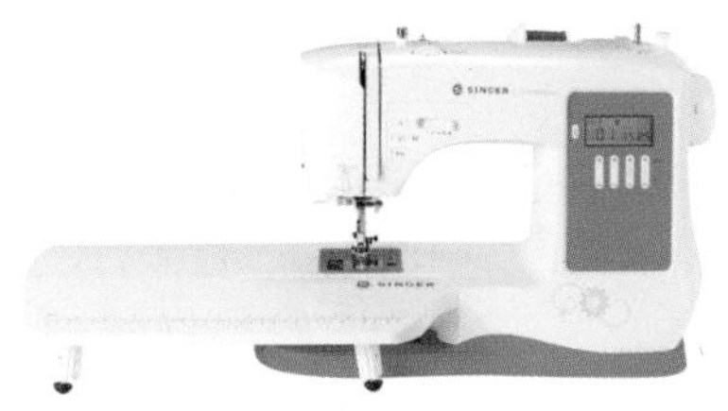

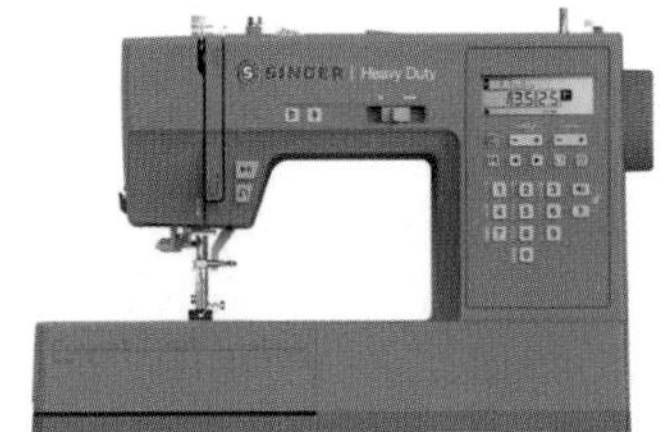

가정용 재봉틀은 여러 가지 기능이 함께 장착되어 있어 박음질, 자수, 단춧구멍 등을 한 대의 재봉틀에서 사용할 수 있습니다. 또한 가격이 저렴하고 무게가 가벼워 이동이 쉽고 사이즈가 작아 보관도 용이합니다. 하지만 공업용에 비해 속도가 느리고 힘이 약하기 때문에 두꺼운 원단이나 여러 겹을 한꺼번에 박을 때 노루발이 넘어가기 힘듭니다.

공업용 재봉틀

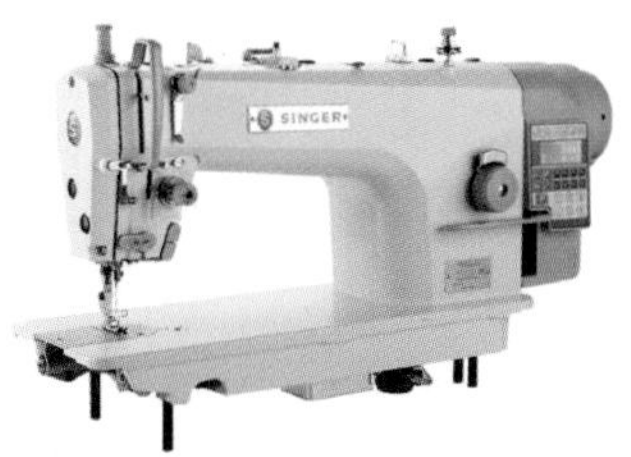

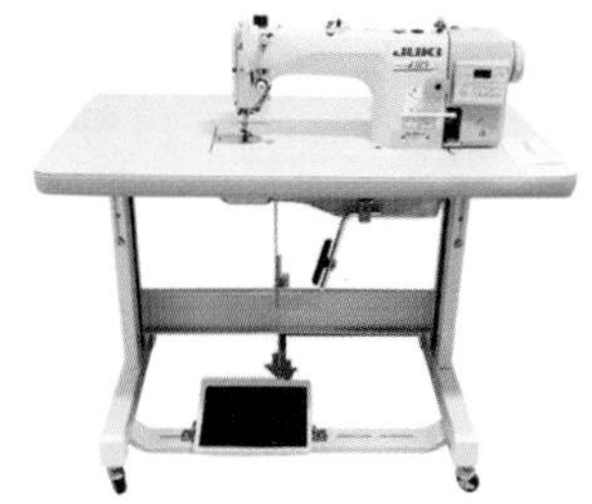

가정용 재봉틀과 달리 직선 박기 기능만 있으며, 가격대가 높고 테이블과 일체형이라 크고 무겁습니다. 하지만 모터의 힘이 좋아 속도가 빠르고 어떤 소재에도 재봉이 가능하여 완성도가 높습니다.

오버록 재봉틀

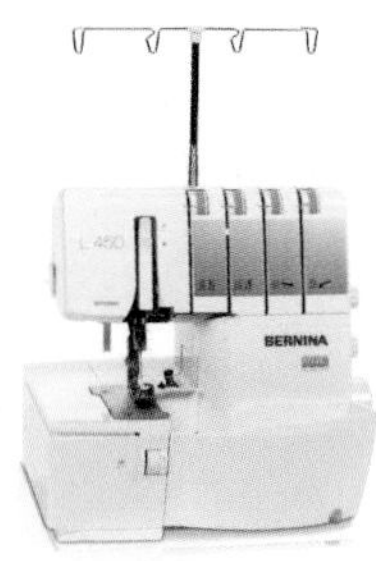

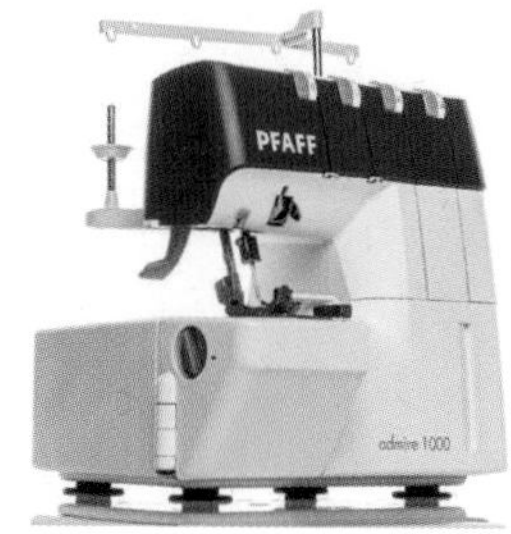

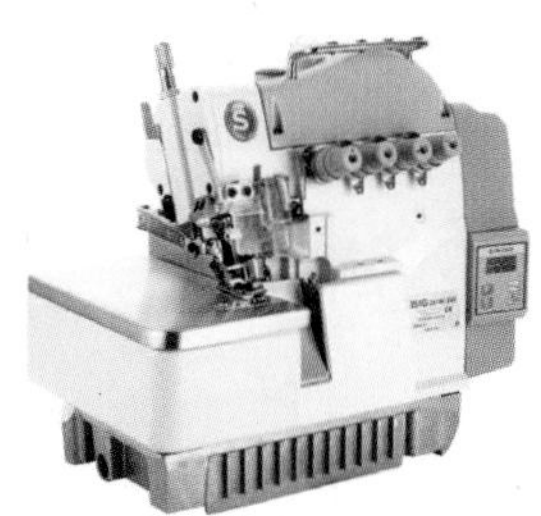

오버록 재봉틀은 원단의 시접 올풀림을 처리하는 기능을 가지고 있습니다. 공업용과 가정용이 있으며, 실을 3~4개 걸어 사용합니다. 오버록 재봉틀이 없는 경우에는 가정용 재봉틀의 지그재그 박기로 대체할 수 있습니다. 제품의 완성도를 높이고 싶다면 오버록 재봉틀 사용을 추천합니다.

자수 재봉틀

자수 전용 재봉틀입니다. 일반 재봉틀처럼 직선 박기도 가능하지만, 자수에 특화된 기능과 프로그램이 있어 이미지나 그림을 자수로 표현할 수 있습니다. 원단에 자수를 넣으면 장식효과가 커서 고급스러워 보이지만 재봉틀 자체 가격이 비싸고 자수 전용 실을 구매해야 합니다. 가정용 재봉틀에도 자수 기능이 있지만 자수 재봉틀에 비해 다양한 표현이 어렵습니다.

SECTION 2 실 장력과 땀 수 조절

원단의 두께나 종류에 따라 실을 당기는 힘을 조절하기 위해 실 장력 조절 다이얼을 이용하고, 바늘 땀 너비를 넓게 또는 촘촘하게 조절하기 위해 스티치 길이 조정키를 이용하면 안정적인 재봉이 가능합니다. 기능 조절 장치를 돌려가며 적당한 바늘땀을 만들어 재봉을 시작하세요.

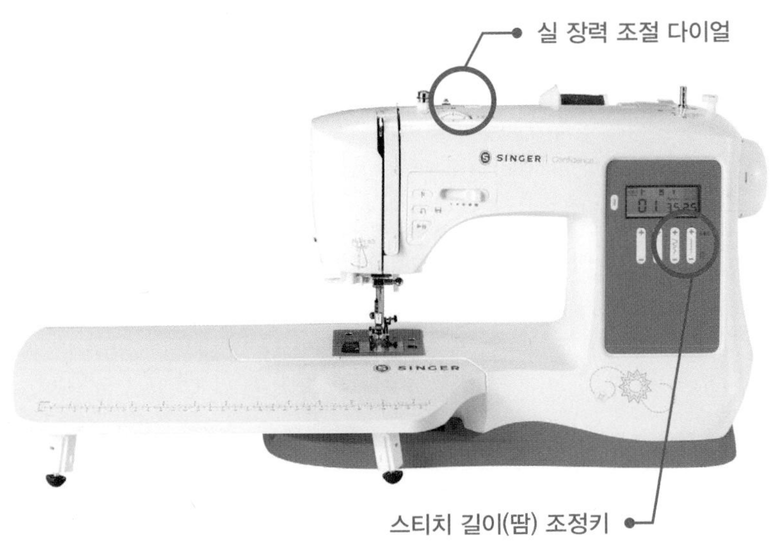

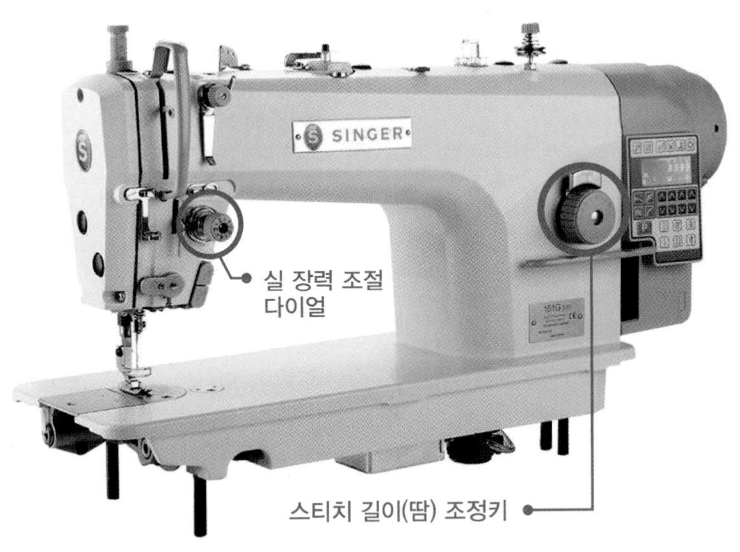

SECTION 3 날라리사 사용법

재봉사 종류 중 날라리사라는 실이 있습니다. 텐션이 있는 실이며 다이마루나 폴리우레탄이 섞인 원단처럼 신축성 있는 원단을 재봉할 때 사용합니다. 일반 재봉사로 신축성 있는 원단을 재봉하면 재봉선이 늘어나지 않거나 힘을 줘서 당기면 끊어집니다.

날라리사의 사용법으로는 일반 재봉틀에는 밑실만 교체해 사용하고, 오버록에는 3, 4번 실을 날라리사로 교체해 사용하면 재봉선의 신축성을 유지해서 작업할 수 있습니다.

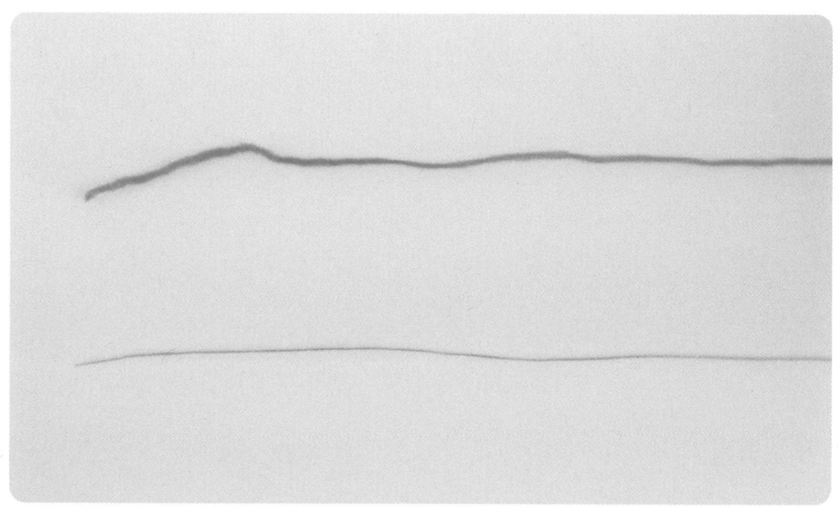

SECTION 4 노루발 사용법

재봉틀 노루발은 공업용과 가정용이 있으며, 공업용은 일체형만 있고 가정용에는 원터치형과 일체형이 있습니다. 기능에 따라 여러 가지가 있습니다.

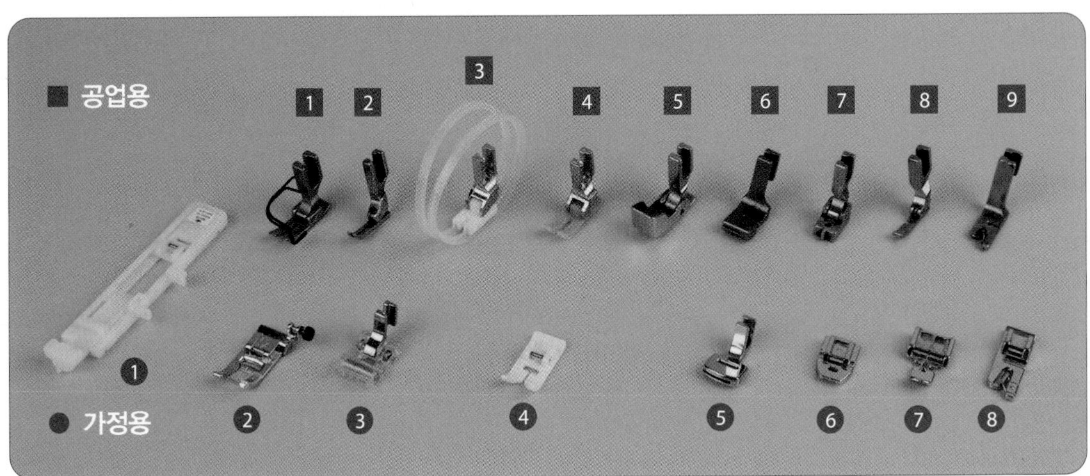

공업용 노루발

1 본봉 노루발
가장 기본적으로 사용하는 노루발로 직선 박기 노루발이라고도 합니다.

2 좁은 노루발
지퍼를 달거나 좁은 간격 상침 넣기에 사용합니다.

3 PVC링 노루발
PVC링이 달려있어 원단이 밀리지 않고 매끄럽게 넘어가며 재봉 됩니다.

4 테프론 노루발
테프론 소재로 가죽, 니트류, 얇고 매끄러운 천이 밀리지 않고 재봉 됩니다.

5 패딩 노루발
털 노루발이라고도 합니다. 누빔이나 패딩 재봉에 사용하며 재봉 시 털이 있는 원단의 시야 확보에 용이합니다.

6 주름 노루발
레이스나 원단의 주름을 잡을 때 사용합니다. 실 장력 조절 다이얼과 스티치 길이 조정키(땀 수 조정키)로 주름 분량을 조절할 수 있습니다.

7 콘솔 지퍼 노루발
다림질 없이 노루발에 지퍼를 끼워 봉제해 균일하고 안정적이게 지퍼를 달 수 있습니다.

8 외발 노루발
노루발 다리가 한쪽만 있어 지퍼나 파이핑 재봉 시 용이합니다. 왼쪽 외발 노루발은 바늘 홈이 왼쪽에, 오른쪽 외발 노루발은 바늘 홈이 오른쪽에 있습니다.

9 말아박기 노루발
원단 끝을 일정한 간격으로 말아서 재봉할 수 있습니다. 주로 얇은 원단에 사용합니다.

가정용 노루발

❶ 단춧구멍 노루발(원터치형)
원하는 단추 사이즈에 맞춰 단춧구멍을 만들 때 사용합니다.

❷ 본봉 노루발(원터치형)
가장 기본적으로 사용하는 노루발로 직선 박기 노루발이라고도 합니다.

❸ 롤러 노루발(일체형)
3개의 롤러가 달려 있어 니트류나 가죽 등의 재봉이 밀리지 않고 매끄럽게 됩니다.

❹ 테프론 노루발(원터치형)
테프론 소재로 니트류나 가죽, 얇고 매끄러운 천이 밀리지 않고 재봉 됩니다.

❺ 주름 노루발(일체형)
레이스나 원단의 주름을 잡을 때 사용합니다. 실 장력 조절 다이얼과 스티치 길이 조정키(땀 수 조정키)로 주름 분량을 조절할 수 있습니다.

❻ 콘솔 지퍼 노루발(원터치형)
숨은 지퍼(콘솔 지퍼) 전용 노루발로 다림질 없이 노루발에 지퍼를 끼워 재봉해 균일하고 안정적이게 지퍼를 달 수 있습니다.

❼ 지퍼 노루발(원터치형)
일반 지퍼를 달 때 사용합니다. 장착 방향에 따라 왼발, 오른발 모두 가능합니다.

❽ 말아박기 노루발(원터치형)
원단 끝을 일정한 간격으로 말아서 재봉할 수 있습니다. 주로 얇은 원단에 사용합니다.

SECTION 5 재봉틀의 바늘 종류

재봉틀의 종류에 따라 사용하는 바늘의 종류도 다양합니다. 공업용 재봉틀 바늘은 DB로 시작하고 헤드의 모양은 원형입니다. 싱거 공업용 재봉틀 바늘은 DP로 시작합니다(공업용 오버록 바늘: DC). 가정용 재봉틀 바늘은 HA로 시작하고 헤드의 모양은 반원형입니다.

브랜드에 따라 표시 방법은 다양하지만 호수는 동일하게 표기합니다. DP #11, DP #14, DP #16과 같이 숫자가 커질수록 바늘이 굵어집니다.

- ★ **9호** 아주 얇은 원단에 사용(쉬폰 실크, 한복 원단 등)
- ★ **11호** 얇은 원단에 사용(안감이나 얇은 셔츠 원단, 80수나 100수 면 원단 등)
- ★ **14호** 일반적으로 가장 많이 사용(면, 마, 모직 원단 등)
- ★ **16호** 두꺼운 원단에 사용(청바지, 20수 이하 옥스포드 원단 등)

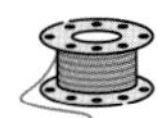

공업용 재봉틀 바늘

가정용 재봉틀 바늘

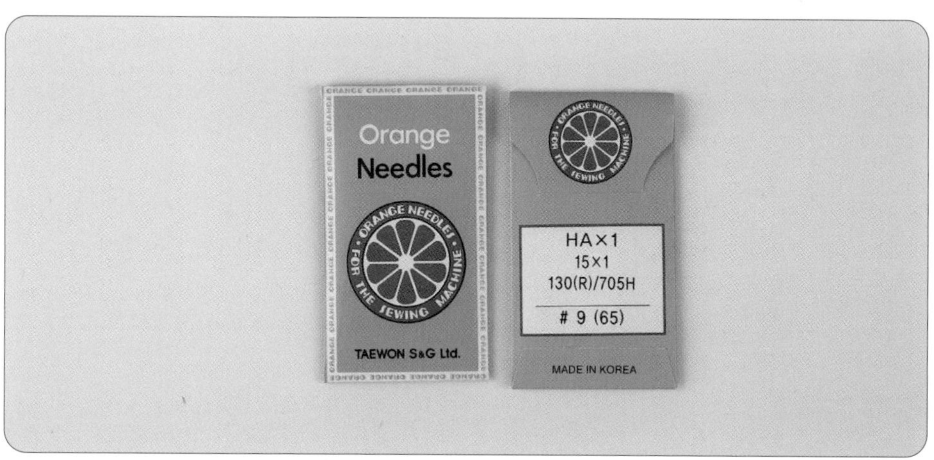
Orange
Needles
ORANGE NEEDLES
FOR THE SEWING MACHINE
TAEWON S&G Ltd.
HA×1
15×1
130(R)/705H
9 (65)
MADE IN KOREA

원단 이해하기

SECTION 1 원단 설명

원단은 우리 아이들의 옷을 만드는데 가장 기본 재료입니다. 원단의 성질을 이해하고 옷을 만들면, 원단과 잘 맞는 옷을 디자인할 수 있으며 작업이 용이합니다.

원단에는 식서와 푸서 방향이 있고, 좌우 원단 끝 처리 부분을 미미지라고 합니다. 원단은 식서 방향으로 감겨 있으며, 감겨 있는 원단을 풀어서 판매합니다.

원단 판매 시 마, 야드 단위로 판매되고 대략 90cm 정도가 1마, 1야드로 불립니다. 원단의 폭은 90cm, 110cm(44인치), 약 150cm(58~60인치)가 주로 판매되고 있으며, 폭에 따라 필요량(요척)이 달라지니 유의해주세요.

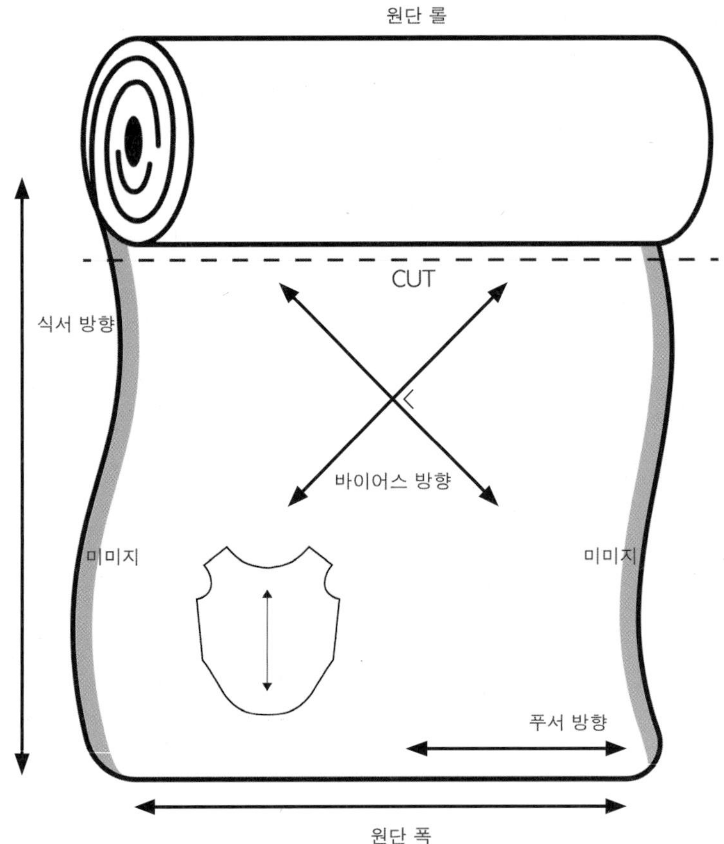

SECTION 2 원단 종류

원단은 제직 소재, 제직 방법, 후가공 등에 따라 여러 종류가 있습니다. 많은 종류의 원단이 있지만 그 중에서 가장 많이 사용되는 원단을 간단하게 설명하겠습니다.

1 데님 원단(청지, 직기)

진청, 중청, 연청 등 컬러별로도 다르며, 폴리우레탄(스판)이 혼용되면 신축성도 뛰어나며 두께나 워싱 방법 등에 따라 다양한 종류의 데님 원단이 있습니다.

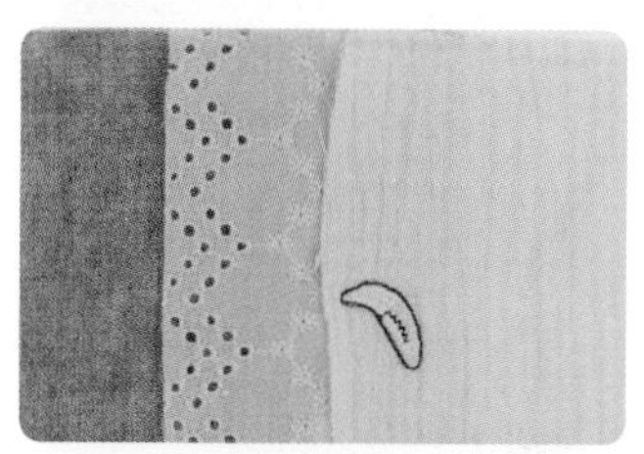

2 면 거즈, 아일렛 레이스 원단(직기)

면을 아주 성글게 짠 거즈 원단을 2중, 3중 혹은 자수를 넣어 짠 원단과 60수 면 원단에 아일렛 자수를 넣어 만든 원단이 있습니다.

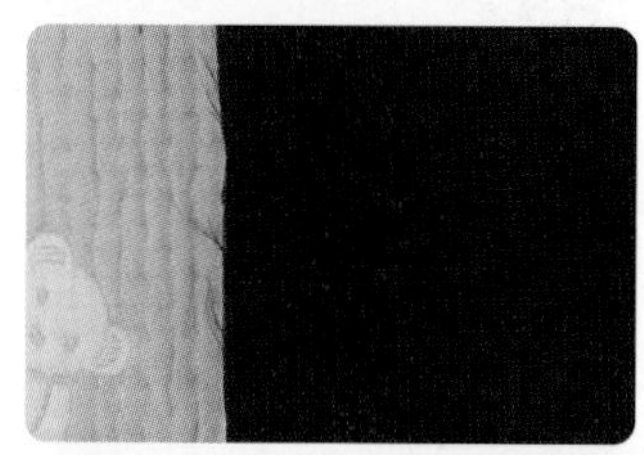

3 퀼팅 원단(직기)

두 장의 원단 사이에 퀼팅 솜을 넣어 만든 것과 겉감에 퀼팅 솜 없이 도톰한 보아 털 원단을 대고 만든 것이 있습니다. 퀼팅 디자인은 여러 가지가 있습니다.

4 선염 체크 원단(직기)

실을 염색한 후 체크를 직조한 원단으로 겉과 속에 체크 패턴이 있습니다. 프린트로 체크를 찍은 경우 겉에는 체크 패턴이 있지만 속은 무지입니다.

5 다이마루 원단(니트)

폴리우레탄(스판)이 혼용되지 않고 제직방법 만으로 신축성 있게 짜여진 원단입니다. 왼쪽부터 60수(티셔츠), 쭈리 원단(후드티, 맨투맨티), 2 x 2 골지, 1 x 1 골지, 타올지입니다. 쭈리 원단은 후드티나 맨투맨티에 많이 사용되고 안쪽이 루프 형태인 것과 기모 처리한 것이 있습니다. 골지 원단은 커프스나 밑단에 주로 사용합니다.

6 프린트 원단(직기)

면, 폴리에스테르 등 다양하며, 폴리에스테르 원단에 찍은 프린트가 면이나 마에 찍은 프린트보다 테두리 선과 컬러가 선명하게 나옵니다.

7 한복 원단

색동, 갑사, 양단, 노방 등이 있으며, 일반 원단보다 올 풀림이 심해서 재단 후 바로 재봉하는 것이 좋습니다.

8 트리코트 원단(니트)

일명 레깅스 원단 혹은 수영복 원단입니다. 다이마루(니트) 종류이지만, 일반적으로 다이마루는 조직루프가 가로 방향이며 트리코트는 세로 방향으로 루프가 형성되어 올이 잘 풀리지 않습니다. 다이마루의 단점이 잘 보완되어 사방으로 신축성이 뛰어나고 내구성이 뛰어나며 원단 끝이 말리지 않습니다.

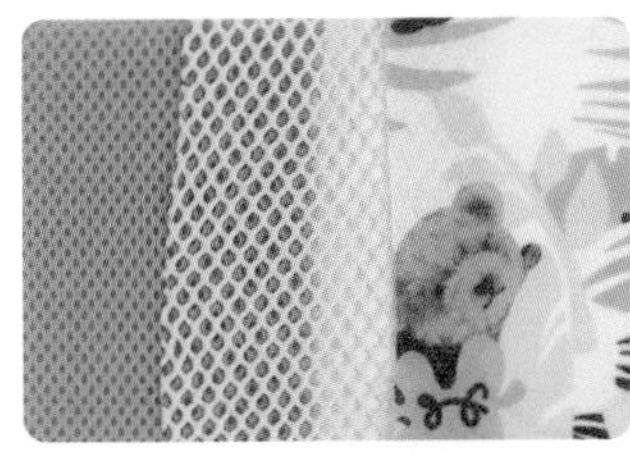

9 메쉬

느슨하게 짜여 구멍이 뚫린 기능성 고탄력 원단입니다. 폴리에스테르나 나이론으로 만들어집니다. 벌집, 사각, 원형 등 다양한 모양과 사이즈의 메쉬가 있습니다. 재봉 시 시접을 좀 넉넉하게 주는 것이 좋습니다.

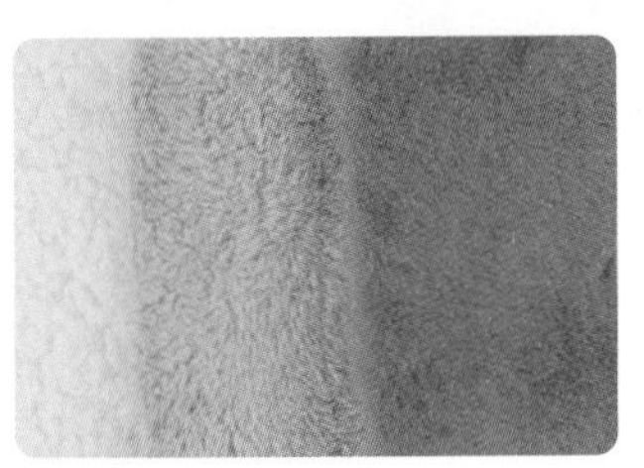

10 보아 털 원단

보아 털은 '보아'라는 원단 제직방법으로 만든 인조 털이며, 단면과 양면이 있습니다. 폴리에스테르나 아크릴 등 화학섬유의 원단을 늘여 옷감 표면에 길고 부드러운 보풀을 만들어 털 모양을 낸 원단입니다. 이렇게 만든 모든 종류의 털 원단을 보아 털이라고 부릅니다.

SECTION 3 스와치 이해하기

동대문에서 원단을 사면 생소한 단어들이 적혀 있습니다. 그 단어들의 의미를 이해하면 원단 고르기도, 필요량(요척)을 계산하기도 쉬워집니다. 동대문 스와치 샘플을 보며 스와치를 해석해 봅시다.

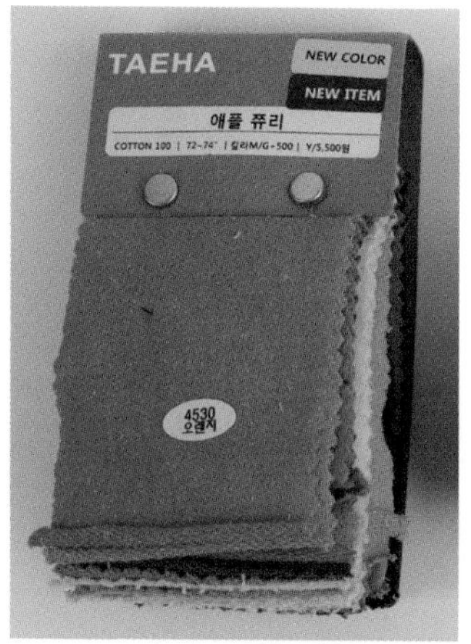

애플 쮸리 (쮸리 원단은 맨투맨티, 후드티에 많이 사용)

- **COTTON 100 :** 혼용률 면 100%
- **72~74" :** 원단 폭 72~74인치
- **칼라M/G –500 :** 일반 컬러 원단과 멜란지(M), 그레이(G) 컬러 원단의 금액이 500원 차이가 있음
- **Y/5,500원 :** 1야드당 5,500원

도로시

- **면 60수 :** 면 100% 혼용률의 60수 원단
- **58" :** 원단 폭 58인치(약 150cm)
- **@6,000 :** 1야드당 6,000원

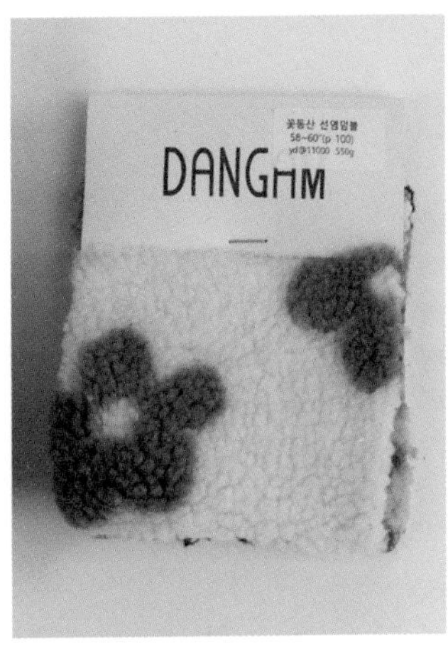

꽃동산 선염 덤블

- **58~60" :** 원단 폭은 58~60인치
- **P100 :** 혼용률 폴리에스터 100% (합성섬유)
- **YD 11,000, 550g :** 가격은 1야드당 11,000원이며, 야드당 550g 의 중량임

※ 선염 : 프린트가 아니라 제직과정에서 꽃무늬를 만듦
※ 덤블 : 덤블가공을 말하며 수축방지 가공이 들어가 있음

스카치

- **57 :** 원단 폭 57인치(약 145cm)
- **C:60 P:40 :** 혼용률 면 60%, 폴리에스테르 40%
- **@4,500 :** 가격은 1야드당 4,500원

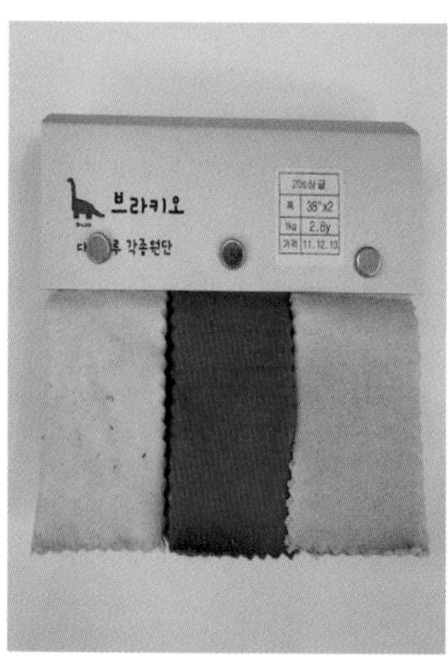

다이마루

- 20S싱글 : 20수 원사로 싱글 조직으로 편직된 원단
- 38"*2 : 원단 폭 38인치*2(2겹)
- 1kg 2.8y : 1kg당 2.8야드 길이
- 가격 11. 12. 13 : 1kg당 11,000원, 12,000원, 13,000원

※ 다이마루는 둥근 원통형의 편직기로 짠 원단으로 원통형이기 때문에 폭이 2겹임

패턴 이해하기

SECTION 1 패턴 기호 이해하기

패턴 기호	명칭	설명
	식서 방향	원단의 식서 방향(올 방향)을 표시. 재단 시 매우 중요한 역할을 하니 꼭 표시해 주세요.
	바이어스 방향	원단의 45도 방향. 바이어스 테이프를 재단할 때 주로 사용합니다.
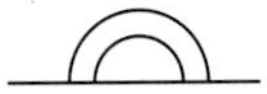	골선 표시	원단을 자르지 않고 접은 상태로 재단할 경우 사용. 주로 절개가 없는 뒷 중심선처럼 대칭으로 만들어지는 부분에 사용합니다.
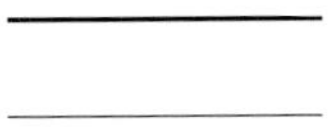	A. 완성선 B. 안내선	A. 두껍고 명확하게 그어진 선은 옷의 외형선으로 사용됩니다. B. 시접선, 디테일선(주머니 위치 등).
	A. 골선 B. 스티치선	A. 골선 표시와 동일 내용의 기호입니다. B. 스티치가 들어가는 부분에 표시합니다.
	안단선	겉옷의 경우 안감이 전체 들어가지 않는 사양일 때 안단을 사용합니다. 이때 안단선을 표시하는 기호입니다.
	너치	재봉 부분이 길거나 커브가 있거나 맞춰 박는 부분이 필요한 경우 너치를 넣어줍니다.
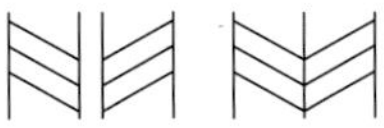	외주름 맞주름	주름을 접는 기호입니다. 사선은 주름방향을 표시하며 높은 부분에서 낮은 쪽으로 접어 주름을 잡습니다.
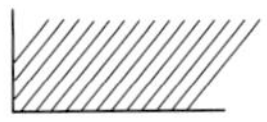	심지 표시	심지 부착이 필요한 부분에 표시합니다.
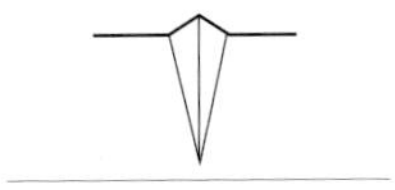	다트 표시	다트가 필요한 부분에 표시합니다.
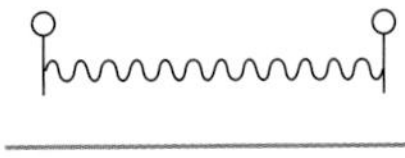	개더 표시	불규칙적인 주름을 잡는 개더 위치를 표시합니다.

SECTION 2 패턴 베끼는 방법

책에 동봉된 패턴을 펼쳐 시접을 그려 넣고 그대로 잘라서 사용하는 방법도 있지만, 일회용으로 사용하게 되기 때문에 패턴을 베껴서 사용하는 방법을 알려드립니다. 부직포 원단을 사용하는 방법과 챠코 페이퍼를 사용하는 방법이 있습니다.

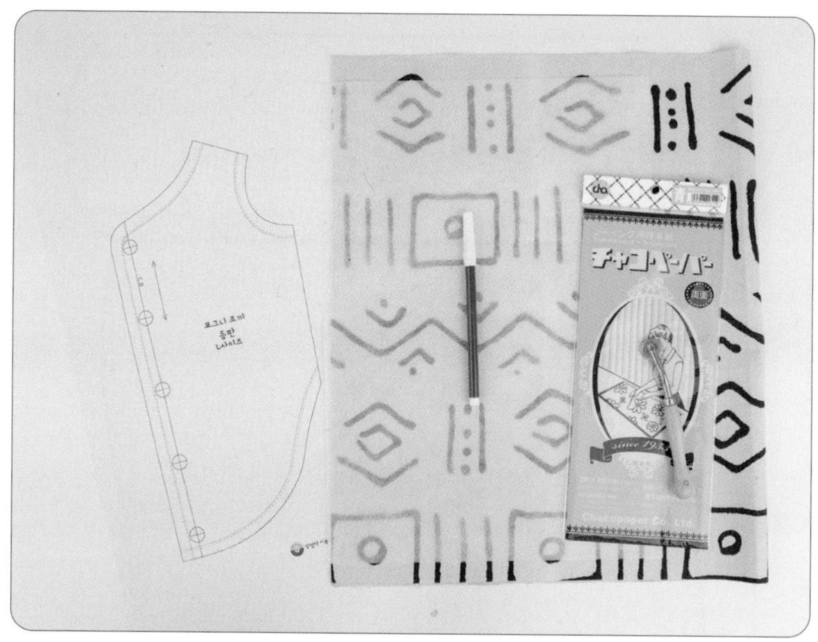

부직포 원단으로 패턴을 베끼는 방법

1) 준비물 : 패턴, 얇은 부직포 원단(패턴이 비칠 정도 두께), 펜 혹은 연필, 원단
2) 패턴 위에 부직포를 올리고 완성선과 중심선, 너치, 단추 위치 등 재봉에 필요한 기호와 패턴의 정보도 함께 그려줍니다.
3) 각 '재단하기'에 표시되어 있는 시접 분량에 따라 시접을 그려 넣고 시접선을 따라 잘라줍니다.
4) 원단에 부직포를 식서 방향에 맞춰 시침 핀으로 고정 후 부직포를 따라 원단을 잘라줍니다. 물론 각 기호들도 모두 표시해 줍니다.

챠코 페이퍼를 사용해 패턴을 베끼는 방법

1) 준비물 : 챠코 페이퍼, 룰렛, 원단, 고무 재단판
2) 챠코 페이퍼는 단면 혹은 양면이 있으며, 면에 초크가 발려져 있어 룰렛으로 누르면 원단에 묻어 나오게 되어있습니다. 룰렛을 사용하기 때문에 고무판을 꼭 깔고 사용하세요.
3) 먼저 재단할 원단의 안쪽 면에 챠코 페이퍼를 깔아줍니다.
4) 패턴을 식서 방향과 위치를 잘 맞춰 원단 위에 놓아줍니다.
5) 룰렛으로 패턴의 선과 기호를 따라 누르며 지나가면 완성선이 모두 베껴집니다.
6) 원단에 시접선을 그려주고 원단을 잘라줍니다.

SECTION 3 재단 방법

식서 방향 맞추기

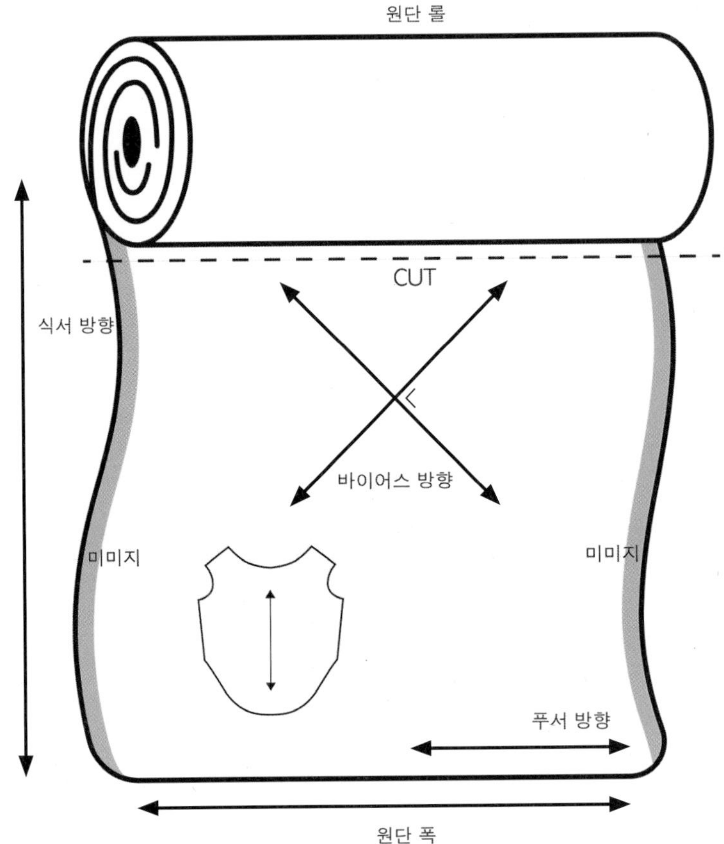

패턴을 제도할 때 식서 방향을 표시해 두어야, 재단할 때 패턴지를 식서 방향에 맞춰 원단에 배치할 수 있습니다. 식서와 푸서에는 미묘한 틀어짐이 있고, 고온의 다림질이나 세탁으로 줄어드는 현상이 있으며, 각각의 방향으로 수축률도 다릅니다. 다림질이나 세탁으로 사이즈가 조금 줄어들거나 옆선이 틀어지는 경우가 발생하기 때문에 반드시 식서 방향을 맞추어 재단해주세요.

시접 그리기

시접은 재봉되는 부분에는 모두 필요합니다. 단, 그 분량이 원단의 상태, 재봉 방법 등에 따라 달라집니다. 바이어스 테이프를 이용하여 바이어스 랍빠를 칠 경우는 시접이 필요 없습니다. 인터록으로 마무리할 때는 1cm 이하로 시접을 주고, 바지 밑단이나 소매 밑단은 때때로 시접 분량을 2cm 이상 주기도 합니다.
책에서는 완성선으로 패턴을 제안해서 시접을 따로 붙여야 합니다. 기본 시접은 1cm입니다.

필수 재봉법 이해하기

SECTION 1 바이어스 테이프 만들기

바이어스 테이프는 시중에서 다양하게 판매하고 있지만, 직접 원하는 원단으로 만들 수도 있습니다.
원단을 45도(사선) 방향으로 커팅하고 연결하면 바이어스 테이프가 완성됩니다. 10mm 바이어스 랍빠를 완성하기 위해서는 폭 40mm의 바이어스 테이프가 필요합니다.

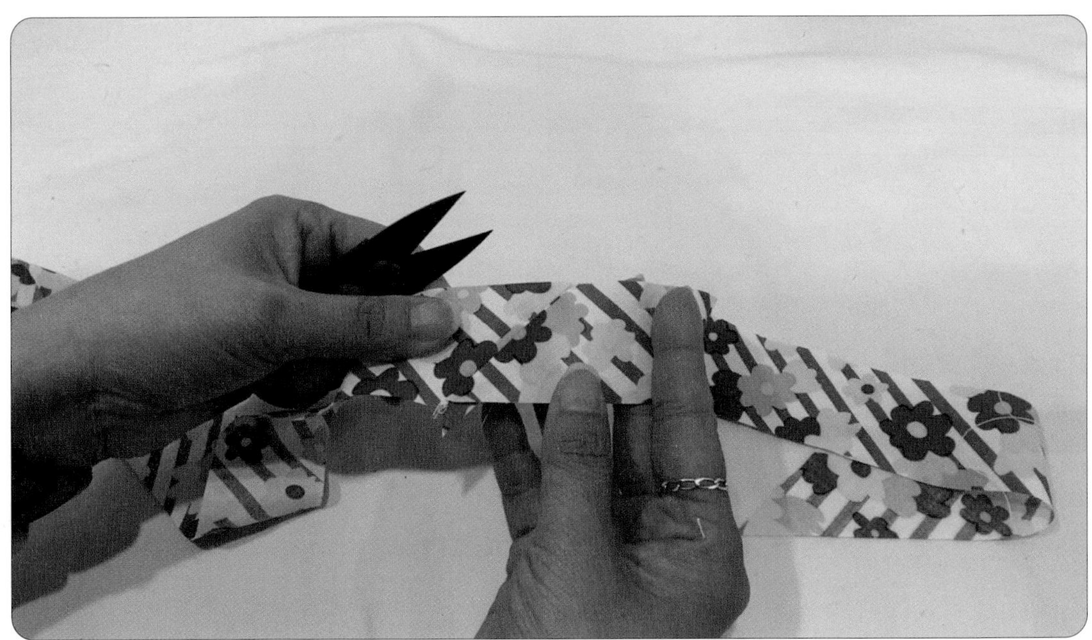

SECTION 2 바이어스 랍빠 치기

바이어스 랍빠는 바이어스 테이프를 사용해 시접을 싸는 재봉법으로 바이어스 랍빠 도구를 사용하면 훨씬 더 쉽게 재봉할 수 있습니다. 바이어스 랍빠 도구는 바이어스 테이프의 폭에 따른 사이즈가 있습니다. 폭에 맞는 도구를 사용해야 합니다. 처음 사용할 때는 익숙하지 않아 불편할 수 있지만, 조금만 연습하면 완성도 높은 마무리를 할 수 있습니다.

※ 너무 두꺼운 원단은 바이어스 랍빠 사용이 어렵습니다.

바이어스 랍빠 도구는 재봉틀에 고정 후 사용합니다.

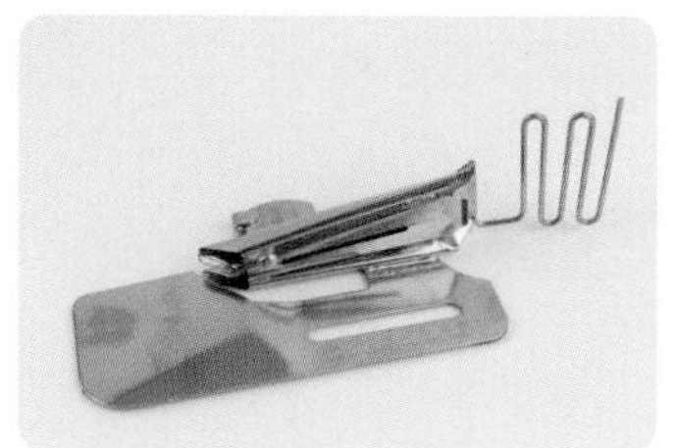

바이어스 랍빠

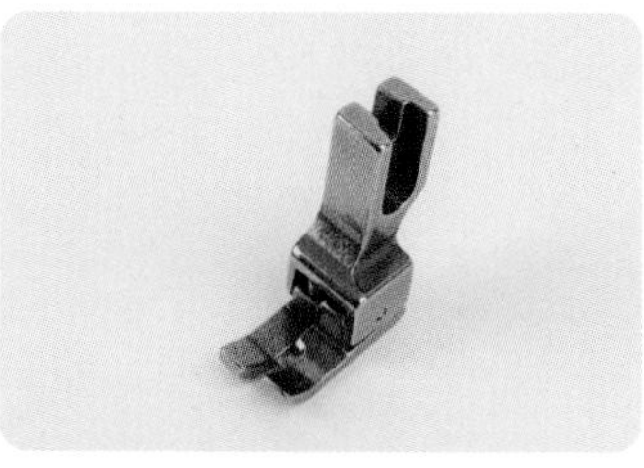

바이어스 랍빠 공업용 노루발

바이어스 랍빠 가정용 노루발

SECTION 3 프릴 만들기

프릴은 여성스러움을 연출하거나 아이들 옷 또는 소품에 많이 사용합니다. 예전에는 재봉틀의 가장 큰 땀 수로 프릴이 들어갈 위치에 재봉을 한 뒤 양쪽 끝 실을 한 가닥 잡아당겨 프릴을 만들면서 프릴 분량을 손으로 분배했습니다.

최근에는 주름 노루발을 사용하면 간편하게 그리고 분량을 거의 일정하게 넣어줄 수 있습니다. 주름 노루발 사용시 재봉틀의 실 장력 조절 다이얼과 스티치 길이 조정키(땀 수 조정키)로 주름 분량을 조절할 수 있습니다.

SECTION 4 리본 만들기

리본은 여러 가지 소재와 다양한 방법으로 만들 수 있지만 가장 많이 사용되는 기본 스타일로 알려 드립니다. 헤어 핀, 가방 액세서리, 장식 소품 등으로 활용하기 좋습니다.

SECTION 5 공그르기

공그르기는 주로 창구멍을 막는 용도로 사용되는 간단한 손바느질입니다. 땀 간격을 조절해서 바지 단을 올릴 때 사용되기도 합니다. 바지 단을 올릴 때는 시접 쪽은 길게, 바지 쪽은 한 땀만 떠 가며 바느질해야 합니다.

공그르기는 두 원단을 약간의 분량을 떠 가면서 지그재그로 바느질합니다. 이때 바늘 땀 간격을 1cm 이하로 떠 주시면 단단하게 공그르기가 됩니다.

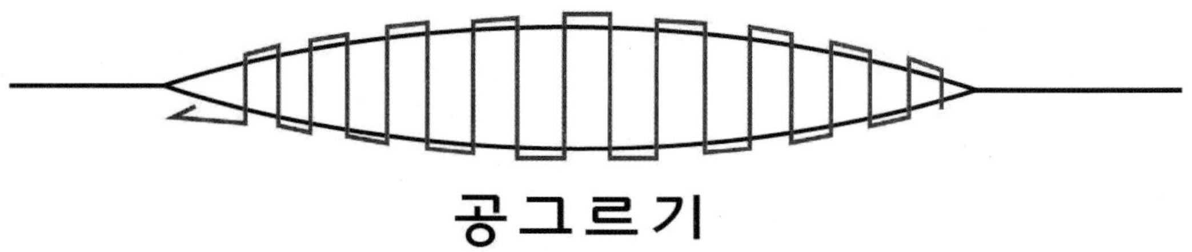

공그르기

SECTION 6 다트 박기

평면적인 원단을 입체적인 체형에 맞추기 위해 원단의 일정 부분에 다트가 필요합니다. 다트를 사용하면 원단을 자르지 않고 커브를 만들거나 사이즈를 줄일 수 있습니다. 장식적인 효과를 내기 위해 사용하기도 합니다. 자연스러운 곡선을 만드는 다트 박는 방법을 알려 드립니다.

SECTION 7 심지 붙이기

너무 얇은 원단이거나 힘이 필요한 부분에는 심지를 붙입니다. 심지는 부직포 심지, 면 심지, 나일론 심지와 실크 심지 등 종류가 여러 가지 있습니다. 판매되는 심지는 대부분 화이트와 블랙입니다. 원단의 두께나 원하는 두께나 아이템의 용도에 맞춰 심지의 두께를 결정합니다.

심지의 한쪽 면에는 풀이 발려져 있어서 고온 · 고압으로 심지를 원단의 안쪽에 부착합니다. 심지는 반드시 원단과 풀이 발려 있는 쪽이 맞닿게 놓아야 합니다. 다리미판에 붙어 다른 원단을 다림질할 때 오염이 될 수 있으니 주의해야 합니다.

원단을 깔고 잘라 놓은 심지를 올린 뒤 면 원단(덮개용)을 한 장 깔고 꾹꾹 눌러가며 다림질해 줍니다.

SECTION 8 고무줄 넣기

우리 아이들의 옷을 만들 때 고무줄(고무밴드)을 넣는 방법이 자주 사용됩니다. 고무줄을 원단 사이에 통과 시키는 방법인 배판 밑단 고무줄 넣는 방법과 고무줄을 고정하여 소매 고무줄 주름 넣는 방법을 알려 드립니다.

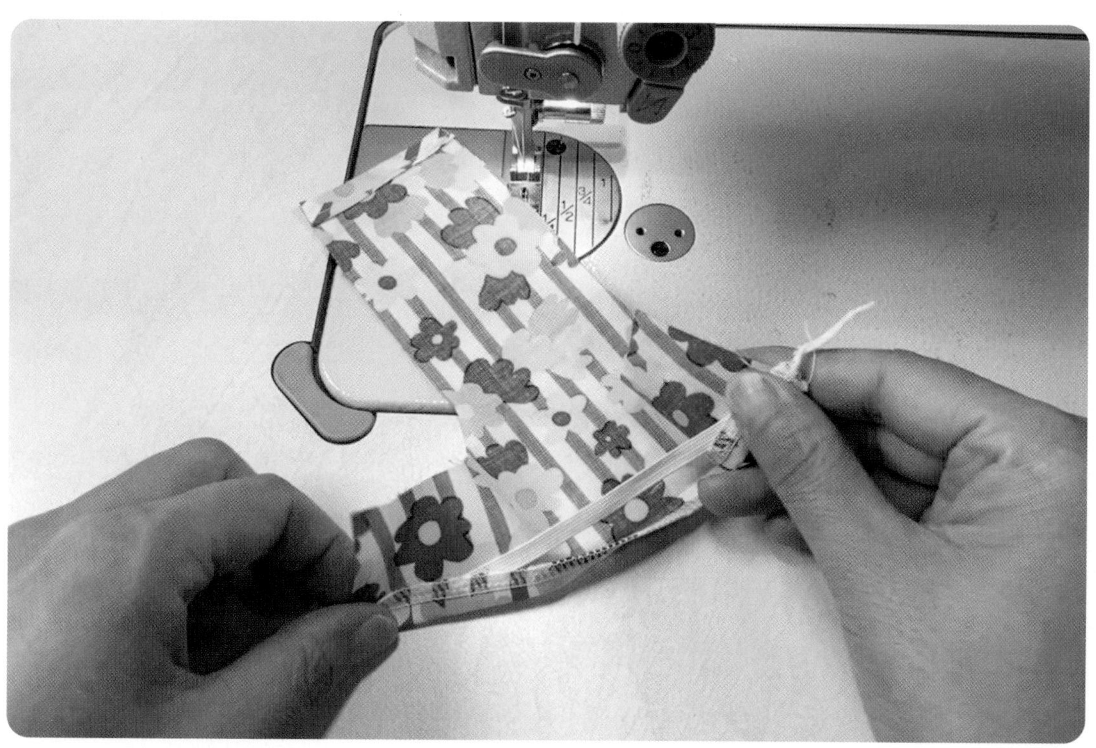

SECTION 9 지퍼 달기

지퍼는 주로 소품이나 아우터에 사용됩니다. 지퍼에는 지퍼 레일이 있어 재봉틀 노루발이 잘못 올라가면 바늘이 부러질 수도 있으니 주의해 주세요.
먼저 지퍼 달기 전용 노루발인 지퍼 노루발 또는 외발 노루발로 교체 후 재봉해야 합니다.

SECTION 10 단춧구멍 만들기

가정용 재봉틀에는 단춧구멍 만들기 기능이 있습니다. 단춧구멍 노루발로 교체하고 땀 수, 바늘 위치 등을 조절한 후 푸시 버튼을 내려 단춧구멍을 만듭니다.

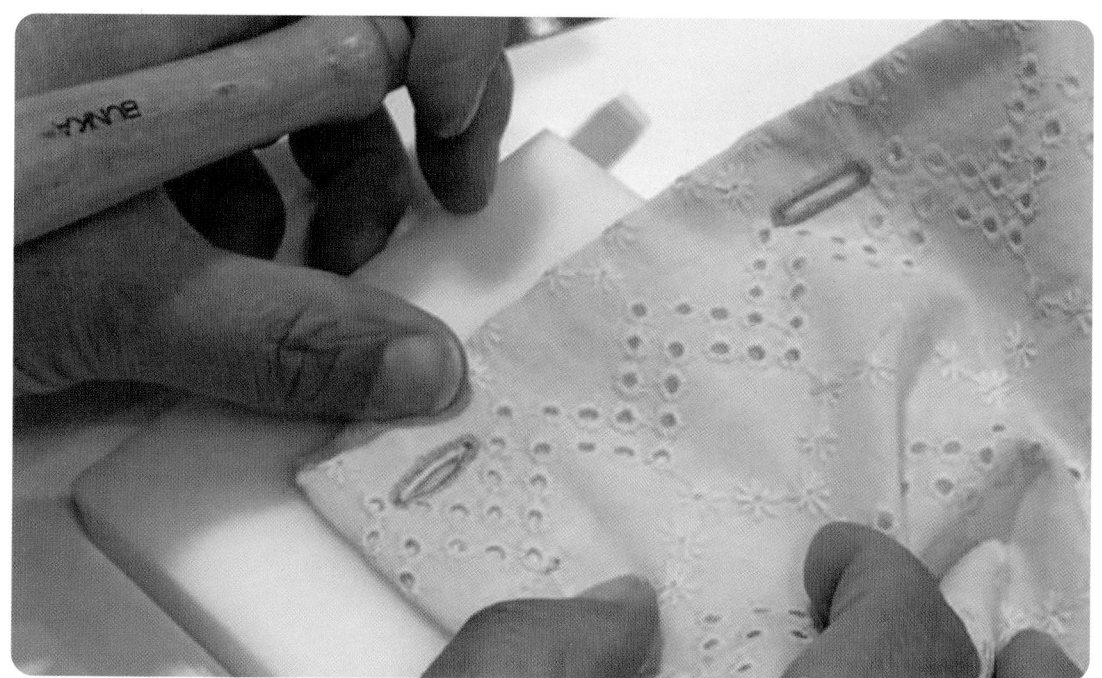

SECTION 11 시접 처리하기

재봉을 하면 반드시 시접이 나옵니다. 시접을 정리해야 원단이 두꺼워지는 것을 막고 제품의 완성도를 높일 수 있습니다. 시접을 처리하는 방법으로는 오버록 후 한쪽으로 시접을 모두 넘기거나 가름솔을 사용해 처리하지만, 그 외에도 통솔, 쌈솔 등이 사용됩니다.

1) **가름솔 :** 일반적으로 사용되는 시접 처리 방법입니다. 먼저 시접을 오버록 한 후 겉끼리 마주 대고 재봉합니다. 시접을 갈라 다림질해 줍니다.
2) **통솔 :** 주로 얇은 원단에 사용하며 재봉선이 많이 없는 디자인에 사용됩니다. 오버록을 사용하지 않지만 안쪽에 시접 끝이 보이지 않고 깔끔하게 처리할 수 있다는 장점이 있습니다. 속끼리 마주 대고 0.3~0.5cm 분량으로 재봉 후 겉끼리 마주 보게 뒤집어서 다림질해 줍니다. 처음 시접보다 조금 더 많은 분량 0.7~1.0cm으로 재봉하면 시접 끝이 안쪽으로 쏙 들어가며 처리됩니다. 이때 처리할 시접 분량을 염두에 두고 총 시접 분량을 계산해야 합니다.
3) **쌈솔 :** 시접 끝이 나오지 않아 겉과 속이 깔끔하게 처리됩니다. 겉끼리 마주 대고 재봉한 후 한쪽 시접 분량을 반으로 잘라 줍니다. 자르지 않은 시접으로 반만 남은 시접을 싸 준 후 끝으로 눌러 박아 줍니다. 쌈솔은 2번의 재봉선이 들어가 더욱 단단하게 박음질이 됩니다. 하지만 시접부분이 4겹으로 겹쳐져 두꺼워집니다.

momo boutique

PET & PEOPLE LIFE
PART
2
momo boutique

패턴의 기초

강아지 치수 재기

SECTION 1 치수 재기

강아지 옷을 만들기 위해 치수 재기는 반드시 필요합니다. 여러 번 측정한 평균값을 사용해서 우리 아이들 몸에 꼭 맞는 완성도 높은 옷을 만들어봅시다.

치수 측정을 위해 필요한 부위별 기준점과 패턴 약어

강아지 부위별 기준점과 패턴에 들어가는 명칭의 약어를 알아 두면 강아지 치수 재기와 패턴에 대한 설명을 이해하기가 쉽습니다.

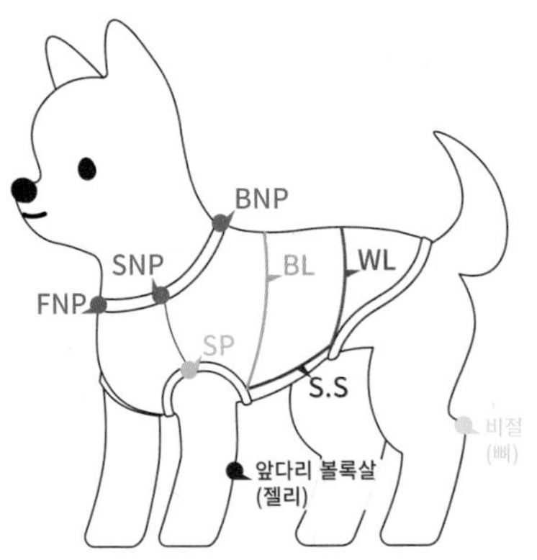

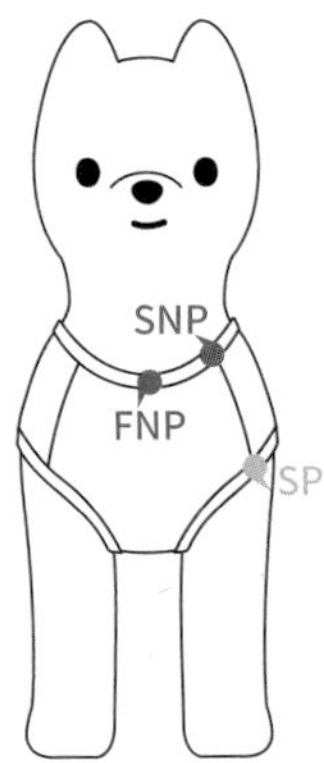

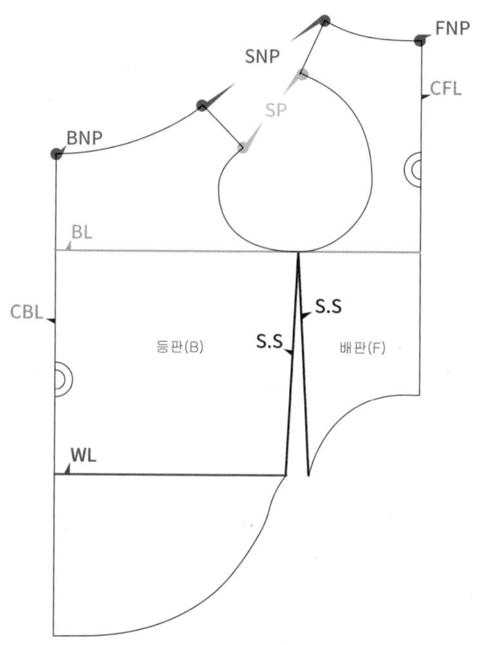

❶ N : 넥(목둘레) – Neck

❷ B : 버스트(가슴둘레) – Bust

❸ L : 랭쓰(등길이) – Length

❹ BL : 버스트라인(가슴선) – Bust Line

❺ W : 웨이스트(허리둘레) – Waist

❻ WL : 웨이스트라인(허리선) – Waist Line

❼ SS : 사이드심(옆선=옆솔기선) – Side Seam

❽ SP : 숄더 포인트(어깨끝점) – Shoulder Point

❾ SNP : 사이드 넥 포인트(옆목점) – Side Neck Point

❿ FNP : 프런트 넥 포인트(앞목점=배목점) – Front Neck Point

⓫ BNP : 백 넥 포인트(뒷목점=등목점) – Back Neck Point

⓬ AH : 암홀(진동둘레) – Arm Hole

⓭ CBL : 센터 백 라인(뒷중심선=등중심선) – Center Back Line

⓮ CFL : 센터 프런트 라인(앞중심선=배중심선) – Center Front Line

강아지 치수 재기

강아지의 치수를 재기 위해서는 강아지의 자세에 따라 치수 변화가 크기 때문에 먼저 강아지의 목과 꼬리를 잡고 올려 정면을 응시한 정자세를 취한 후 치수를 재야 합니다.

인원 두 명이서 치수를 재면 좀 더 정확합니다. 한 명은 강아지의 목과 꼬리를 잡아 정자세를 취하게 하고, 다른 한 명은 부위별 치수를 재며 기입합니다.

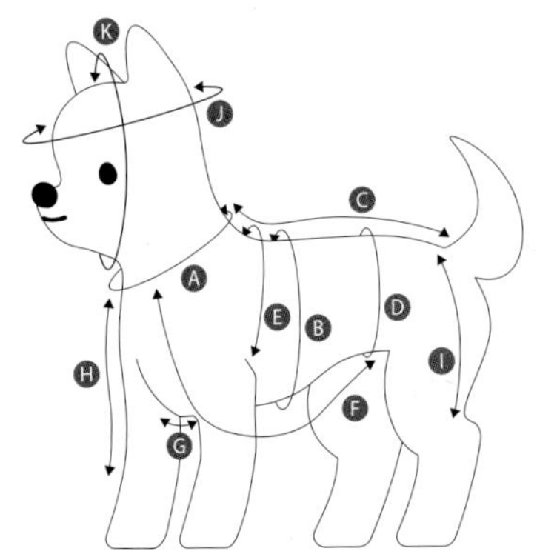

A 목둘레
B 가슴둘레
C 등길이
D 허리둘레
E 등너비
F 앞길이
G 가슴폭
H 앞다리길이
I 뒷다리길이
J 머리둘레
K 얼굴둘레

A 목둘레(N)
목의 가장 아랫부분의 둘레를 손가락 하나 정도의 여유를 두고 잽니다. 티셔츠 또는 목줄을 매는 부위의 둘레를 재도 좋습니다.

B 가슴둘레(B)
강아지가 정면을 응시한 정자세로 서 있을 때 가슴에서 가장 굵은 부분의 둘레를 손가락 하나 정도의 여유를 두고 잽니다. 들숨 날숨을 감안해 여러 번 측정한 평균값을 사용합니다. 털이 많은 아이는 여유분을 감안해 측정합니다.

C 등길이(L)
뒷목점(BNP)에서 꼬리 바로 앞까지 잽니다. 이때 강아지 등의 굽어진 곡선을 따라가지 않고 뒷목점에서 줄자를 직선으로 늘려 잽니다.

D 허리둘레(W)
등길이의 5분의 3지점 또는 갈비뼈의 끝지점인 몸통의 가장 얇은 부분을 손가락 하나 정도의 여유를 두고 잽니다.

E 등너비(등폭)
양쪽 암홀(AH)의 가장 높은 지점에서 등을 따라 곡선으로 잽니다.

F 앞길이
앞목점(FNP)에서 허리선(WL)까지의 길이를 잽니다. 강아지는 체온 조절을 배로 하기 때문에 가급적 배 부분은 오픈해 둡니다. 특히 수컷의 경우 배변활동에 불편하지 않은 선까지 잽니다.

G 가슴폭
강아지가 정면을 응시한 정자세에서 겨드랑이 사이를 잽니다. 이때 가슴의 곡선을 따라 재어줍니다. 가슴폭을 적게 재었을 때 소매가 있는 옷을 만들면 아이들이 활동하기에 불편하고, 크게 재면 옷이 남아 돌아 옷이 커 보이게 됩니다.

H 앞다리 길이
견단에서 앞다리 발목 볼록살까지 잽니다. 여기서 견단은 앞목점(FNP)에서 수평으로 이어진 어깨의 뼈 끝부분입니다.

I 뒷다리 길이
꼬리 앞에서 뒷다리의 하이힐이 시작되는 비절까지 잽니다.

J 머리둘레
눈 윗부분에서 뒤통수까지 수평으로 둘레를 잽니다.

K 얼굴둘레
귀 앞에서 턱을 지나 둘레를 잽니다.

SECTION 2 사이즈 표

측정한 우리 아이의 치수를 기준으로 아래 사이즈 표에서 가장 근사값의 사이즈를 확인하고 기본 패턴의 사이즈를 선택합니다. 측정한 치수의 가슴둘레를 기준으로 기본 사이즈를 선택합니다.

선택한 기본 패턴을 기준으로 우리 아이의 치수에 맞게 패턴을 수정하면 예쁜 핏의 옷을 만들 수 있습니다.

모모부띠끄 옷 사이즈 표 [cm]

사이즈	S	M	L	XL	2XL	편차
목둘레 (N)	22	26	30	35	40	4~5
가슴둘레 (B)	33	38	44	50	57	5~7
등길이 (L)	23	26	29	33	36	2~4

모모부띠끄 모자 사이즈 표 [cm]

사이즈	S	M	L
머리둘레	21~25	26~30	31~35

SECTION 3 강아지 체형 특성 알기

말티즈와 같은 평균 체형의 강아지는 기본 패턴의 사이즈를 선택해도 예쁜 핏의 옷을 만들 수 있지만 특별한 체형을 가진 강아지들은 치수에 맞춰 기본 패턴을 수정해야 합니다. 따라서 강아지의 종류별 체형 특성을 미리 이해하면 기본 패턴 수정과 샘플 시착 후 패턴 수정이 용이합니다.

프렌치 불독 & 불독

1) **프렌치 불독 :** 체고 25~32cm, 체중 10~13kg
2) **불독 :** 체고 30~35cm, 체중 23~25kg
체형 특성 떡 벌어진 어깨, 짧고 두꺼운 목둘레, 짧은 등길이, 짧고 굵은 다리

불테리어

체고 53~56cm, 체중 22~32kg
체형 특성 떡 벌어진 어깨, 두꺼운 목둘레, 넓은 가슴폭

비숑프리제

체고 24~29cm, 체중 5~8kg
체형 특성 튼튼하고 평평한 등선, 직사각형 몸통 체형

시츄

체고 22~27cm, 체중 5~7kg
체형 특성 가슴둘레와 배둘레가 비슷함, 직사각형 몸통 체형

웰시코기 & 닥스훈트

1) **웰시코기 :** 체고 25~31cm, 체중 11~13kg
2) **닥스훈트 :** 체고 13~25cm, 체중 3~11kg
체형 특성 짧은 다리길이, 두꺼운 가슴둘레, 배둘레 & 목둘레, 긴 등길이, 직사각형 몸통 체형

그레이하운드

체고 70~75cm, 체중 27~32kg
체형 특성 깊은 흉곽과 얇은 허리의 S자형 체형, 길고 곧게 뻗은 다리, 몸 크기에 비해 작고 도톰한 발, 체온 유지 어려움

포메라이안 & 스피츠

1) **포메라이안 :** 체고 ~28cm, 체중 2~3kg
2) **스피츠 :** 체고 30~38cm, 체중 6~10kg
체형 특성 짧은 등길이, 튼튼하고 평평한 등선, 털이 풍성하고 부피감 있음

푸들

대형 38cm~ **중형** 25~38cm **소형** ~25cm(체중 3~4kg)
체형 특성 긴 등길이, 긴 다리길이, 정사각형에 가까운 몸통 체형

치와와 & 미니핀

1) 치와와 : 체고 13~22cm, 체중 ~3kg
2) 미니핀 : 체고 25~30cm, 체중 3~5kg
체형 특성 정사각형에 가까운 몸통 체형, 체온 유지 어려움, 발목 얇음

시바 이누

체고 36~40cm, 체중 9~14kg
체형 특성 두꺼운 목둘레, 꼬리가 말려 있어 말린 꼬리 앞까지의 등길이

강아지의 종류별 체형의 특성을 기본 패턴 기준으로 정리했습니다. 체형에 맞춰 기본 패턴을 수정한 뒤 샘플을 제작해 시착해보세요. 이어서 패턴을 수정하면 더 예쁜 핏의 옷을 만들 수 있습니다. 같은 종류의 강아지라도 치수가 다르기에 반드시 측정한 치수를 기준으로 패턴을 수정하세요.

강아지 종류	목둘레		가슴둘레		등길이		다리길이		소매단	
	두껍다	얇다	두껍다	얇다	길다	짧다	길다	짧다	넓다	좁다
프렌치 불독 & 불독	○		○			○		○	○	
불테리어	○		○							
비숑프리제					○					
시츄					○			○		
웰시코기 & 닥스훈트	○		○		○			○		
그레이하운드		○		○	○		○			○
포메라이안 & 스피츠	○		○			○	○			○
푸들					○		○			○
치와와 & 미니핀										○
시바 이누	○					○				

패턴 수정하기

SECTION 1 기본 패턴 제도하기

우리 아이의 측정한 목둘레, 가슴둘레, 등길이를 치수를 기준으로 정해진 공식에 대입해 기본 패턴을 제도합니다.

등길이

1

세로로 등길이(L)만큼 직선을 그어주세요.

2

등길이(L)를 5등분하여 1/5지점은 목선(NL), 2/5지점은 가슴선(BL), 4/5지점은 허리선(WL)으로 기준점을 잡아 주세요.

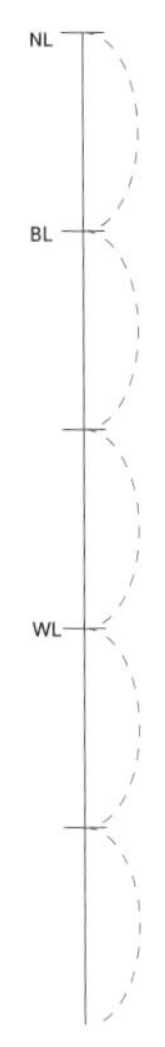

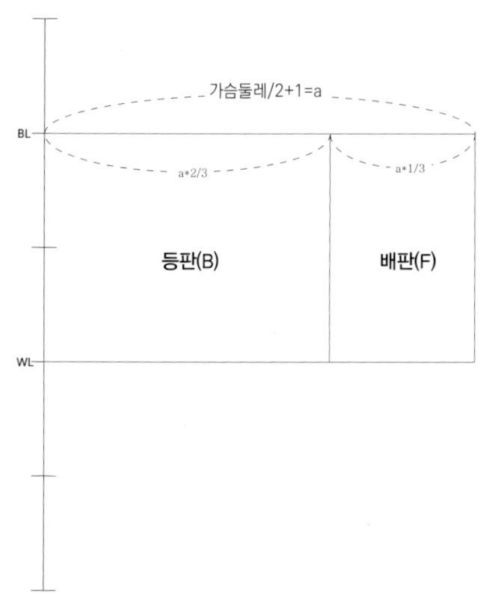

3

등길이(L) 2/5지점인 가슴선(BL)에서 a=가슴둘레(B)/2+1(여유분)만큼 가로로 선을 긋고, 등길이(L) 4/5지점인 허리선(WL)에서도 a만큼 가로로 선을 그은 후 사각형을 만들어주세요.

a선의 a*2/3지점에서 세로로 옆선을 그어주세요. 왼쪽에는 등판(B), 오른쪽에는 배판(F)으로 표기해 주세요.

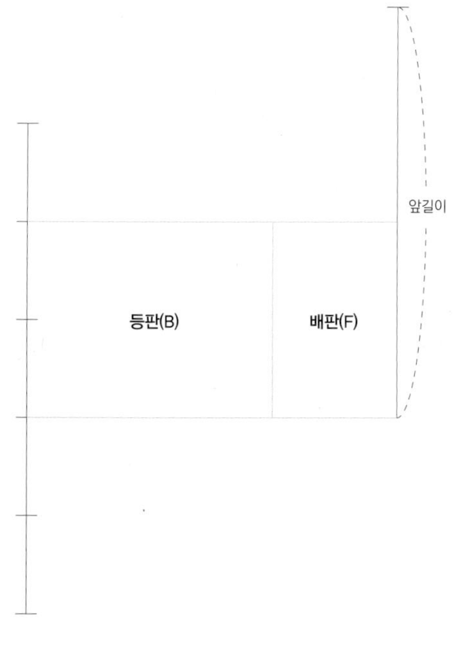

4

배판(F)의 허리선(WL)에서 위쪽으로 앞길이만큼 연장선을 그어주세요.

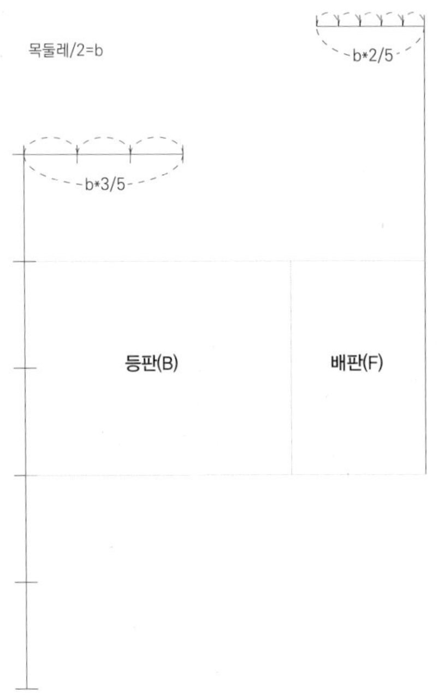

5

목선(NL)을 그리기 위해서 b=목둘레(N)/2 라고 하고, 뒷목점(BNP, 등목점)에서 b*3/5만큼 가로로 뒷목선(BNL, 등목선)을 긋고 3등분해 주고, 앞목점(FNP, 배목점)에서 b*2/5만큼 가로로 앞목선(FNL, 배목선)을 긋고 5등분해 주세요.

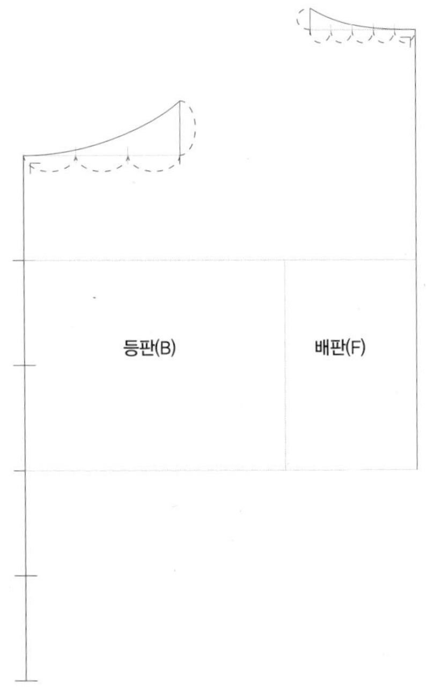

6

뒷목선(BNL, 등목선) 끝에서 1/3 길이만큼 위쪽으로 선을 긋고, 뒷목점(BNP, 등목점)과 자연스러운 곡선이 되도록 그려주세요.

앞목선(FNL, 배목선) 끝에서 1/5 길이만큼 위쪽으로 선을 긋고, 앞목점(FNP, 배목점)과 자연스러운 곡선이 되도록 그려주세요.

단, 뒷목점과 앞목점의 시작점은 각각 뒷중심선(CBL, 등중심선), 앞중심선(CFL, 배중심선)에서 직각으로 약 1cm 정도 직선을 긋고 자연스러운 곡선을 그려주세요.

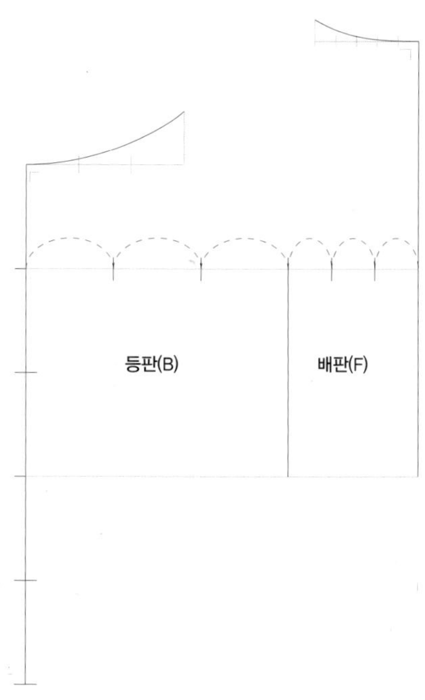

7

등판(B)과 배판(F)의 가슴선(BL)을 각각 3등분해 주세요.

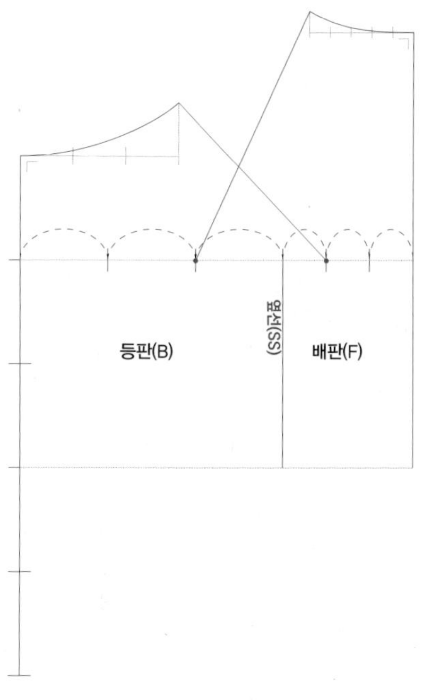

8

등판(B)과 배판(F)의 옆목점(SNP)에서 옆선(SS)에 가까운 1/3지점까지 가이드선을 그어주세요.

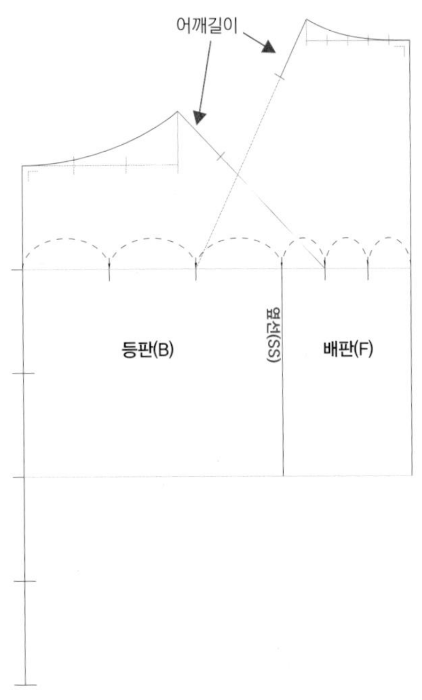

9

등판(B)과 배판(F)의 가이드 선에 어깨길이를 S(2.5), M(3), L(3.5), XL(4), 2XL(4.5)로 각각 표시해 주세요.

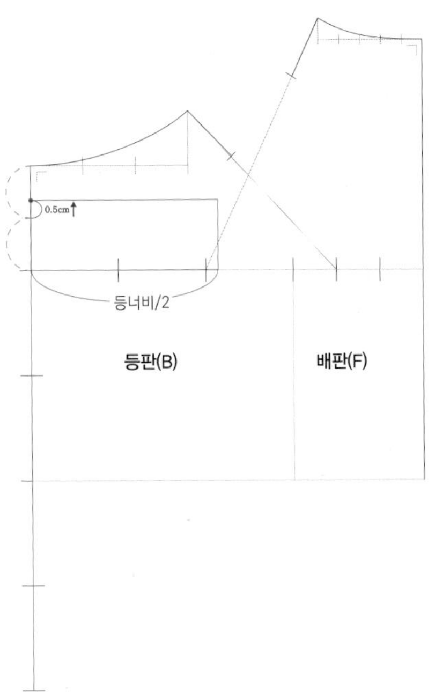

10

등길이(L)의 1/5지점 목선(NL)과 2/5지점 가슴선(BL)을 이등분하고, 그 지점에서부터 0.5cm 올린 지점에서 가슴선(BL)과 수평으로 선을 긋습니다. 가슴선(BL)에서 등너비/2지점부터 위쪽으로 선을 그어 사각형을 만들어주세요.

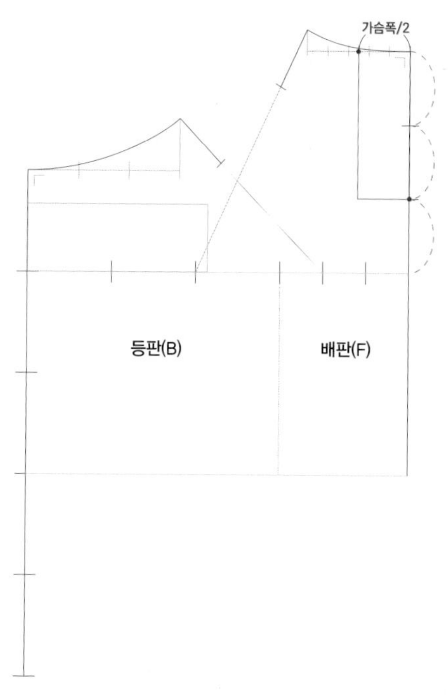

11

앞중심선(CFL, 배중심선)에서 가슴폭/2만큼 떨어진 지점에서 앞중심선(CFL)과 수직으로 선을 긋고, 앞목점(FNP, 배목점)에서 가슴선(BL)의 2/3지점에서 가슴선(BL)에 수평으로 선을 그어 사각형을 만들어주세요.

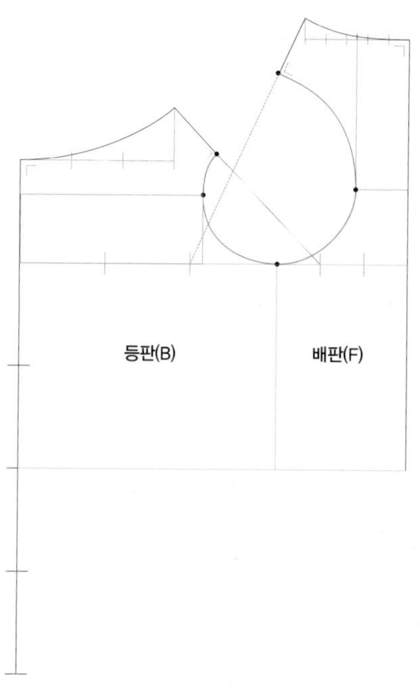

12

그림의 각각 지점들을 자연스러운 곡선으로 연결해서 암홀(AH)을 그려주세요.

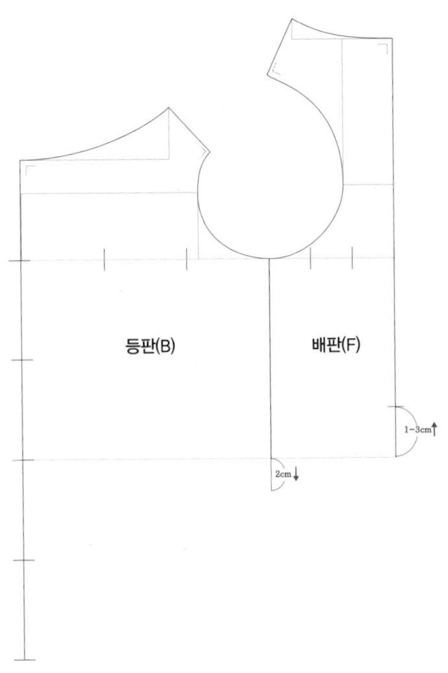

13

옆선(SS)을 아래로 2cm 길게 연장해 주세요.

앞중심선(CFL, 배중심선)에서 1~3cm 위로 올린 지점을 표시해 주세요. 이 지점은 암수에 따라 길이를 지정하면 됩니다.

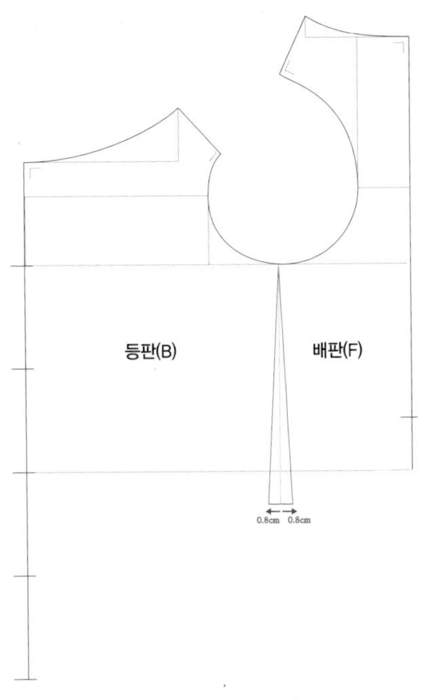

14

연장한 옆선(SS)에서 좌우로 0.8cm씩 띄운 지점에서 새로운 옆선(SS)을 그려주세요.

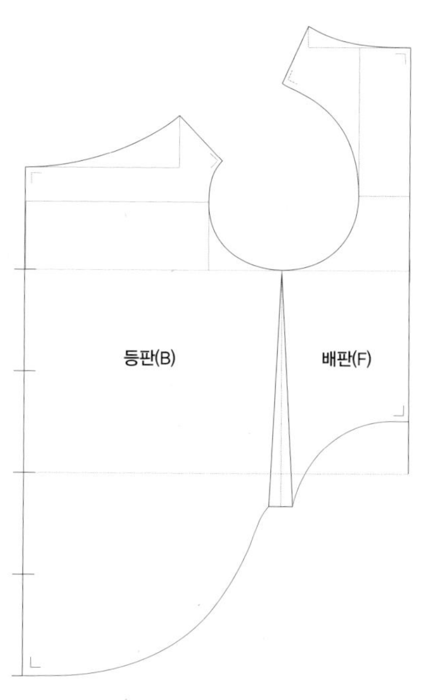

15

앞중심선(CFL, 배중심선)에서 1~3cm 위로 올린 지점에서 새로운 옆선(SS)까지 S모드 자를 이용해서 자연스러운 곡선을 그려주세요.

뒷중심선(CBL, 등중심선)에서 새로운 옆선(SS)까지 S모드 자를 이용해서 자연스러운 곡선을 그려주세요.

단, 두 시작점은 각각 앞중심선(CFL, 배중심선), 뒷중심선(CBL, 등중심선)에서 직각으로 약 1cm 정도 직선을 긋고 자연스러운 곡선을 그려주세요.

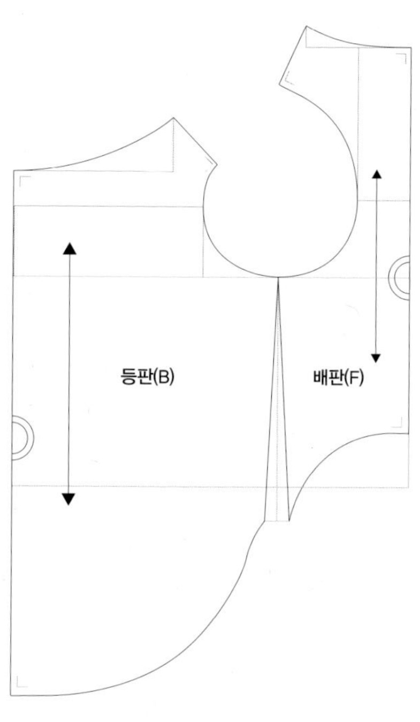

16

골선과 식서 방향을 표시해 주세요.

기본 패턴이 완성되었습니다.

SECTION 2 치수에 맞게 기본 패턴 수정하기

대부분 측정한 우리 아이의 치수를 기준으로 가장 근사값의 기본 패턴 사이즈를 선택하실 겁니다. 그래도 예쁜 핏의 옷을 만들기 위해서는 체형과 치수에 맞게 또 한 번의 기본 패턴 수정이 필요합니다. 제공되는 기본 패턴을 기준으로 우리 아이에게 맞는 패턴으로 수정하는 방법을 배워봅시다.

• 달달 솜사탕 민소매티 패턴 •

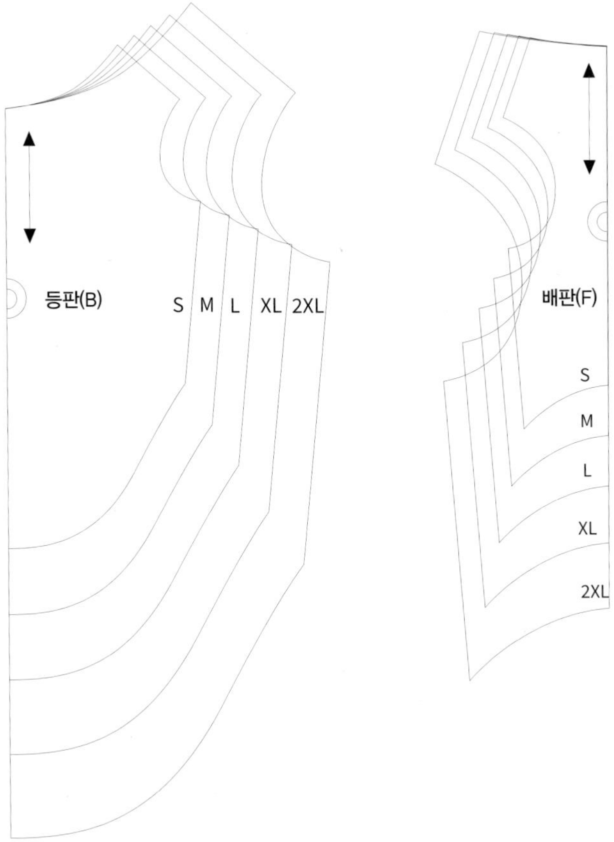

등판(B)

S M L XL 2XL

배판(F)

S

M

L

XL

2XL

달달 솜사탕 민소매티 기본 패턴으로 치수에 맞게 패턴을 수정해 봅시다.

강아지 치수

목둘레(N) : 50cm, 가슴둘레(B) : 70cm, 등길이(L) : 50cm, 앞길이 : 38cm

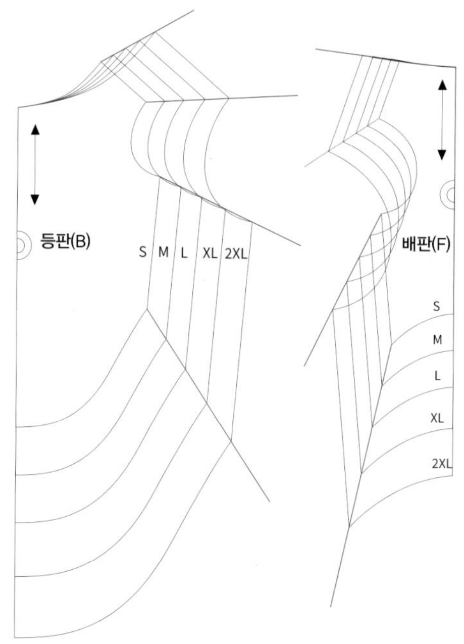

1

먼저 각 사이즈별 등판(B), 배판(F)의 옆목점(SNP), 어깨끝점(SP), 옆선(SS)의 위 아래 꼭지점을 선으로 연결해 주세요.

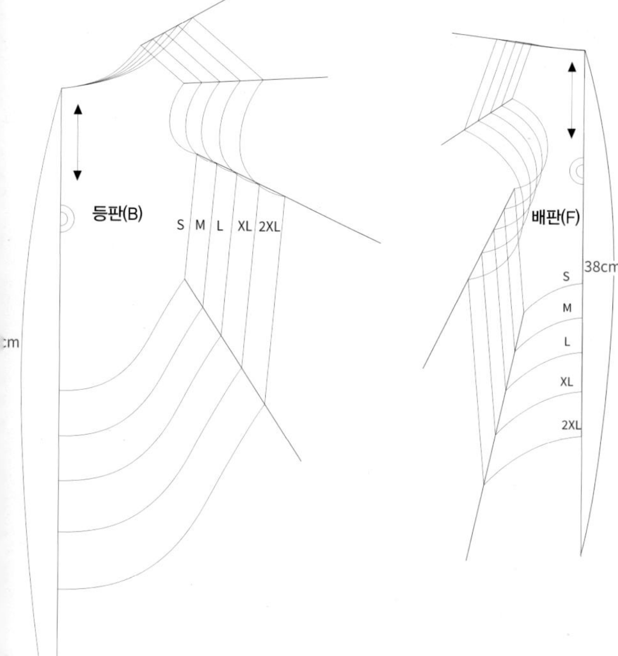

2

등길이 50cm, 앞길이 38cm를 각각 뒷중심선(CBL, 등중심선), 앞중심선(CFL, 배중심선)에 그려주세요.

앞길이는 암수의 실제 측정한 길이에 따라 앞중심선(CFL, 배중심선)에서 1~3cm 위로 올린 지점을 표시해 주세요.

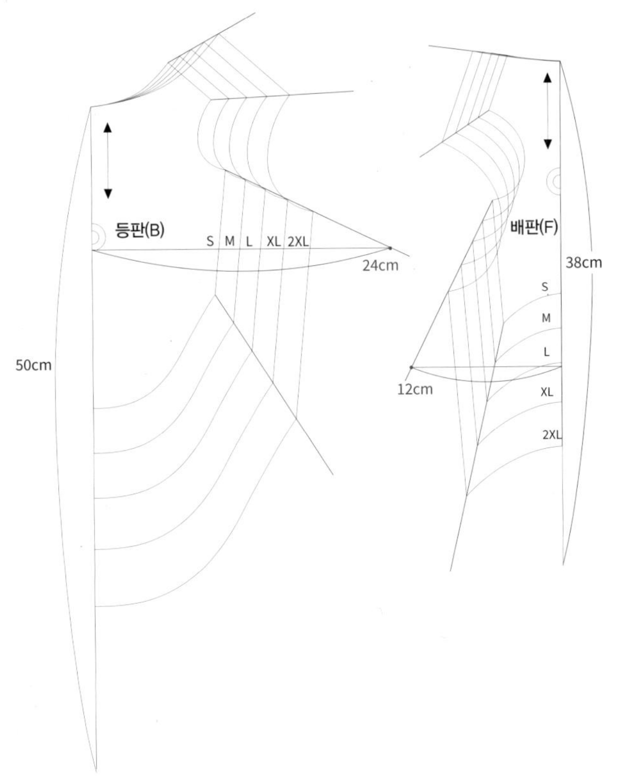

3

가슴둘레(B)는 70cm/2+1(여유분)=36cm입니다.

등판(B)과 배판(F)의 비율은 가슴둘레(B)의 2:1입니다.

따라서 등판(B)=36cm*2/3=24cm(등판의 비율은 가슴둘레의 2/3 차지)

배판(F)=36cm*1/3=12cm(배판의 비율은 가슴둘레의 1/3 차지)

이때 주의할 부분은 가슴둘레(B)가 36cm 이므로 24cm+12cm=36cm가 되지만 소수점이 나오는 경우에는 등판(B)와 배판(F)의 합이 가슴둘레(B)가 되도록 반올림 또는 올림으로 계산해야 합니다.

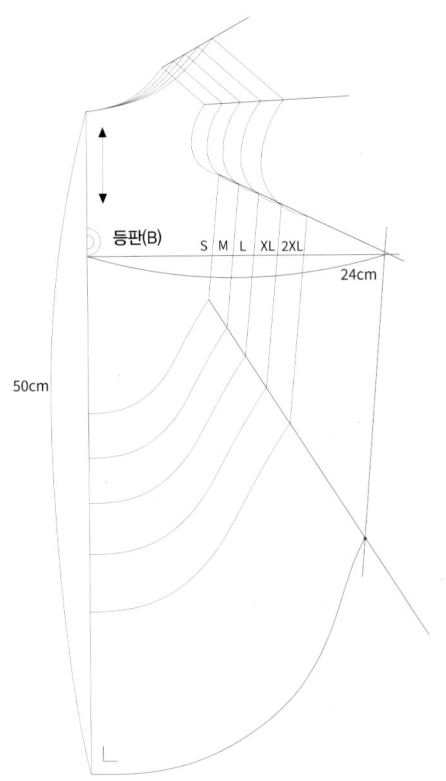

4

등판(B)쪽은 뒷중심선(CBL, 등중심선)에서 암홀(AH) 가이드선까지 24cm 되는 지점을 찾아 수평으로 선을 긋고, 2XL 사이즈의 옆선(SS)과 평행이 되도록 옆선(SS)을 그어주세요.

허리둘레 부분도 자연스러운 곡선으로 그려주세요.

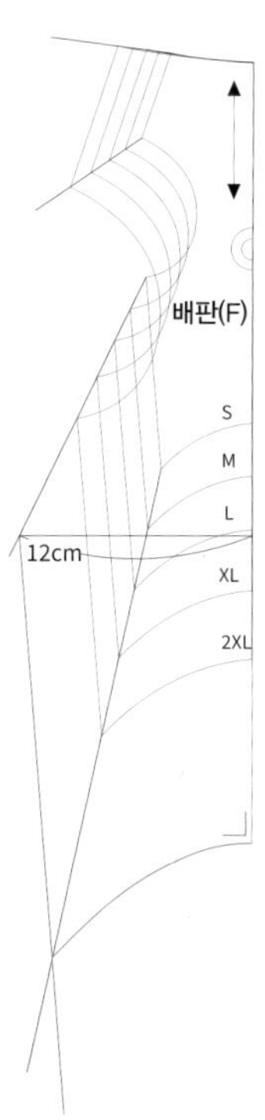

5

배판(F)쪽도 마찬가지로 앞중심선(CFL, 배중심선)에서 암홀(AH) 가이드선까지 12cm 되는 지점을 찾아 수평으로 선을 긋고, 2XL 사이즈의 옆선(SS)과 평행이 되도록 옆선(SS)을 그어주세요.

허리둘레 부분도 자연스러운 곡선으로 그려주세요.

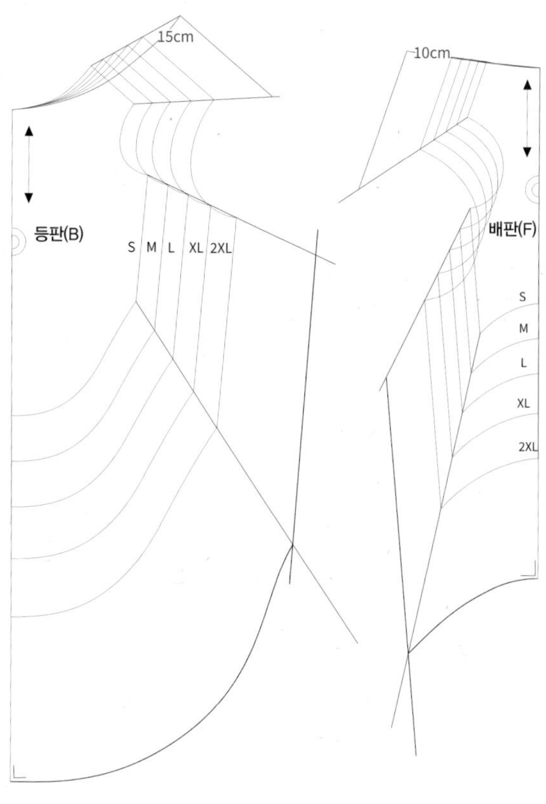

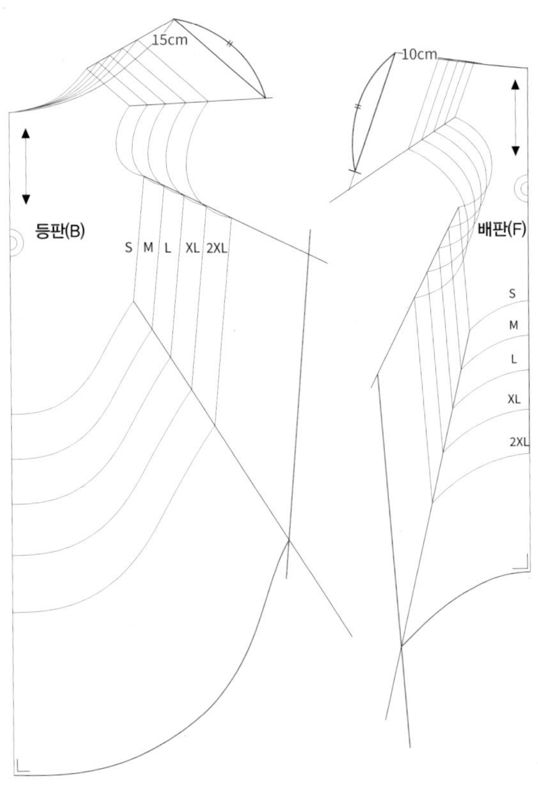

6

목둘레(N)는 50cm/2=25cm입니다.

등판(B)과 배판(F)의 비율은 목둘레(N)의 3:2입니다.

따라서 등판목둘레=25cm*3/5=15cm (등판목둘레의 비율은 목둘레의 3/5 차지)

배판목둘레=25cm*2/5=10cm (등판목둘레의 비율은 목둘레의 2/5 차지)

등판목둘레를 뒷목점(BNP, 등목점)에서 15cm 되는 곳에 자연스러운 곡선으로 그려주세요. 배판목둘레는 앞목점(FNP, 배목점)에서 10cm 되는 곳에 자연스러운 곡선으로 그려주세요.

이때 주의해야 할 부분은 목둘레(N)가 25cm이므로 15cm+10cm=25cm가 되지만 소수점이 나오는 경우에는 등판목둘레와 배판목둘레의 합이 목둘레(N)가 되도록 반올림 또는 올림으로 계산해야 합니다. 이때 등판의 어깨 길이와 배판의 어깨 길이가 같아야 합니다.

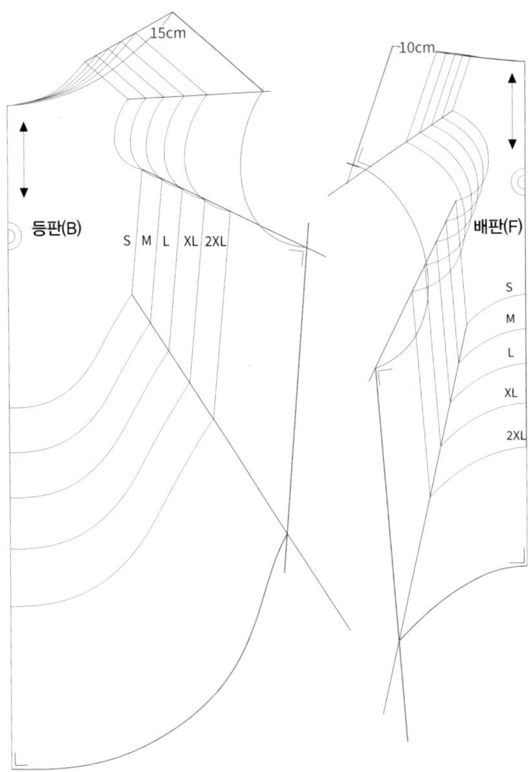

7

부직포 패턴지 또는 다른 종이에 수정한 패턴을 옮겨 그려주세요.

암홀선(AH)은 2XL의 암홀선을 따라 자연스러운 곡선으로 그려주세요.

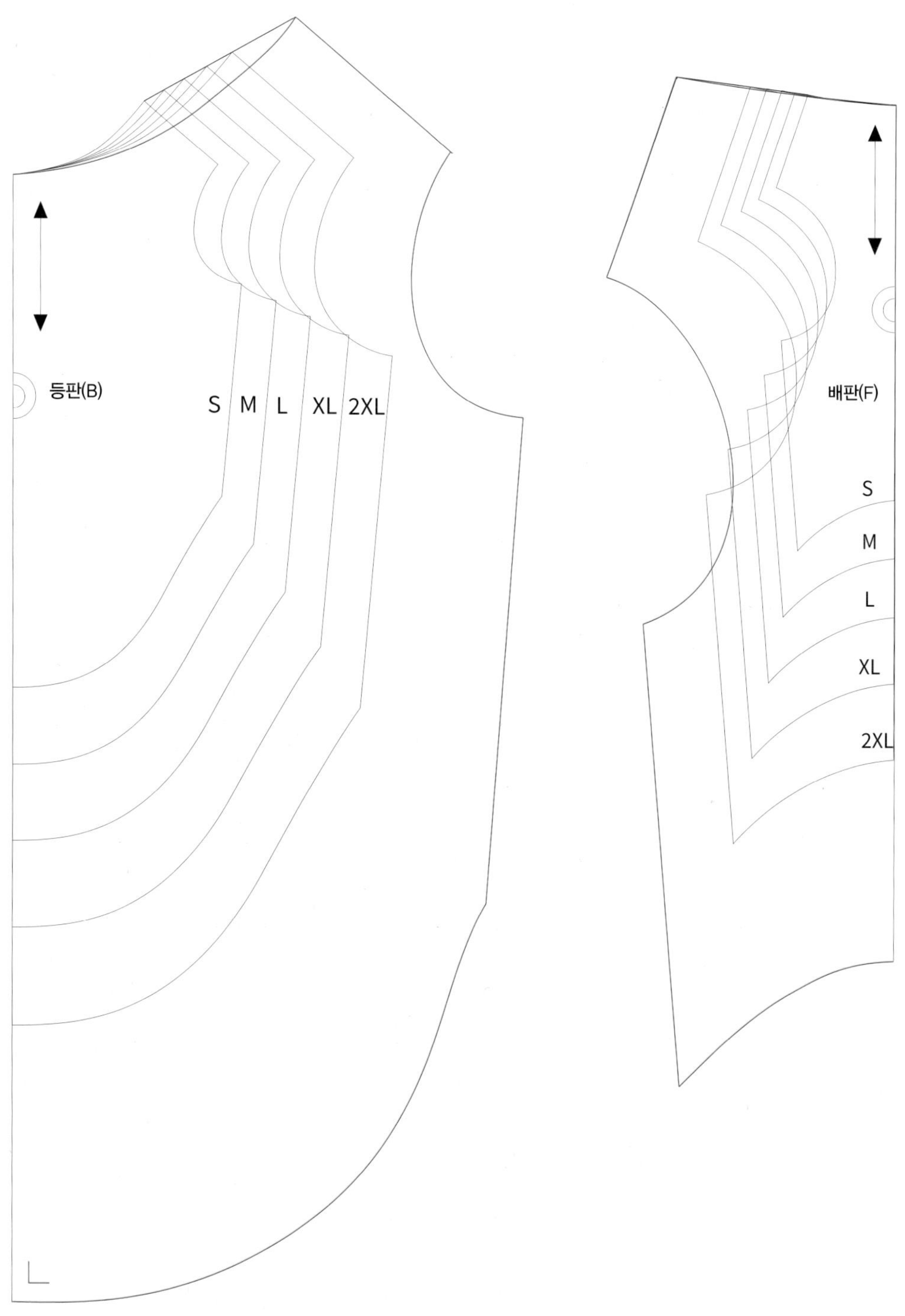

8

기본 패턴 수정 완성입니다. 이때 어깨길이와 옆선은 사이즈가 같게 수정해 주세요.

SECTION 3 샘플 시착 후 패턴 수정하기

몸판 패턴 수정하기

기준이 되는 샘플 시착 그림과 패턴입니다.

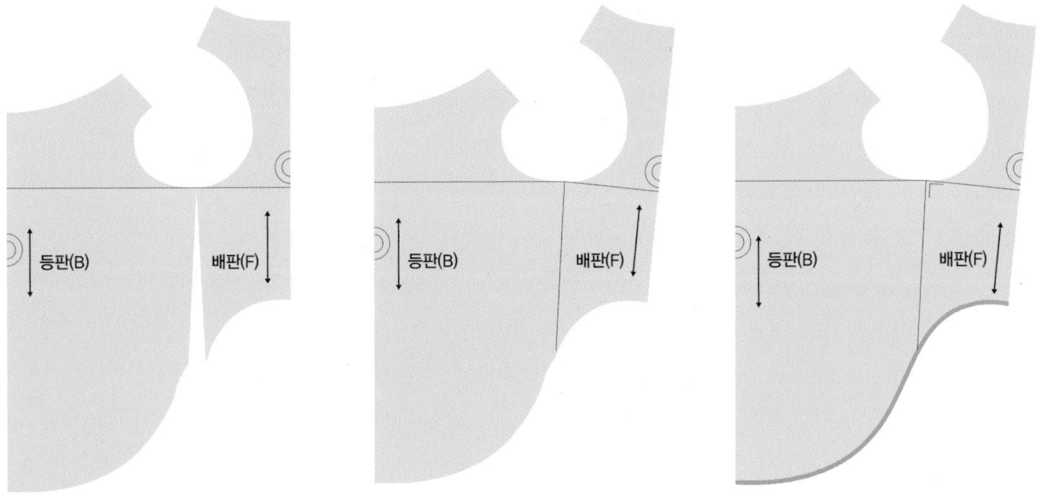

등판(B) 배판(F)

등판(B) 배판(F)

등판(B) 배판(F)

목둘레가 작을 때 목둘레만 크게 수정

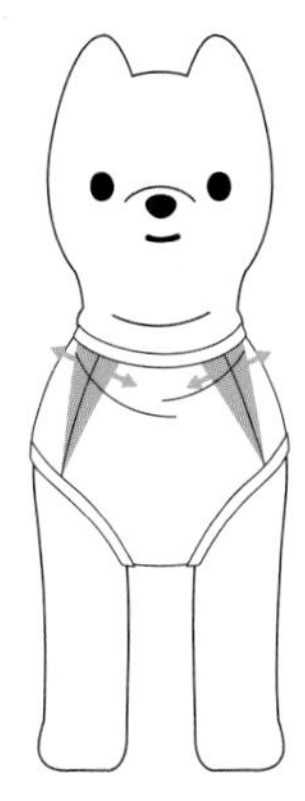

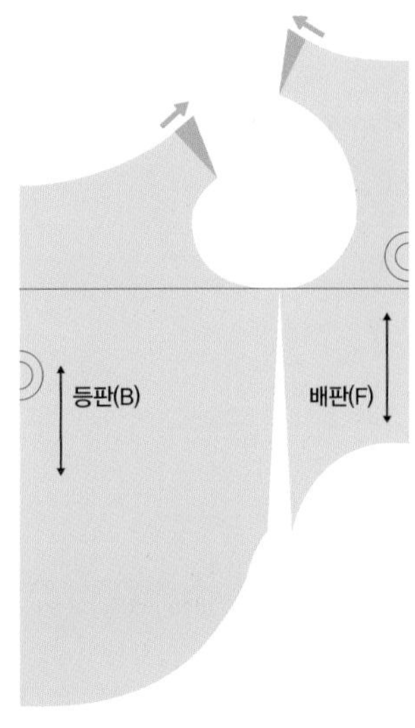

목둘레가 클 때 목둘레만 작게 수정

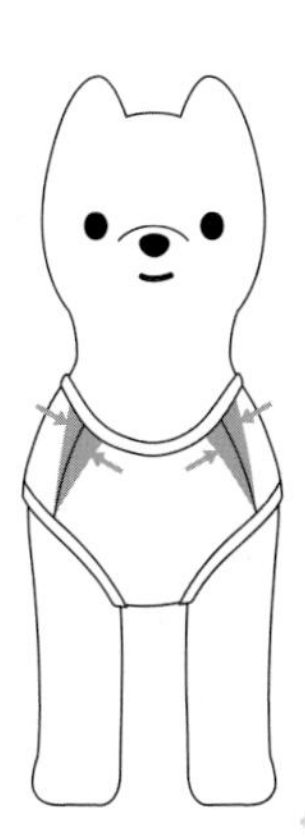

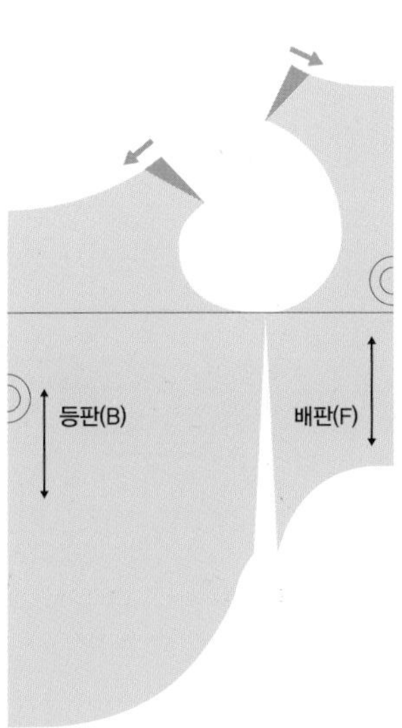

목둘레+진동둘레가 작을 때 목둘레+진동둘레 함께 크게 수정

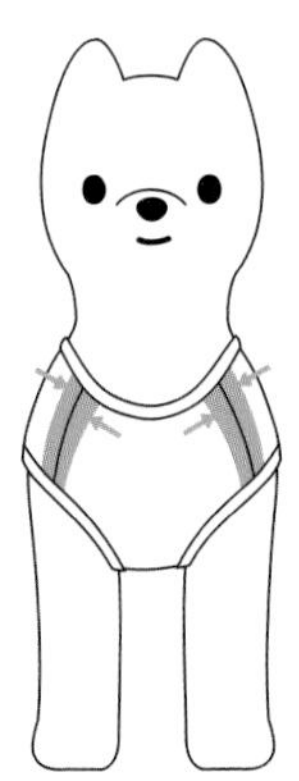

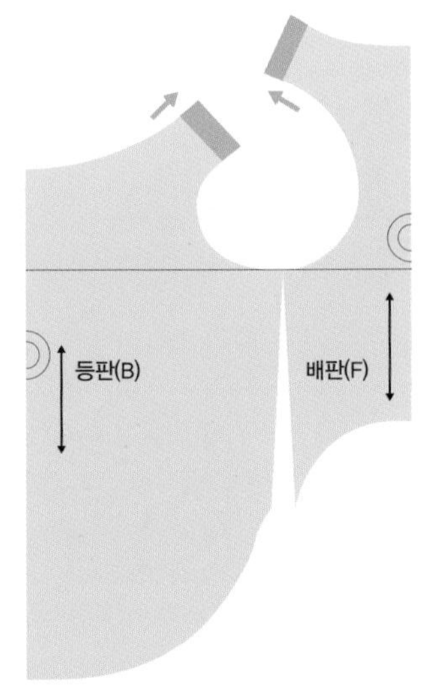

목둘레+진동둘레가 클 때 목둘레+진동둘레 함께 작게 수정

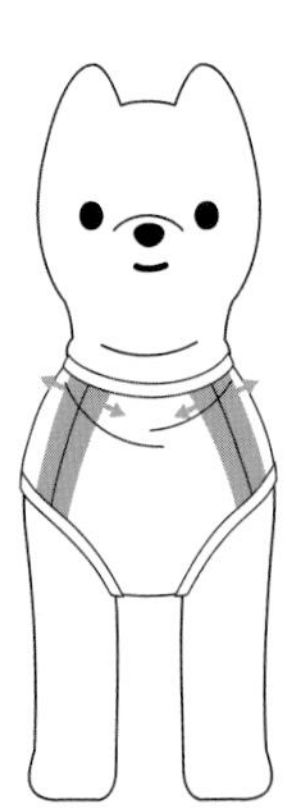

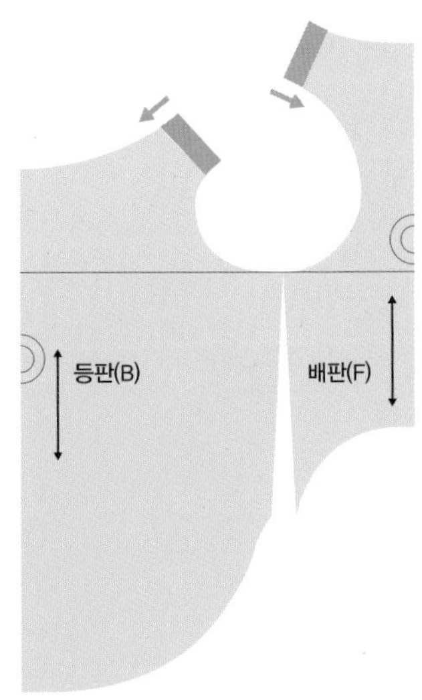

목둘레+가슴둘레가 작을 때 목둘레+가슴둘레 크게 수정

목둘레+가슴둘레가 클 때 목둘레+가슴둘레 작게 수정

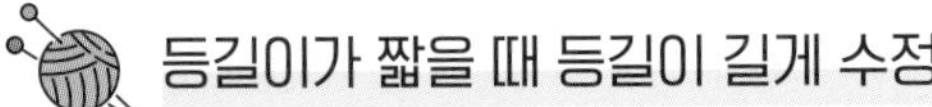

등길이가 짧을 때 등길이 길게 수정

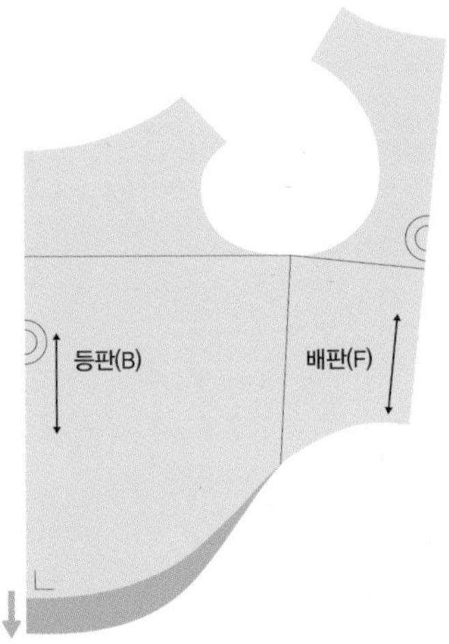

등길이가 길 때 등길이 짧게 수정

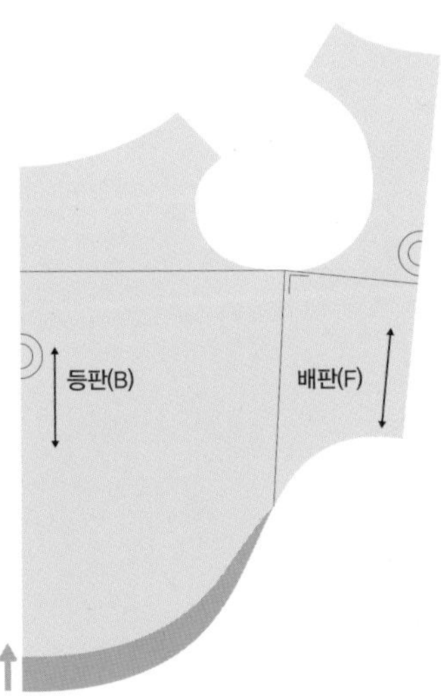

등너비가 작을 때 등너비 수정 (등판 진동둘레가 너무 클 때)

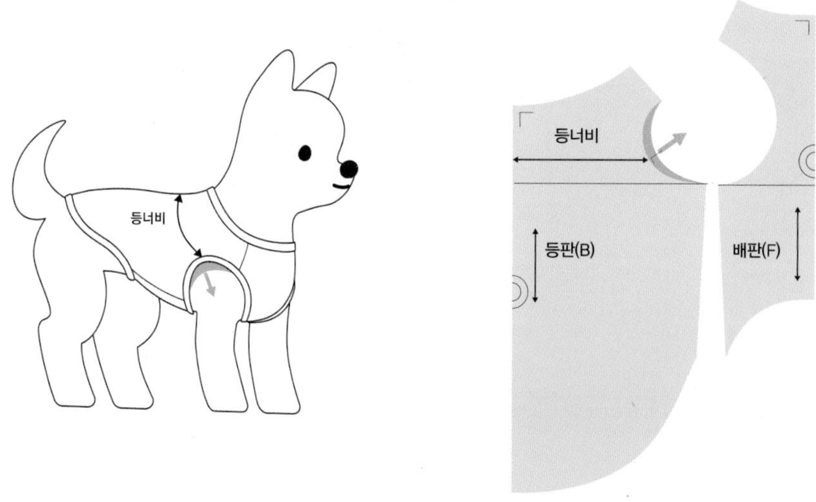

등너비가 넓을 때 등너비 수정 (등판 진동둘레가 너무 작을 때)

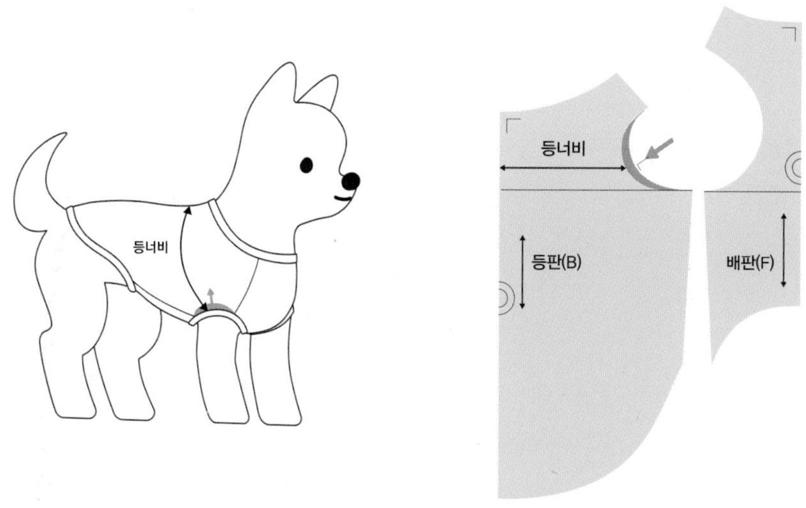

전체 진동둘레가 클 때 작게 수정

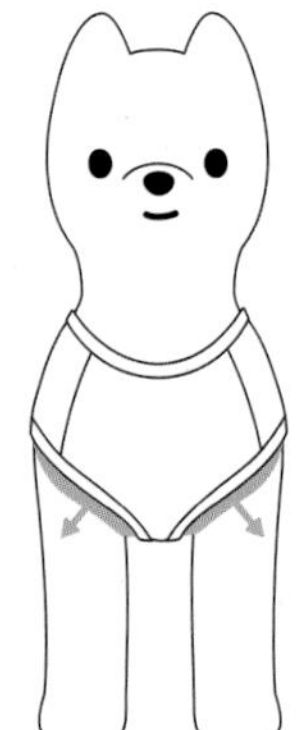

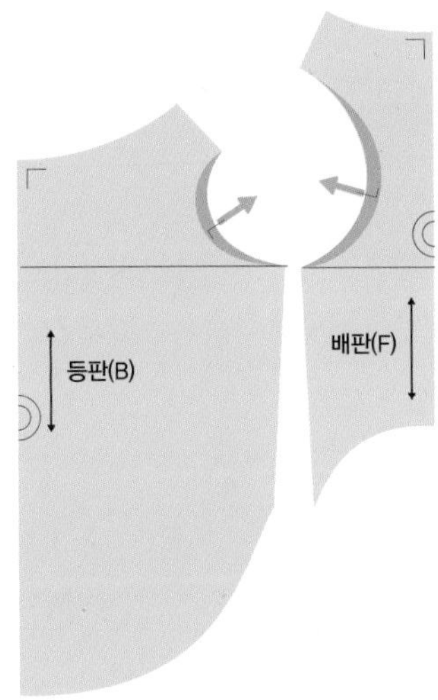

전체 진동둘레가 작을 때 크게 수정

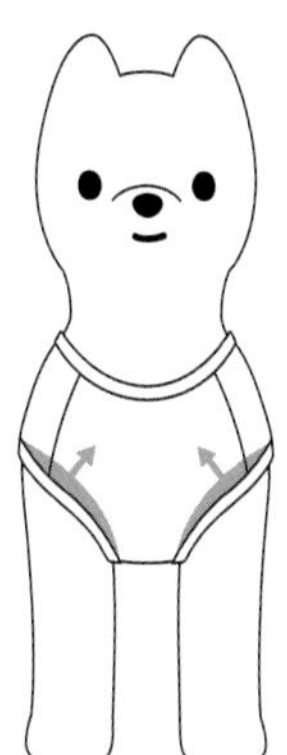

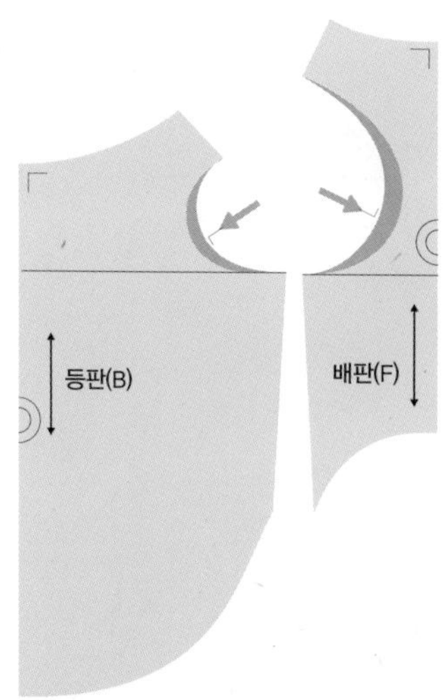

진동깊이가 깊어 겨드랑이 밑이 훤이 보일 때 진동깊이 낮게 수정

※ 진동깊이를 수정할 때는 소매의 소매산의 높이도 함께 수정합니다.

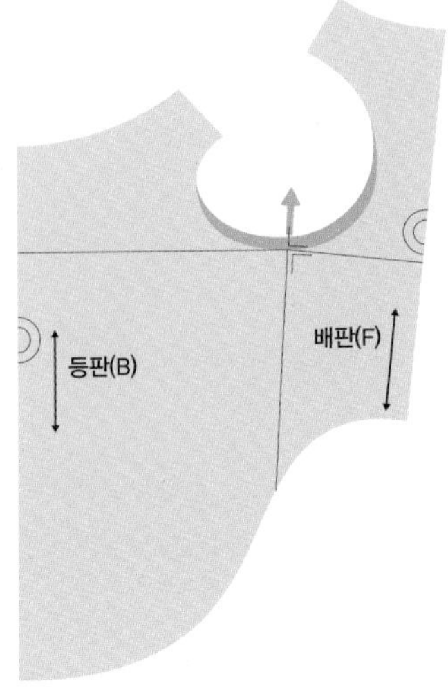

진동깊이가 낮아 겨드랑이 부분이 채여서 불편할 때 진동깊이 수정

※ 진동깊이를 수정할 때는 소매의 소매산의 높이도 함께 수정합니다.

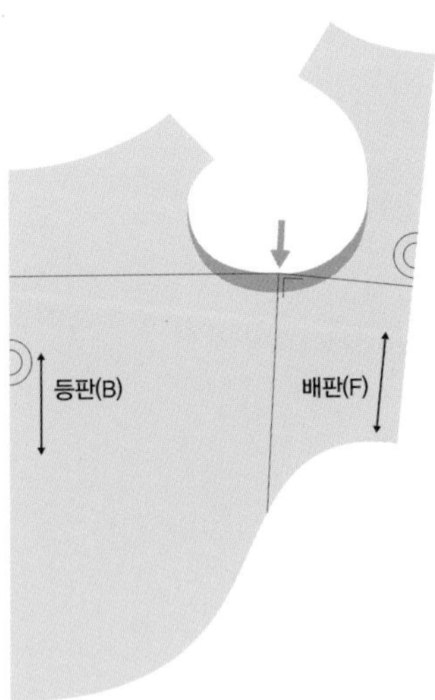

가슴폭이 좁아 진동둘레가 클 때 앞폭과 진동둘레를 함께 수정

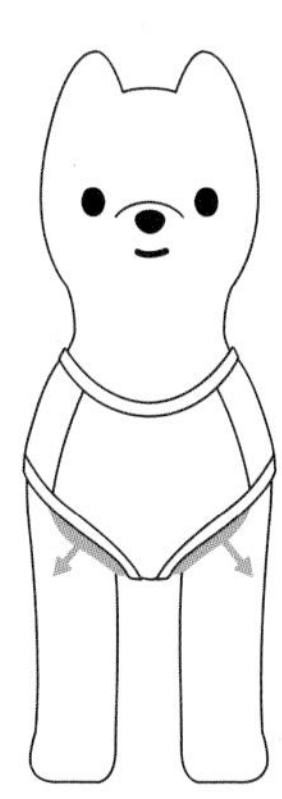

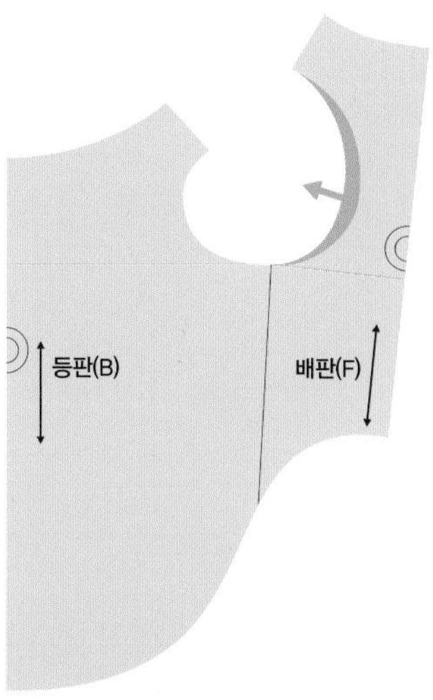

가슴폭이 넓어 진동둘레가 작을 때 앞폭과 진동둘레를 함께 수정

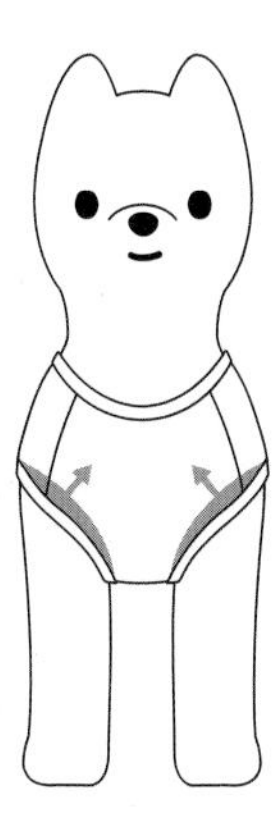

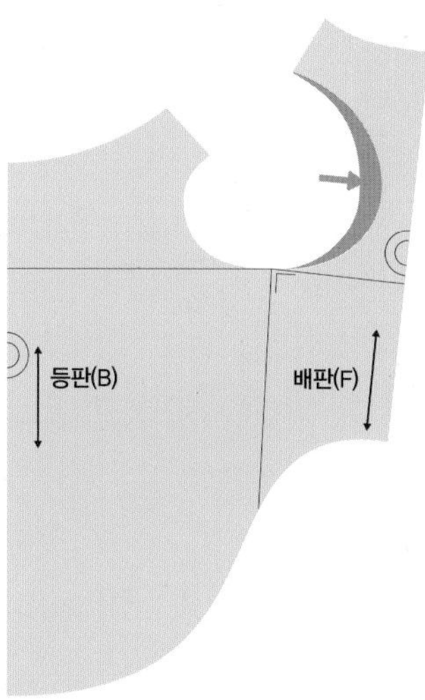

앞길이가 길고 진동둘레 클 때 앞길이와 진동둘레 함께 수정

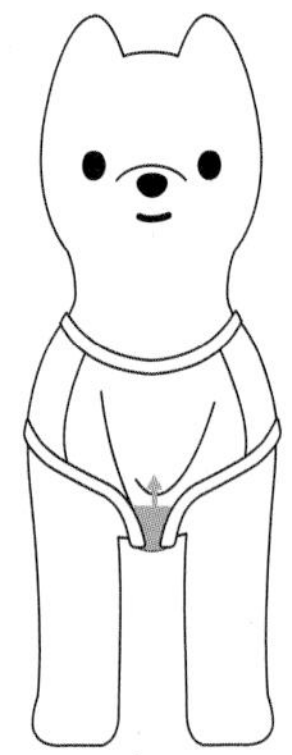

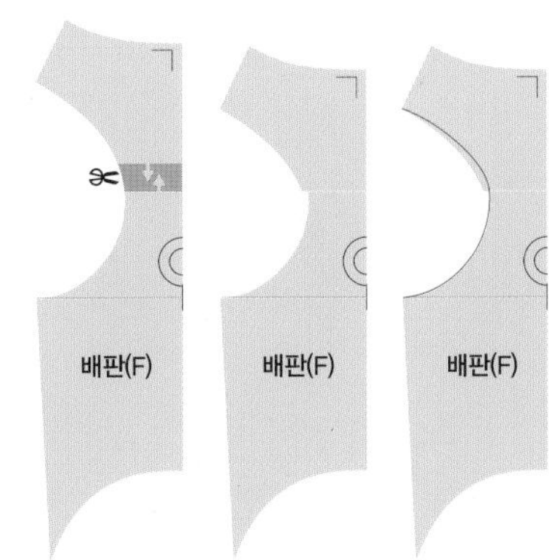

앞길이가 짧고 진동둘레 작을 때 앞길이와 진동둘레 함께 수정

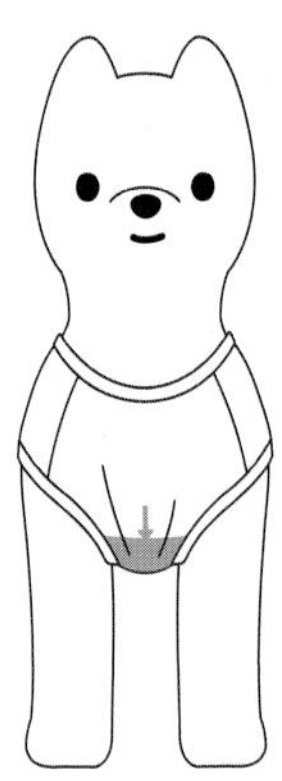

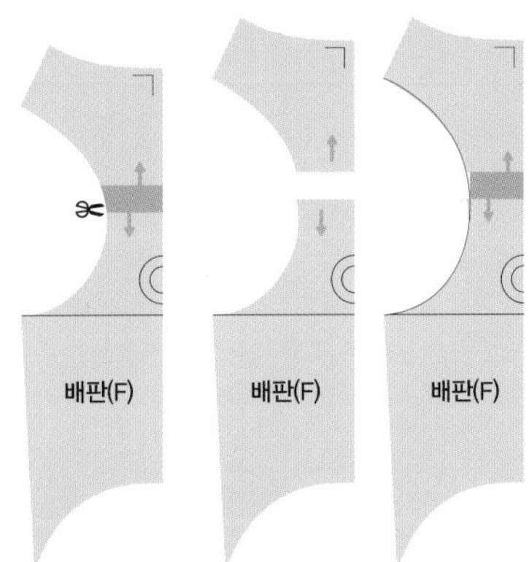

가슴둘레와 진동둘레 작을 때 가슴둘레와 진동둘레 함께 수정

가슴둘레와 진동둘레 클 때 가슴둘레와 진동둘레 함께 수정

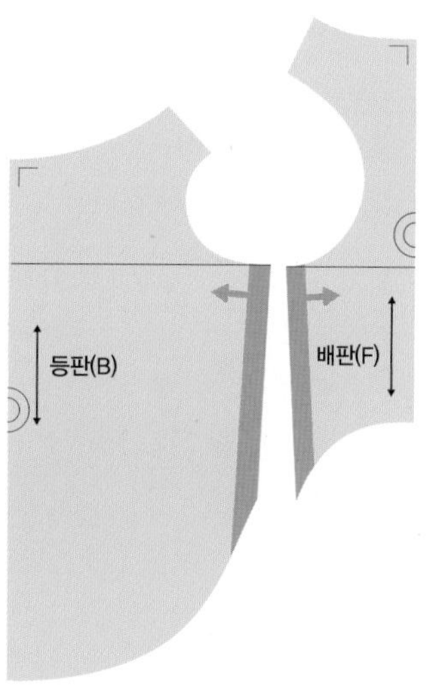

소매 패턴 수정하기

소매길이 수정

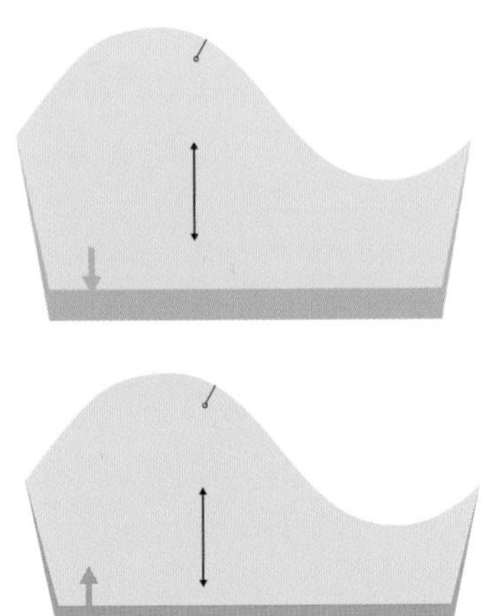

소매통 수정

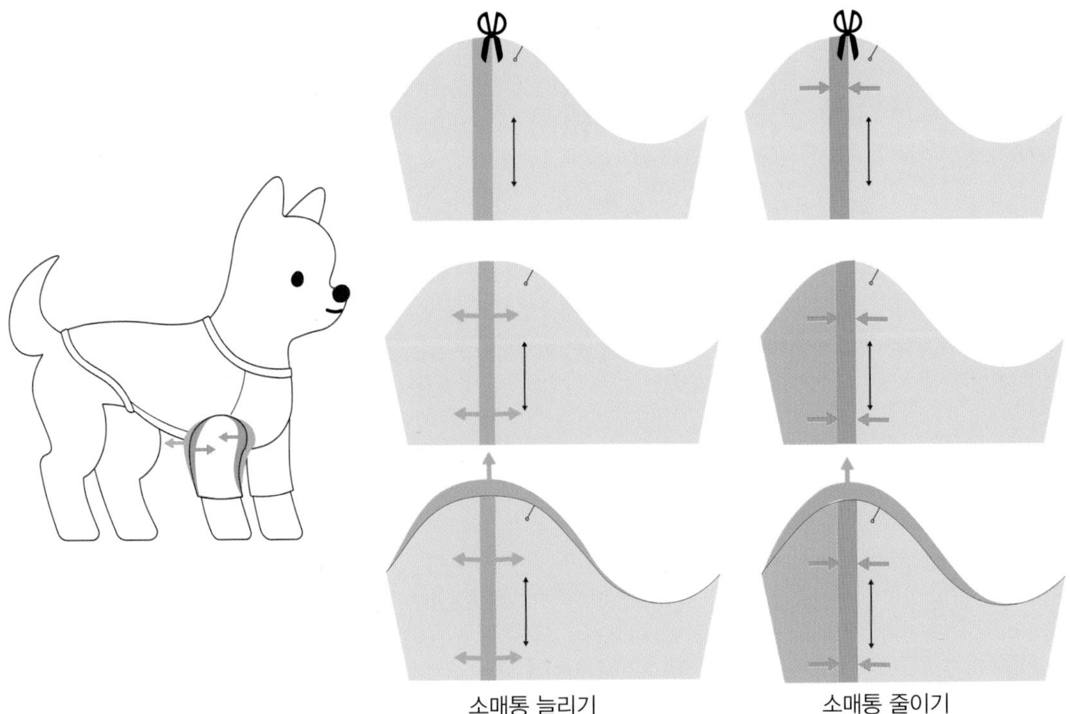

소매 밑단 넓고 좁게 수정

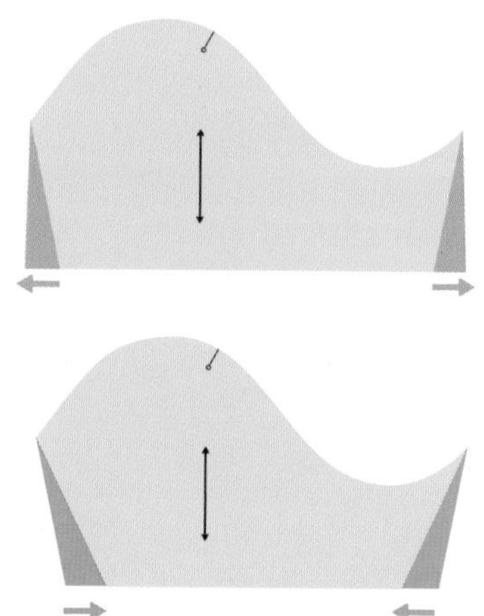

진동둘레(암홀) 크게 작게 수정

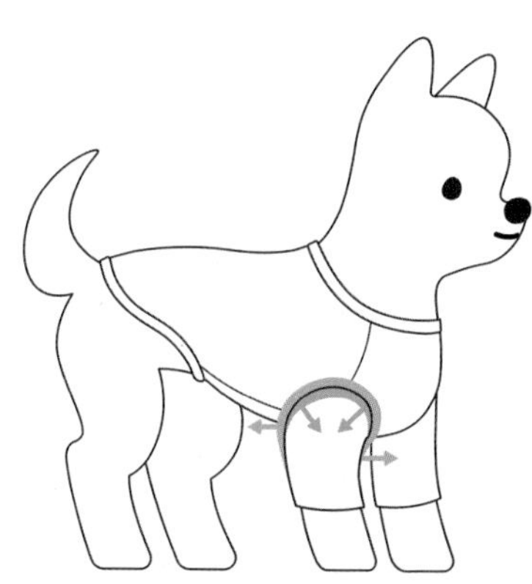

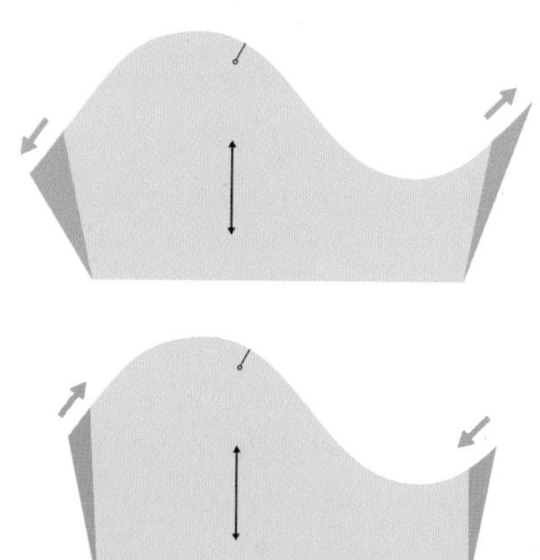

올인원 바지 패턴 수정하기

바지길이 수정

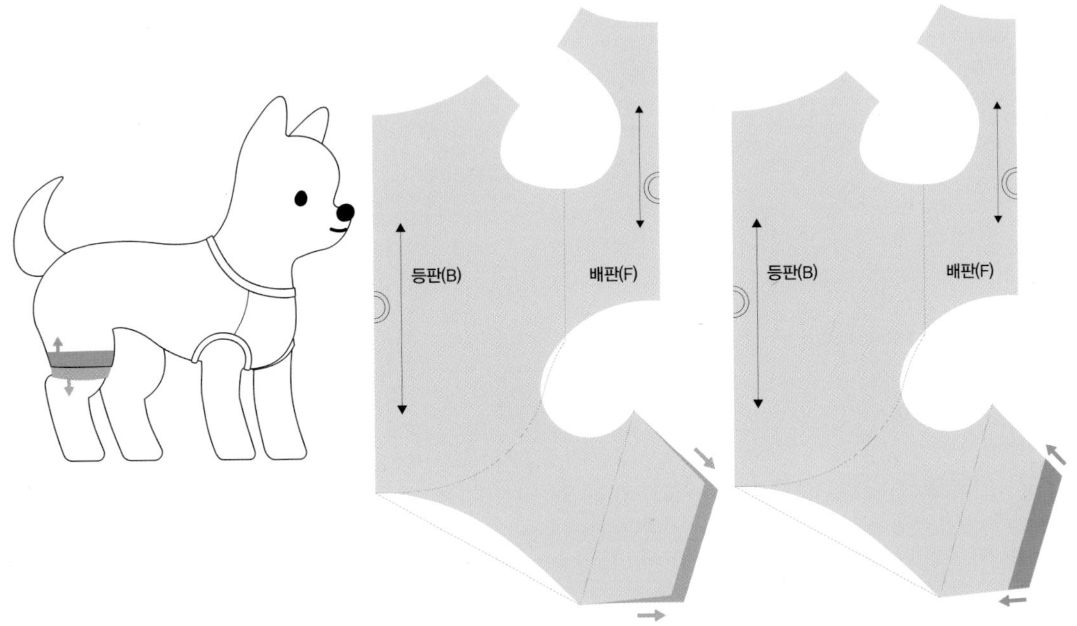

바지통 수정

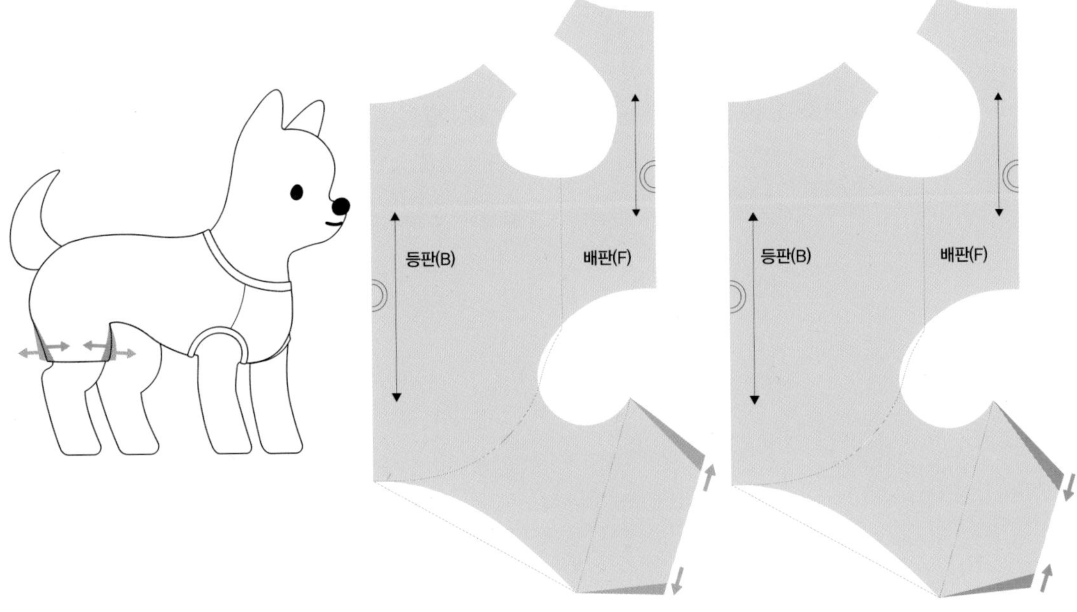

엉덩이 둘레 크고 작게 수정

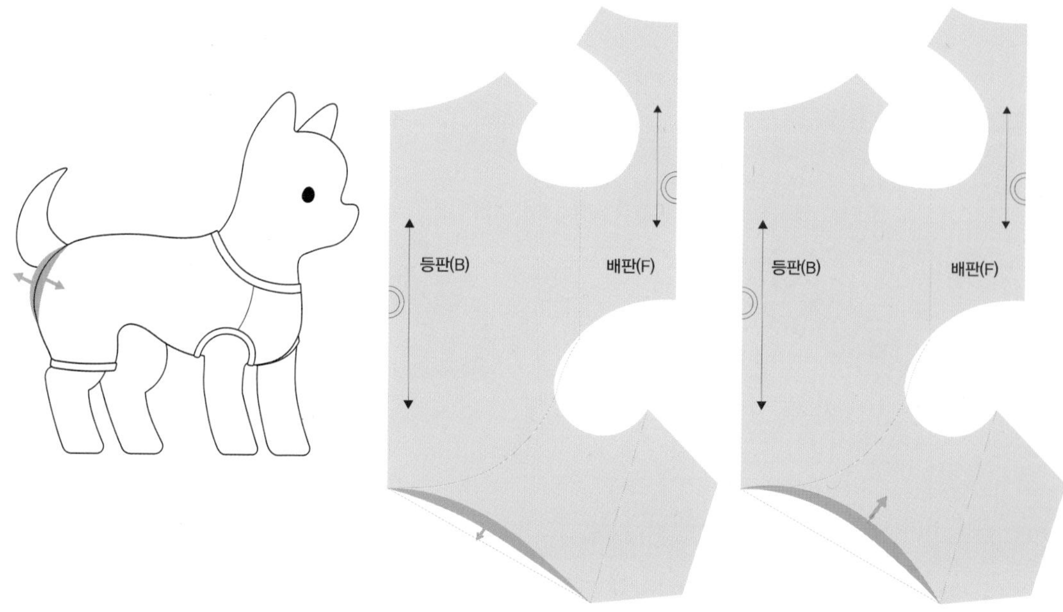

PET & PEOPLE LIFE
PART
3
momo boutique

사계절 강아지 옷 만들기

모모부띠끄 옷 사이즈 표 [cm]						
사이즈	S	M	L	XL	2XL	편차
목둘레 (N)	22	26	30	35	40	4~5
가슴둘레 (B)	33	38	44	50	57	5~7
등길이 (L)	23	26	29	33	36	2~4

모모부띠끄 모자 사이즈 표 [cm]			
사이즈	S	M	L
머리둘레	21~25	26~30	31~35

CHAPTER 1 멍크닉

SECTION ❶ 달달 솜사탕 민소매티

SECTION ❷ 하늘하늘 도트 뷔스티에

SECTION ❸ 궁디 팡팡 호박바지

SECTION ❹ 송송 레이스 블라우스

SECTION ❺ 선샤인 스퀘어 케이프

SECTION ❻ 뒹굴뒹굴 방수 매트

SECTION ❼ 너랑 노랑 나들이 백

SECTION ❽ 꽃길만 걷자 하네스 & 리드줄

SECTION ❾ 마카롱 네트 파우치

PET & PEOPLE LIFE

momo boutique

PLUTO

달달 솜사탕 민소매티

강아지 옷 만들기 입문 수업에서 가장 먼저 배우는 아이템이 민소매티입니다. 사계절 내내 언제 어디서나 편하게 입을 수 있는 달달 솜사탕 민소매티는 가장 기본이 되는 티셔츠이지만, 바이어스에 배색을 넣었고, 전사지와 부자재를 활용해 패셔너블한 민소매티로 완성했어요.

준비물(L SIZE 기준)

원단

1) 몸판 : 면 다이마루 옐로우 55cm X 40cm
2) 바이어스 테이프 : 면 다이마루 퍼플 – 90cm X 4cm, 블루 – 50cm X 4cm

부자재

1) 전사지

달달 솜사탕 민소매티 재단하기

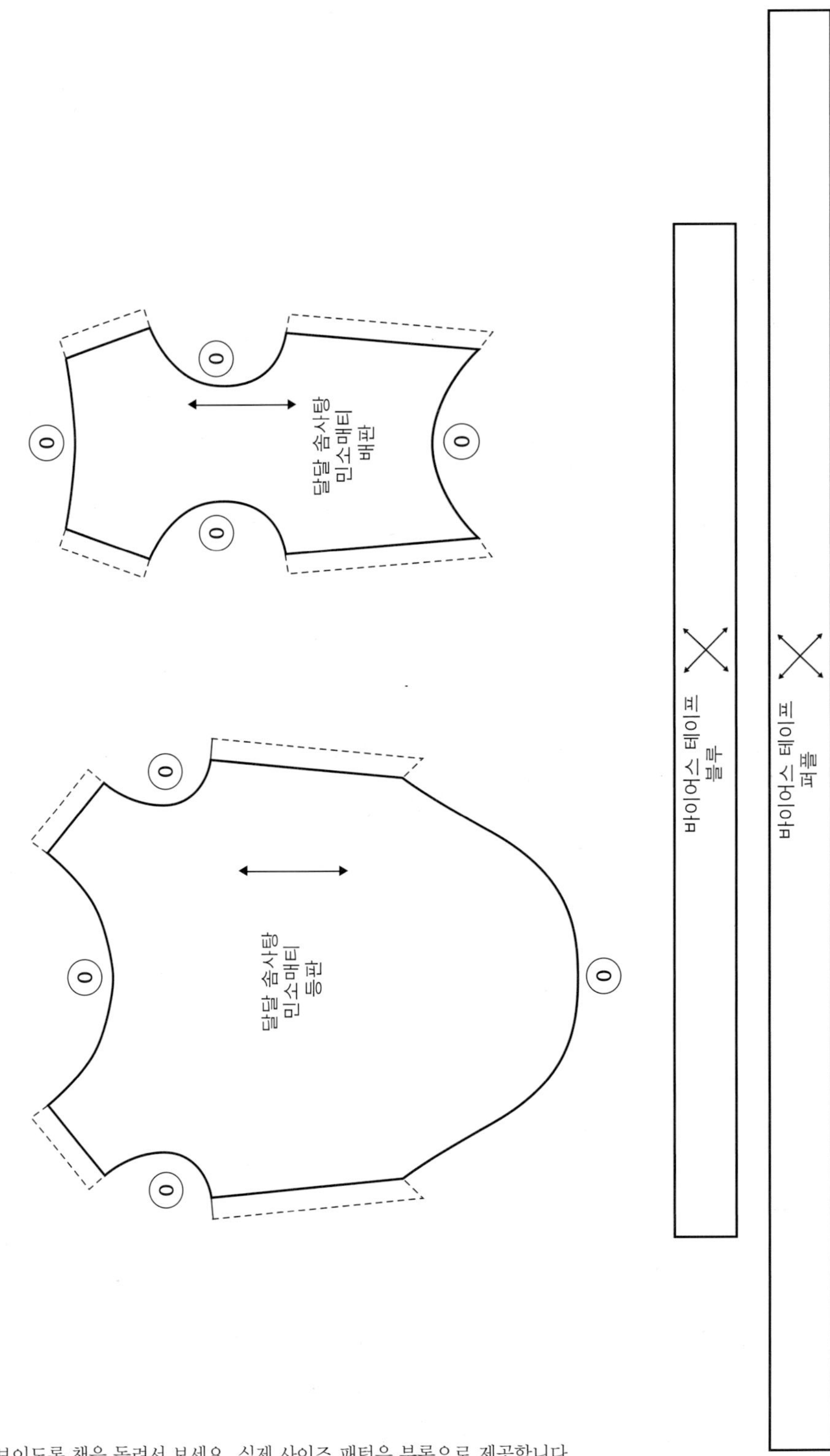

글자가 마주 보이도록 책을 돌려서 보세요. 실제 사이즈 패턴은 부록으로 제공합니다.

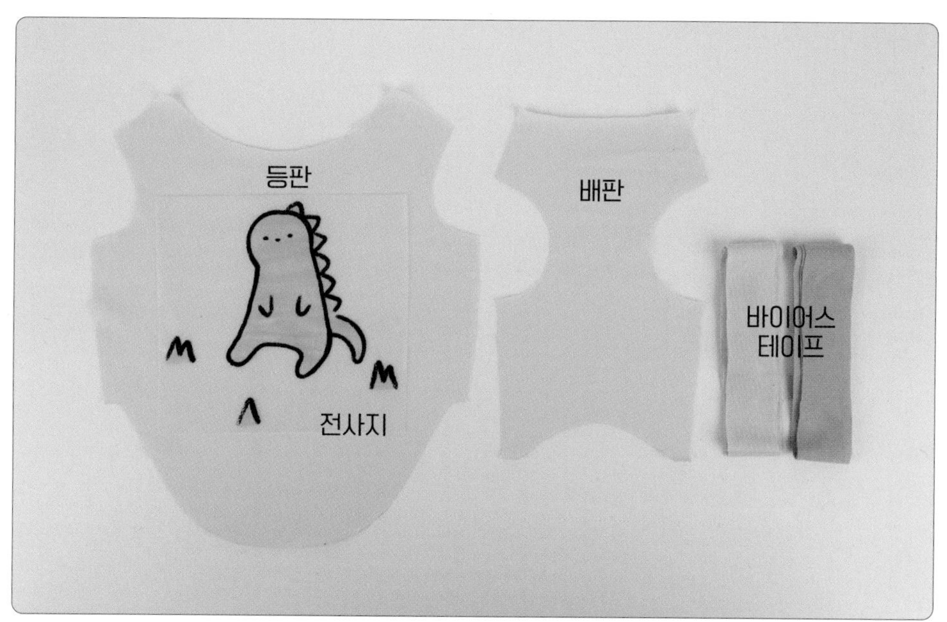

 원단 위에 패턴을 올린 후 시접분을 그려줍니다. 시접선을 따라 재단해 주세요.

재단 TIP

1. 시접 분량은 완성선에서 1cm를 더해 줍니다. 바이어스 랍빠로 처리할 부분은 시접이 없어요.
2. 끝이 뭉툭하지 않은 초크 혹은 펜을 사용하시면 더욱 정확하게 그릴 수 있습니다.
3. 재단할 때 중심 표시와 너치를 꼭 넣어주세요.
4. 원단의 식서 방향은 꼭 지켜주세요.

재봉 TIP

1. 다이마루는 텐션이 있는 원단입니다. 재봉틀 밑실, 그리고 오버록의 3, 4번 실을 날라리사를 사용하면 제품 완성 후에도 적당한 텐션을 유지할 수 있습니다.
2. 바이어스를 재봉하는 순서에서 바이어스 랍빠 도구를 이용하면 쉽고 깔끔하게 마무리할 수 있습니다.

바이어스 테이프 만들기 

바이어스 랍빠 치기 

재봉 따라하기

1

시접 부분을 염두하고 등판에 전사지를 올려 다림질해 주세요. 열을 충분히 식힌 다음 전사지를 떼어내 주세요.

※ 사용할 사이즈의 등판 패턴 안에 들어가는 크기의 전사지를 선택해 주세요.

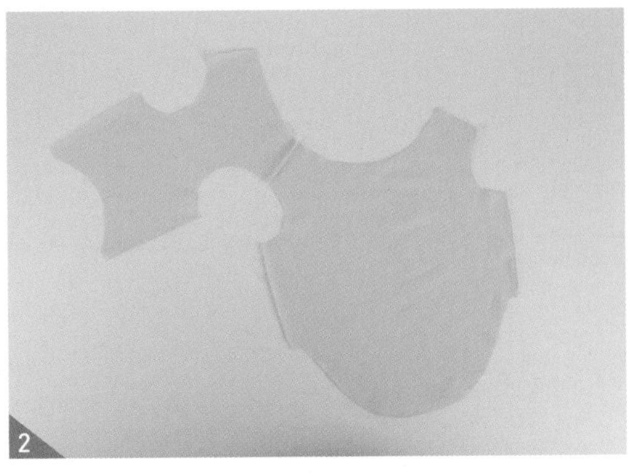

2

착용시 오른쪽 어깨를 재봉한 후 오버록이나 지그재그 박기로 시접을 정리하고 등쪽으로 시접을 넘겨 다림질해 주세요.

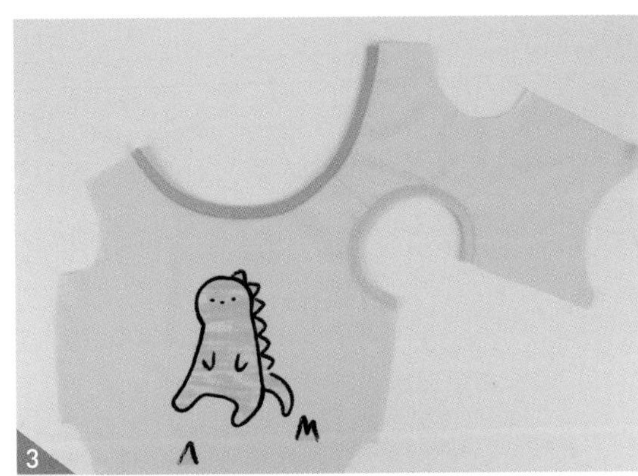

3

목둘레 전체와 착용시 오른쪽 암홀을 바이어스 테이프로 바이어스 랍빠를 쳐 주세요.

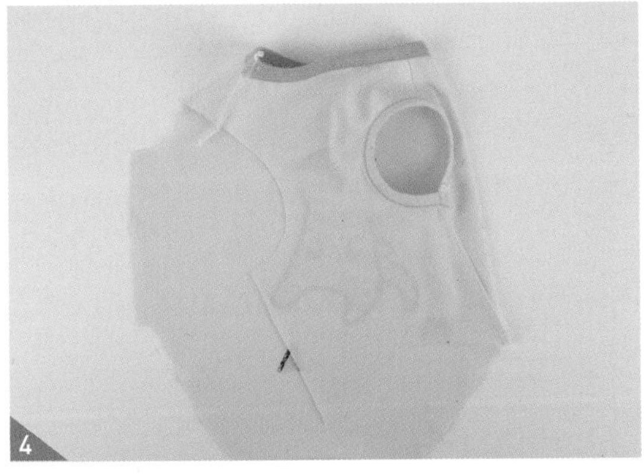

4

착용시 왼쪽 어깨와 오른쪽 옆선을 재봉한 후 오버록이나 지그재그 박기로 시접을 정리해 주세요. 오버록 실은 3~4cm 길게 남기고 잘라 주세요.

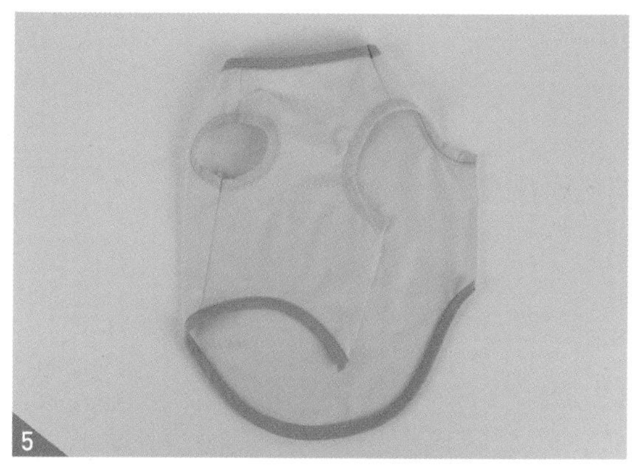

5

착용시 왼쪽 암홀과 밑단 전체를 바이어스 테이프로 바이어스 랍빠를 쳐 주세요.

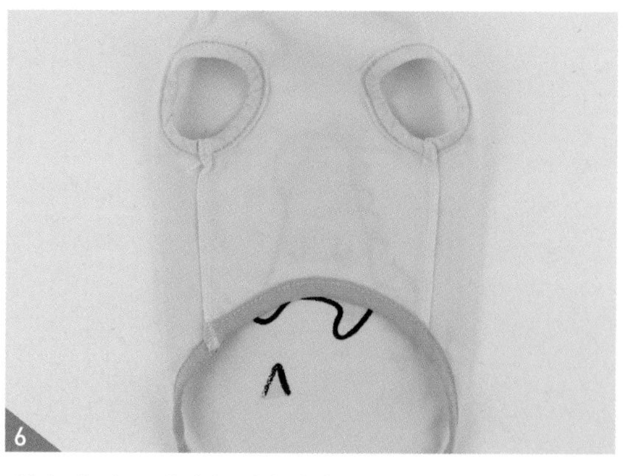

6

착용시 왼쪽 옆선을 재봉한 후 오버록이나 지그재그 박기로 시접을 정리해 주세요.

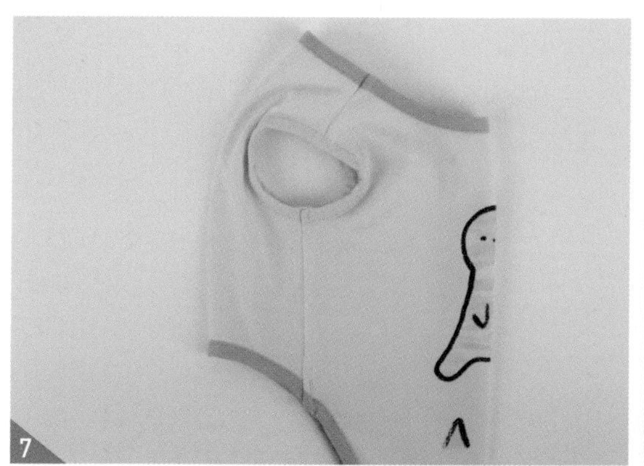

7

어깨, 밑단, 암홀 시접을 등쪽으로 넘긴 후 남겨둔 오버록 실을 시접 사이에 끼워 눌러 박아주세요.

8

완성입니다.

하늘하늘 도트 뷔스티에

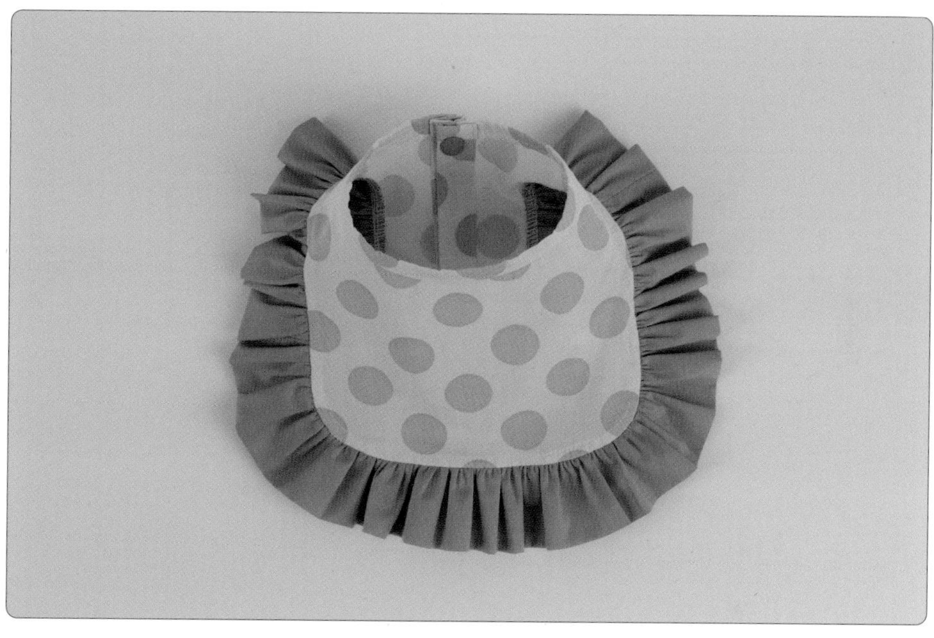

하늘하늘 도트 뷔스티에는 아이들 체형에 상관없이 간편하게 입히기 좋은 아이템입니다. 암홀이 없어 옷 입기 싫어하는 아이들도 잘 입을 수 있고, 프릴 또는 레이스 등을 활용하여 러블리한 패션을 완성했어요.

준비물(L SIZE 기준)

원단

1) 몸판 : 도트 프린트 면 직기 60cm X 30cm
2) 바이어스 테이프 : 도트 프린트 면 직기 45cm X 4cm
3) 프릴감 : 무지 면 직기 200cm X 8cm (프릴 달릴 부분 * 2.5배 + 여유분)

부자재

1) 고무줄(1cm 폭) 25cm
2) T단추 3세트

하늘하늘 도트 뷔스티에 재단하기

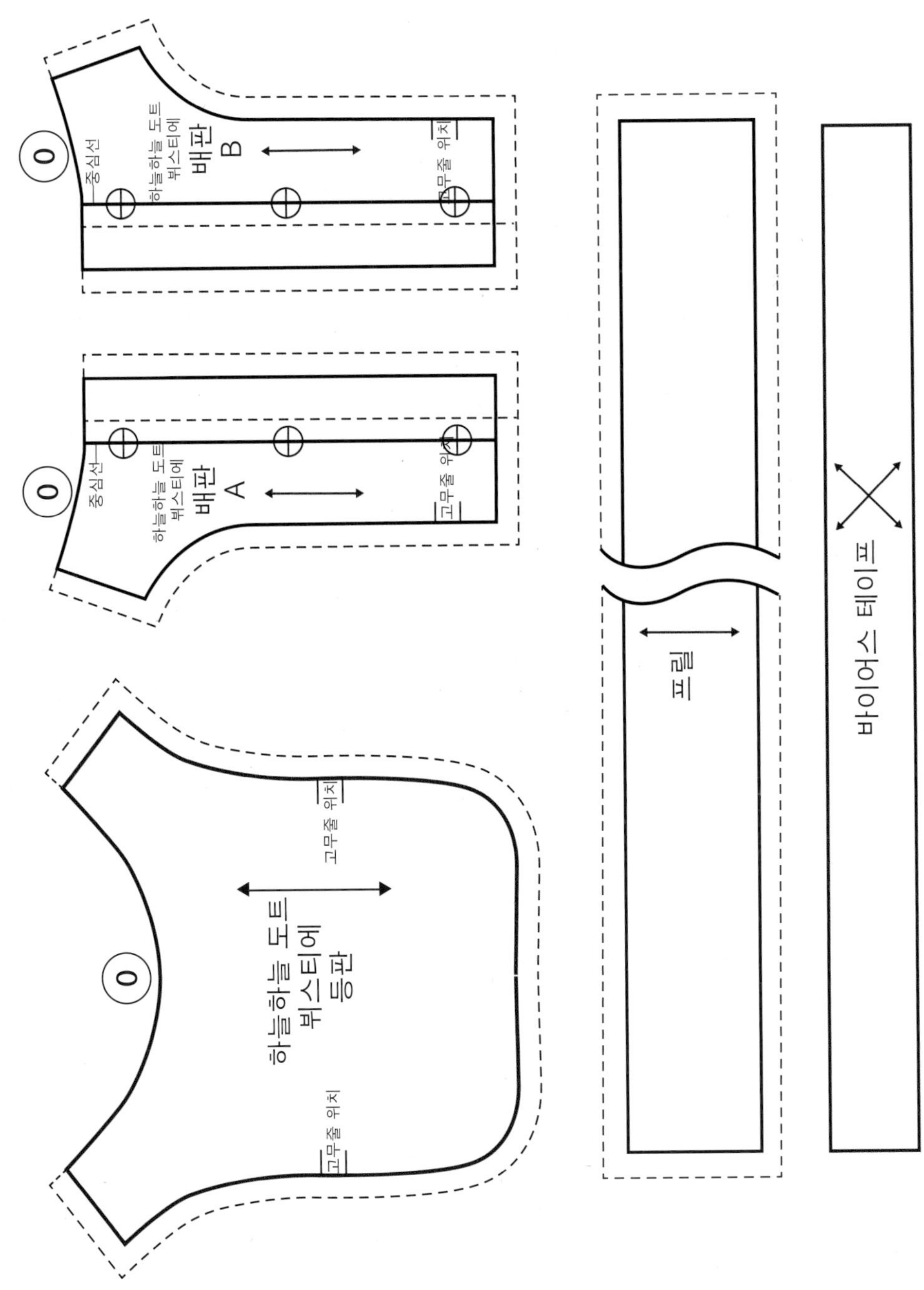

글자가 마주 보이도록 책을 돌려서 보세요. 실제 사이즈 패턴은 부록으로 제공합니다.

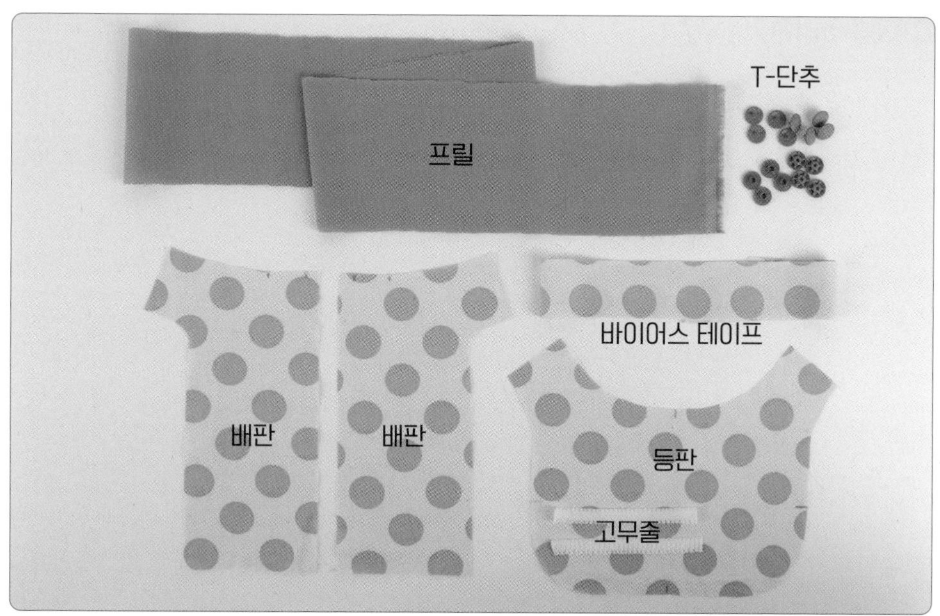

 원단 위에 패턴을 올린 후 시접분을 그려줍니다. 시접선을 따라 재단해 주세요.

재단 TIP

1. 시접 분량은 완성선에서 1cm를 더해 줍니다. 바이어스 랍빠로 처리할 부분은 시접이 없어요.
2. 끝이 뭉툭하지 않은 초크 혹은 펜을 사용하시면 더욱 정확하게 그릴 수 있습니다.
3. 재단할 때 중심 표시와 너치를 꼭 넣어주세요.
4. 원단의 식서 방향은 꼭 지켜주세요.

재봉 TIP

1. 바이어스를 재봉하는 순서에서 바이어스 랍빠 도구를 이용하면 쉽고 깔끔하게 마무리할 수 있습니다.

T단추 달기 

바이어스 테이프 만들기 

바이어스 랍빠 치기

프릴 만들기 

재봉 따라하기

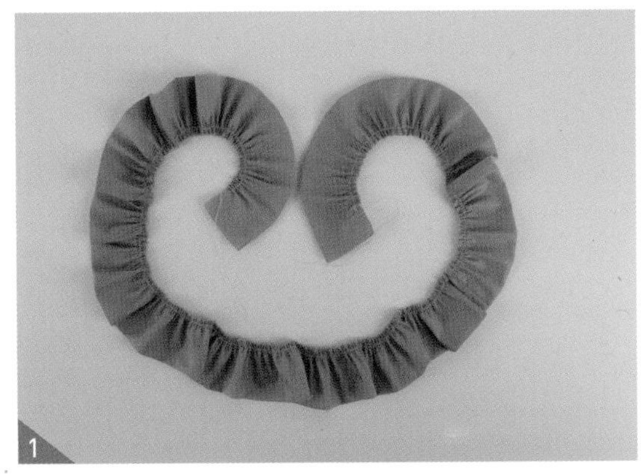

준비한 프릴감을 푸서 방향으로 반으로 접어 다림질하고 중심을 열펜으로 표시해 주세요. 주름 노루발로 교체한 후 시접 0.7cm로 주름을 잡아주세요. 주름 분량은 완성 사이즈의 2.5배입니다.

양쪽 끝 1.5cm는 주름을 잡지 마세요. 양쪽 끝 재봉 실은 20cm 정도 남겨 프릴 완성 사이즈에 맞추어 프릴 분량을 정리해 주세요

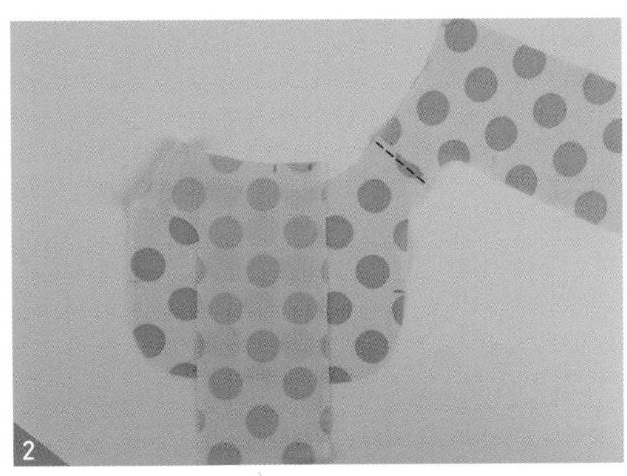

배판과 몸판의 어깨선을 겉면끼리 마주 대고 재봉한 후 오버록이나 지그재그 박기로 시접을 정리해 주세요. 겉면에서 0.5cm 상침해 주세요.

목둘레에 바이어스 테이프로 바이어스 랍빠를 쳐주세요.

배판의 좌우 여밈 부분의 시접을 1cm 접어 다림질한 후 또 2cm를 안쪽으로 접어 다림질해 주세요. 배판 안쪽을 위로 놓아 두고 접힌 시접에서 0.2cm 안쪽으로 눌러 박아주세요.

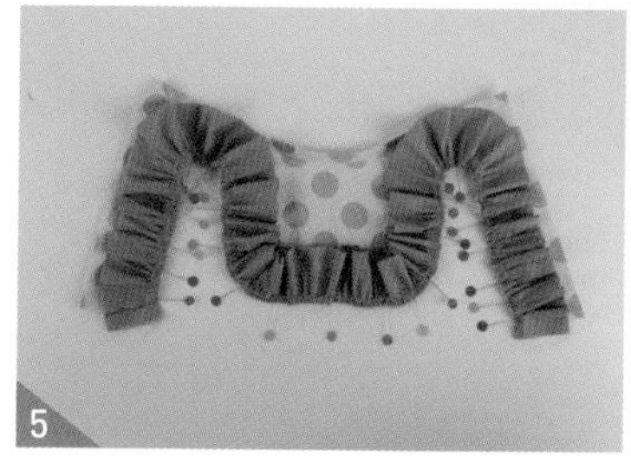

6

프릴과 몸판을 중심선에 맞추어 시침 핀으로 고정한 후 1cm 시접으로 재봉해 주세요.

고무 리본 위치에 리본을 눌러 박아 주세요.

※ 몸판의 겉, 프릴, 그 위에 고무의 안쪽이 위를 향하도록 차곡차곡 쌓으면 됩니다.

프릴과 몸판의 시접을 함께 오버록이나 지그재그 박기를 해준 후 0.5cm 상침해 주세요.

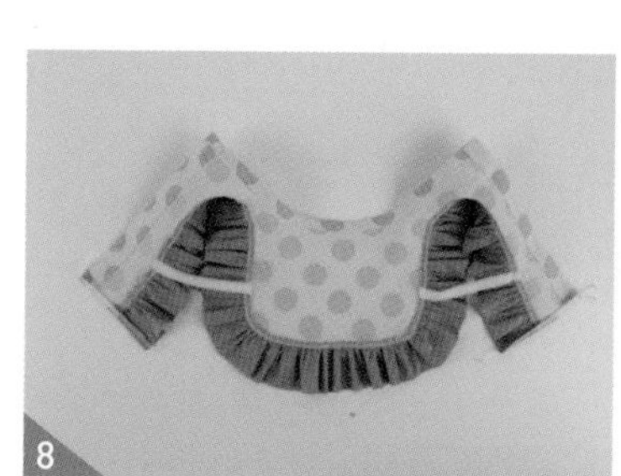

양쪽 배판 밑단을 오버록이나 지그재그 박기로 시접을 정리한 후 1cm 안쪽으로 접어 다려주세요. 이때 양쪽 오버록 실을 3cm 길게 잘라 둡니다.

접어 둔 배판 밑단을 재봉해 주세요. 이때 길게 남겨둔 오버록 실을 시접과 몸판 사이에 넣어 눌러 박아 주세요. 튀어나온 실은 잘라주세요. 배판에 T단추를 달아주세요.

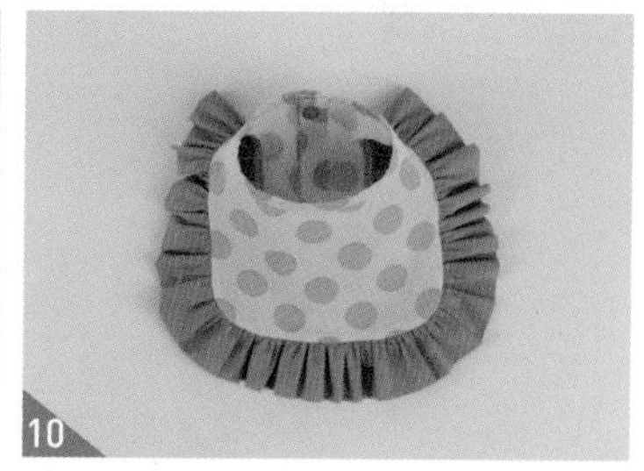

완성입니다.

ROSÉ VINUM

궁디 팡팡 호박바지

빵빵한 뒤태가 매력적인 올인원 호박바지입니다. 볼륨이 있어 아이들이 활동하기에도 좋은 아이템입니다. 다음 아이템인 송송 레이스 블라우스와 레이어드하면 또 다른 스타일이 완성됩니다. 고무줄 넣는 방법으로 다양한 아이템에도 활용해 보세요.

준비물(L SIZE 기준)

원단

1) 몸판 : 무지 면 직기 100cm X 50cm
2) 바이어스 테이프 : 무지 면 직기 100cm X 4cm

부자재

1) 4골 고무줄 85cm

▶ 궁디 팡팡 호박바지 재단하기

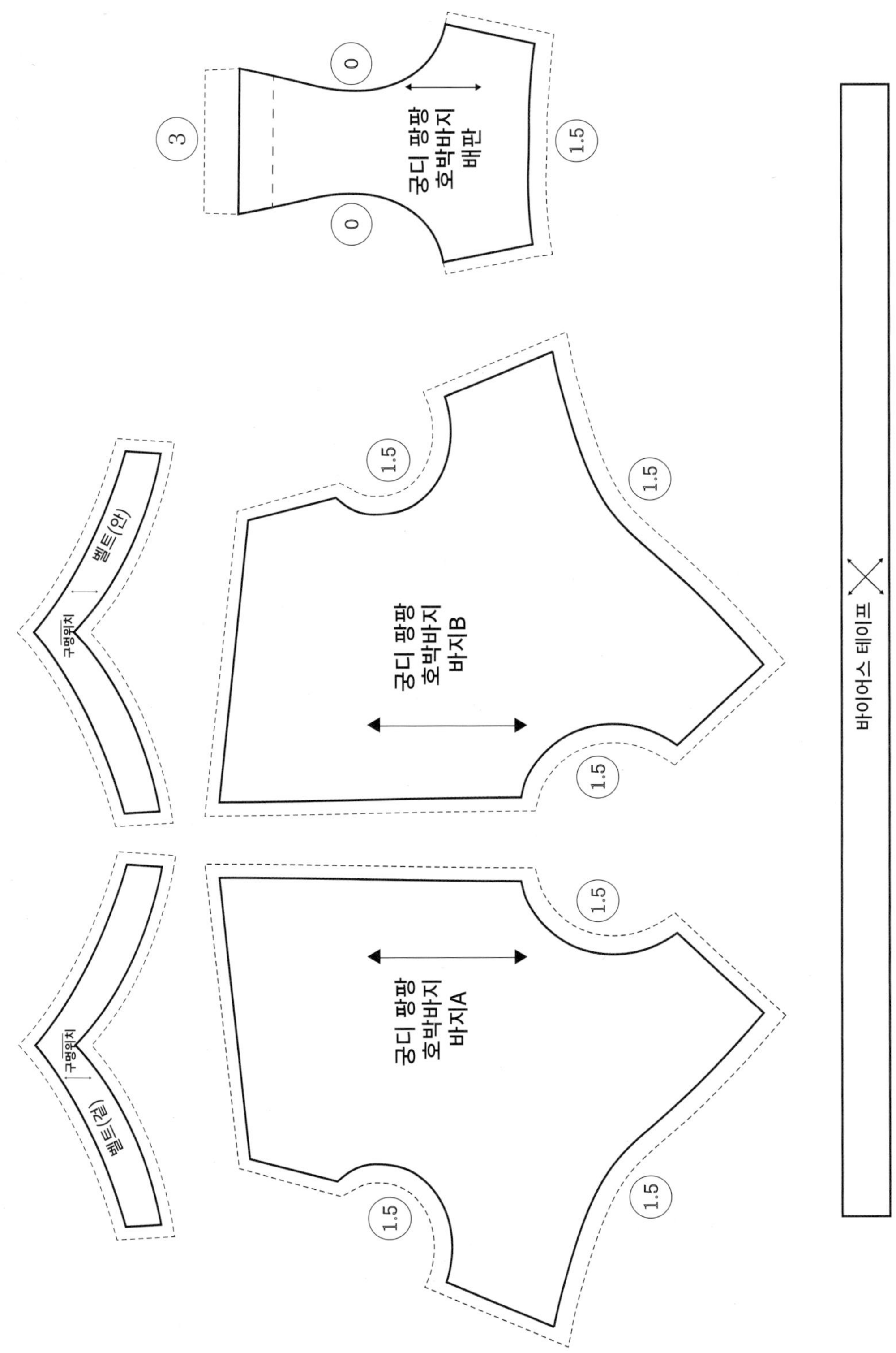

글자가 마주 보이도록 책을 돌려서 보세요. 실제 사이즈 패턴은 부록으로 제공합니다.

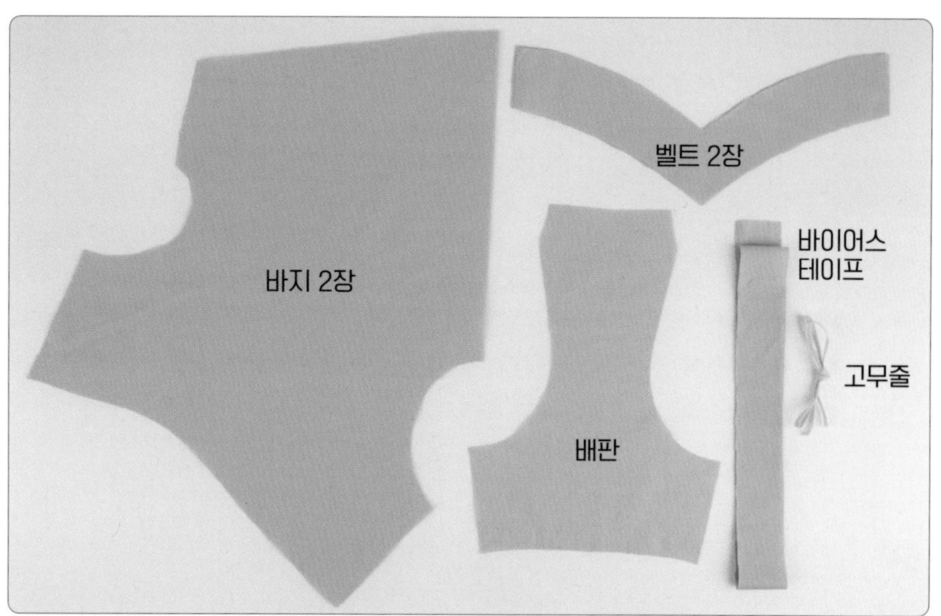

 원단 위에 패턴을 올린 후 시접분을 그려줍니다. 시접선을 따라 재단해 주세요.

재단 TIP

1. 시접 분량은 완성선에서 1cm를 더해 줍니다. 바이어스 랍빠로 처리할 부분은 시접이 없어요.
2. 고무줄이 들어가는 밑단은 시접을 1.5cm 더해 줍니다.
3. 끝이 뭉툭하지 않은 초크 혹은 펜을 사용하시면 더욱 정확하게 그릴 수 있습니다.
4. 재단할 때 중심 표시와 너치를 꼭 넣어주세요.
5. 원단의 식서 방향은 꼭 지켜주세요.

재봉 TIP

1. 바이어스를 재봉하는 순서에서 바이어스 랍빠 도구를 이용하면 쉽고 깔끔하게 마무리할 수 있습니다.

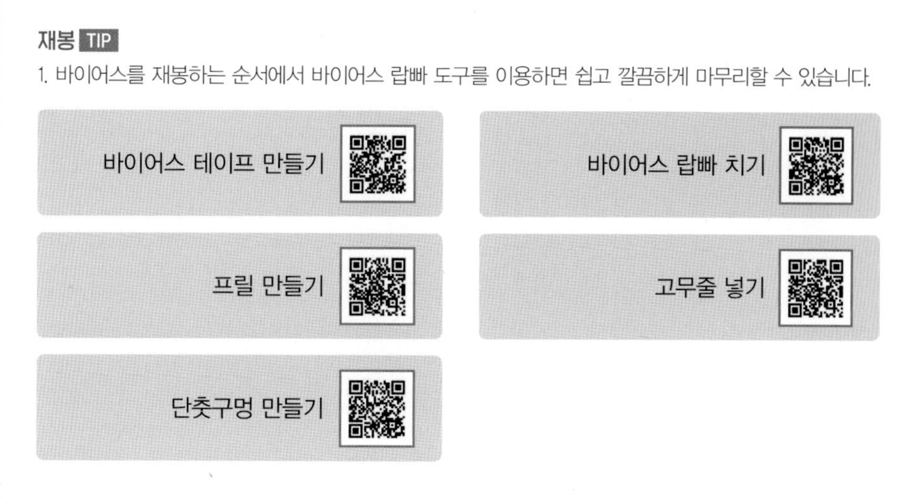

▶ 재봉 따라하기

벨트 두 장을 겉끼리 마주 대고 재봉해 주세요.

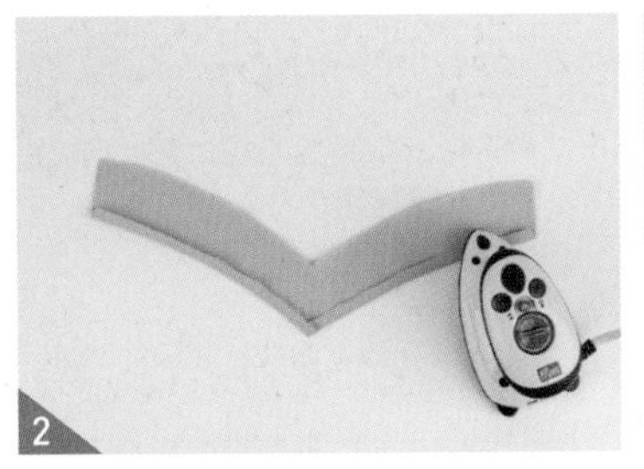

재봉한 부분의 시접을 접어 다림질해 주세요.

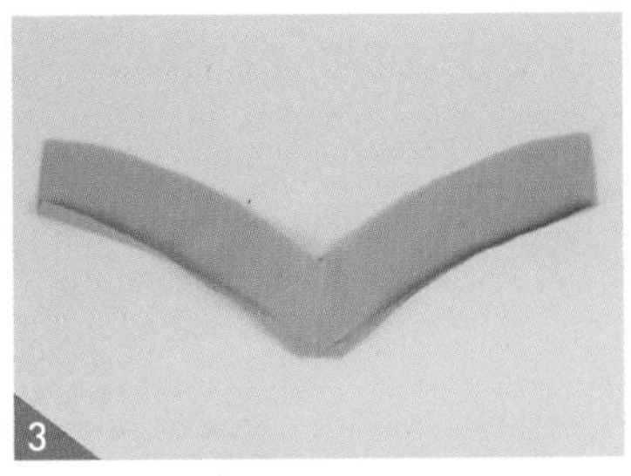

시접 모서리를 자른 후 시접을 한 쪽으로 접어 다림질해 주세요. 이때 봉제선을 자르지 않도록 주의해야 합니다.

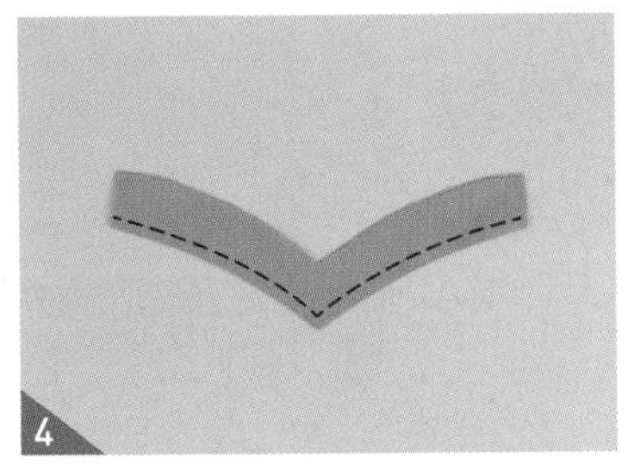

벨트를 뒤집어서 다림질해 준 후 봉재선이 들어간 쪽에 0.1cm 상침해 주세요.

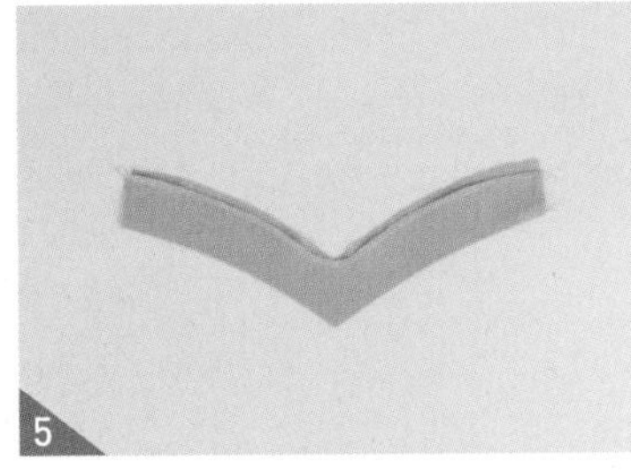

벨트 한쪽 시접을 오버록이나 지그재그 박기로 처리해 주세요. 모서리는 커브를 만들어 줍니다.

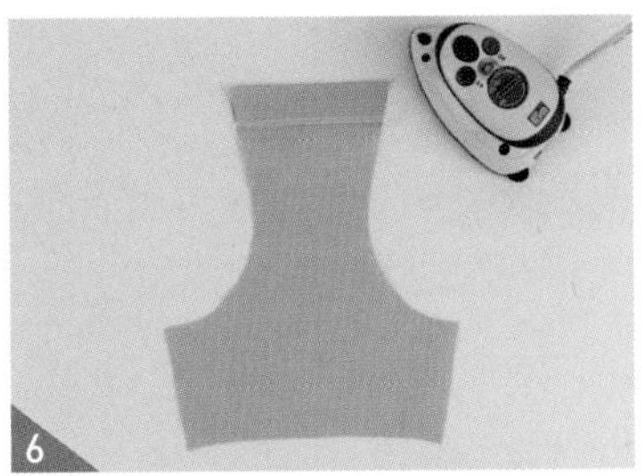

배판 안단에 오버록이나 지그재그 처리 후 접어서 다림질해 주세요.

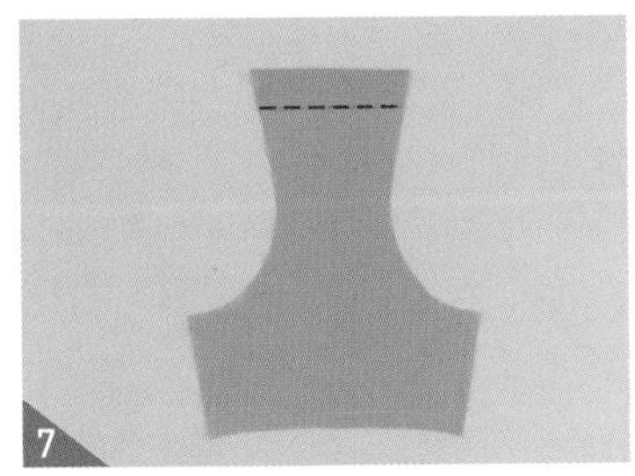

안단에 상침을 넣어 고정해 주세요.

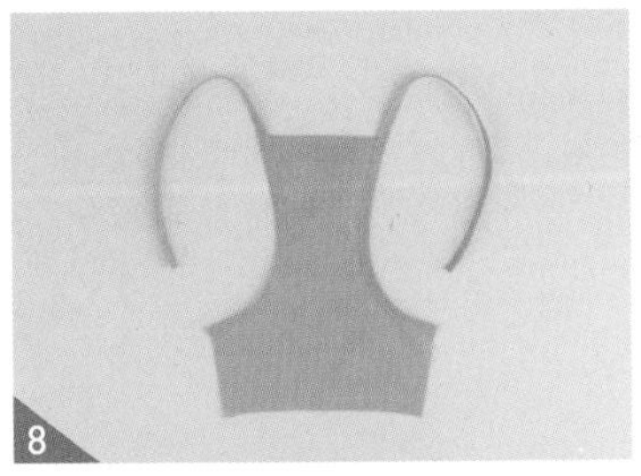

배판 암홀~어깨끈까지 바이어스 테이프로 바이어스 랍빠를 쳐주세요.

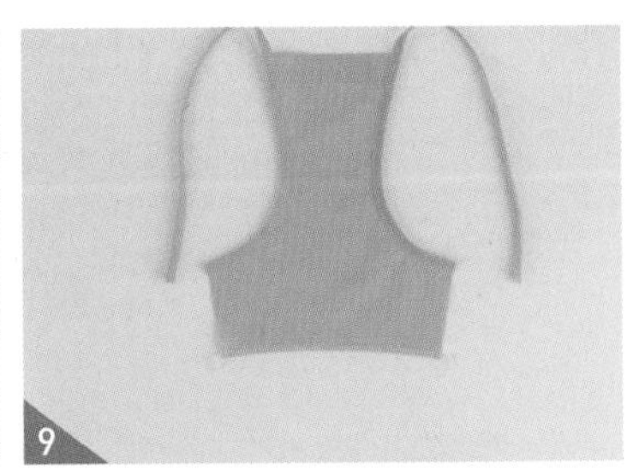

배판 밑단을 오버록이나 지그재그 박기로 처리해 주세요.

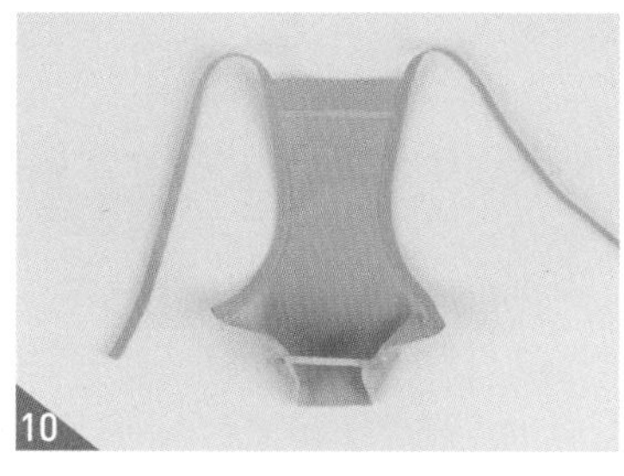

고무줄을 밑단의 양끝에 고정해 주세요.

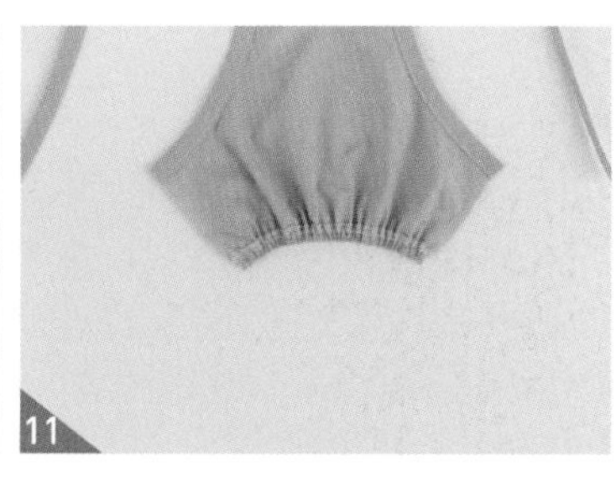

밑단에 고무줄을 끼워 재봉해 주세요.

바지의 겉과 겉을 마주 대고 중심을 재봉한 후 오버록이나 지그재그 박기로 처리해 주세요.

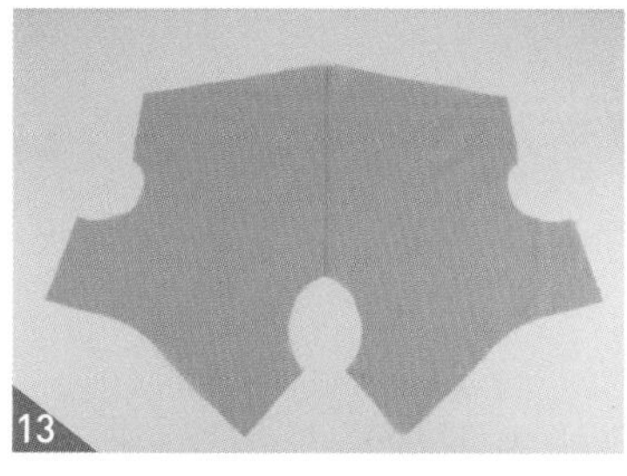

시접을 오른쪽으로 넘겨 다림질한 후 0.5cm 상침해 주세요.

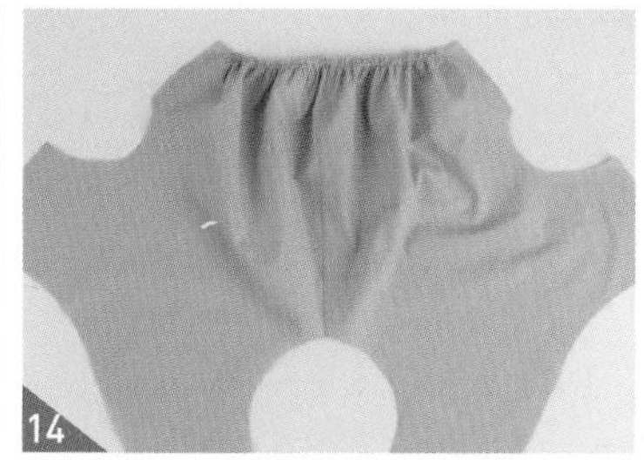

허리에 셔링을 넣어주세요.

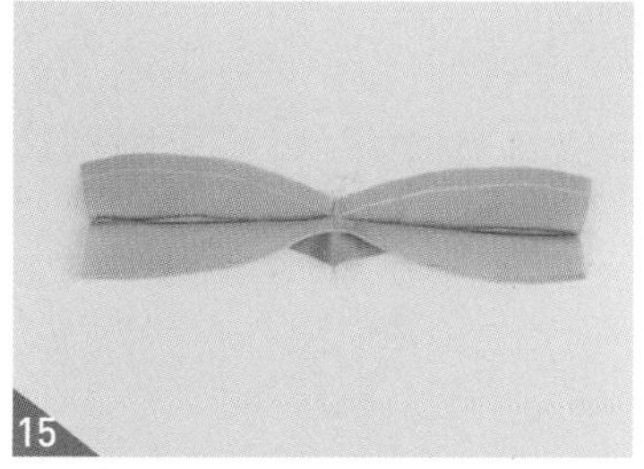

벨트의 오버록 처리가 안 된 쪽 시접에 완성선을 열펜이나 초크로 그려 주세요.

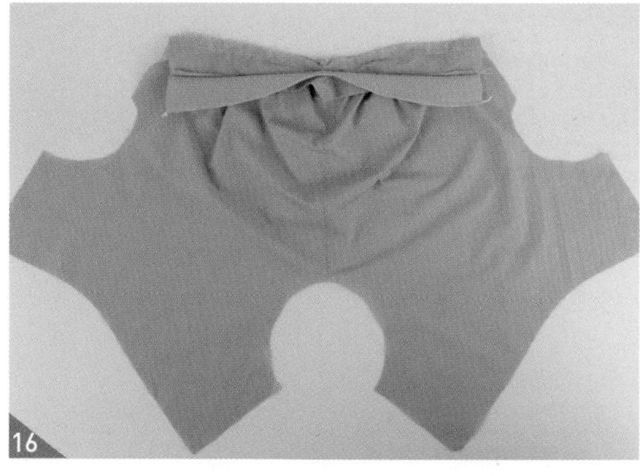

셔링이 들어간 바지 허리와 완성선이 그려진 벨트를 겉끼리 마주 대고 시침 핀으로 고정 후 재봉해 주세요.

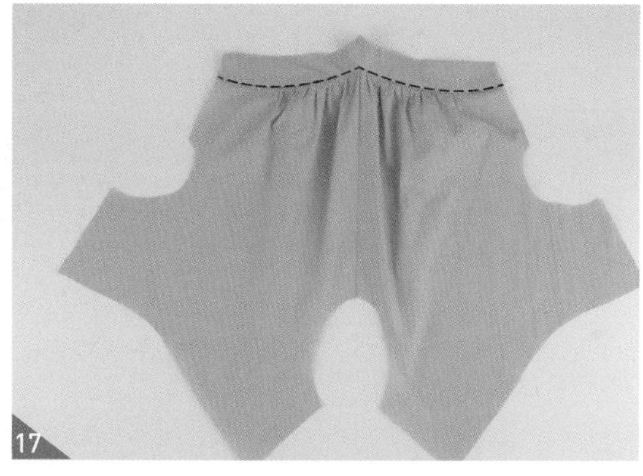

시접을 벨트 쪽으로 넘겨 다림질한 후 0.1cm 상침해 주세요.

바지 밑단을 오버록이나 지그재그 처리해 주세요.

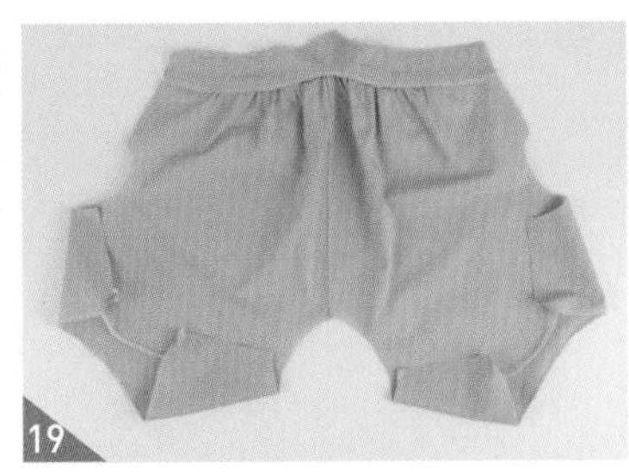

바지 밑단 양 끝에 고무줄을 고정해 주세요.

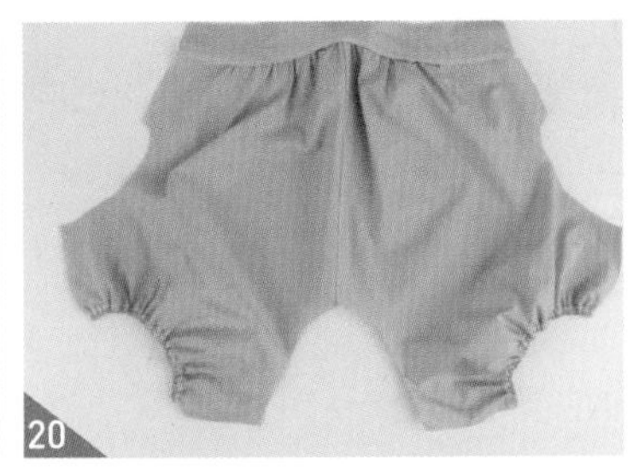

바지 밑단에 고무줄을 끼워 재봉해 주세요.

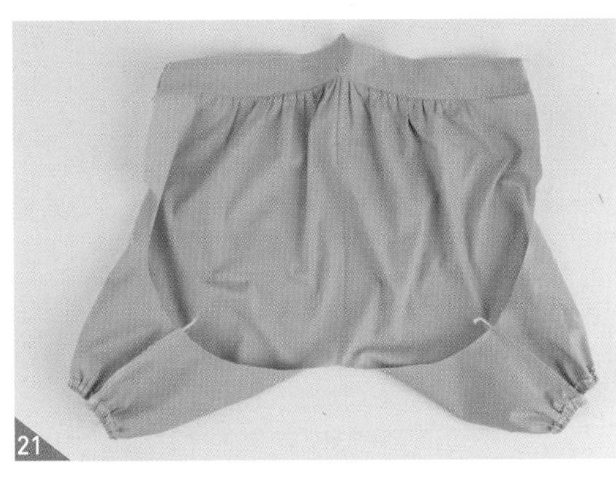

바지 옆선을 재봉한 후 오버록이나 지그재그 처리해 주세요. 이때 오버록 실은 3~4cm 정도 남기고 잘라주세요.

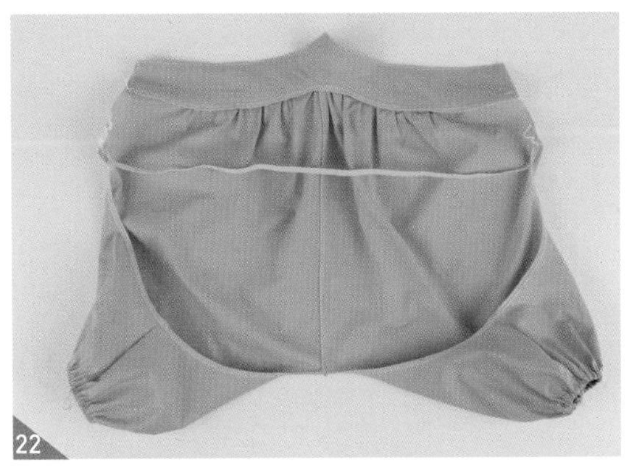

바지 옆선은 중심쪽으로 넘겨 오버록이나 지그재그 처리해 준 후 고무줄 양끝을 고정해 주세요.

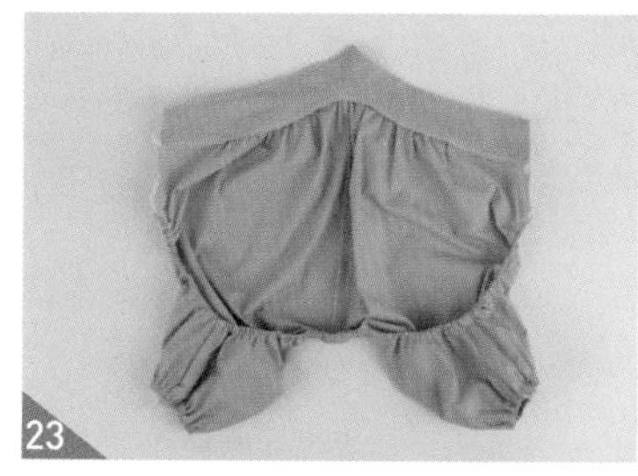

고무줄을 끼워 재봉해 주세요.

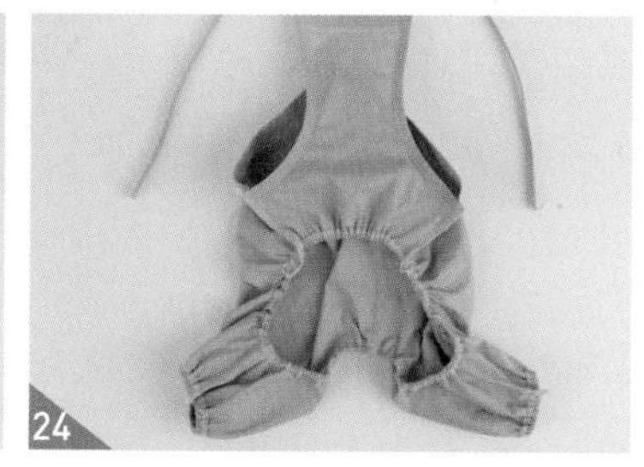

배판과 등판의 옆선을 재봉해 준 후 오버록이나 지그재그 처리해 주세요.

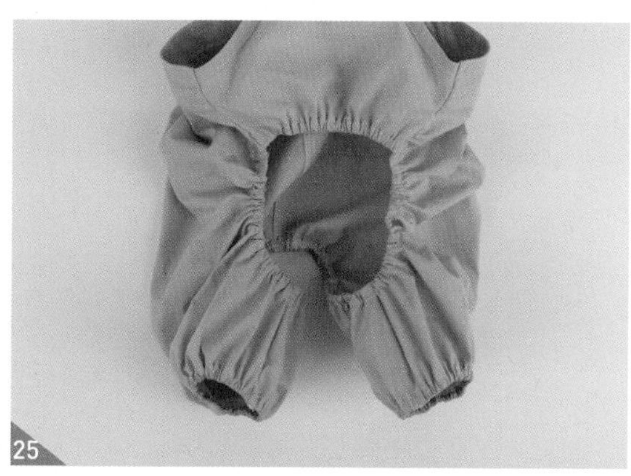

옆선 시접은 등판쪽으로 넘긴 후 위아래를 시접과 함께 1cm정도 눌러 박아주세요. 남겨둔 오버록 실은 시접과 몸판 사이에 끼워 재봉하고 튀어나온 실은 잘라주세요. 밑단 쪽도 같은 방법으로 시접과 함께 눌러 박아주세요.

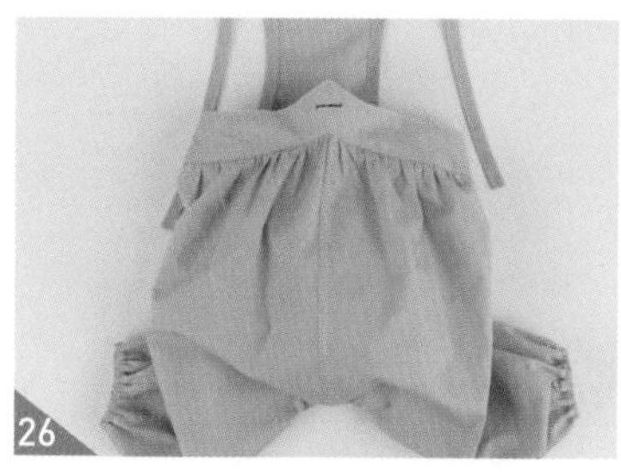

등판 벨트 중심에 어깨끈 통과 구멍 위치를 표시한 후 재봉틀에 단춧구멍 노루발로 교체하여 단춧구멍을 만들어주세요.

어깨끈을 통과시켜 리본으로 묶어주면 완성입니다.

송송 레이스 블라우스

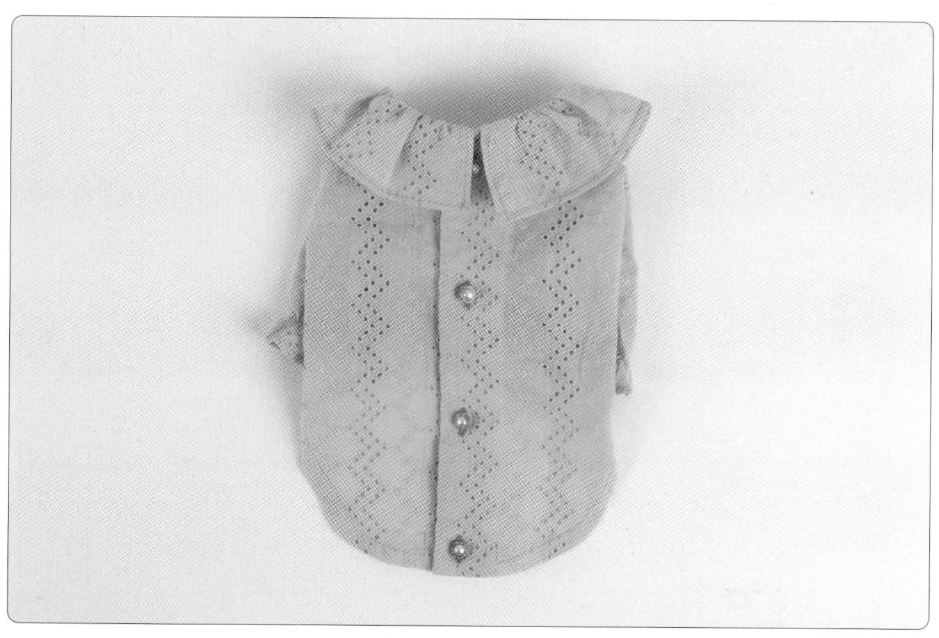

송송 레이스 블라우스는 화사한 봄에 잘 어울리는 아일렛 레이스 펀칭 원단과 진주단추를 활용한 고급스러운 패션 아이템입니다. 궁디 팡팡 호박바지와 레이어드하면 찰떡 궁합입니다.

여러 소재의 단추나 원단만으로도 다양한 느낌의 블라우스를 만들 수 있습니다. 칼라 만들기, 소매 만들기를 알게 되면 남방, 점퍼 등을 만들 수 있는 첫걸음이 됩니다.

준비물(L SIZE 기준)

원단

1) 몸판, 소매, 칼라 : 면 아일렛 레이스 90cm X 80cm

부자재

1) 심지 35cm X 45cm
2) 고무줄 16cm
3) 진주단추 4개

송송 레이스 블라우스 재단하기

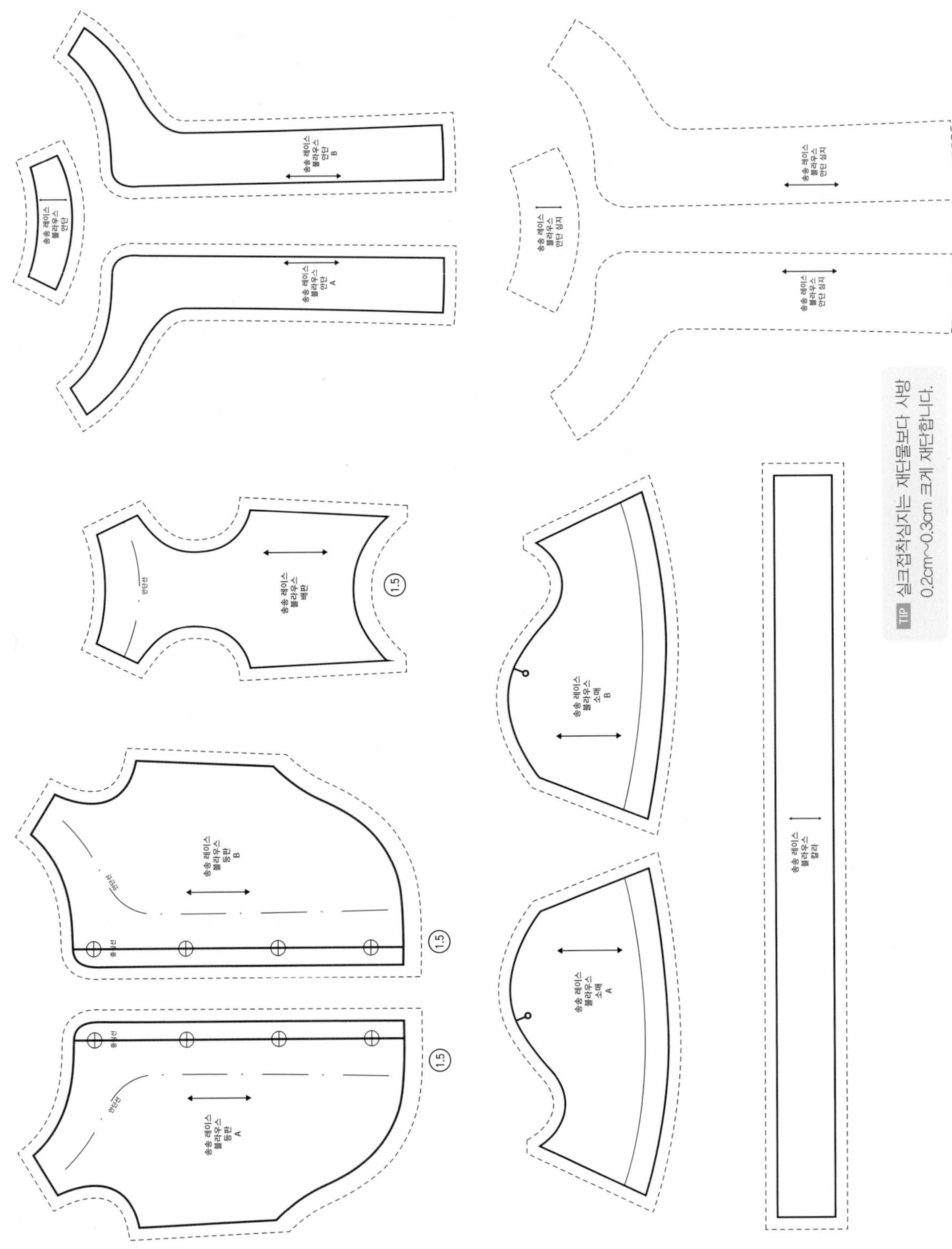

글자가 마주 보이도록 책을 돌려서 보세요. 실제 사이즈 패턴은 부록으로 제공합니다.

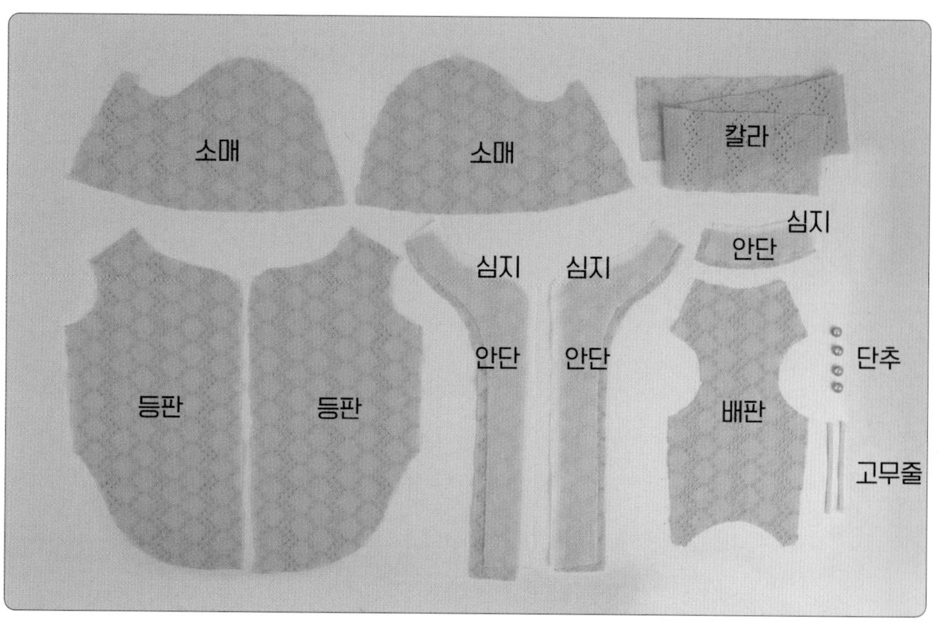

원단 위에 패턴을 올린 후 시접분을 그려줍니다. 시접선을 따라 재단해 주세요.

재단 TIP

1. 시접 분량은 완성선에서 1cm를 더해 줍니다.
2. 등판과 배판의 밑단 시접은 1.5cm를 더해 줍니다.
3. 실크 심지는 재단물보다 사방 0.2cm~0.3cm 크게 재단해 줍니다.
4. 끝이 뭉툭하지 않은 초크 혹은 펜을 사용하시면 더욱 정확하게 그릴 수 있습니다.
5. 재단할 때 중심 표시와 너치를 꼭 넣어주세요.
6. 원단의 식서 방향은 꼭 지켜주세요.

재봉 TIP

재봉 따라하기

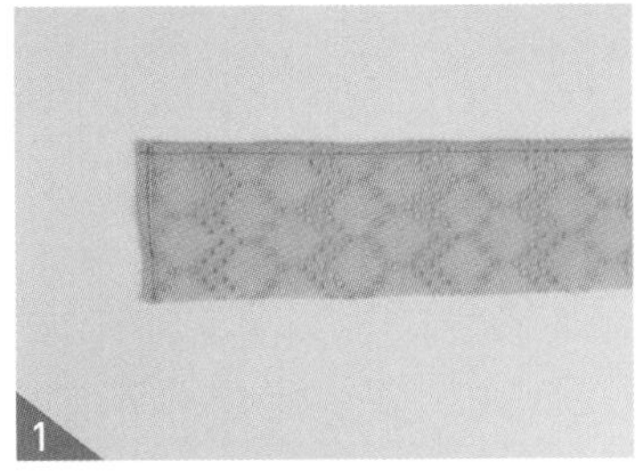

칼라의 밑단과 좌우 끝 부분을 0.5cm씩 두 번 말아 박아주세요.

※ 다림질 후 재봉하면 더욱 깔끔하게 마무리됩니다.

칼라에 프릴을 만들어주세요. 프릴 분량은 목둘레 완성 사이즈의 2.5배이며, 양쪽 끝 재봉실을 20cm 정도 남겨주세요.

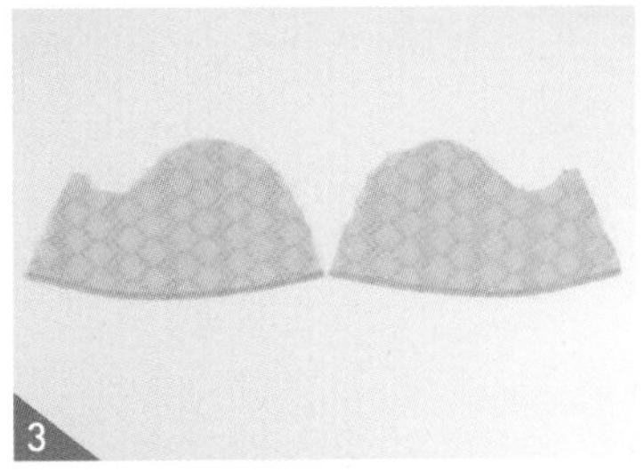

소매 밑단을 0.5cm씩 두 번 말아 박아주세요.

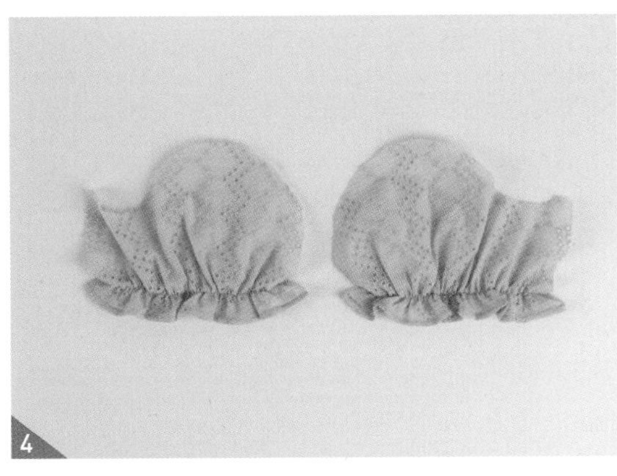

소매에 고무줄을 달아주세요.

※ 고무줄 달기 시작 부분을 먼저 3~4 땀 고정한 후 고무줄 끝 부분을 소매 시접과 맞춰 당기며 달아줍니다.

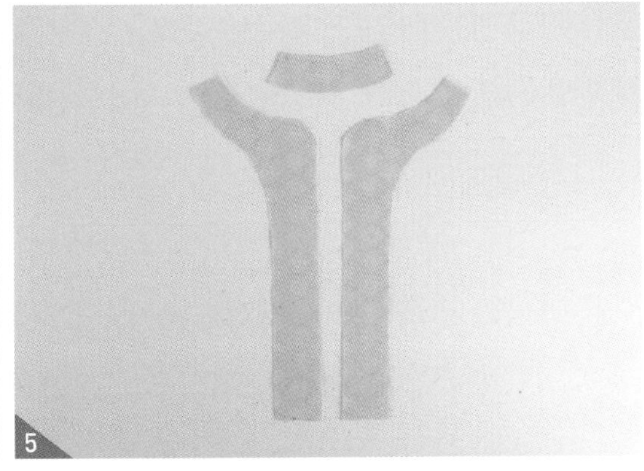

안단에 심지를 붙여주세요. 심지 다림질 시 밀지 말고 눌러가며 다려주세요.

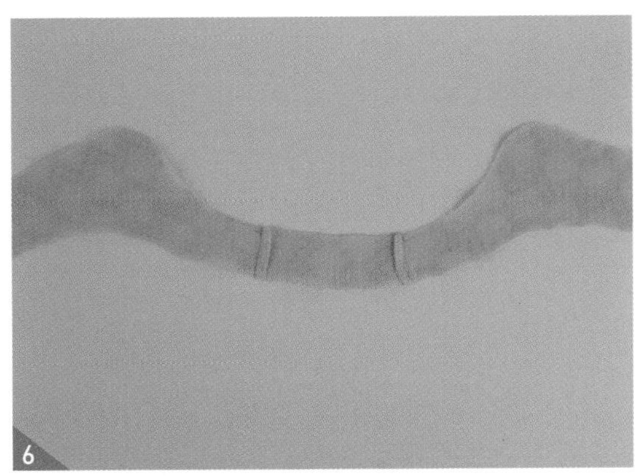

안단의 양쪽 어깨선을 재봉한 후 오버록이나 지그재그 박기로 시접을 정리해주세요. 완성된 안단의 시접도 오버록이나 지그재그 박기로 처리합니다. 이때 몸판과 재봉될 부분은 오버록을 치지 않습니다.

※ 어깨 시접은 배판 쪽으로 넘기면 몸판과 재봉 시 시접이 교차되어 시접이 얇게 정리됩니다.

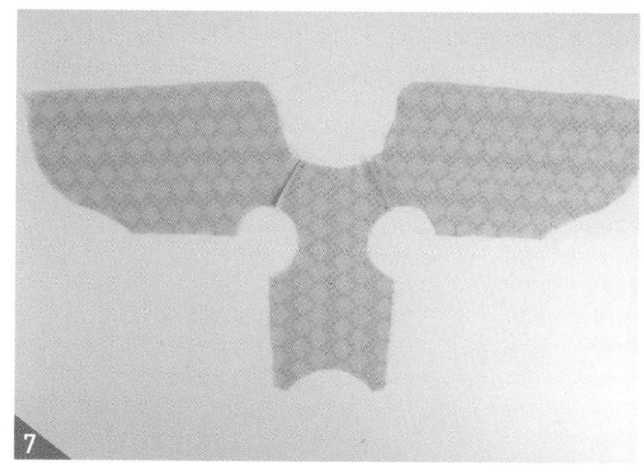

몸판의 양쪽 어깨선을 재봉한 후 오버록이나 지그재그 박기로 시접을 정리해 주세요. 이때 어깨 시접은 등판 쪽으로 넘겨주세요.

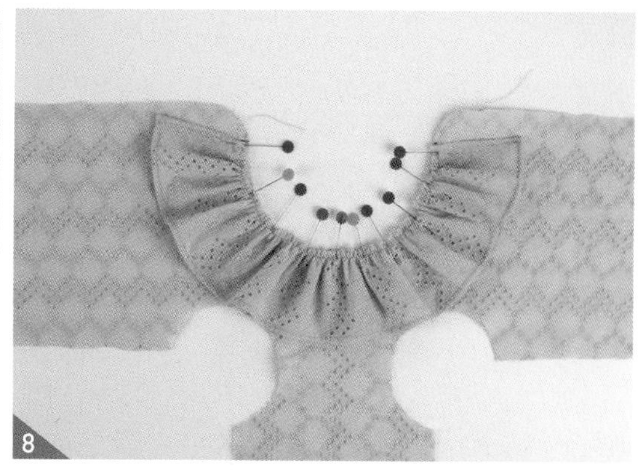

몸판의 겉과 칼라의 안을 마주 대고 목둘레에 시침 핀으로 고정 후 재봉해 주세요. 시침 핀 고정 시 배판의 중심선과 칼라의 중심 표시를 맞추어 주고, 등판에는 표시된 중심선까지만 칼라가 달려야 합니다.

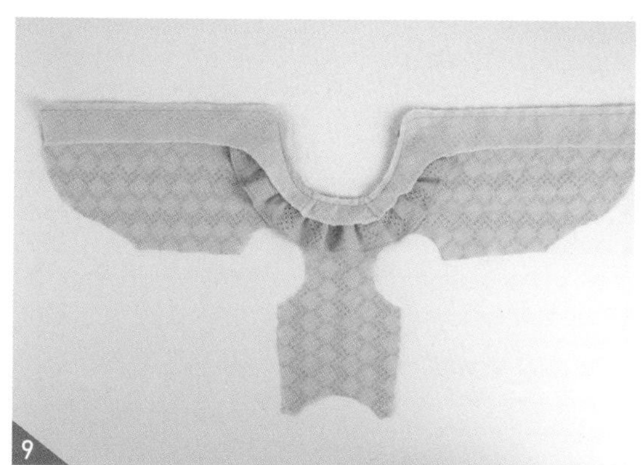

몸판의 겉과 안단 겉을 마주 대고 시침 핀으로 고정한 후 재봉해 주세요

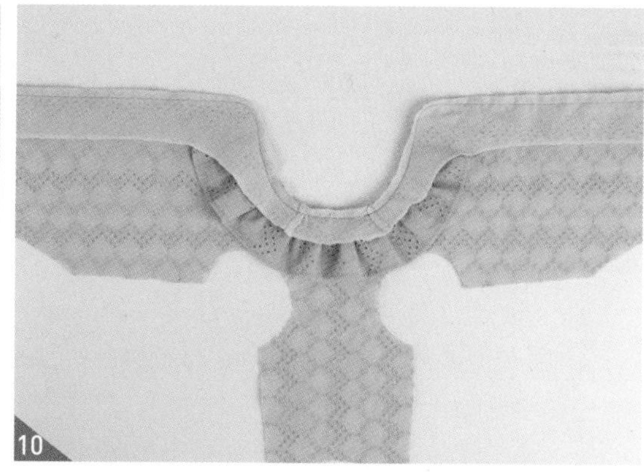

커브가 있는 부분은 시접을 0.3cm 남긴 후 잘라주세요.

※ 빳빳하거나 두께가 있는 원단일 경우에는 목둘레 시접의 직선 부분도 0.3cm 남기고 잘라주세요.

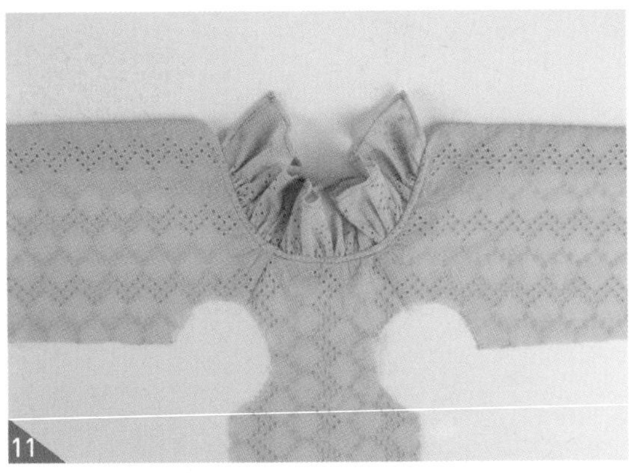

11

뒤집어서 다림질한 후 목둘레의 칼라가 달린 부분만 0.5cm 상침해 주세요.

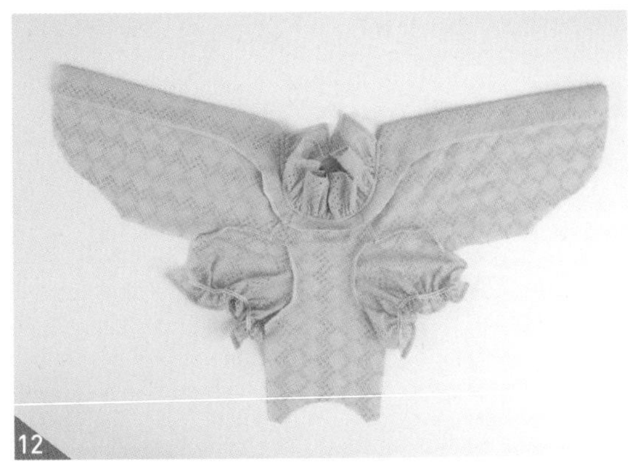

12

몸판에 소매를 재봉한 후 오버록이나 지그재그 박기로 시접을 정리해 주세요. 암홀 시접은 소매 쪽으로 넘겨주세요.

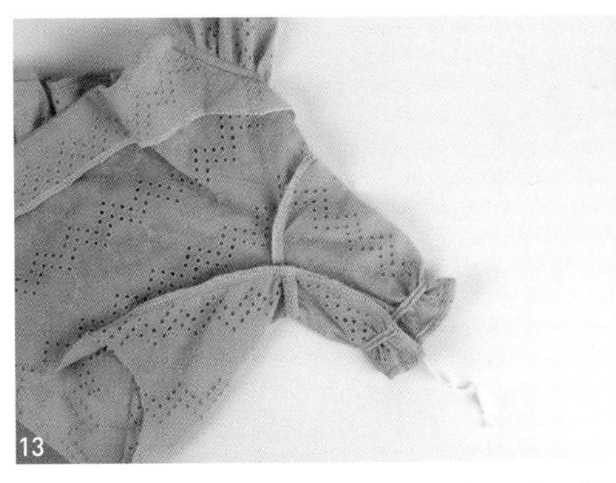

13

몸판의 옆선과 소매 아래단을 재봉한 후 오버록이나 지그재그 박기로 처리해주세요. 이때 소매 밑단에 오버록 실을 3~4cm 남겨주세요.

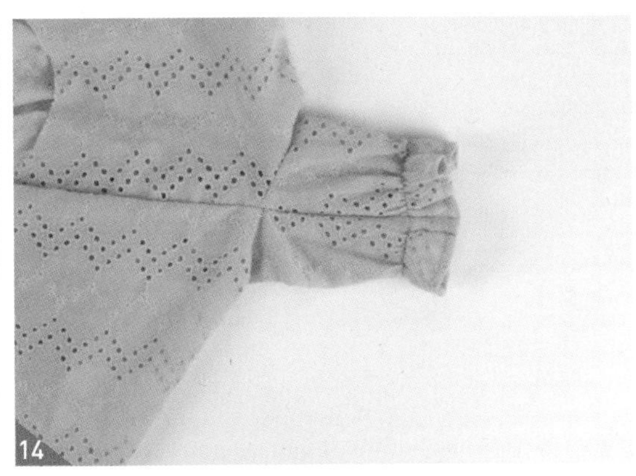

14

소매 밑단의 시접을 등판쪽으로 넘긴 후 시접 사이에 오버록 실을 끼워 눌러 박아주세요.

15

다림질이 되어있는 안단의 밑단을 반대편(몸판)으로 넘겨 겉과 겉끼리 마주 대고 밑단을 1.5cm 시접으로 재봉한 후 오버록이나 지그재그 박기로 시접을 정리해 주세요.

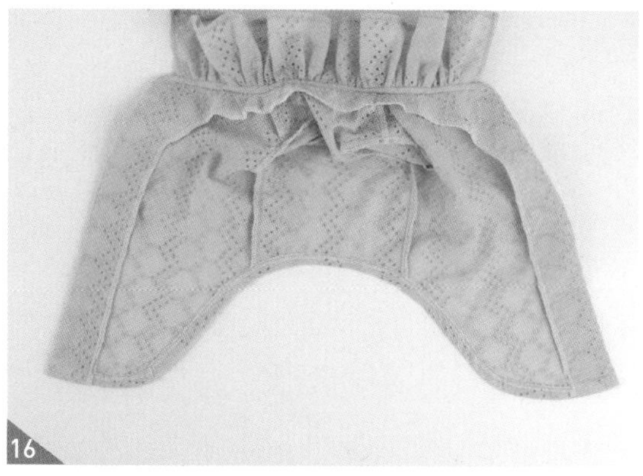
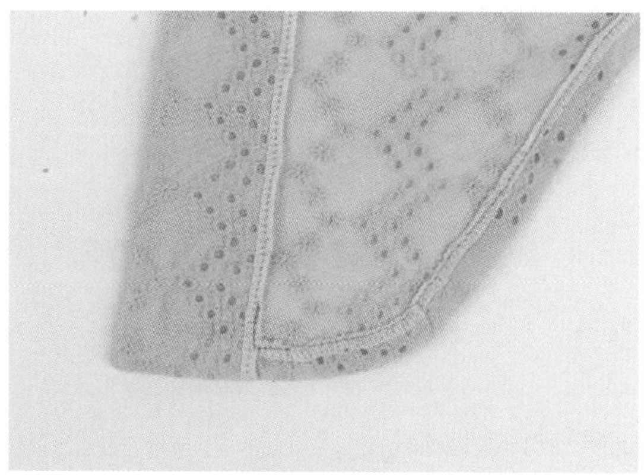

안단의 밑단을 다시 뒤집어 주세요. 밑단 전체 시접을 1.5cm 접어 올려 다림질한 후 재봉해 주세요. 재봉 시 양쪽 안단과 밑단을 연결해서 'ㄴ'자로 박아주세요.

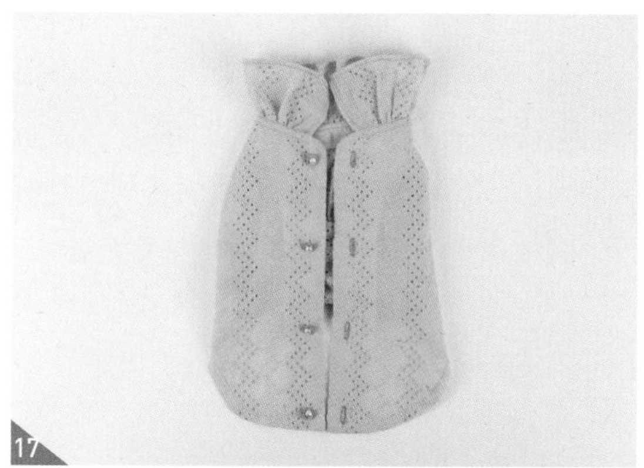

단춧구멍을 표시한 후 단춧구멍을 만들어주세요. 단추 위치에 맞춰 단추를 달아주세요.

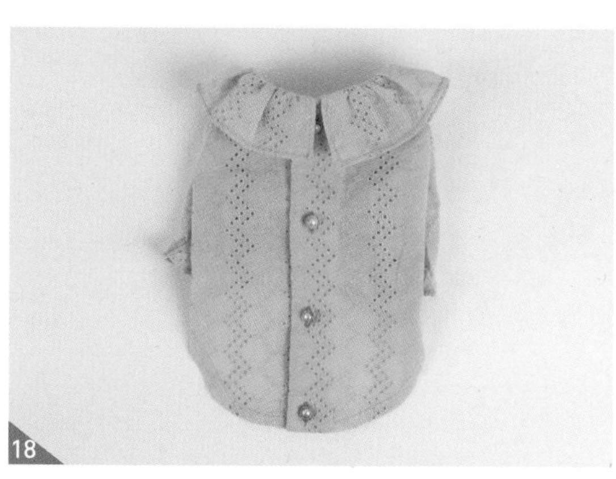

완성입니다.

선샤인 스퀘어 케이프

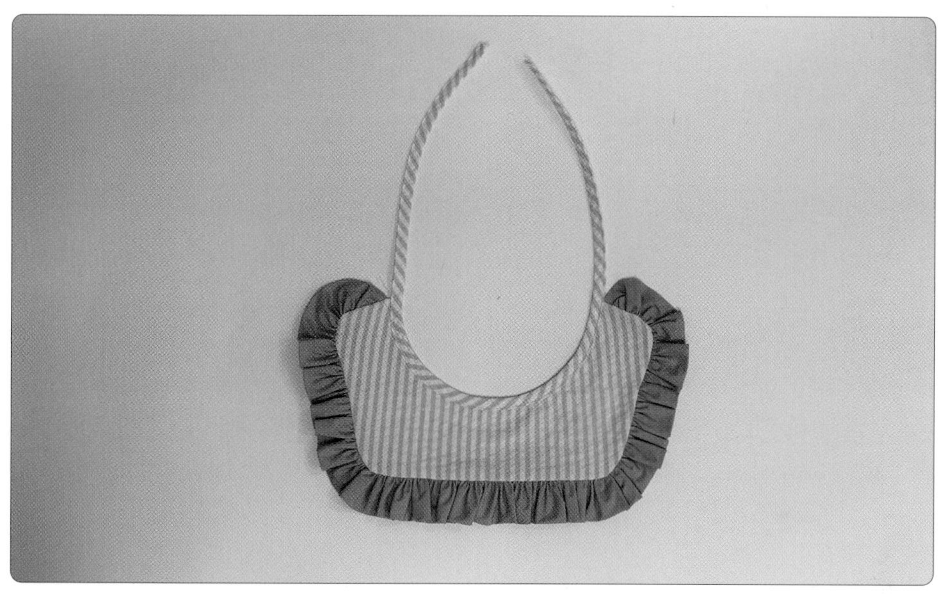

케이프는 만드는 방법도 간단하고 간편하게 입힐 수 있는 아이템입니다. 옷 위에 포인트로 착용하기에도 좋아 다양한 케이프들이 사랑받고 있습니다. 선샤인 스퀘어 케이프는 나와 우리 아이들만의 커플 아이템으로 상큼한 포인트를 줄 수 있어요. 몸판과 프릴의 배색 혹은 다양한 원단을 사용하여 만들면 사계절 내내 활용이 가능합니다.

준비물(L SIZE 기준)

원단

1) 몸판 : 면 스트라이프 70cm X 20cm
2) 프릴감 : 140cm X 8cm(프릴 달릴 부분 * 2.5배 + 여유분)
3) 바이어스 테이프 : 80cm X 4cm(스트랩 길이 좌우 24cm씩)

커플 아이템 준비물

원단

1) 몸판 : 면 스트라이프 90cm X 40cm
2) 프릴감 : 230cm X 10cm(프릴 달릴 부분 * 2.5배 + 여유분)
3) 바이어스 테이프 : 110cm X 4cm(스트랩 길이 좌우 37cm씩)

▶ 선샤인 스퀘어 케이프 재단하기

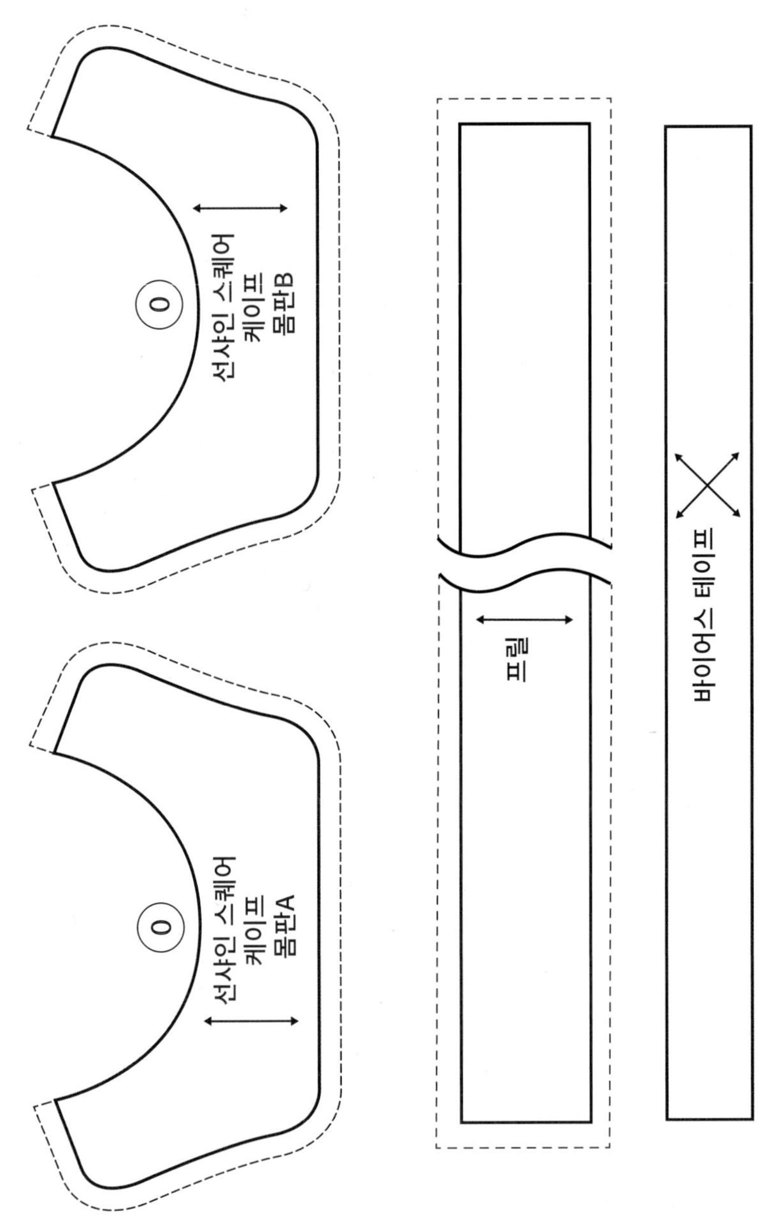

↻ 글자가 마주 보이도록 책을 돌려서 보세요. 실제 사이즈 패턴은 부록으로 제공합니다.

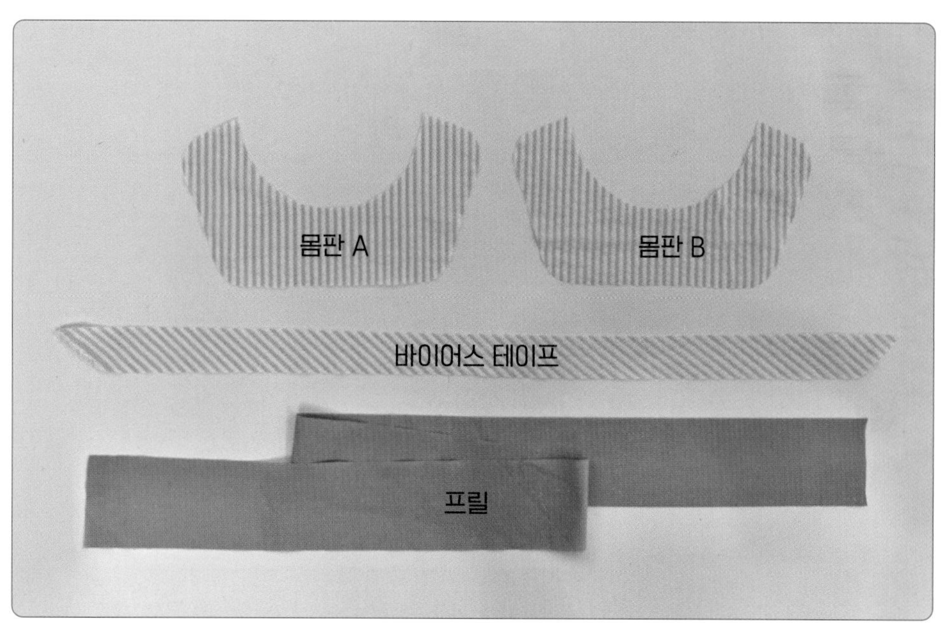

 원단 위에 패턴을 올린 후 시접분을 그려줍니다. 시접선을 따라 재단해 주세요.

재단 TIP

1. 시접 분량은 완성선에서 1cm를 더해 줍니다. 바이어스 랍빠로 처리할 부분은 시접이 없어요.
2. 끝이 뭉툭하지 않은 초크 혹은 펜을 사용하시면 더욱 정확하게 그릴 수 있습니다.
3. 재단할 때 중심 표시와 너치를 꼭 넣어주세요.
4. 원단의 식서 방향은 꼭 지켜주세요.

재봉 TIP

1. 바이어스를 재봉하는 순서에서 바이어스 랍빠 도구를 이용하면 쉽고 깔끔하게 마무리할 수 있습니다.

바이어스 테이프 만들기 

바이어스 랍빠 치기 

프릴 만들기 

▶ 재봉 따라하기

1

프릴감을 반으로 접어 다림질해 주세요. 프릴에 중심 표시를 해주세요.

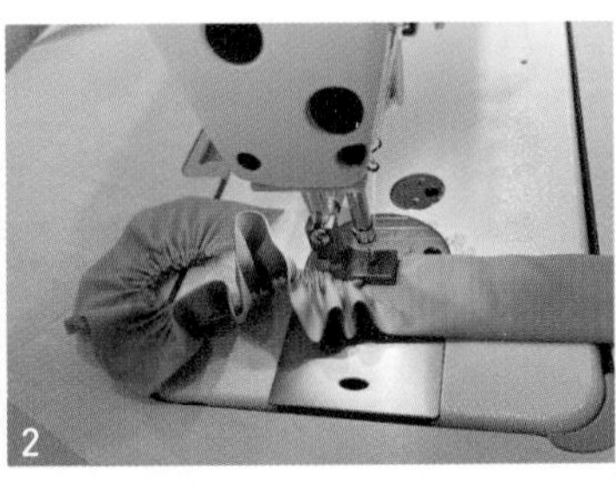
2

주름 노루발로 교체 후 0.7cm 간격으로 주름을 잡아주세요.

※ 땀 수 조정키와 실 장력 조절 다이얼을 최대치로 조절해 주세요.

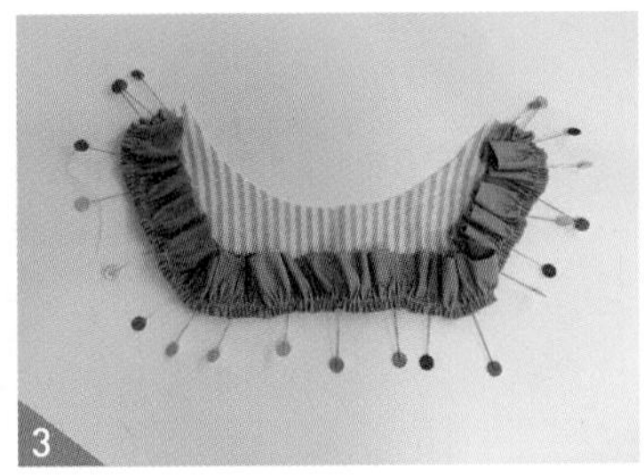
3

몸판(A)의 겉면과 프릴감의 중심을 먼저 맞춘 후 시침 핀으로 고정해 주세요.

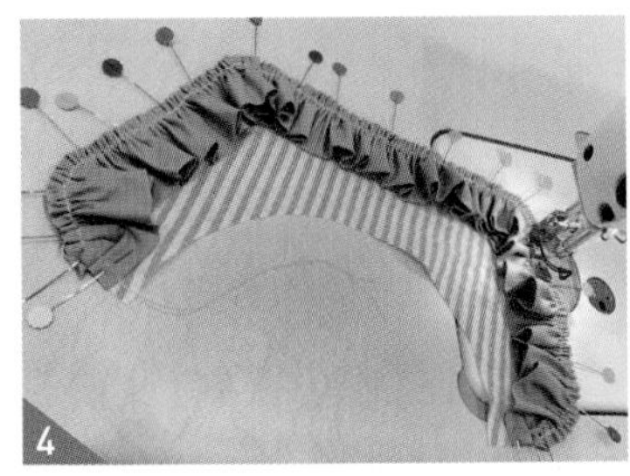
4

시침 고정된 프릴과 몸판을 0.7cm 간격으로 재봉해 주세요.

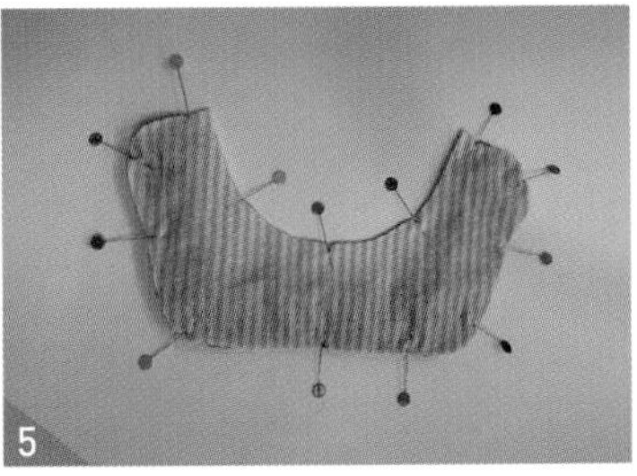
5

몸판(B)와 몸판(A)의 겉면을 마주 대고 시침 핀으로 고정해 주세요. 몸판(A)와 (B)의 중심 표시를 맞춰 줍니다.

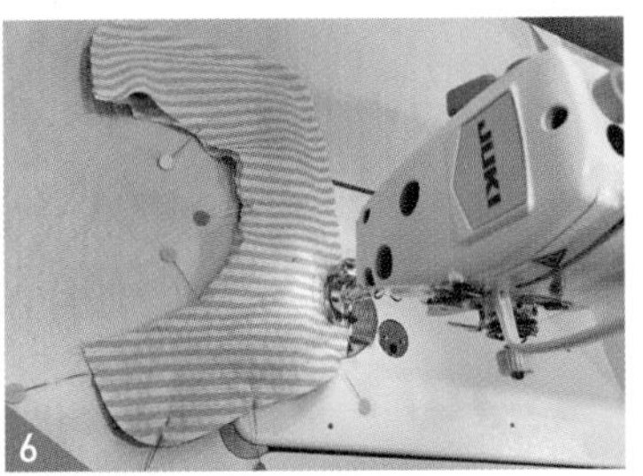

6

목둘레를 제외하고 1cm로 재봉해 주세요.

※ 커브 부분은 중간중간 노루발을 들어주면서 박아주면 원단이 밀리지 않고, 자연스러운 커브를 재봉할 수 있습니다.

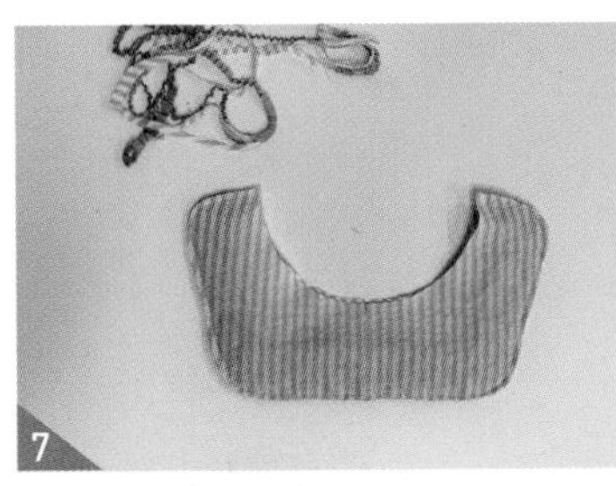
7

시접을 0.3cm 정도 남겨두고 깨끗이 잘라주세요.

※ 시접량이 적어야 뒤집었을 때 커브 모양이 잘 나옵니다. 원단이 많이 얇거나 성글게 짜인 원단의 경우 시접을 0.5cm는 남겨야 합니다.

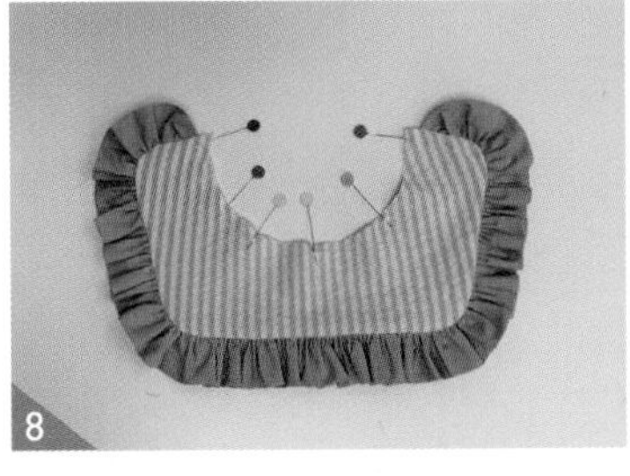
8

목쪽으로 뒤집어서 다림질한 후 시침 핀으로 목둘레를 고정해 주세요.

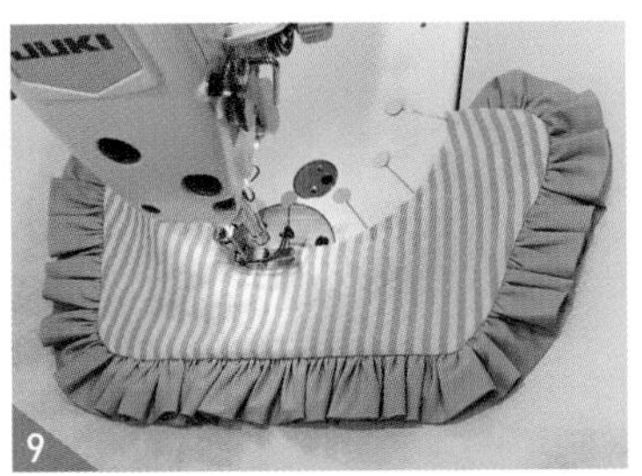

9

목 부분을 0.7cm 간격으로 재봉해 주세요.

※ 이때 1cm 이내로 박아줘야 완성 후 재봉선이 보이지 않습니다.

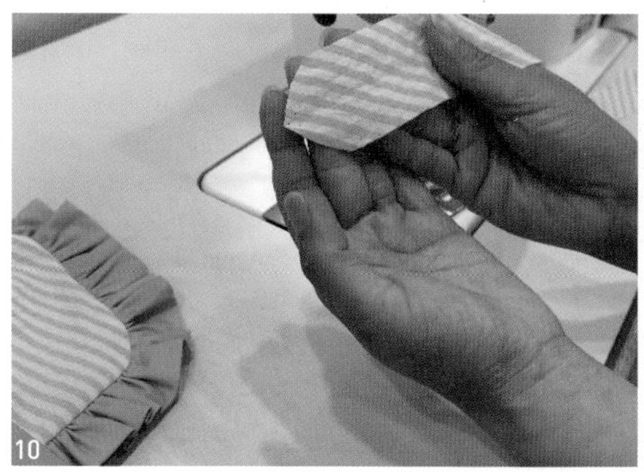
10

바이어스의 끝을 삼각형이 되도록 잘라주세요.

※ 바이어스 테이프를 반으로 접어 접힌 부분이 길게 나오도록 잘라줍니다.

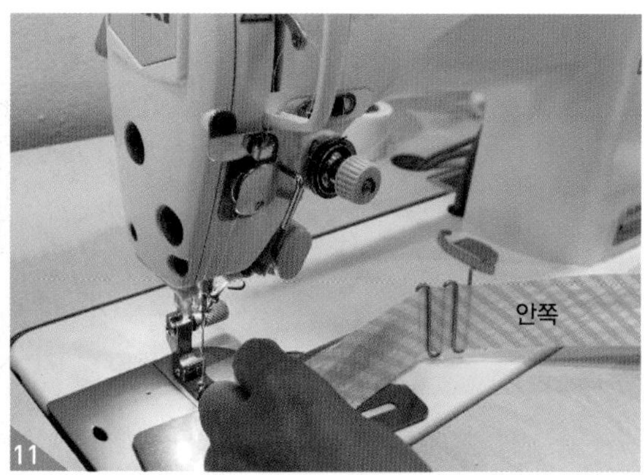

11

바이어스 랍빠 도구를 재봉틀에 고정시키고 바이어스를 끼워줍니다. 이때 바이어스 안쪽이 보이도록 끼워주세요.

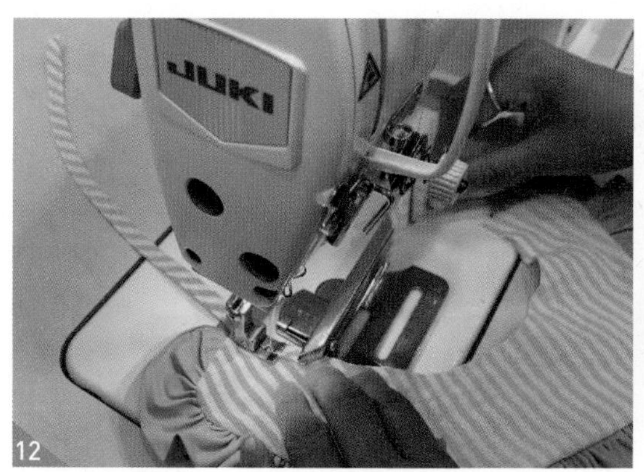

12

끈이 될 부분의 바이어스 테이프를 먼저 박아주세요. 24cm 정도 바이어스만 먼저 재봉한 후 몸판에 바이어스를 끼우고 함께 재봉해 주세요. 몸판을 통과한 반대쪽도 24cm 정도 바이어스만 재봉해 주세요.

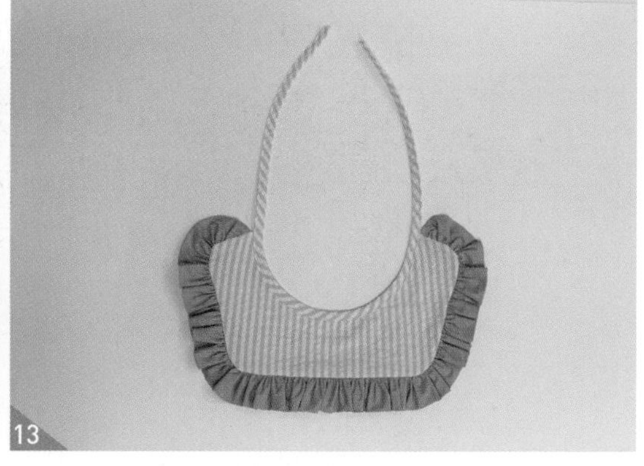
13

다림질 후 끈 양끝을 가위로 깨끗이 잘라주면 완성입니다.

THE TIMES
PASQUA

뒹굴뒹굴 방수 매트

아이들과 함께 떠나는 행복한 멍크닉을 위한 휴대용 피크닉 방수 매트입니다. 뒹굴뒹굴 방수 매트는 일반 원단에 방수 가공 처리가 된 원단을 사용했어요. 힘있고 다양한 용도로 사용이 가능해서 산에서 해변에서 계곡에서 그리고 공원에서 사용하기 용이한 아이템입니다. 매트를 접은 뒤 스트랩에 달린 T단추를 이용하면 가방에 쏙 들어가요.

준비물(L SIZE 기준)

원단

1) 깅엄 체크 방수 원단 150cm X 150cm

부자재

1) T단추 1세트

뒹굴뒹굴 방수 매트 재단하기

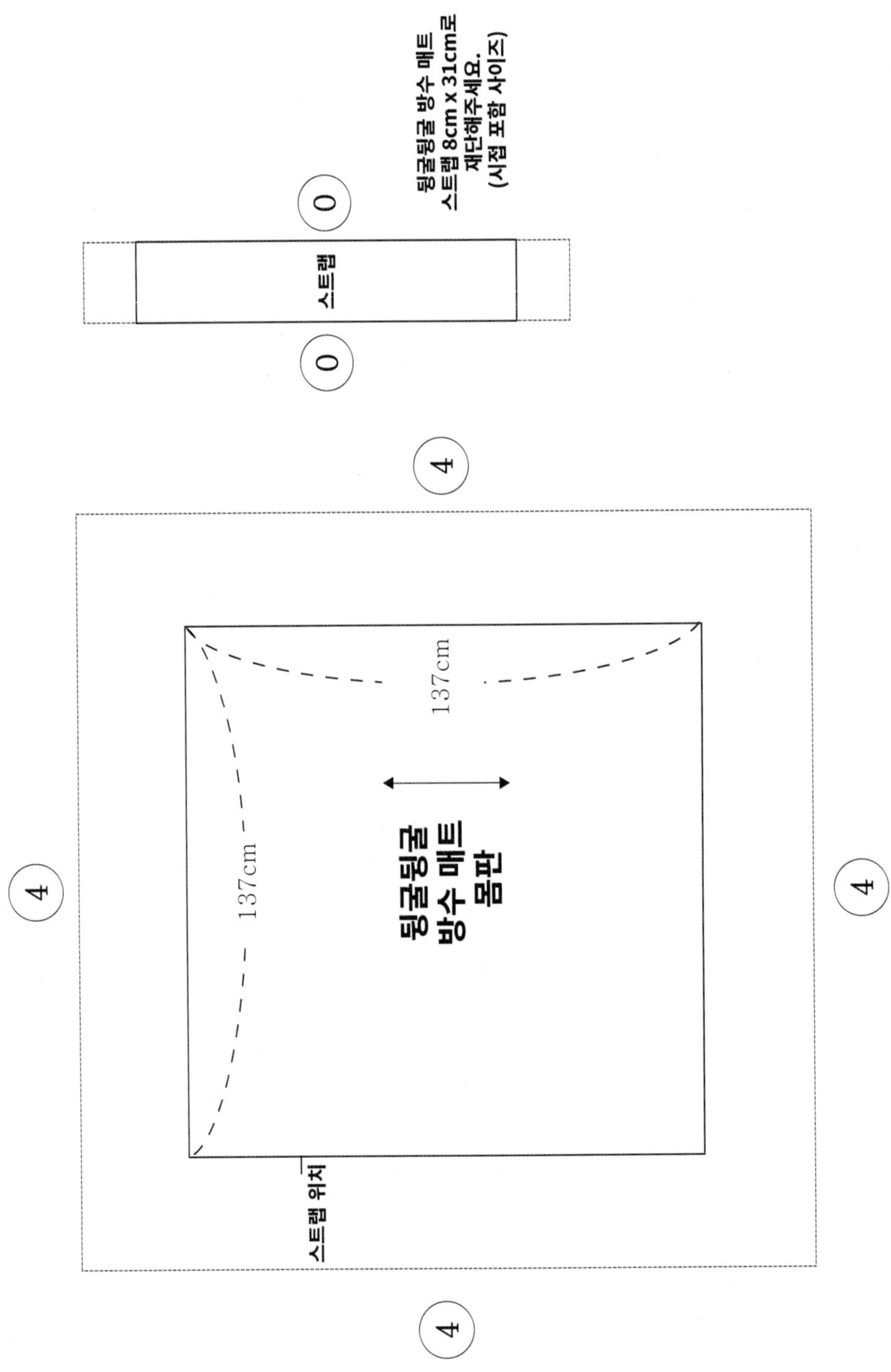

글자가 마주 보이도록 책을 돌려서 보세요.

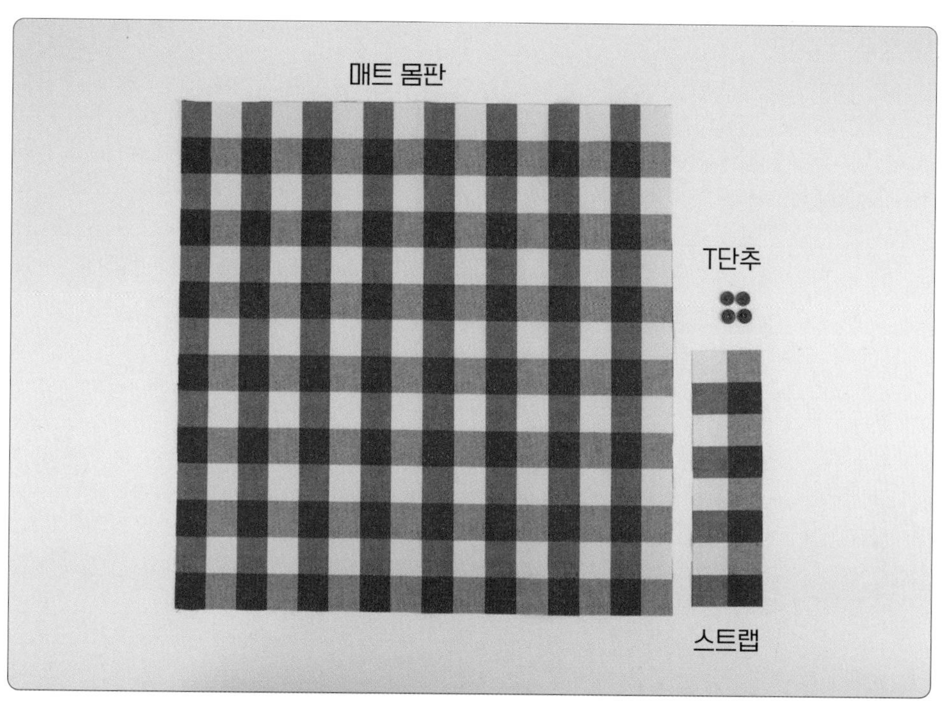

 시접선을 따라 재단해 주세요.

재단 TIP

1. 매트 몸판 시접 분량은 완성선에서 4cm를 더해 줍니다.
2. 끝이 뭉툭하지 않은 초크 혹은 펜을 사용하시면 더욱 정확하게 그릴 수 있습니다.

재봉 TIP

1. 방수 원단 안쪽은 일반 노루발보다 테프론 노루발을 사용하면 재봉이 훨씬 용이합니다.

T단추 달기 

재봉 따라하기

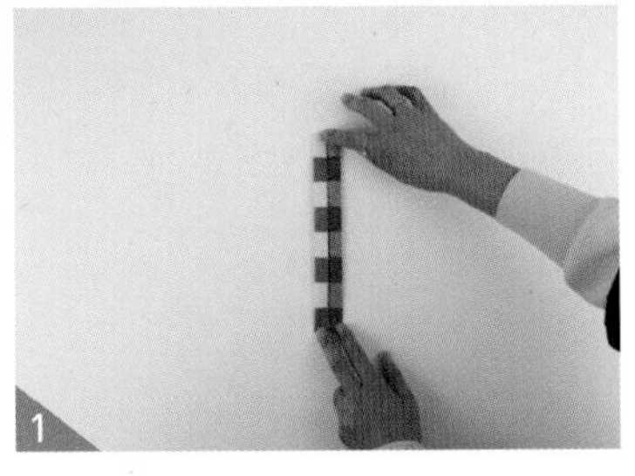

매트 스트랩을 만들어 주세요. 스트랩 재단 사이즈는 8cm X 31cm(시접 포함)입니다. 스트랩을 가운데로 접고 다시 펼친 후 양쪽을 중심 쪽으로 반씩 접어주세요.

다시 중심을 반 접어주세요. 이렇게 접는 방법을 '대문 접기'라고 합니다.

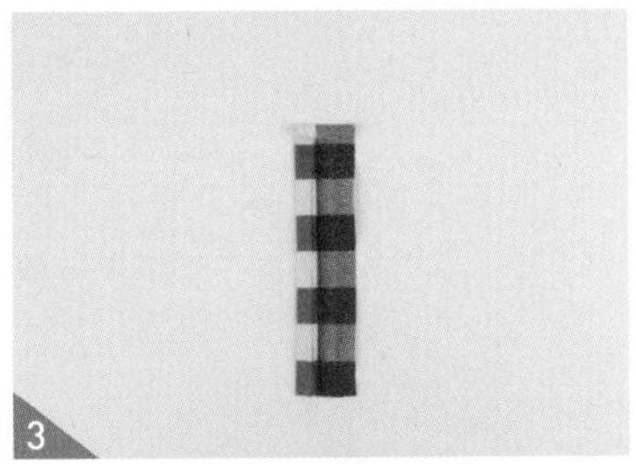

접어 놓은 스트랩의 한쪽을 펼치고 위쪽을 접어주세요.

중심을 접어주세요. 아직 한쪽 끝은 펼쳐 둔 상태입니다.

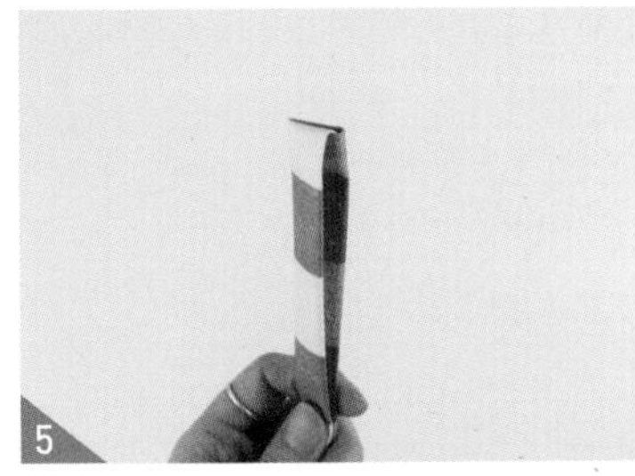

펼쳐져 있던 마지막 부분을 접어 끝을 위쪽에 접어둔 시접 사이로 넣어주세요. 이렇게 접어주면 위쪽 시접이 밖으로 튀어나오지 않아 깔끔하게 처리됩니다.

시접이 접힌 면을 상침해 주세요.

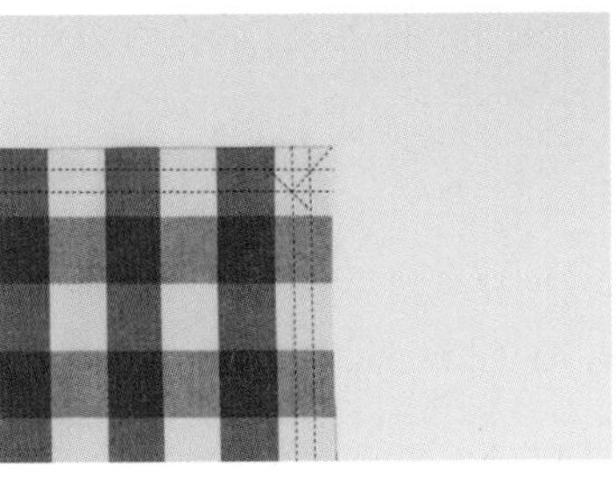

원단 안쪽에 시접 접는 선(가로, 세로), 재봉선(모서리 사선)을 열펜이나 초크로 그려주세요.

매트원단을 겉끼리 마주 대고 삼각형으로 접어 그려놓은 선을 따라 재봉해 주세요. 시접 끝까지 재봉 되지 않으니 주의해 주세요.

9

모서리를 모두 같은 방법으로 재봉해 주세요.

10

모서리를 0.5cm 남기고 잘라주세요.

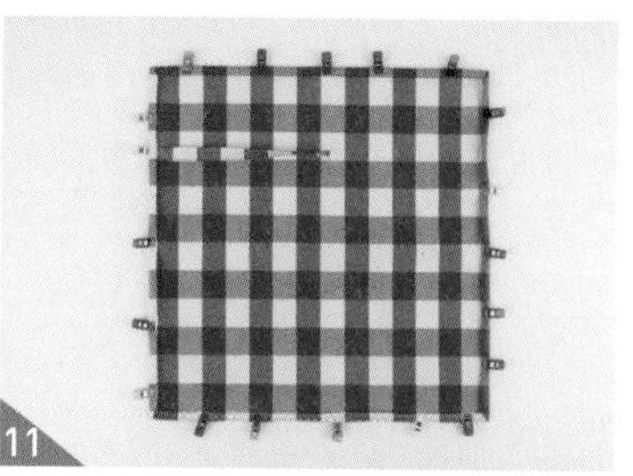

11

모서리 재봉선과 그려 놓은 선에 맞춰 시접을 2번 접어 다림질해 주세요. 안감쪽의 코팅 때문에 면 원단을 한 장 깔고 너무 높지 않은 온도로 다림질해야 합니다. 이때 왼쪽 시접 사이에 만들어 놓은 끈을 넣어 고정시켜 재봉해 주세요.

12

스트랩을 바깥쪽으로 넘겨 눌러 박아주세요.

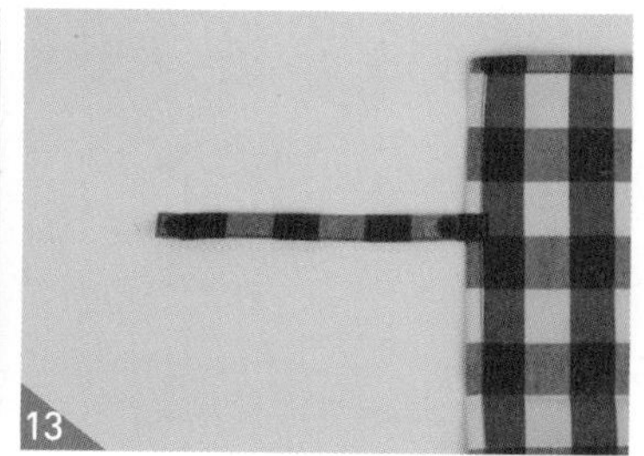

13

스트랩에 T단추를 달아주세요. T단추는 매트 안쪽이 암놈이고 바깥쪽이 수놈이며, 매트를 사진처럼 시접이 접힌 쪽을 위로 두고 안쪽(암놈)은 암놈이 앞으로, 바깥쪽(수놈)은 머리단추가 앞으로 옵니다.

14

완성입니다.

매트접는방법

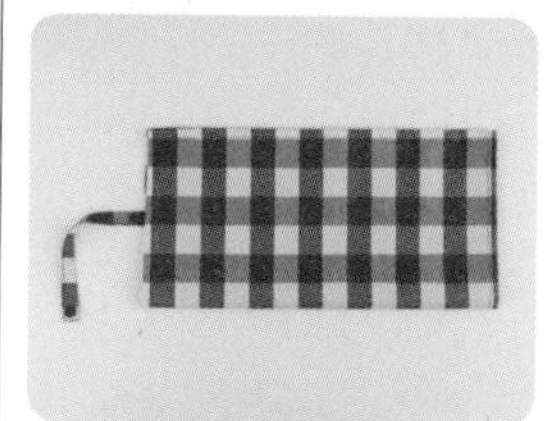

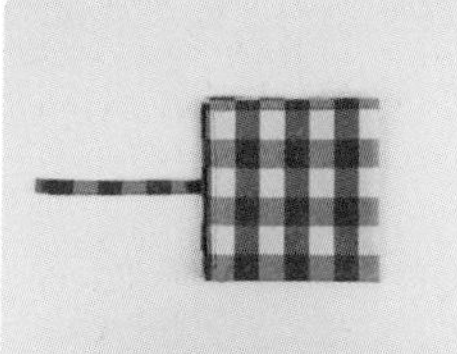

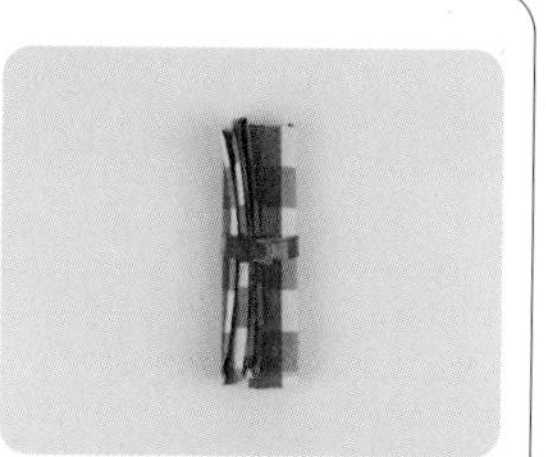

너랑 노랑 나들이 백

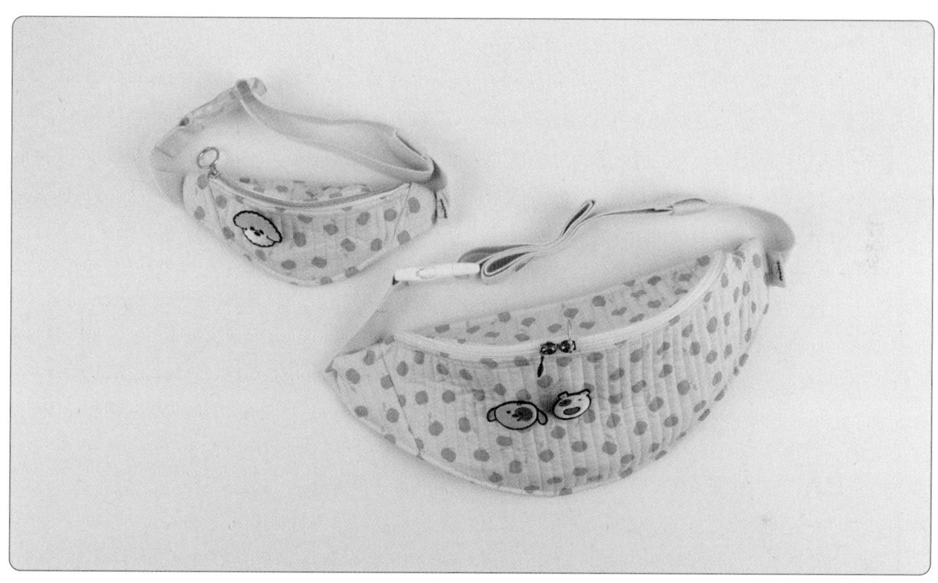

따뜻한 봄에 우리 아이들과의 산책은 필수입니다. 너랑 노랑 나들이 백은 산책 시 두 손이 자유로운 산책 가방으로 활용하기 좋은 슬링백입니다. 너랑 나랑 커플로 만들어 산책 시 꼭 필요한 풉백, 지갑, 핸드폰을 넣고 산책을 즐겨봐요. 길이 조절이 되는 버클을 사용해 나와 우리 아이들 사이즈에 맞춰 가방을 만들어 보아요.

준비물(L SIZE 기준)

원단

1) 가방 : 면 퀼팅 원단 65cm X 15cm

부자재

1) 지퍼 22cm
2) 면 웨빙 테이프 78cm X 2.5cm(시접 포함)
3) 플라스틱 투명 버클 (폭 2.5cm) 1세트
4) 와펜(옷핀 달린 와펜) 1개
5) 끼움 라벨

커플 아이템 준비물

원단

1) 가방 : 면 퀼팅 원단 115cm X 20cm

부자재

1) 지퍼 34cm
2) 면 웨빙 테이프 98.5cm X 2.5cm(시접 포함)
3) 플라스틱 투명 버클(폭 2.5cm) 1세트
4) 와펜(옷핀 달린 와펜) 1개
5) 끼움 라벨

너랑 노랑 나들이 백 재단하기

글자가 마주 보이도록 책을 돌려서 보세요. 실제 사이즈 패턴은 부록으로 제공합니다.

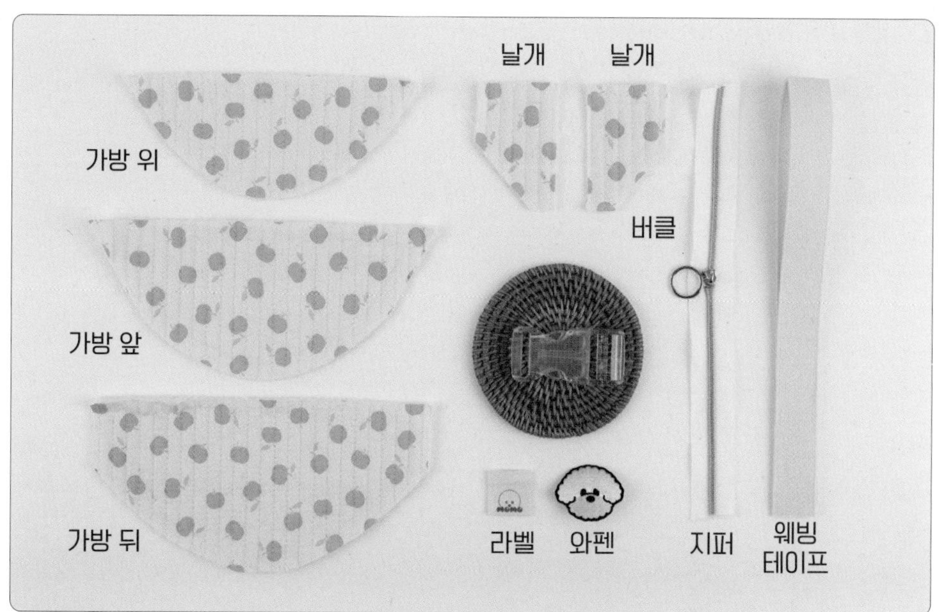

 원단 위에 패턴을 올린 후 시접분을 그려줍니다. 시접선을 따라 재단해 주세요.

재단 TIP

1. 시접 분량은 완성선에서 1cm를 더해 줍니다.
2. 끝이 뭉툭하지 않은 초크 혹은 펜을 사용하시면 더욱 정확하게 그릴 수 있습니다.
3. 재단할 때 중심 표시와 너치를 꼭 넣어주세요.
4. 원단의 식서 방향은 꼭 지켜주세요.

재봉 TIP

1. 지퍼를 달 때에는 좁은 노루발이나 외발 노루발로 교체해 사용해 주세요.
2. 다음 순서로 넘어 가기 전에 다림질을 넣어 주면 완성도가 높습니다.
3. 원단이 두껍고 작은 부분이 많아요. 재봉 전에 시침 핀으로 시접을 고정하고 재봉하면 더욱 정확하게 재봉할 수 있습니다.

지퍼 달기

시접 처리하기 

재봉 따라하기

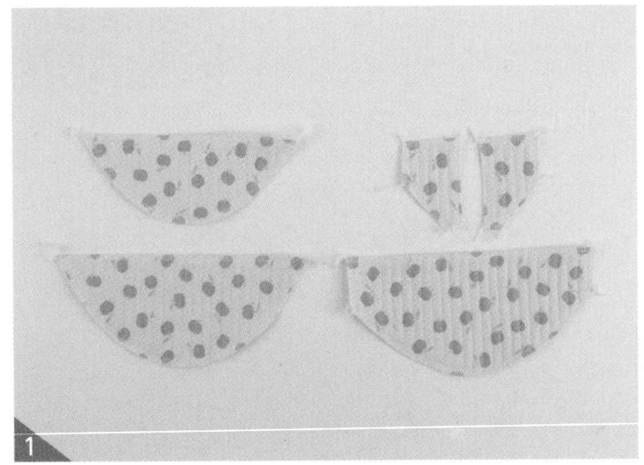

원단 테두리는 모두 오버록이나 지그재그 박기로 시접을 정리해주세요.

※ 원단 겉면을 위로 두고 오버록이나 지그재그 박기를 해주세요.

지퍼의 중심과 가방 앞면의 중심을 겉끼리 맞춰 시침 핀으로 고정 후 재봉해 주세요. 시접을 가방 쪽으로 넘긴 후 0.5cm 상침을 넣어 시접을 눌러주세요.

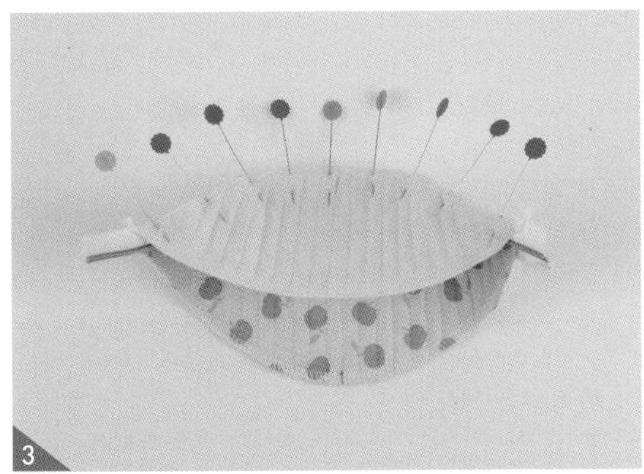

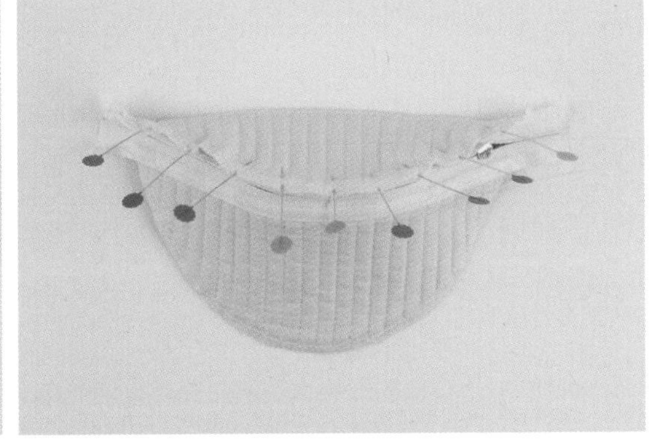

가방 윗면의 커브가 있는 부분의 겉과 지퍼 겉을 마주 대고 시침 핀으로 고정 후 재봉해 주세요.

가방 앞면과 마찬가지로 시접을 가방 쪽으로 넘겨 0.5cm 상침을 넣고 시접을 눌러주세요.

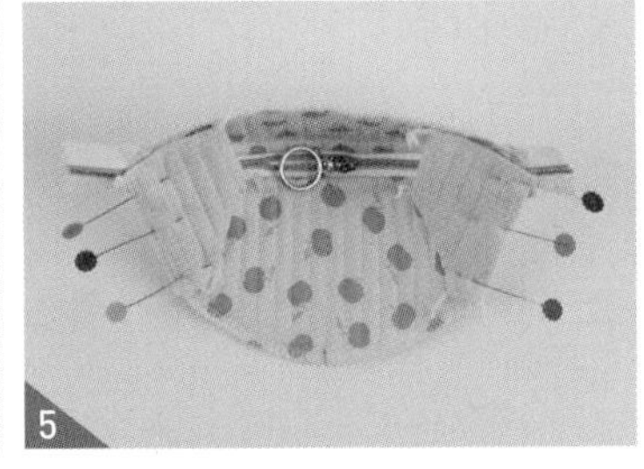

가방의 날개 부분을 지퍼가 달린 가방 몸통에 겉끼리 마주 대고 시침 핀으로 고정 후 재봉해 주세요.

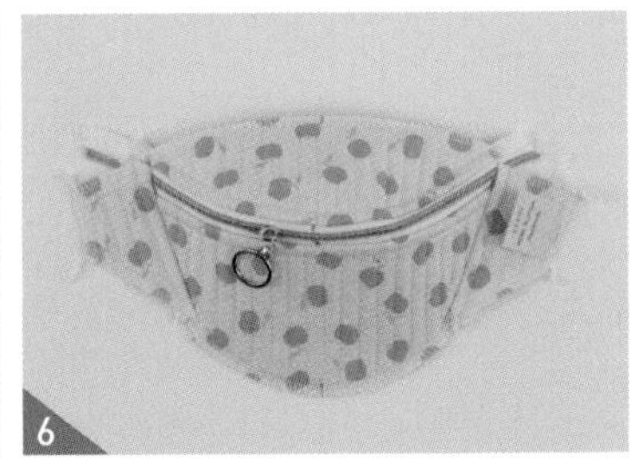

시접을 날개 쪽으로 넘겨 다린 후 0.5cm 상침을 넣어 시접을 눌러주세요. 날개 끝에 끼움 라벨을 0.7cm로 재봉해 주세요.

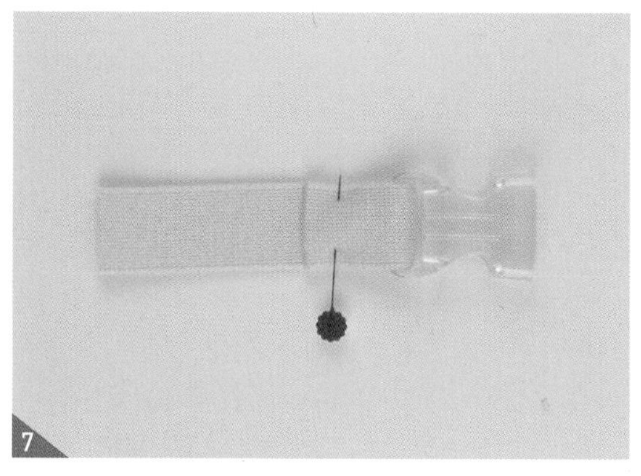

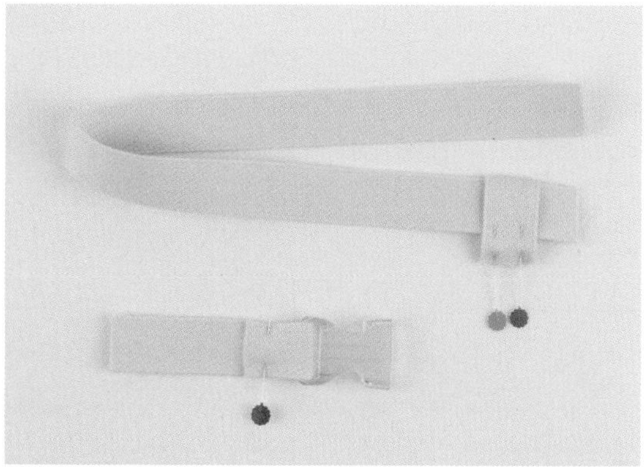

면 웨빙 테이프를 17cm 잘라 한쪽 끝을 버클 암수에 통과시켜 2cm 접고 다시 3.5cm 접어 시침 핀으로 고정해 주세요. 나머지 테이프에서 8cm를 잘라 반을 접어 시접을 고정한 후 긴 테이프 끝을 통과시켜주세요.

※ 이 방법은 왈자 조리개 없이 스트랩 길이를 조절할 수 있는 방법입니다.

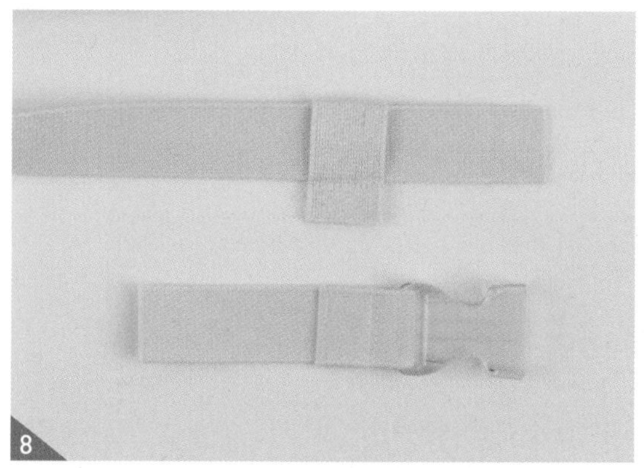

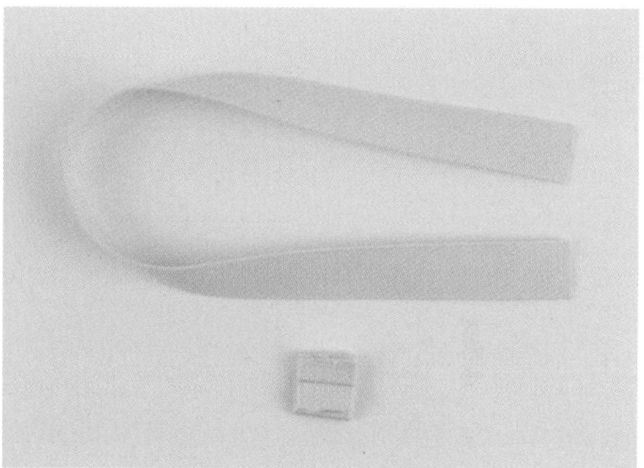

버클 암수 쪽에는 2cm 길이로 나비 스티치를 넣어 주세요. 나머지 긴 웨빙 테이프 쪽은 벨트고리를 만들어 줍니다. 벨트고리는 웨빙 테이프가 통과될 정도의 폭으로 재봉해 주세요. 시접이 대략 1.2cm 정도 들어갑니다. 시접은 다림질로 가름솔 한 후 뒤집어주세요.

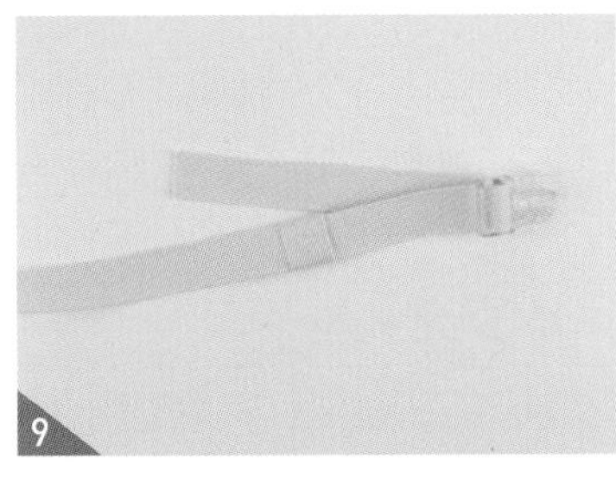

9

뒤집어 놓은 벨트고리에 긴 웨빙 테이프를 통과시킨 후 버클 숫수에 통과시켜주세요.

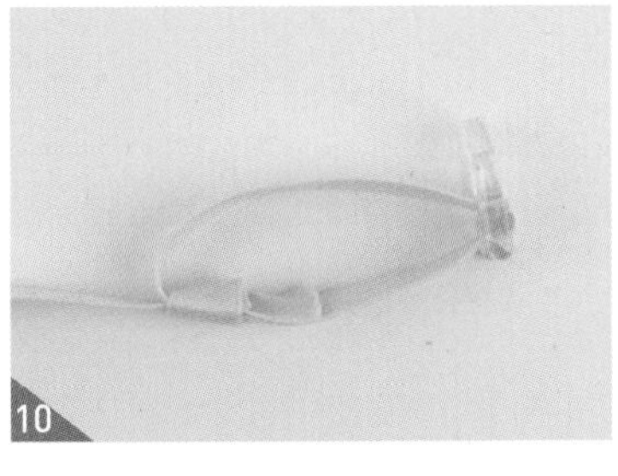

10

벨트고리 뒷면에서 웨빙 테이프를 한 번 더 통과시켜주세요.

11

통과된 웨빙 테이프의 끝을 1cm 접고 다시 4cm 접어서 통과시킨 테이프에 고정시켜주세요. 사진의 가장 아래쪽 테이프는 함께 재봉하지 않습니다.

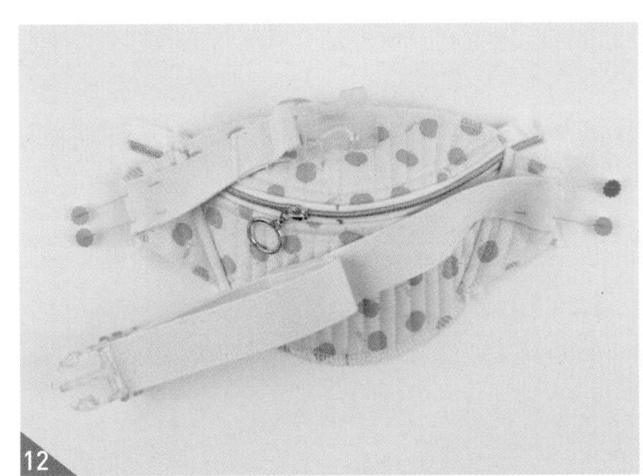

12

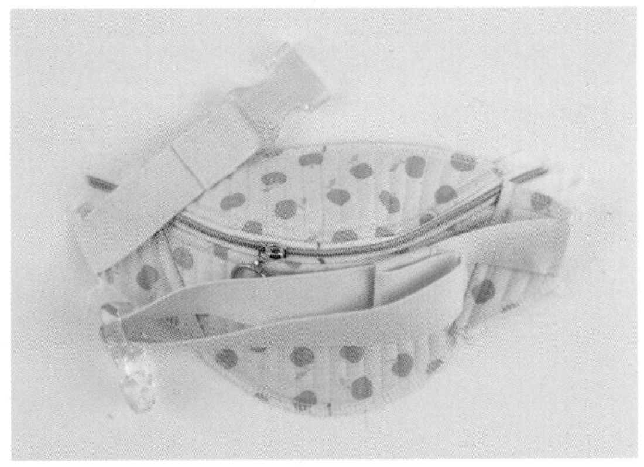

완성된 면 웨빙 테이프를 좌우에 걸끼리 마주 대고 재봉해 주세요. 좌우 버클의 암수를 확인하고 고정해 주세요.

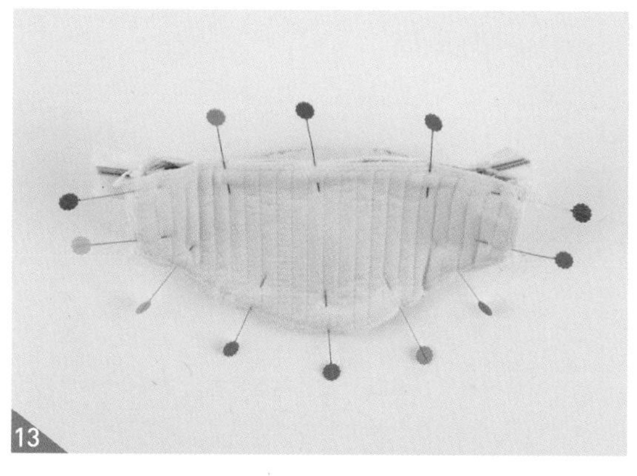

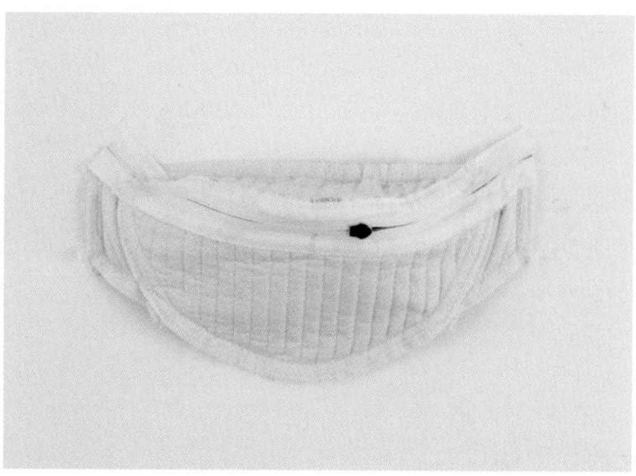

가방의 뒷면을 완성된 앞면과 겉끼리 마주 대고 시침 핀으로 고정 후 재봉해 주세요.

※ 이때 지퍼는 반쯤 열어 둡니다.

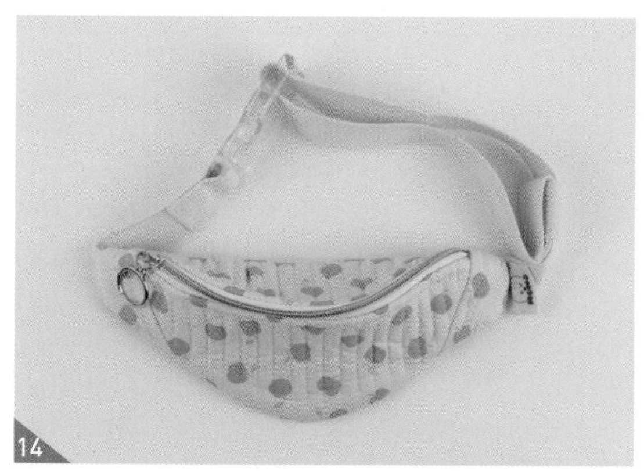

지퍼를 활짝 열어 가방을 뒤집어주세요. 뚜껑과 가방 뒷면이 재봉된 부분을 따라 0.5cm 상침해 주고, 가방 아래쪽 커브도 가방 뒷면과 함께 0.5cm 상침해 주세요.

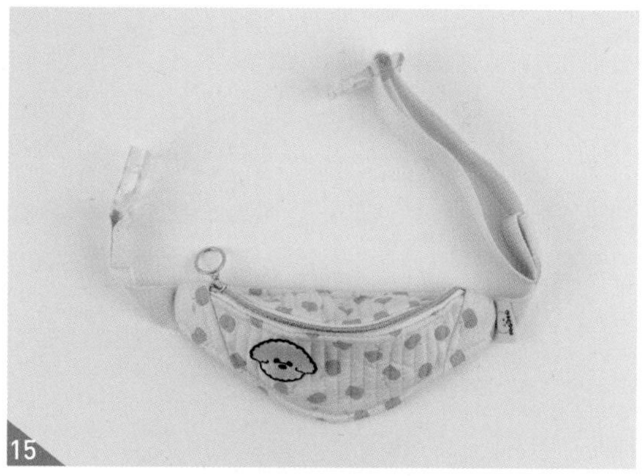

준비한 와펜을 달아주면 완성입니다.

꽃길만 걷자 하네스 & 리드줄

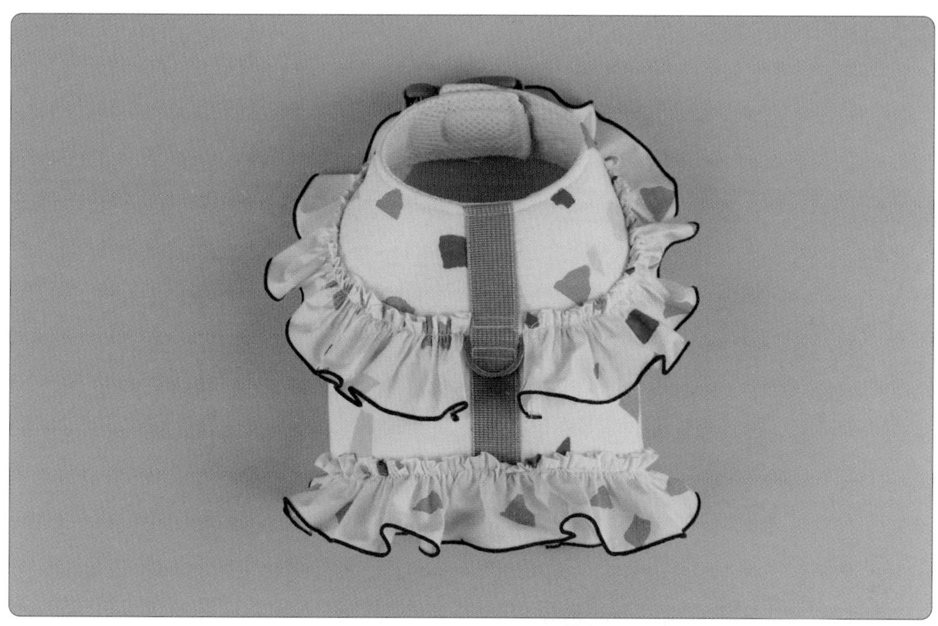

향긋한 봄 내음을 맡으며 우리 아이와 꽃길만 걷고 싶어 산책용 하네스에 블링블링한 프릴을 달아 원피스 느낌이 나도록 만들었어요. 꽃길만 걷자 하네스는 쉽게 풀리지 않도록 가슴 부분을 벨크로와 버클로 이중 잠금 장치를 넣었어요. 우리 아이들이 안정감 있게 착용할 수 있도록 겉감에는 퀼팅 솜을 붙였고, 안감에는 쿠션감과 두께감이 있는 에어쿠션 원단을 사용했습니다.

하네스 준비물(L SIZE 기준)

원단

1) 겉감 : 면 프린트 55cm X 35cm
2) 안감 : 에어쿠션 55cm X 35cm
3) 프릴감 : 210cm X 7cm

부자재

1) 단면 접착 압축 솜 3oz
2) 웨빙 테이프 46cm X 2.5cm
3) 플라스틱 똑딱 버클(2.5cm 폭) 1세트
4) D링 1개
5) 벨크로 10cm

꽃길만 걷자 하네스 재단하기

TIP 접착 압축솜은 시접없이 재단해 주세요.

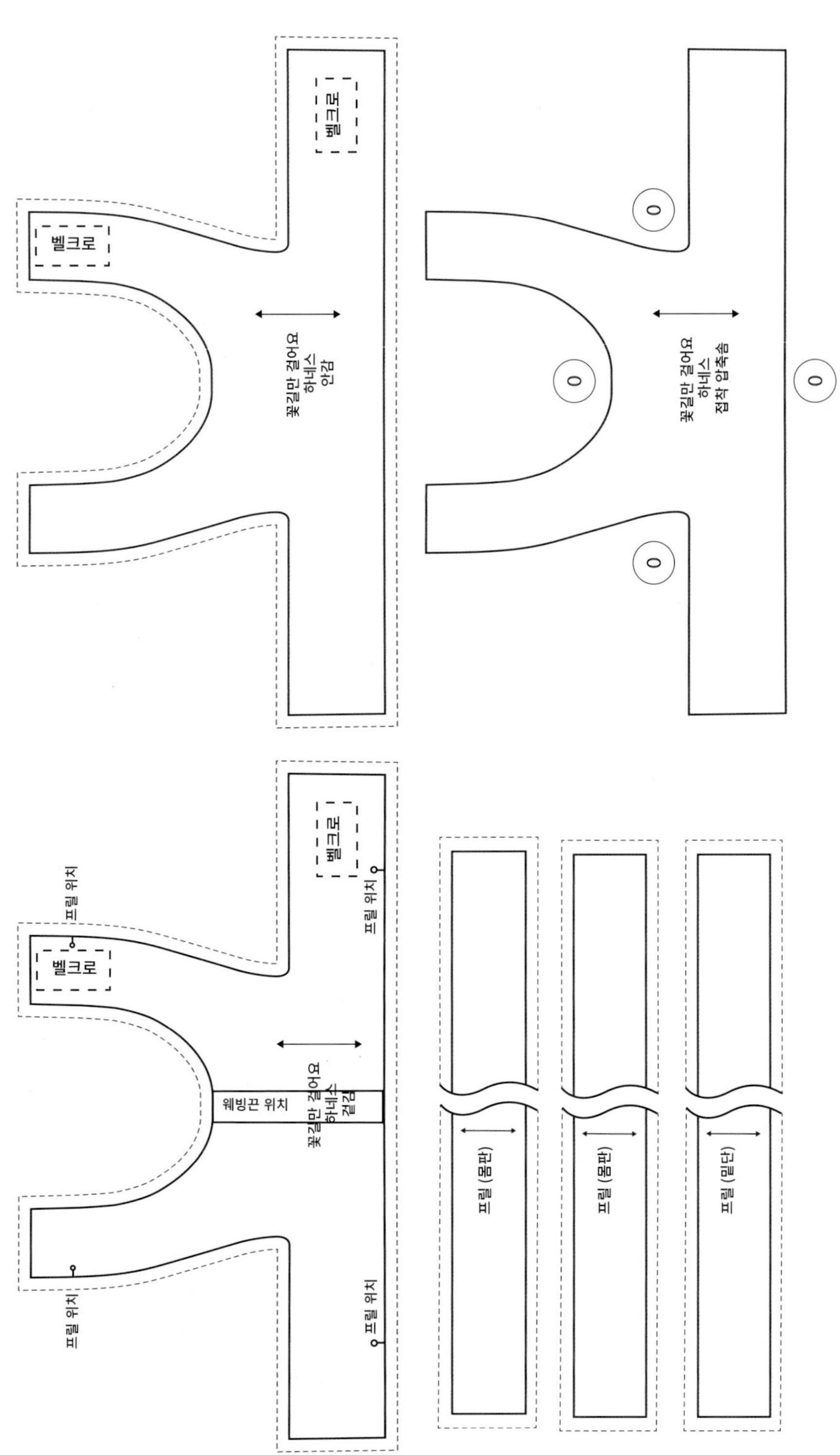

글자가 마주 보이도록 책을 돌려서 보세요. 실제 사이즈 패턴은 부록으로 제공합니다.

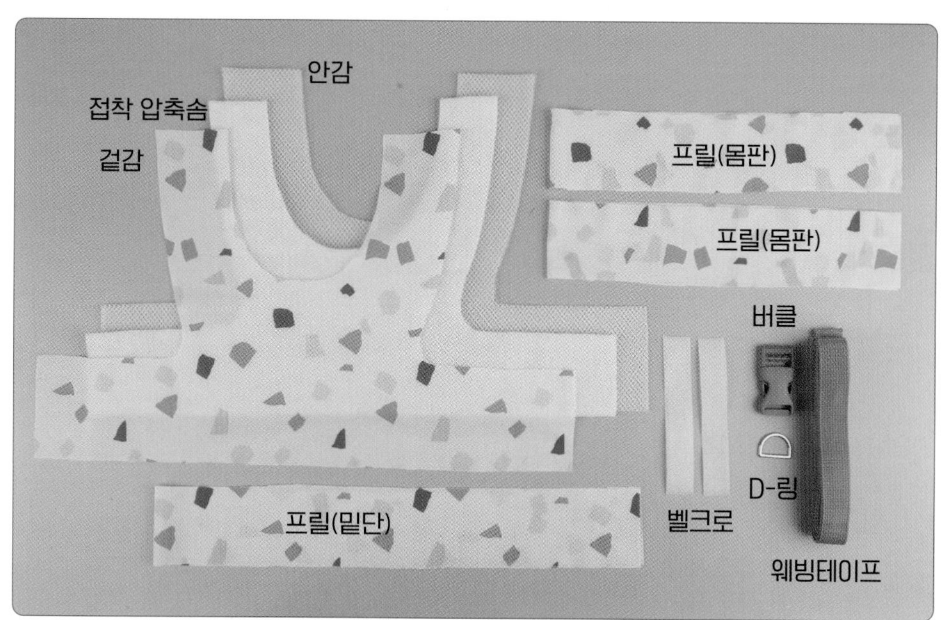

 원단 위에 패턴을 올린 후 시접분을 그려줍니다. 시접선을 따라 재단해 주세요.

재단 TIP

1. 시접 분량은 완성선에서 1cm를 더해 줍니다. 압축 솜은 시접 없이 재단해 주세요.
2. 끝이 뭉툭하지 않은 초크 혹은 펜을 사용하시면 더욱 정확하게 그릴 수 있습니다.
3. 재단할 때 중심 표시와 너치를 꼭 넣어주세요.
4. 원단의 식서 방향은 꼭 지켜주세요.

재봉 TIP

1. 기본적으로 봉재사 컬러는 몸판이나 웨빙 테이프 컬러와 맞춰 바꿔줍니다.
2. 프릴의 시접은 인터록으로 처리합니다.

프릴 만들기 

재봉 따라하기

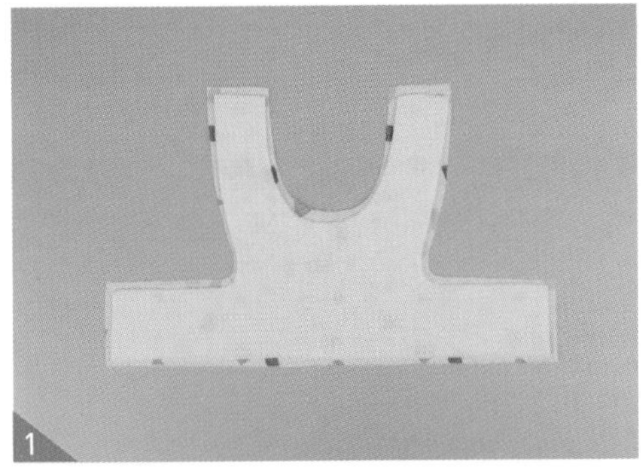

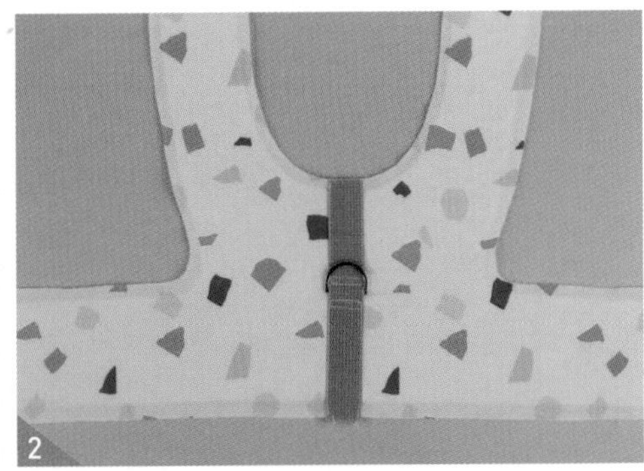

1 겉감 안쪽에 접착 압축 솜을 다림질로 부착해 주세요. 퀼팅 솜은 겉감 완성선을 기준으로 재단해 주세요.

※ 접착면이 원단(안)을 향하게 한 뒤 5초 이상 눌러주면서 다림질해 주세요. 겉감과 압축 솜을 겹친 후 그 위에 면 원단을 한 장 깔고 다림질하시면 훨씬 안전합니다.

2 등판 중심에 웨빙 테이프를 눌러 박아주세요. 먼저 패턴의 선 위치를 확인한 후 위쪽부터 0.1~0.2cm 간격으로 눌러 상침해 주세요. D링을 끼우고 1cm 띄워 눌러 박아 고정해 주세요. D링 위/아래는 사각 스티치를 넣어 단단하게 처리해 주세요.

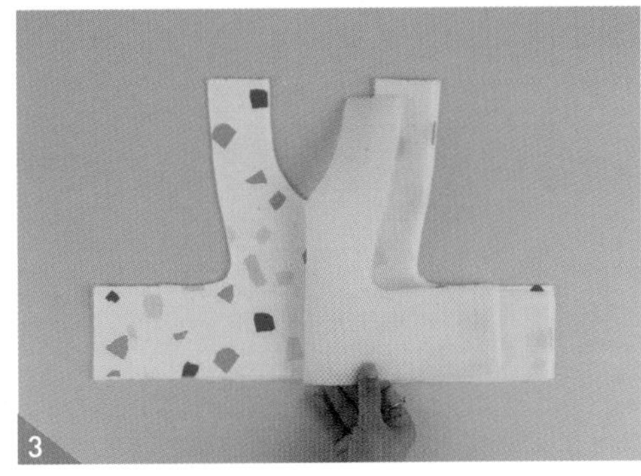

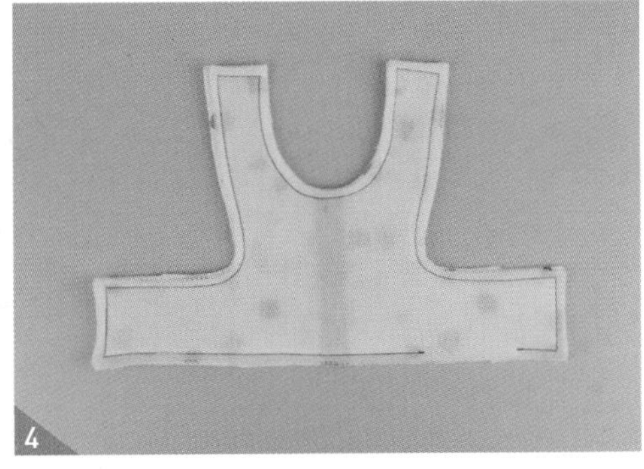

3 안감으로 사용하는 에어쿠션과 몸판을 겉끼리 마주 대고 시침 핀으로 고정해 주세요.

※ 안감은 에어쿠션을 사용합니다. 겉과 안을 잘 확인해 주세요.

4 밑단에 창구멍을 제외한 둘레를 완성선을 따라 재봉해 주세요. 반드시 창구멍 시작과 끝 부분은 되돌아박기를 해주세요.

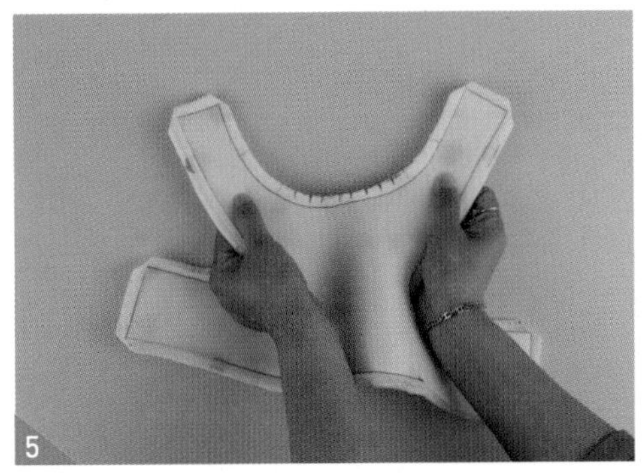

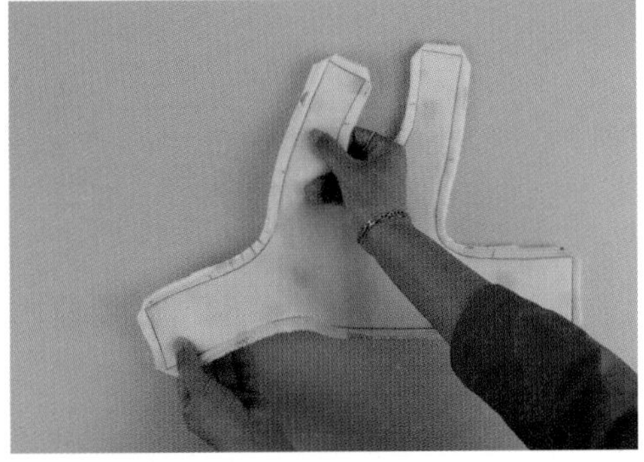

5 뒤집기 편하고 모양이 잘 나오도록 시접 모서리를 잘라주고, 커브가 들어간 목둘레와 암홀 시접은 가윗밥을 내어 주세요. 이때 재봉선이 잘리지 않도록 조심해 주세요.

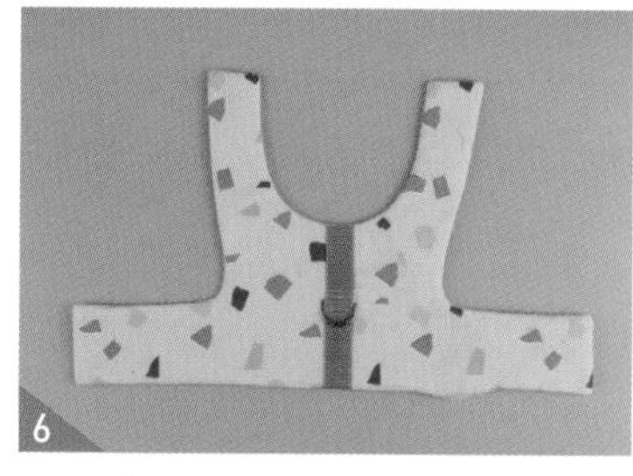

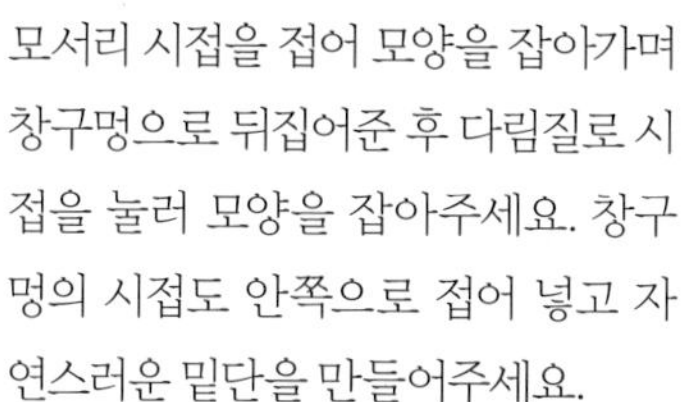

모서리 시접을 접어 모양을 잡아가며 창구멍으로 뒤집어준 후 다림질로 시접을 눌러 모양을 잡아주세요. 창구멍의 시접도 안쪽으로 접어 넣고 자연스러운 밑단을 만들어주세요.

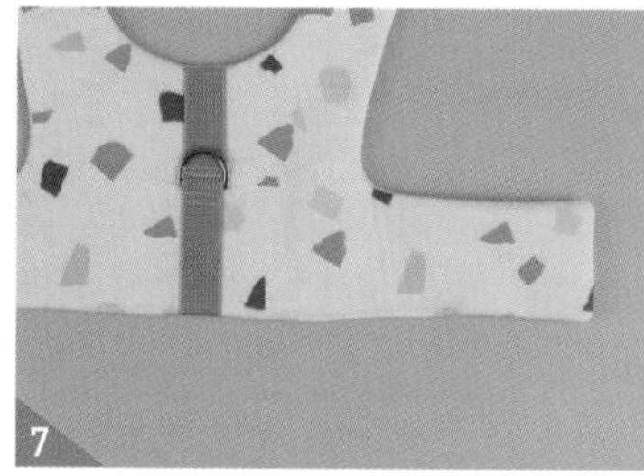

창구멍을 0.2cm로 눌러 박아주세요.

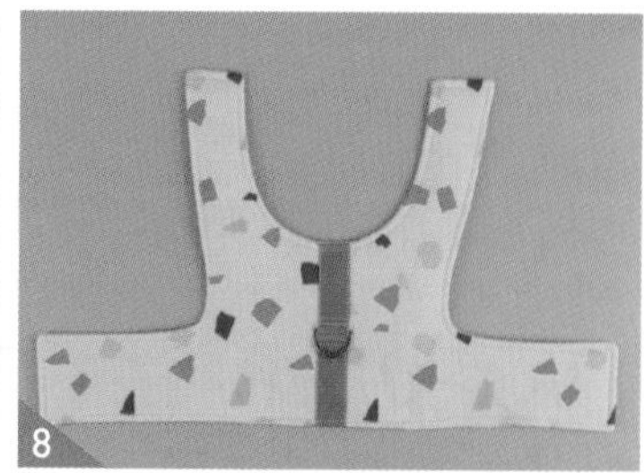

테두리를 0.5cm로 상침해 주세요.

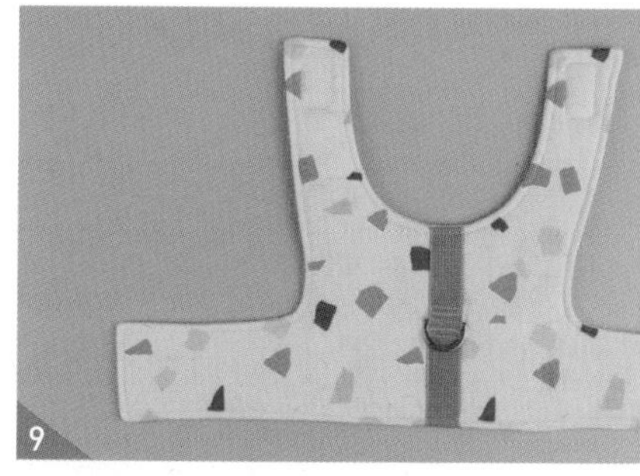

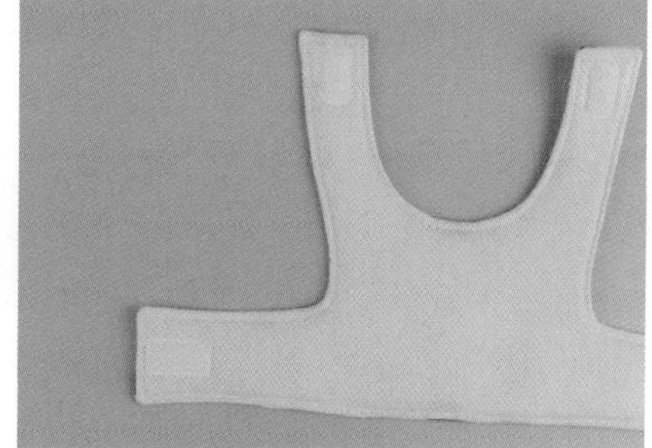

어깨끈과 배끈에 벨크로를 달아줄 거에요. 먼저 벨크로를 패턴 사이즈에 맞춰 재단하고, 모서리를 둥글게 잘라주세요. 여밈은 착용시 오른쪽이 위로 올라옵니다. 오른쪽은 안감 쪽에 벨크로의 부드러운 면이, 왼쪽에는 겉감 쪽에 거친 면이 오도록 눌러 박아주세요.

※ 벨크로는 가능한 한 테두리에 가깝게 재봉해야 시접이 걸리적거리지 않습니다. 안감 쪽에는 반드시 벨크로의 부드러운 면이 와야 합니다. 그래야 자극적이지 않고 털이 달라붙지도 않아요.

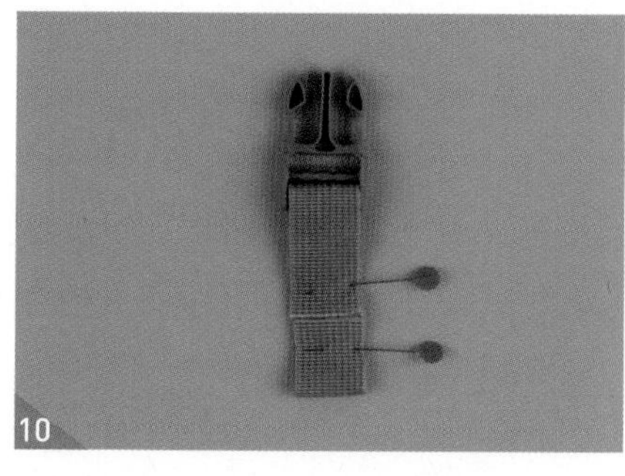

어깨끈에는 버클을 한번 더 달아야 안정적입니다. 먼저 웨빙 테이프를 17cm 길이로 2개를 자른 뒤 버클 암수에 각각 통과시켜준 후 테이프 위쪽은 4.5cm, 아래쪽은 3.5cm 접어주면 8cm 정도 길이로 완성됩니다. 시침 핀으로 고정해 주세요.

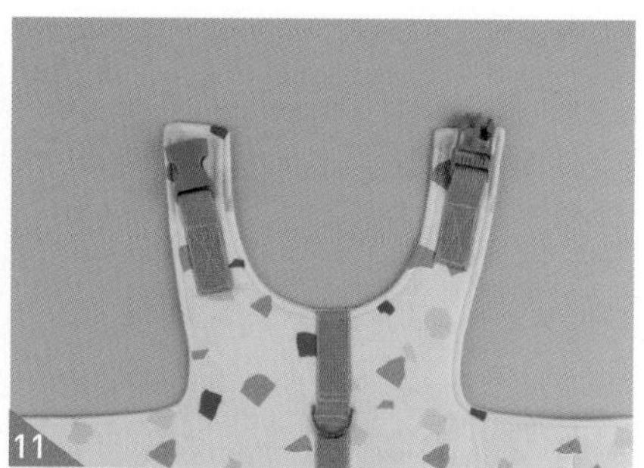

만들어 놓은 어깨끈을 왼쪽이 암버클, 오른쪽이 숫버클이 오도록 시침 핀으로 고정 후 나비 스티치(ㅁ → X)로 고정해 주세요. (스티치 사이즈: 2cm X 4cm)

※ 숫버클은 원단 끝단에 맞추고, 암버클은 원단 끝단에서 1cm 내린 지점에 고정해 줍니다.

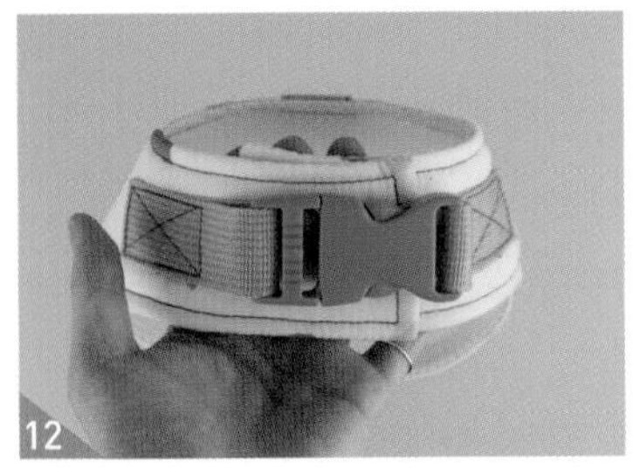
12

좌/우 벨크로와 버클을 잠그면 사진과 같이 됩니다.

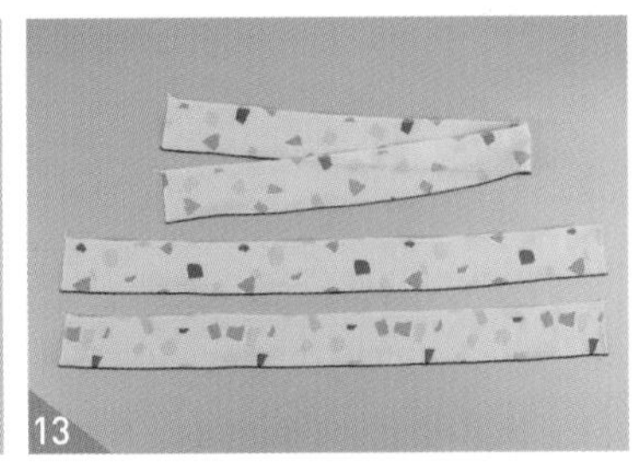
13

몸판에 들어갈 프릴을 만들어 줄 거에요. 먼저 좌우 끝과 한쪽 면을 몸판색 실로 오버록 처리해 주세요. 나머지 한 면은 웨빙 테이프 컬러로 인터록 처리해 주세요.

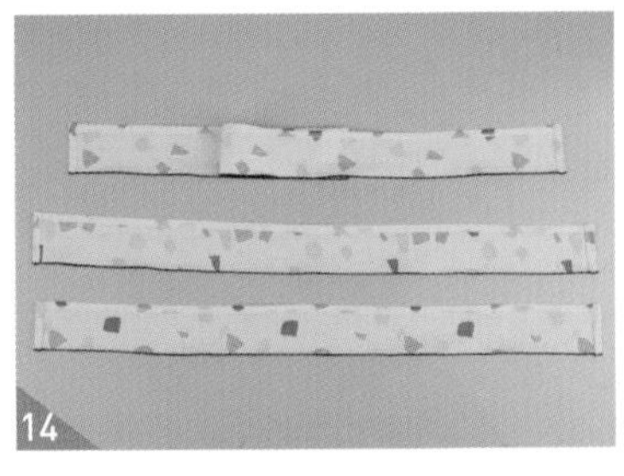
14

몸판 컬러로 오버록 처리된 부분을 0.5cm 접어 끝을 눌러 박아주세요.

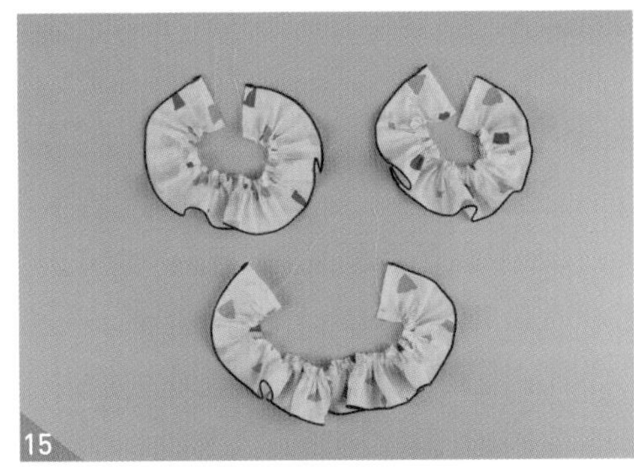
15

시접을 접어 처리한 쪽에 주름을 잡아 프릴을 만들어 주세요.

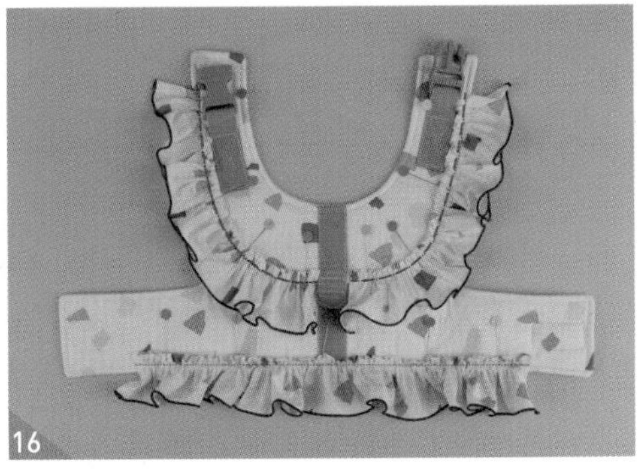
16

패턴의 프릴 위치를 확인 후 0.5cm 시접으로 눌러 박아 고정시켜주세요

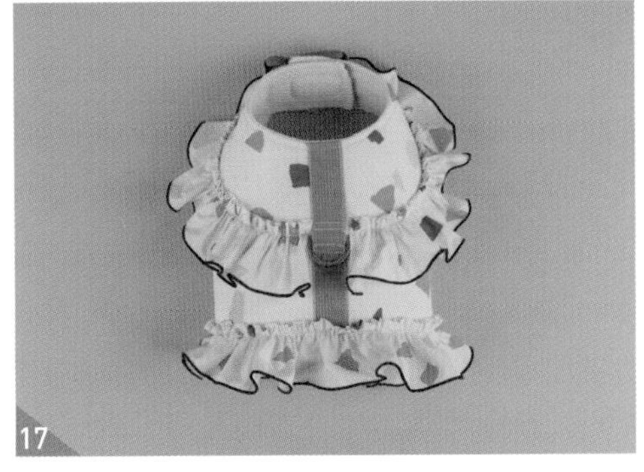
17

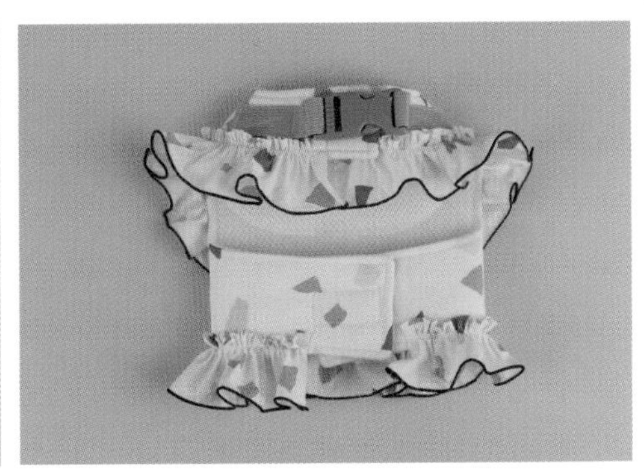

완성입니다.

꽃길만 걷자 리드줄

리드줄 준비물(L SIZE 기준)

원단

1) 프릴감 : 하네스용 겉감(손잡이 부분 사용) 110cm x 7cm

부자재

1) 웨빙 테이프 150cm X 2.5cm
2) D링 1개
3) 리드줄 고리(2.5cm 폭) 1개

꽃길만 걷자 리드줄 재단하기

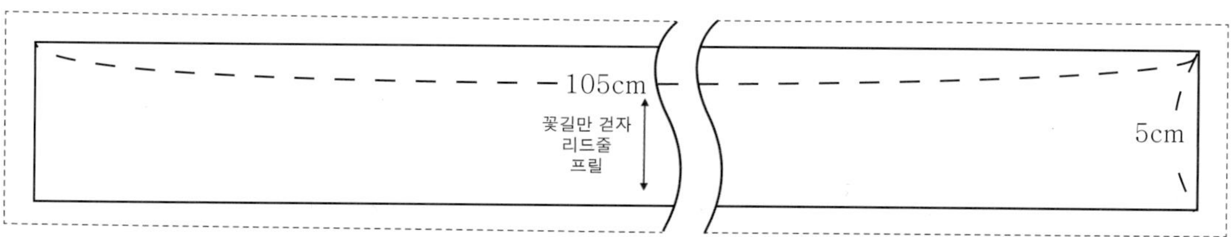

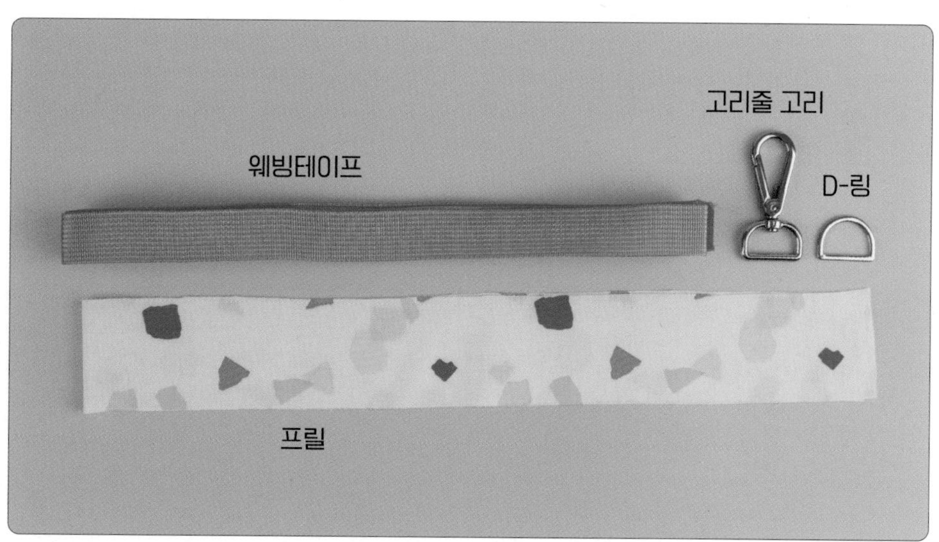

재봉 TIP

1. 사용법 참고 동영상을 확인하세요.

재봉 따라하기

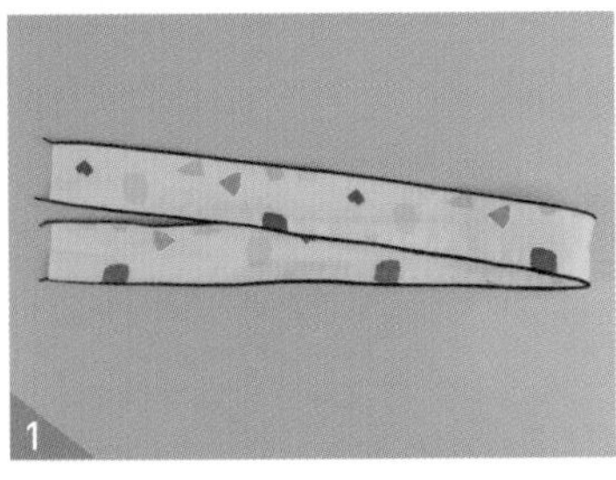

1

손잡이 프릴감의 긴 두 면을 웨빙 테이프 컬러실로 인터록 처리해 주세요.

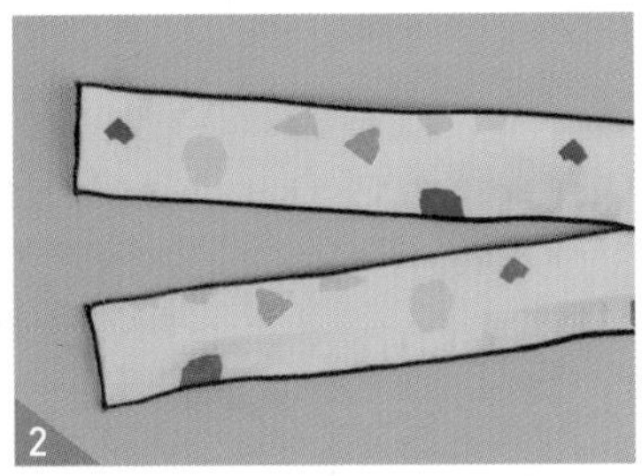

2

좌/우 끝도 동일하게 인터록 처리해 주세요.

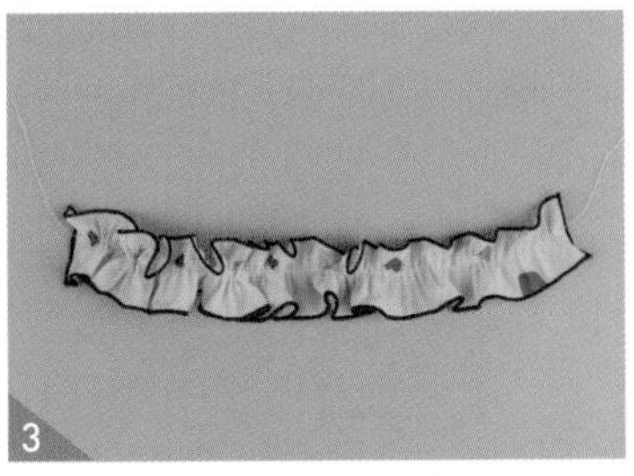

3

프릴감 중앙에 주름을 잡아주세요.

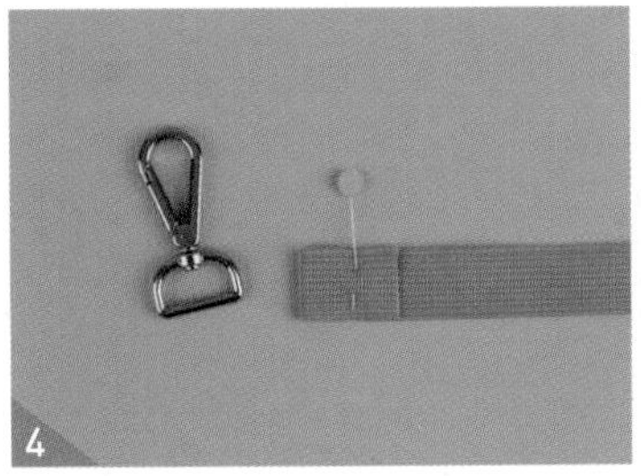

4

웨빙 테이프 한쪽 끝을 3cm 접어주세요.

5

다시 4cm 접고 사이에 리드줄 고리를 끼워 나비 스티치(ㅁ → X)를 넣어주세요. (스티치 사이즈: 2cm X 3cm)

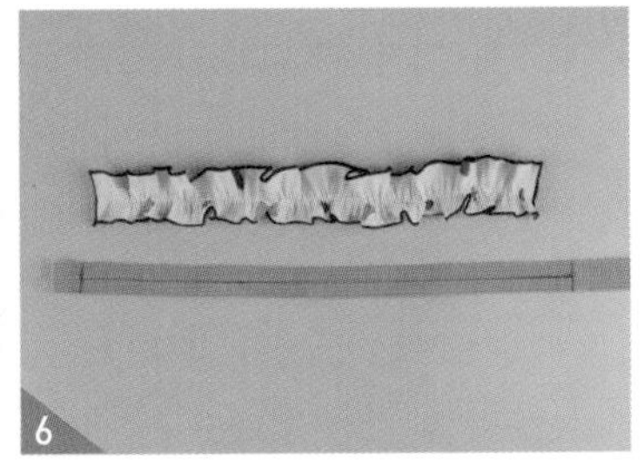

6

웨빙 테이프의 다른 쪽 끝에서 2.5cm 띄우고 프릴이 달릴 위치 41cm를 열펜으로 표시해 주세요.

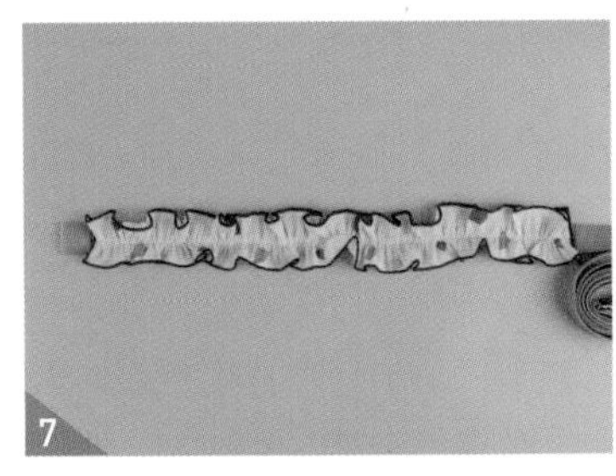

7

웨빙 테이프에 프릴 중심을 눌러 박아주세요.

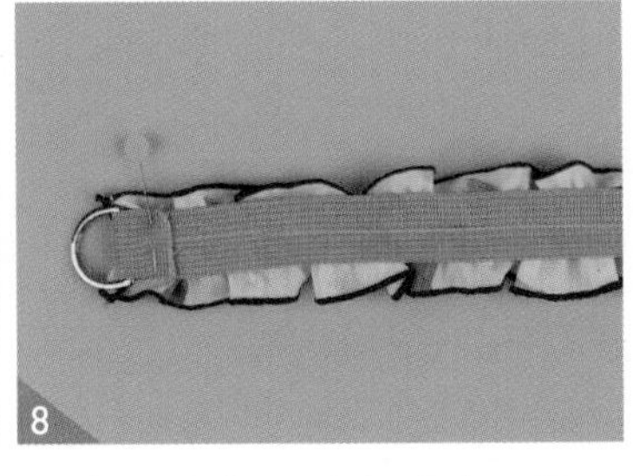

8

프릴을 달아준 웨빙 테이프 끝을 2cm 접어 D링을 끼워 시침 핀으로 고정해 주세요.

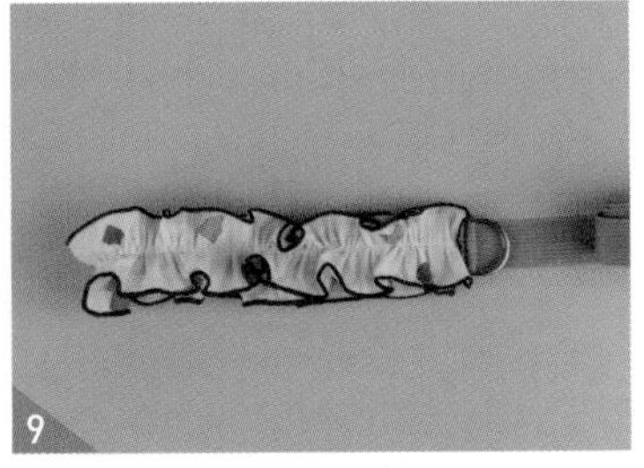

9

프릴이 달린 부분을 반 접어 겹쳐진 웨빙 테이프를 함께 재봉해 주세요. 이때 D링이 고정되도록 D링을 걸고 있는 시접을 눌러 박아주세요.

※ 고리를 고정할 때는 외발 노루발로 교체 후 재봉해 주세요.

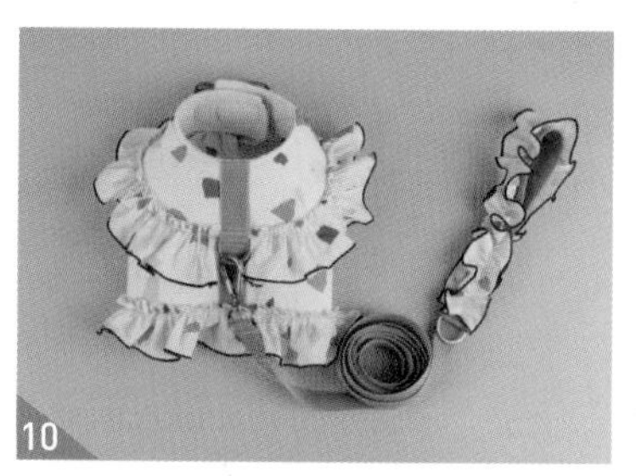

하네스에 걸어주면 완성입니다.

마카롱 네트 파우치

마카롱 네트 파우치는 우리 아이를 이동가방에 넣고 대중교통으로 이동할 때 꼭 필요한 아이템입니다. 이동가방에 넣을 이너백으로, 몸이 닿는 곳은 부드러운 원단을 사용했고 파우치 입구는 아이의 시야가 가려지지 않도록 배려해 메쉬 원단을 사용했습니다. 우리 아이가 불안해하지 않으며 이동 중에도 쾌적하게 휴식할 수 있도록 만들었어요.

준비물(L SIZE 기준)

원단

1) 메쉬 98cm X 25cm
2) 면 깅엄 체크(겉감, 안감) 48cm X 48cm

부자재

1) 스트링 고무줄 90cm
2) 스토퍼 1개
3) 라벨 1개

마카롱 네트 파우치 재단하기

④

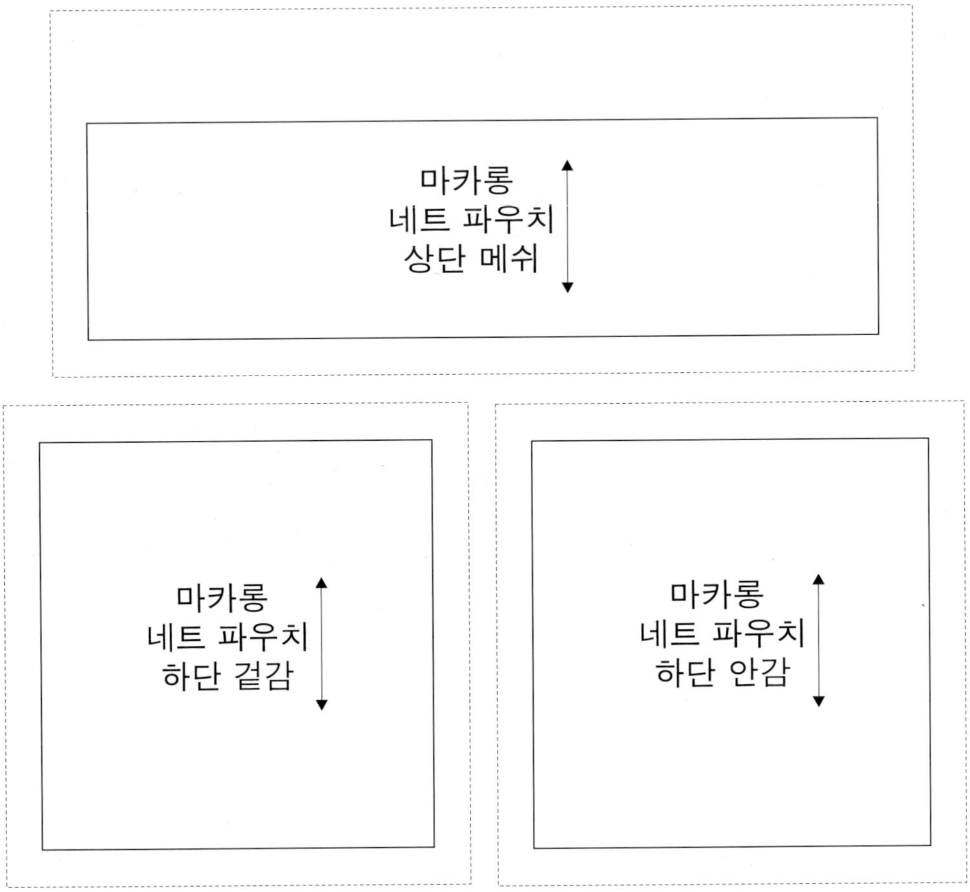

마카롱
네트 파우치
상단 메쉬

마카롱
네트 파우치
하단 겉감

마카롱
네트 파우치
하단 안감

위는 기본 패턴이며 실제 사이즈 패턴은 부록으로 제공합니다.

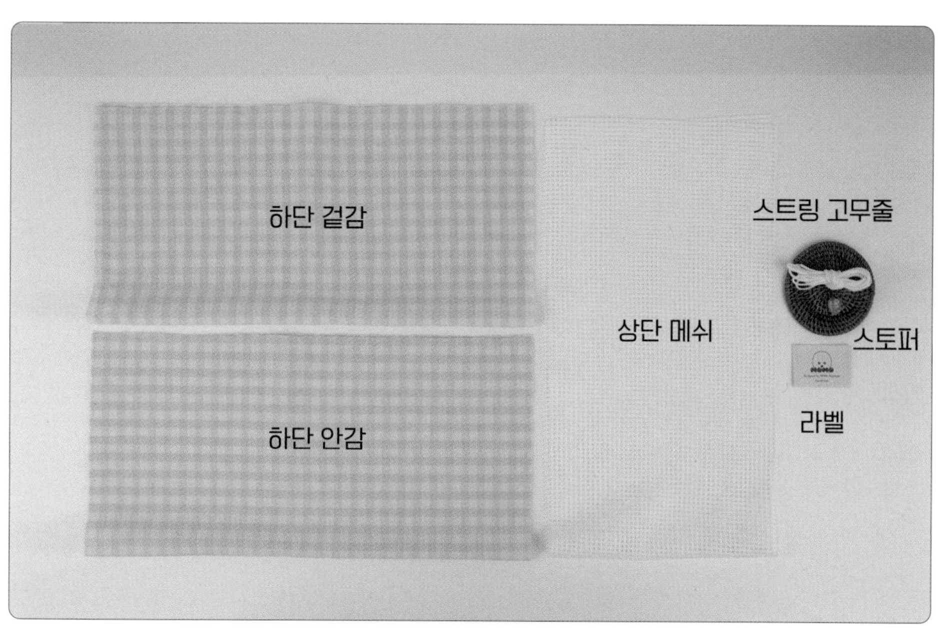

 원단 위에 패턴을 올린 후 시접분을 그려줍니다. 시접선을 따라 재단해 주세요.

재단 TIP

1. 시접 분량은 완성선에서 1cm를 더해 줍니다.
2. 스트링 고무줄이 들어갈 메쉬 부분은 시접을 4cm 더해 줍니다.
3. 끝이 뭉툭하지 않은 초크 혹은 펜을 사용하시면 더욱 정확하게 그릴 수 있습니다.
4. 재단할 때 중심 표시와 너치를 꼭 넣어주세요.
5. 원단의 식서 방향은 꼭 지켜주세요.

재봉 TIP

1. 메쉬 재봉 시 노루발 끝이 구멍에 빠지기 쉬울 수 있어요. 그럴 땐 살짝살짝 노루발을 들어가며 재봉 해주세요.

공그르기

시접 처리하기 

재봉 따라하기

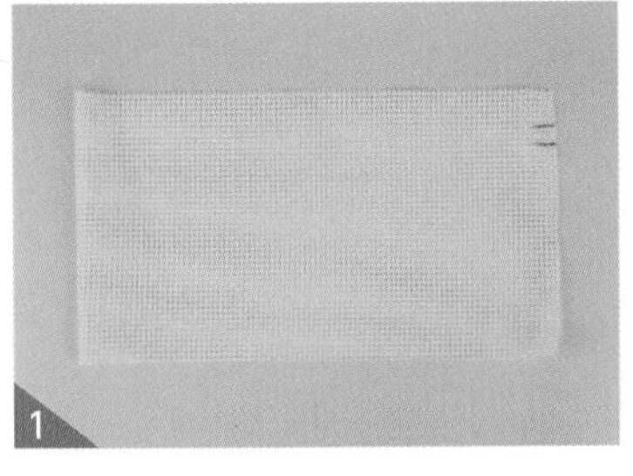

메쉬 원단의 옆선을 재봉해 주세요. 이때 상단에서 4cm 재봉 후 되돌아 박기, 그리고 1.5cm 띄워 다시 재봉해 주세요. 1.5cm 띄운 부분은 스트링 고무줄 통과 구멍이 됩니다.

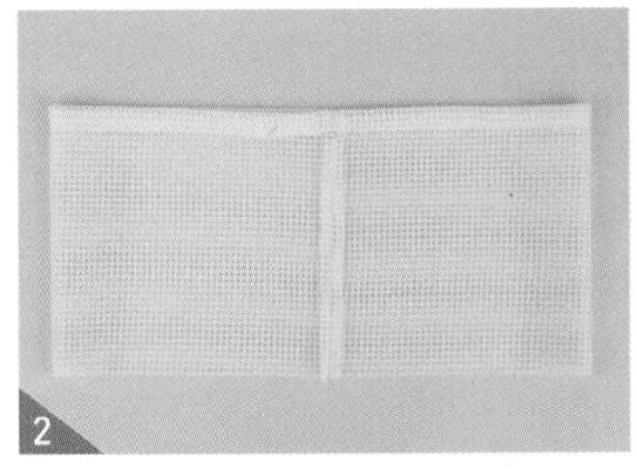

메쉬 상단을 2cm씩 2번 접어 눌러 박아 스트링 고무줄 터널을 만들어 주세요. 옆선 시접은 가름솔 해주세요.

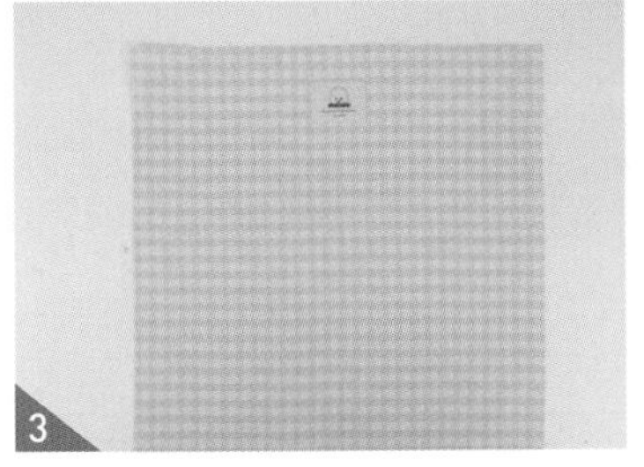

체크 원단에 라벨 위치를 패턴에서 확인 후 열펜으로 표시해 주세요. 라벨을 사방 눌러박기로 고정해 주세요.

체크 원단의 겉감과 안감의 옆선을 재봉해 주세요. 안감의 옆선에는 창구멍을 5cm 정도 만들어주세요. 창구멍의 양 끝은 반드시 되돌아박기를 해주세요.

파우치의 안감과 겉감에 바닥을 만들기 위해 하단 양 모서리에 열펜으로 패턴을 베껴주세요.

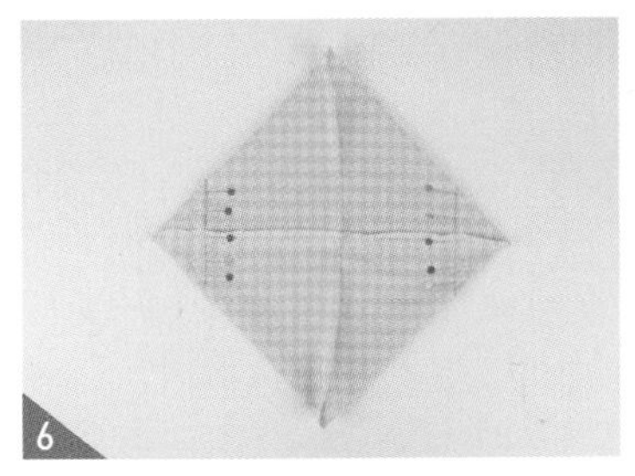

모서리를 삼각형으로 접고 시접은 가름솔하여 표시된 선을 따라 재봉해 주세요.

재봉한 모서리의 봉재선에서 1cm 시접을 포함한 부분을 잘라서 시접을 정리해 주세요.

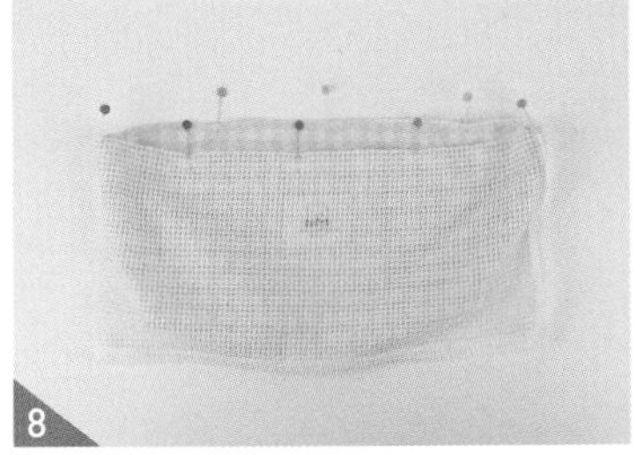

재봉한 체크 원단 겉감의 겉과 메쉬의 겉을 마주 대고 시침 핀으로 고정해 주세요.

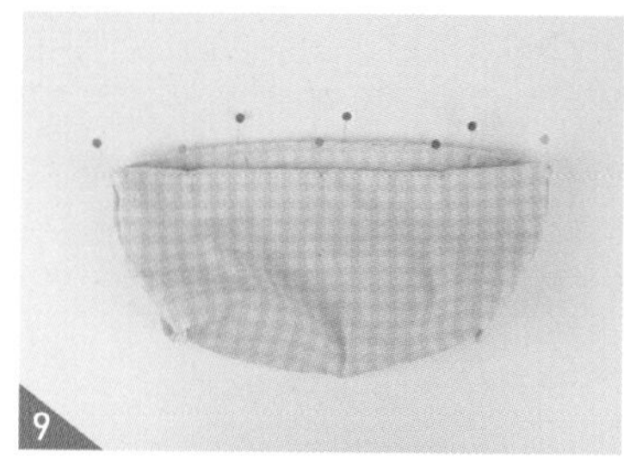

9

체크 원단 안감의 겉과 메쉬를 마주 대고 시침 핀으로 고정해 주세요. 체크 원단 사이에 메쉬가 있으면 됩니다.

※ 겉감, 메쉬, 안감 3장이 함께 재봉되어야 합니다.

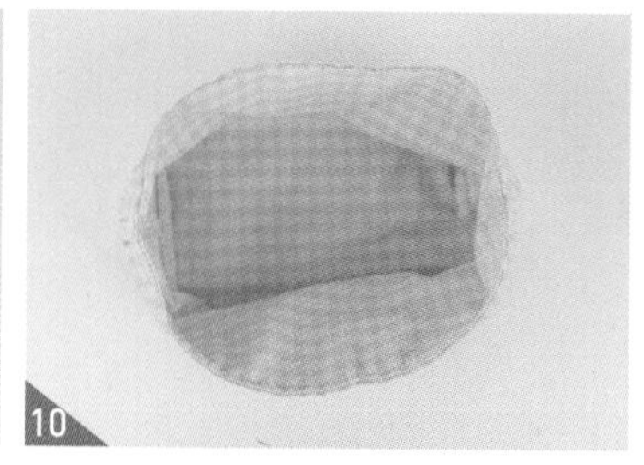

10

1cm 시접으로 체크 원단 겉감, 안감, 메쉬를 재봉해 주세요.

11

안감의 창구멍으로 뒤집어주세요.

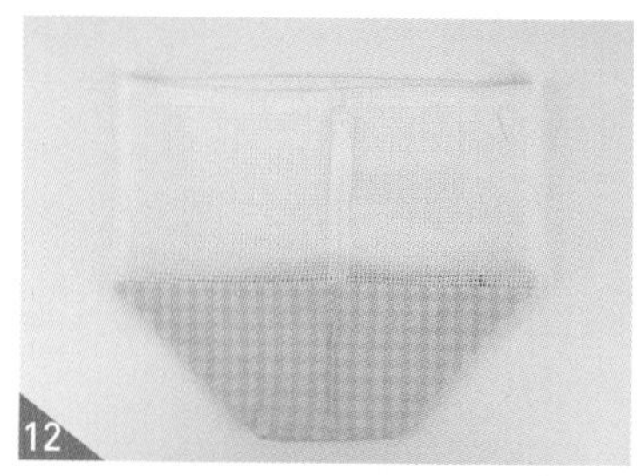

12

창구멍을 공그르기나 0.1cm 스티치로 막아주세요.

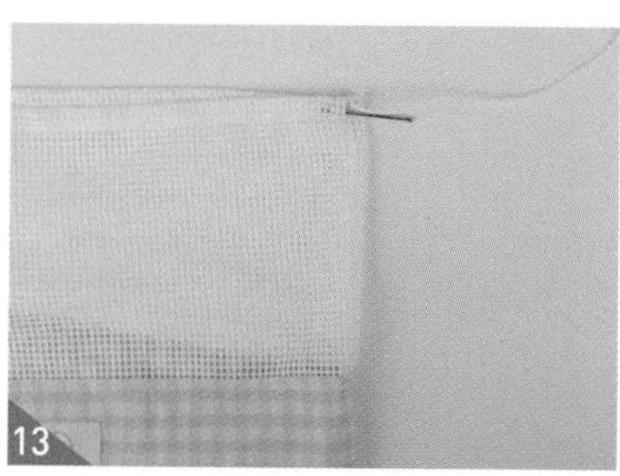

13

다림질 후 스트링 고무줄을 통과시켜 줍니다.

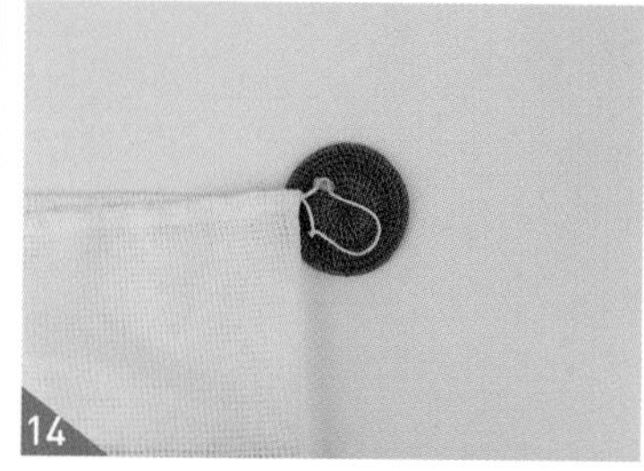

14

스트링 고무줄 한쪽을 스토퍼에 통과시킨 후 매듭을 지어 스트링 끝을 정리해 주세요.

15

스트링 고무줄 매듭을 터널 안으로 숨겨주세요.

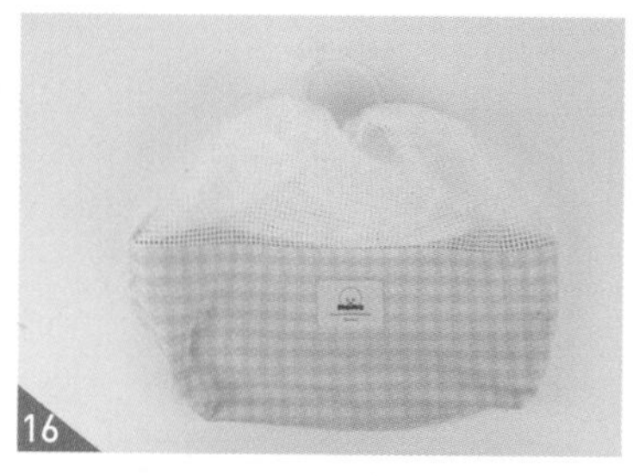

16

겉감에서 0.5cm 상침해 주세요. 완성입니다.

CHAPTER 2 멍캉스

SECTION ❶ 후르츠 리본 캐미솔

SECTION ❷ 피치 크러쉬 원피스 & 파우치 & 리본 핀

SECTION ❸ 플라밍고 수영복 & 수영모자

SECTION ❹ 트로피칼 래시가드

SECTION ❺ 쭉- 빨아 목욕가운 & 목욕타월

SECTION ❻ 다시 그 여름 바닷가 케이프

SECTION ❼ 나한테 바나나 블랭킷

SECTION ❽ 아이셔 보냉백

SECTION ❾ 뭉개뭉개 파우치

PET & PEOPLE LIFE

momo boutique

후르츠 리본 캐미솔

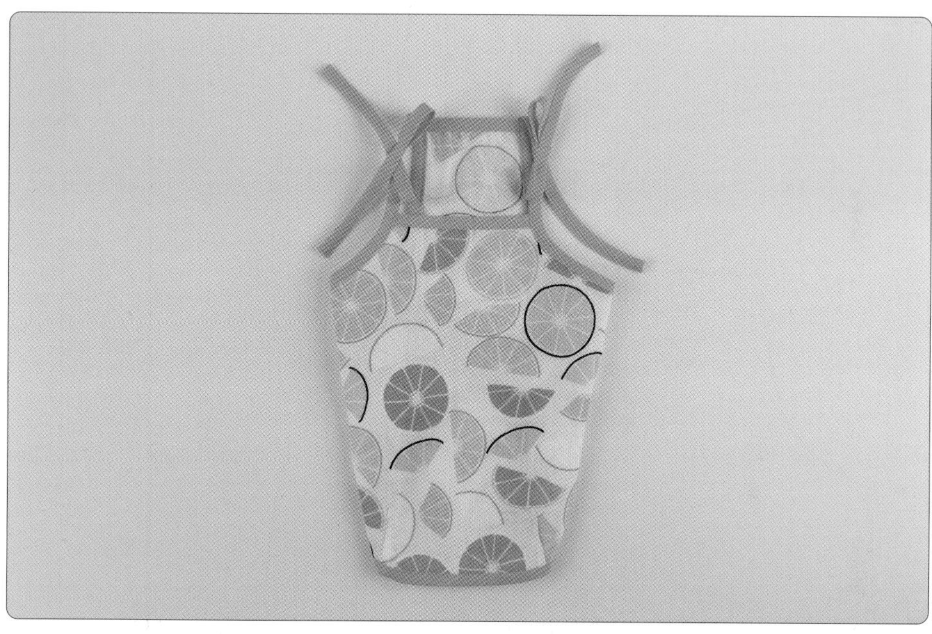

뜨거운 태양 아래 바캉스 계절과 잘 어울리는 캐미솔 나시 아이템입니다. 한여름 뜨거운 자외선을 막아줄 얇고 밝은 색감의 가벼운 거즈 원단으로 만들었어요. 바이어스 테이프로 길게 뺀 어깨끈을 묶는 길이에 따라 사이즈 조절도 가능하고 묶는 방법에 따라 포인트 연출도 가능합니다. 다트 넣는 방법으로 우리 아이들 바디에 핏 되는 예쁜 라인의 캐미솔 나시입니다.

준비물(L SIZE 기준)

원단

1) 몸판 : 면 프린트 이중 거즈 55cm X 32cm
2) 바이어스 테이프 : 155cm X 4cm
   (스트랩 길이 25cm씩 x 4개)

부자재

1) 배판 고무줄 10cm

후르츠 리본 캐미솔 재단하기

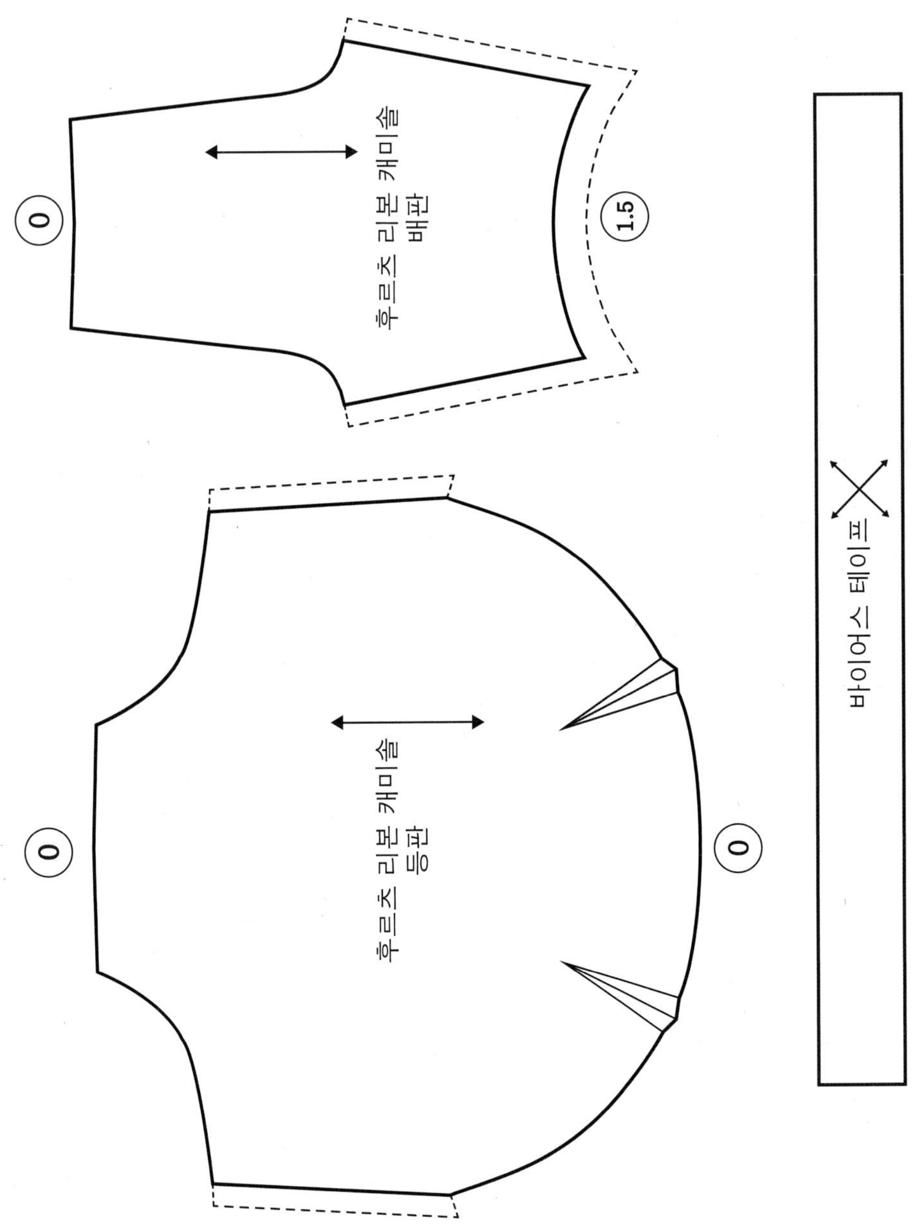

글자가 마주 보이도록 책을 돌려서 보세요. 실제 사이즈 패턴은 부록으로 제공합니다.

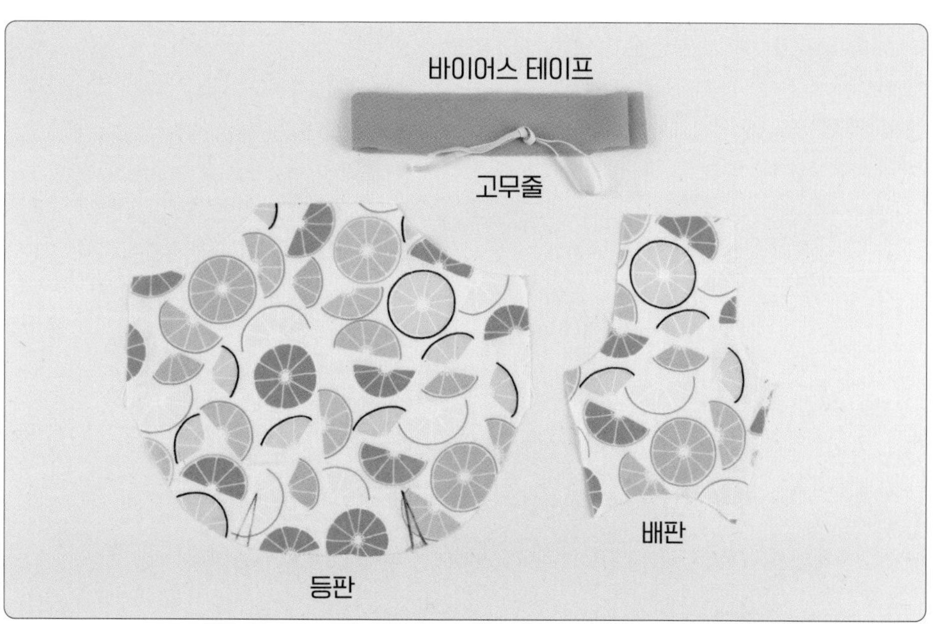

 원단 위에 패턴을 올린 후 시접분을 그려줍니다. 시접선을 따라 재단해 주세요.

재단 TIP

1. 시접 분량은 완성선에서 1cm를 더해 줍니다. 바이어스 랍빠로 처리할 부분은 시접이 없어요.
2. 고무줄이 들어가는 밑단은 시접을 1.5cm 더해 줍니다.
3. 끝이 뭉툭하지 않은 초크 혹은 펜을 사용하시면 더욱 정확하게 그릴 수 있습니다.
4. 재단할 때 중심 표시와 너치를 꼭 넣어주세요.
5. 원단의 식서 방향은 꼭 지켜주세요

재봉 TIP

1. 바이어스를 재봉하는 순서에서 바이어스 랍빠 도구를 이용하면 쉽고 깔끔하게 마무리할 수 있습니다.

바이어스 테이프 만들기 

바이어스 랍빠 치기 

다트 박기 

고무줄 넣기 

▶ 재봉 따라하기

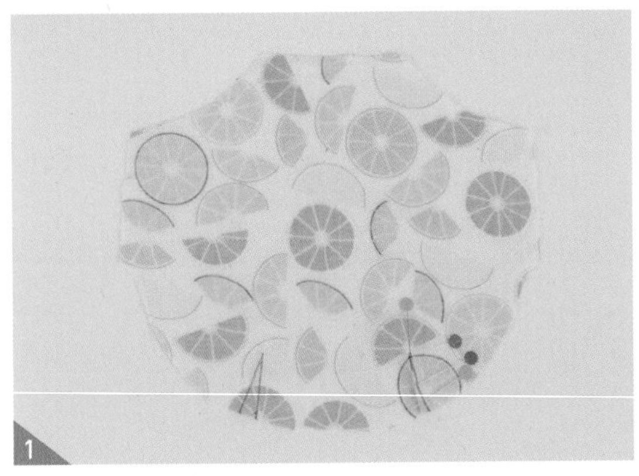

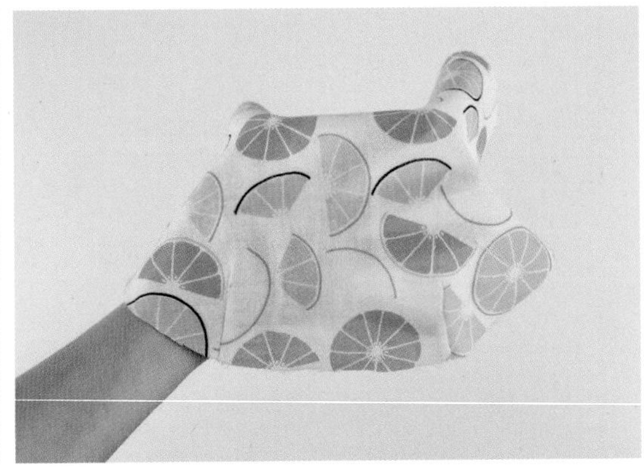

1

등판 다트를 재봉한 후 각각 중심 쪽으로 넘겨 다림질해 주세요.

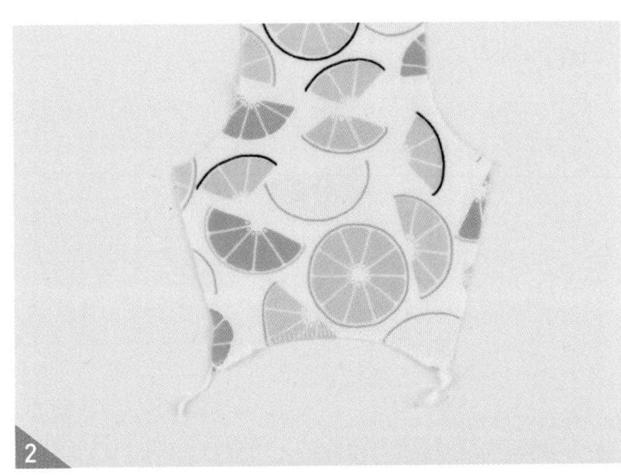

2

배판 밑단에 오버록이나 지그재그 박기로 시접을 정리해 주세요.

3

배판 밑단에 잘라 놓은 고무줄 양쪽 끝을 고정한 뒤 고무줄을 당기면서 통로를 만들어가며 재봉해 주세요. 이때 고무줄을 재봉하지 않도록 주의해 주세요.

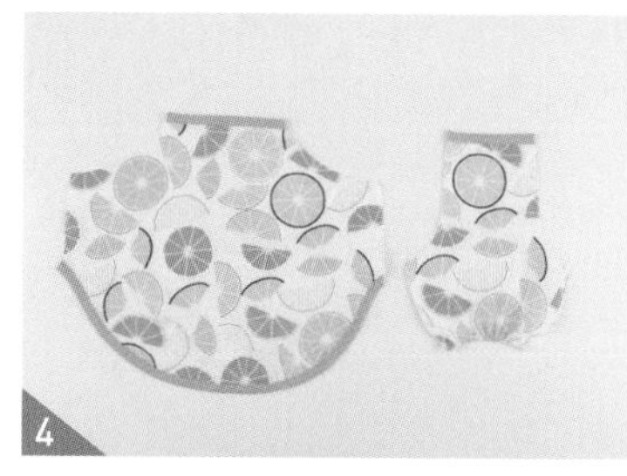

4

등판의 목부분과 밑단, 배판의 목 부분에 바이어스 테이프로 바이어스 랍빠를 쳐 주세요.

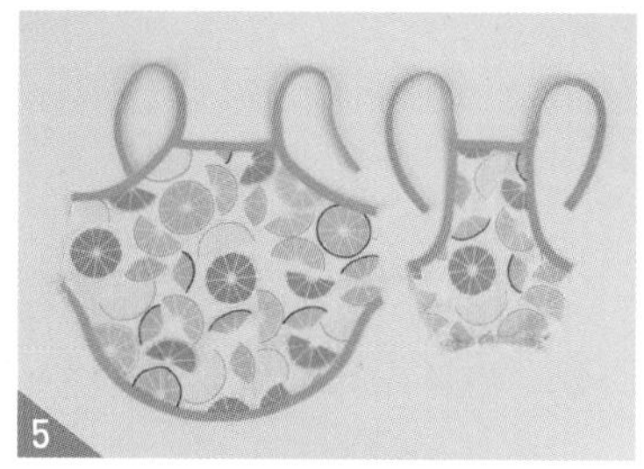

5

배판과 등판 암홀에 바이어스 테이프로 바이어스 랍빠를 쳐 주세요. 어깨끈이 25cm씩 추가됩니다.

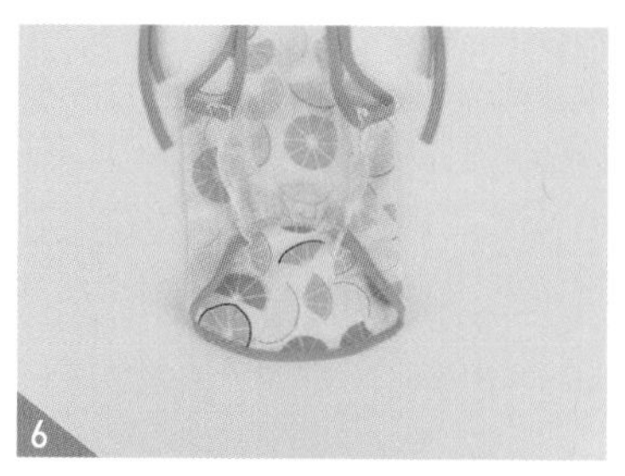

6

양쪽 옆선을 재봉한 후 오버록이나 지그재그 박기로 시접을 정리해 주세요.

※ 오버록 양쪽 끝 실을 3~4cm 남겨두고 잘라주세요.

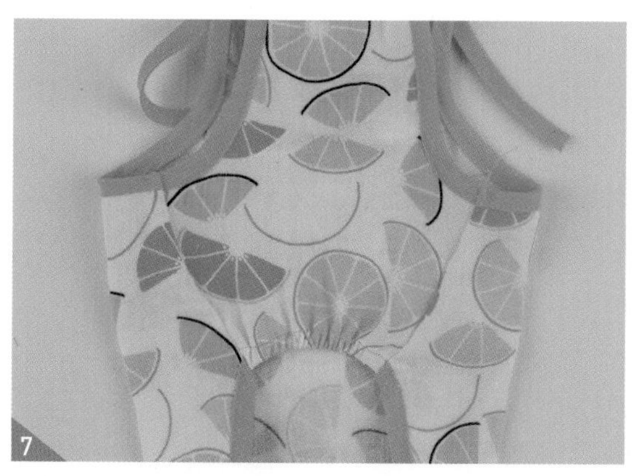

7

양쪽 겨드랑이와 밑단의 시접을 등판 쪽으로 넘기고 시접과 몸판 사이에 오버록 실을 끼워 넣어 눌러 박아주세요.

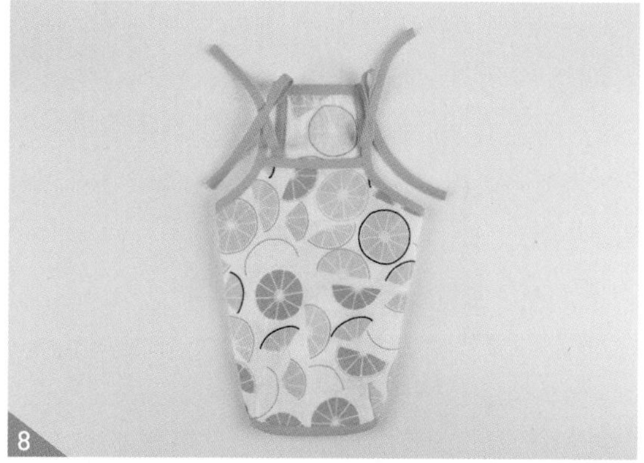

8

어깨끈을 리본으로 묶어주면 완성입니다.

피치 크러쉬 원피스 & 파우치 & 리본 핀

휴가철 리조트에서 입기만 해도 트랜디한 피치 크러쉬 원피스는 여름을 느낄 수 있는 귀여운 꽃무늬와 상큼한 스트라이프로 완성된 리조트룩입니다. 같은 원단으로 파우치와 리본 핀을 함께 만들어 페어룩을 연출해 올 여름 인싸가 되어봅시다. 원피스는 한 벌로도 다양한 표현이 가능합니다. 어깨 프릴을 다른 레이스 원단으로 변경하거나 앞치마 없이도 귀엽고, 우아하고, 캐주얼한 원피스로 연출이 가능합니다.

원피스 준비물(L SIZE 기준)

원단

1) 몸판 : 면 스트라이프 85cm X 40cm
2) 프릴감 : 125cm X 10cm(프릴 달릴 부분 x 2.5배 + 여유분)
3) 바이어스 테이프 : 90cm X 4cm(스트랩 길이 좌우 9cm씩)
4) 앞치마 원단 : 17cm X 10cm
5) 앞치마 프릴감 : 65cm X 6cm

부자재

1) 고무줄 13cm

피치 크러쉬 원피스 재단하기

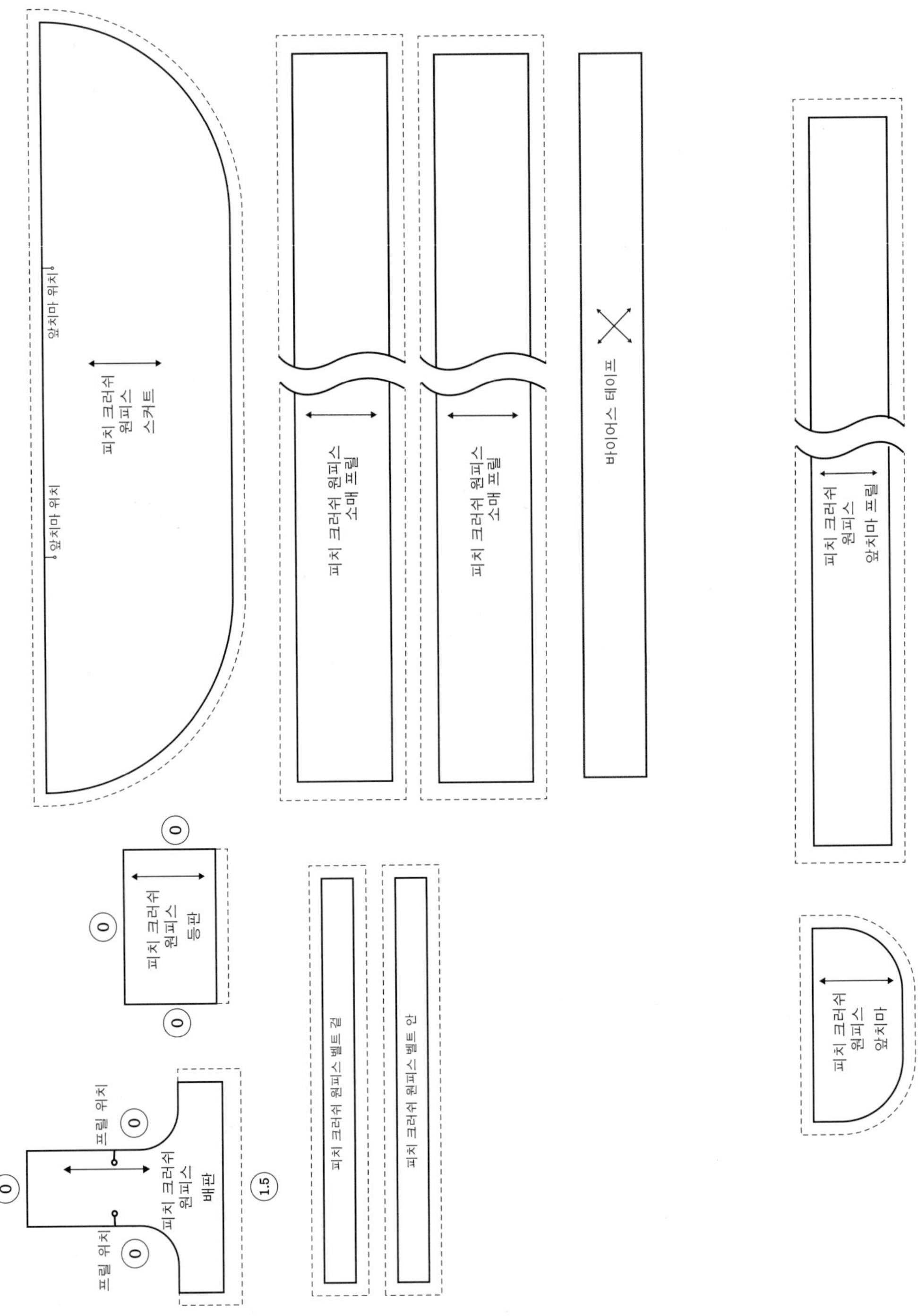

글자가 마주 보이도록 책을 돌려서 보세요. 실제 사이즈 패턴은 부록으로 제공합니다.

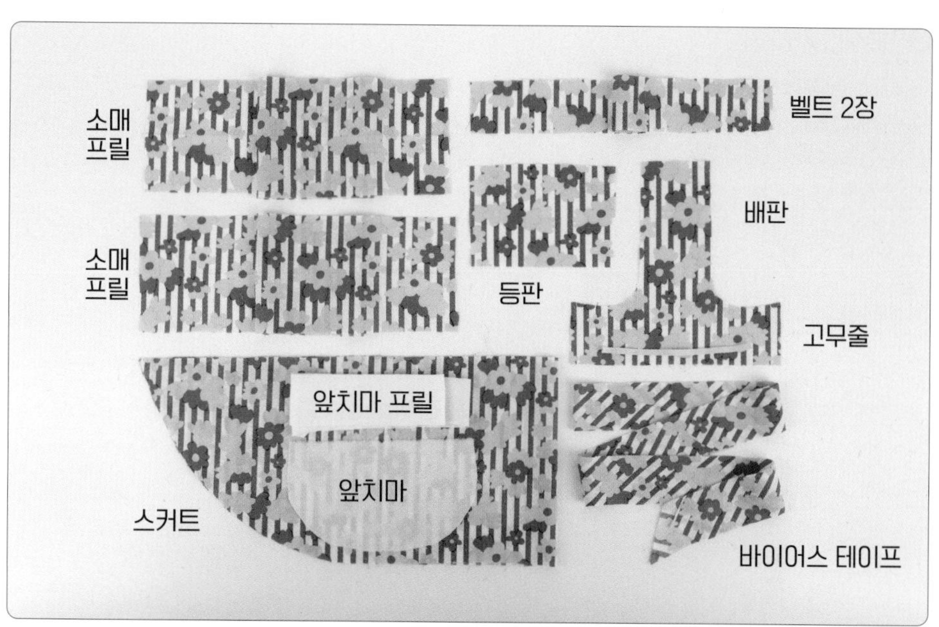

 원단 위에 패턴을 올린 후 시접분을 그려줍니다. 시접선을 따라 재단해 주세요.

재단 TIP

1. 시접 분량은 완성선에서 1cm를 더해 줍니다. 바이어스 랍빠로 처리할 부분은 시접이 없어요.
2. 고무줄이 들어가는 배판의 밑단은 시접을 1.5cm 더해 줍니다.
3. 끝이 뭉툭하지 않은 초크 혹은 펜을 사용하시면 더욱 정확하게 그릴 수 있습니다.
4. 재단할 때 중심 표시를 꼭 넣어주세요.
5. 원단의 식서 방향은 꼭 지켜주세요.

재봉 TIP

1. 바이어스를 재봉하는 순서에서 바이어스 랍빠 도구를 이용하면 쉽고 깔끔하게 마무리할 수 있습니다.

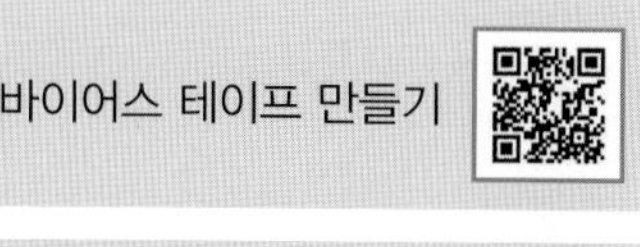

바이어스 랍빠 치기 

프릴 만들기 

고무줄 넣기 

재봉 따라하기

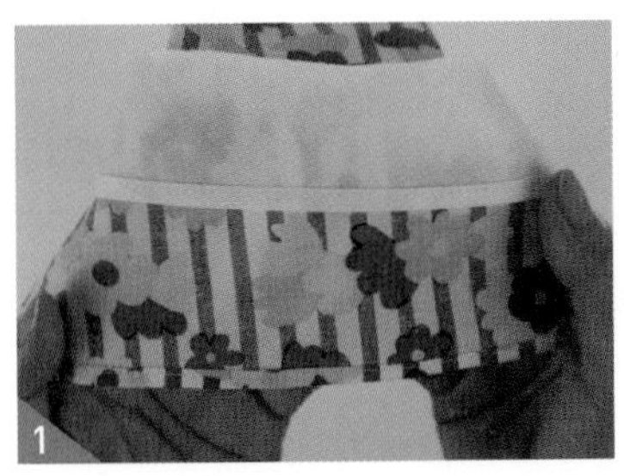

0.3cm 말아박기 노루발로 교체 후 스커트 밑단과 앞치마용 프릴 밑단을 말아박기 해주세요.

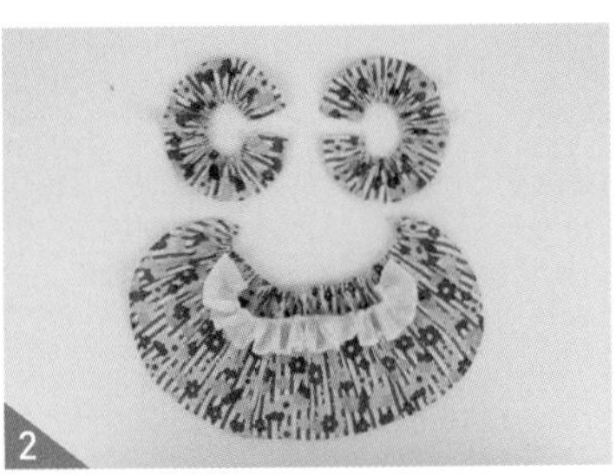

주름 노루발로 교체 후 소매와 앞치마용 프릴감과 스커트 허리에 프릴을 잡아주세요. 이때 소매 프릴감은 반으로 접어 다림질한 후 사용합니다. 프릴 완성 사이즈는 소매 프릴 25cm(2장), 앞치마 프릴 24cm, 스커트 허리 30cm 입니다. 프릴 분량은 완성 사이즈의 약 2.5배입니다.

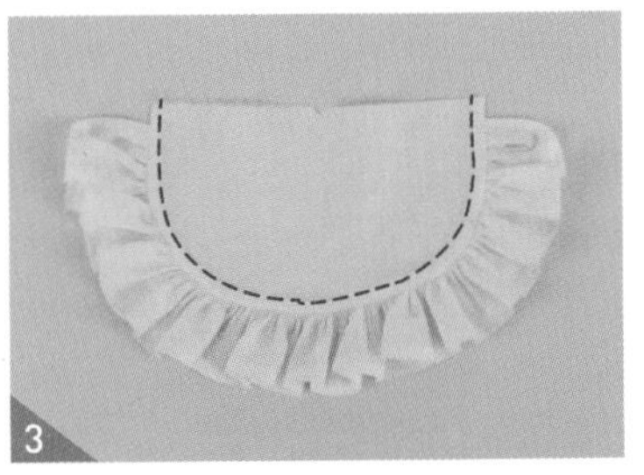

앞치마의 중심과 프릴감의 중심을 맞추어 재봉한 후 오버록이나 지그재그 박기로 시접을 정리해주세요. 시접을 앞치마 쪽으로 넘긴 후 0.5cm 상침해 주세요.

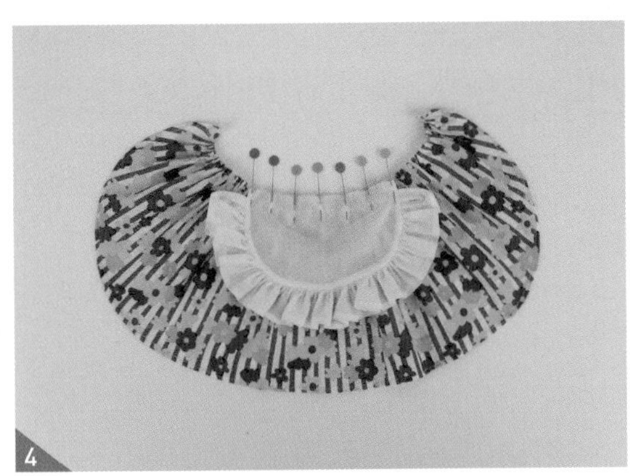

완성된 앞치마와 스커트를 중심 표시에 맞춰 시침 핀으로 고정한 후 0.7cm 재봉해 주세요.

등판과 배판의 암홀을 바이어스 테이프로 바이어스 랍빠를 쳐서 연결해 주세요. 어깨끈은 9cm로 완성해 주세요.

※ 만드는 끈 길이 사이즈는 패턴을 참고 하세요.

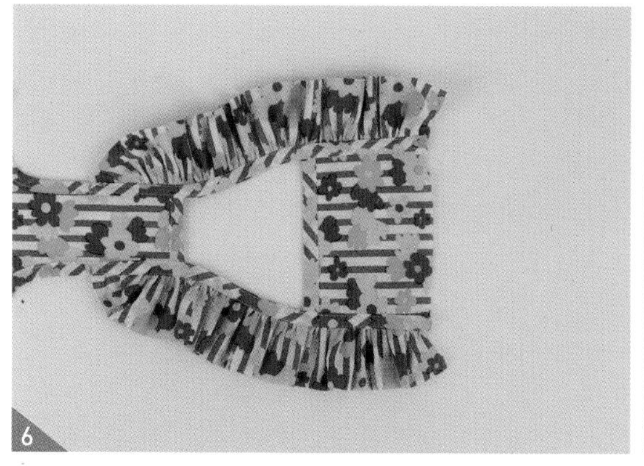

어깨 프릴의 시접을 오버록이나 지그재그 박기를 해 준 후 바이어스 랍빠로 만들어진 어깨끈 안쪽에 재봉해 주세요. 프릴은 배판의 프릴 시작점부터 달아주세요.

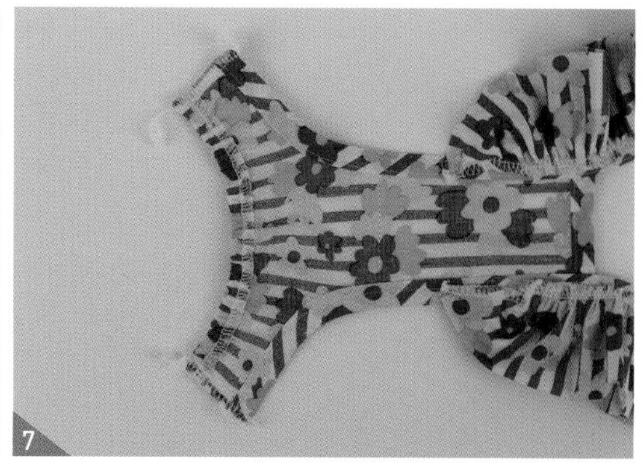

배판 밑단을 오버록이나 지그재그 박기로 시접을 정리하고, 1cm 접어 고무줄을 넣고 재봉한 후 옆선에 오버록이나 지그재그 박기해 주세요.

※ 오버록 양 끝을 3~4cm 남기고 잘라 주세요.

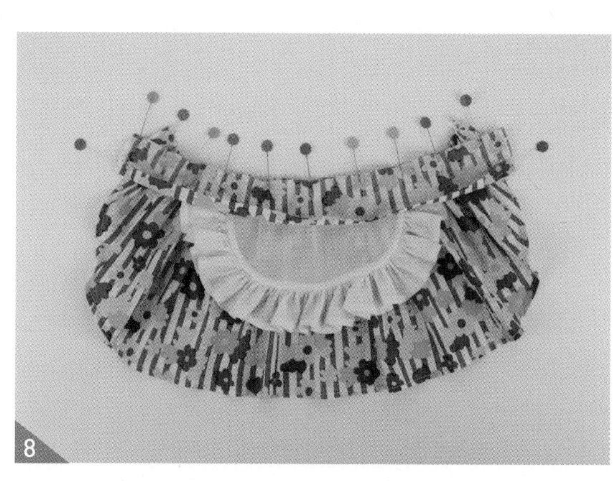

벨트 겉감의 한쪽 시접을 1cm, 안감의 한쪽 시접을 0.8cm 접어 올려 다림질하고 벨트를 겉감끼리 마주보게 놓고 사이에 스커트를 끼워 시침 핀으로 고정해 주세요. 이때 스커트와 벨트의 중심선을 먼저 맞추고 좌우로 시접을 맞춰주세요.

※ 스커트의 양 끝을 억지로 시접에 맞추지 말고 자연스러운 커브가 만들어진 상태로 벨트와 고정해 주세요.

시침 핀으로 고정한 부분의 3면을 재봉해 주세요.

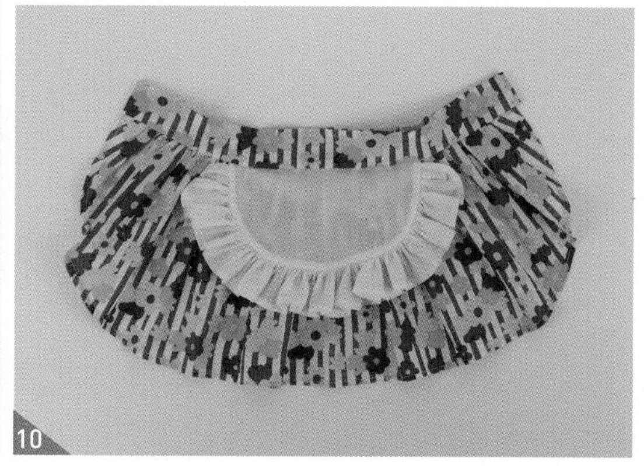

벨트를 뒤집어 다림질해 주세요.

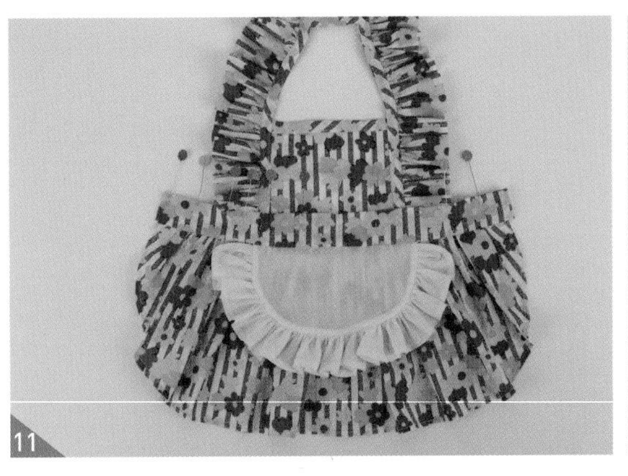

11

시접을 접은 벨트 사이에 등판 상단의 밑단을 끼워 넣어 시침 핀으로 고정해 주세요. 이때 중심을 서로 맞춘 후 좌우로 시접을 맞춰주세요.

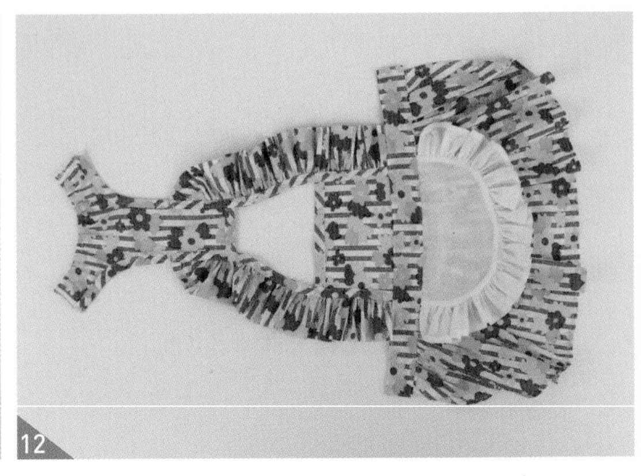

12

벨트 전체를 0.1~0.2cm로 재봉해 주세요.

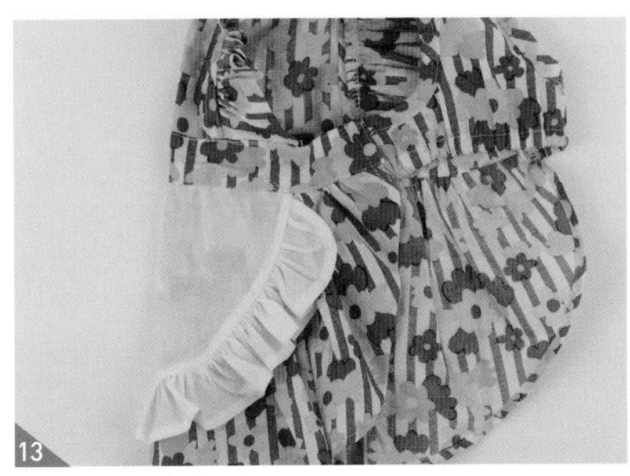

13

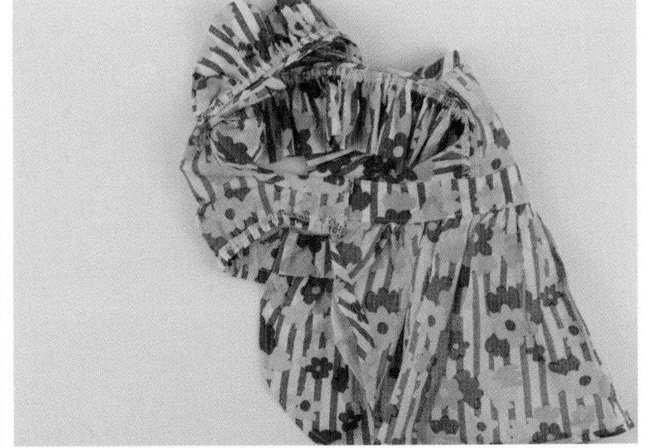

배판 옆선을 벨트 아래로 1cm 겹친 후 0.2cm와 0.5cm 간격으로 2줄 스티치 해주세요. 이때 배판에 남겨진 오버록 실은 시접 사이에 넣어 2줄 스티치 해주면 마무리가 깨끗합니다.

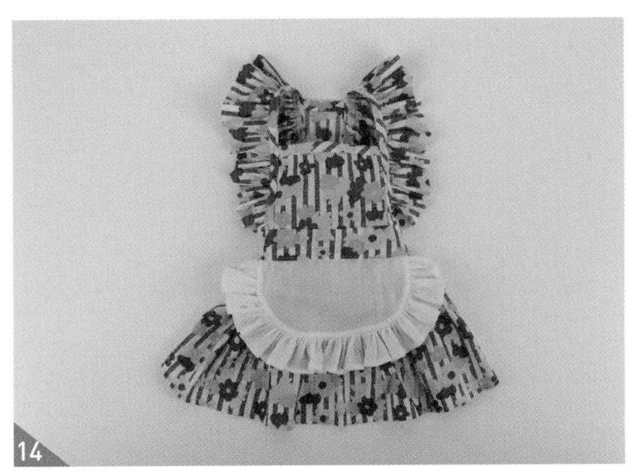

14

다림질 후 완성입니다.

피치 크러쉬 파우치

파우치 준비물

원단

1) 겉감 : 22cm X 16cm 2장
2) 안감 : 22cm X 30cm

부자재

1) 지퍼 20cm
2) 프릴 테이프 48cm

피치 크러쉬 파우치 재단하기

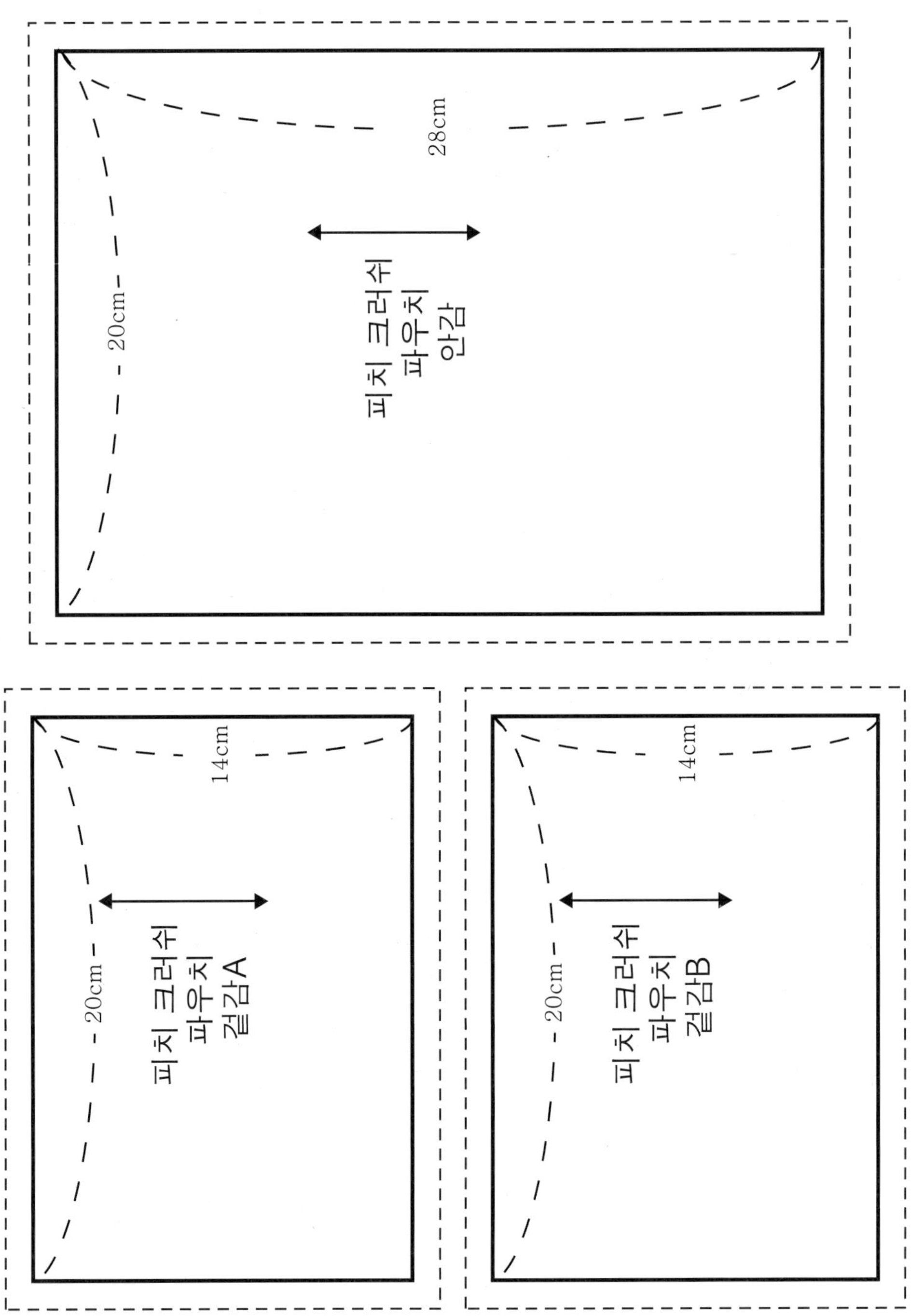

글자가 마주 보이도록 책을 돌려서 보세요. 실제 사이즈 패턴은 부록으로 제공합니다.

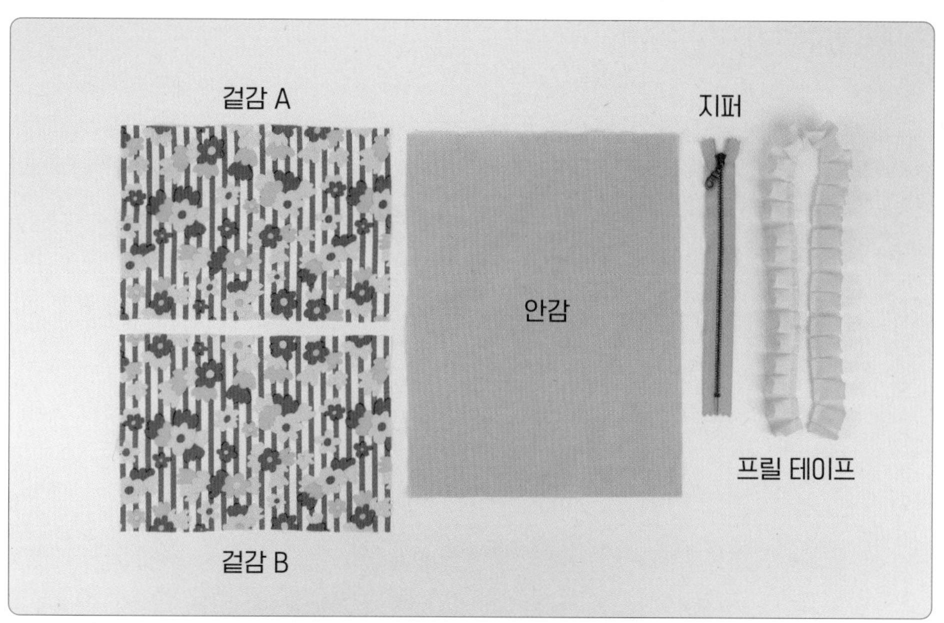

 원단 위에 패턴을 올린 후 시접분을 그려줍니다. 시접선을 따라 재단해 주세요.

재봉 TIP

1. 얇은 원단을 사용할 경우 겉감 안쪽에 접착 심지를 붙인 후 재봉해 주세요.

프릴 만들기

공그르기

지퍼 달기

▶ 재봉 따라하기

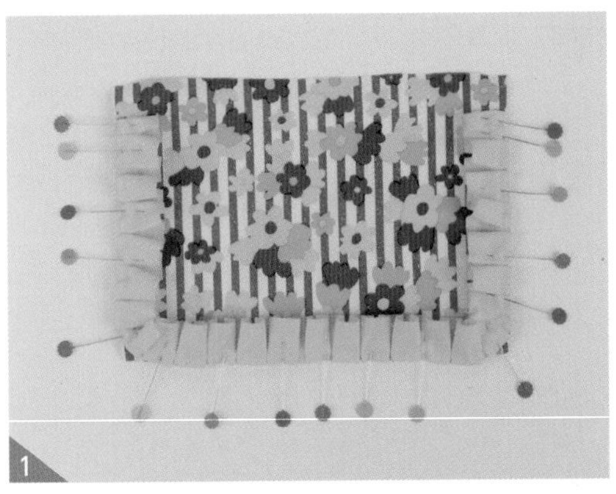
1

한 장의 겉감에 0.7cm 간격으로 프릴을 재봉해 주세요. 이때 프릴 양 끝은 1cm 접어서 처리하고 상단에서 2cm 내려온 지점까지 달아줍니다. 양쪽 하단의 모서리는 살짝 커브를 만들면서 재봉해 주세요.

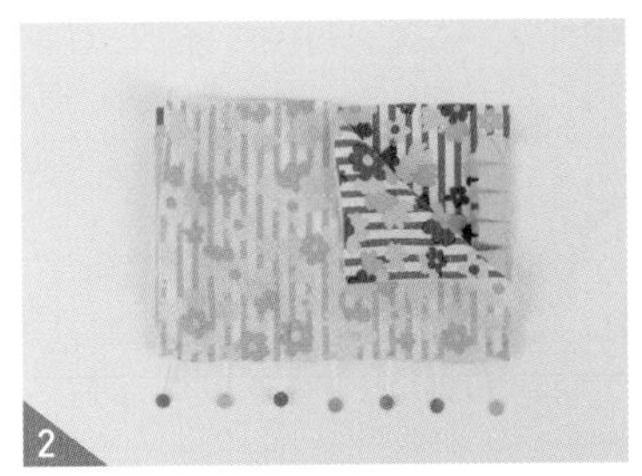
2

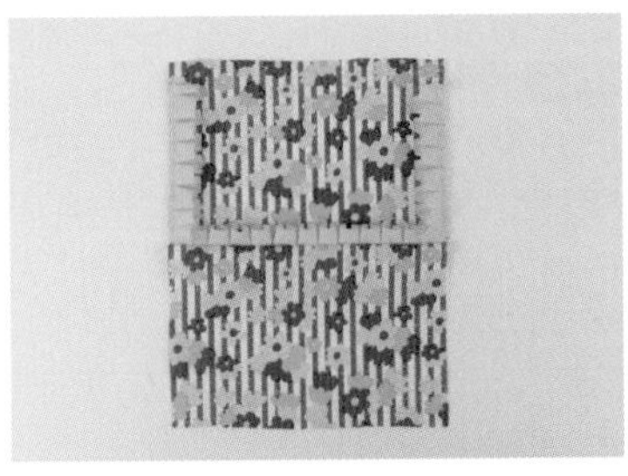

겉감 두 장을 겉끼리 마주 대고 하단을 시침 핀으로 고정 후 재봉해 주세요.

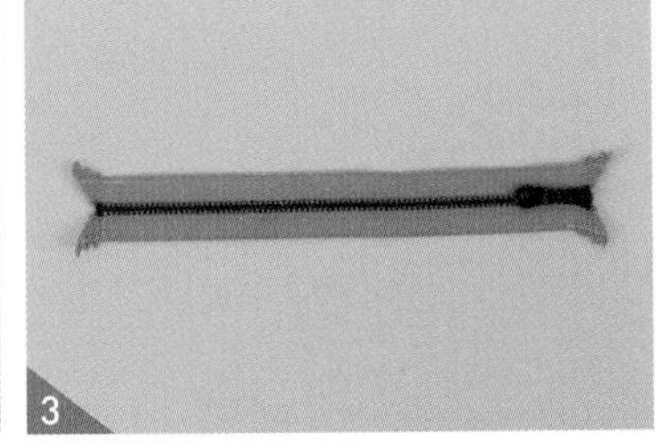
3

지퍼 양 끝을 삼각형으로 접어 눌러 박아주세요.

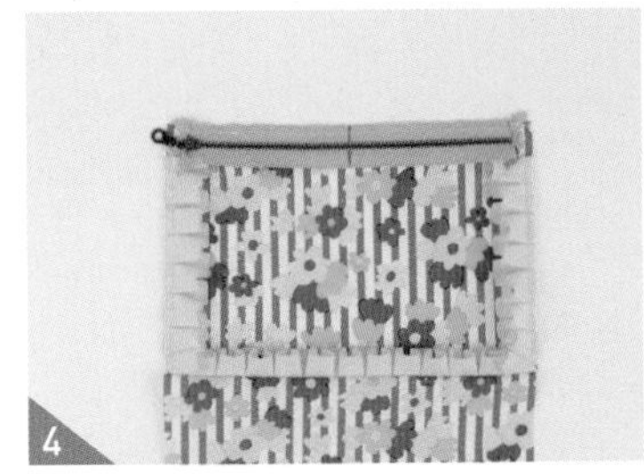
4

지퍼용 노루발로 교체 후 프릴이 달린 겉감의 겉에 지퍼 겉을 마주 대고 0.7cm로 재봉해 주세요. 이때 지퍼와 파우치 겉감의 중심 표시를 맞춰주세요.

5

지퍼가 고정된 겉감의 겉과 안감의 겉을 마주 대고 1cm로 재봉해 주세요.

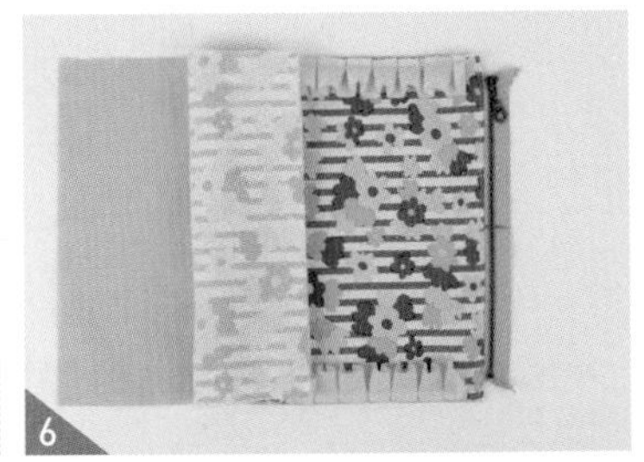
6

지퍼가 나오도록 안감과 겉감을 반대쪽으로 넘겨 다림질 후 0.2cm로 눌러 박아주세요.

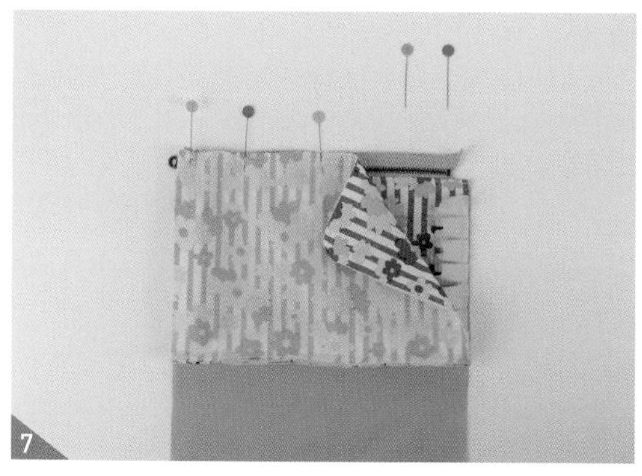

7

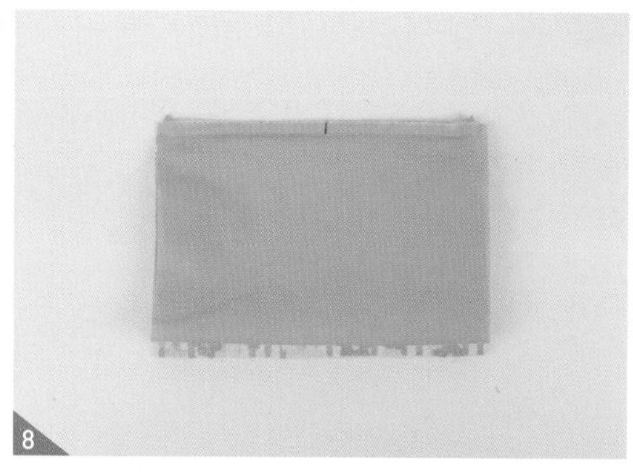

8

지퍼 반대편도 동일한 방법으로 재봉해 주세요. 겉감 겉을 지퍼 겉과 마주 대고 0.7cm로 재봉해 주세요.

재봉 된 겉감의 겉과 안감의 겉을 마주 대고 1cm로 재봉해 주세요.

9

지퍼가 겉으로 나오도록 뒤집은 후 0.2cm로 눌러 박아주세요.

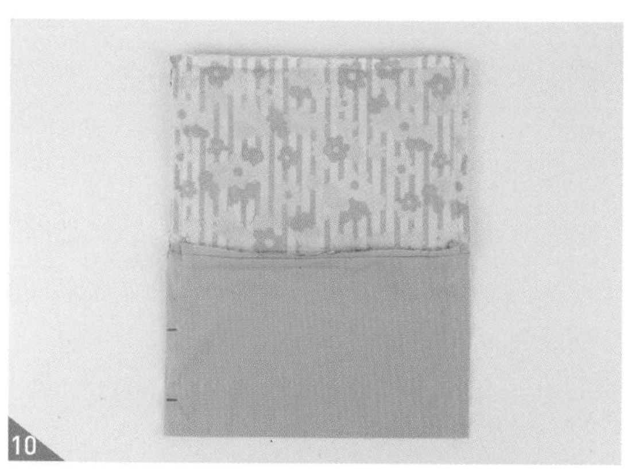

10

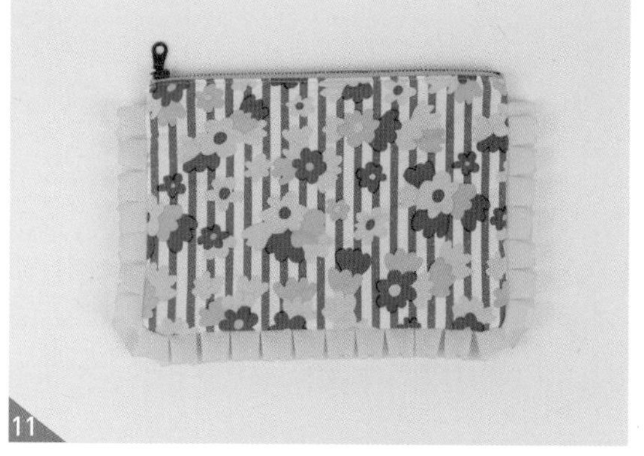

11

겉감의 겉끼리, 안감의 안끼리 마주 보도록 뒤집어 준 후 옆선을 재봉해 주세요. 이때 안감에 창구멍을 5~6cm 남기고 재봉합니다. 창구멍의 처음과 끝은 반드시 되돌아박기 해주세요.

창구멍으로 손을 넣어 지퍼를 열어 뒤집어 준 후 공그르기나 0.1cm 스티치로 창구멍을 막아주고 다림질하면 완성입니다.

피치 크러쉬 리본 핀

리본 핀 준비물

원단

1) 리본 몸판 : 11cm X 16cm
2) 리본끈 : 8cm X 16cm

부자재

1) 방울 솜 또는 일반 솜
2) 플라스틱 수동 헤어 핀
3) 글루건

피치 크러쉬 리본 핀 재단하기

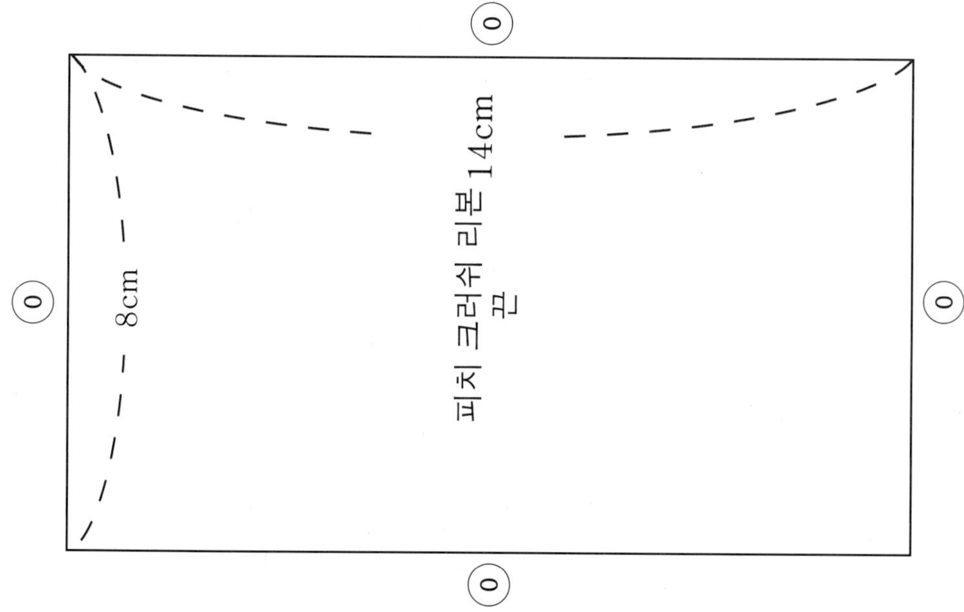

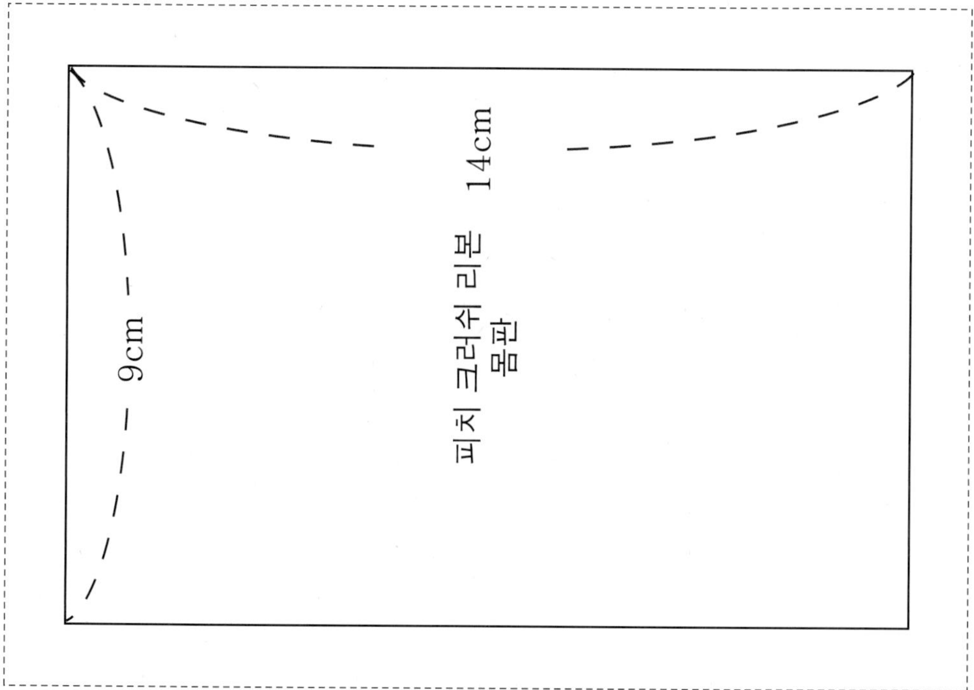

글자가 마주 보이도록 책을 돌려서 보세요. 실제 사이즈 패턴은 부록으로 제공합니다.

 원단 위에 패턴을 올린 후 시접분을 그려줍니다. 시접선을 따라 재단해 주세요.

재봉 TIP

1. 방울 솜은 리본의 볼륨감을 더 살릴 수 있습니다.

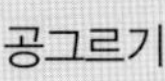

재봉 따라하기

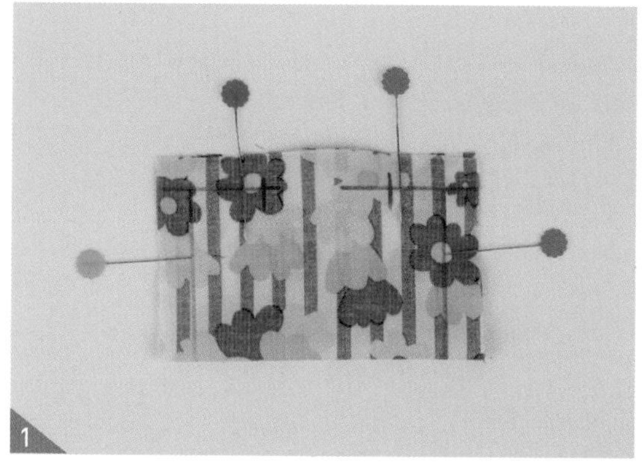

1 리본감을 반 접어 3cm 정도 창구멍을 남긴 후 3면을 재봉해 주세요.

2 모서리 시접을 잘라 주세요.

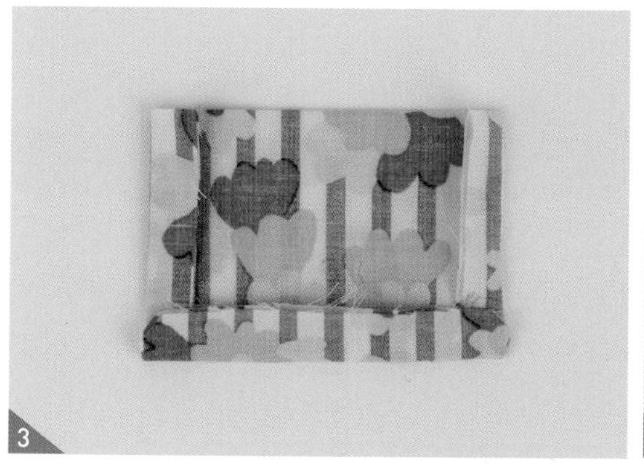

3 재봉된 3면의 시접을 접어 다림질한 후 창구멍으로 뒤집어 주세요.

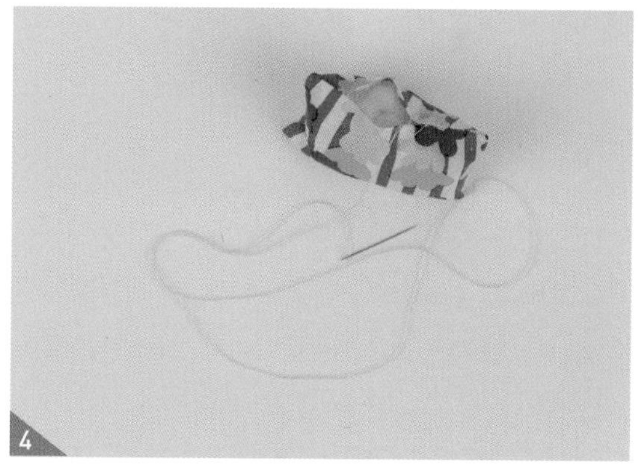

4 창구멍으로 솜을 넣어 준 후 공그르기로 막아주세요.

※ 겸자를 사용해 솜을 밀어 넣어주세요.

5 솜이 들어간 리본의 중앙을 실로 3~4번 돌려 꽉 묶어 주세요.

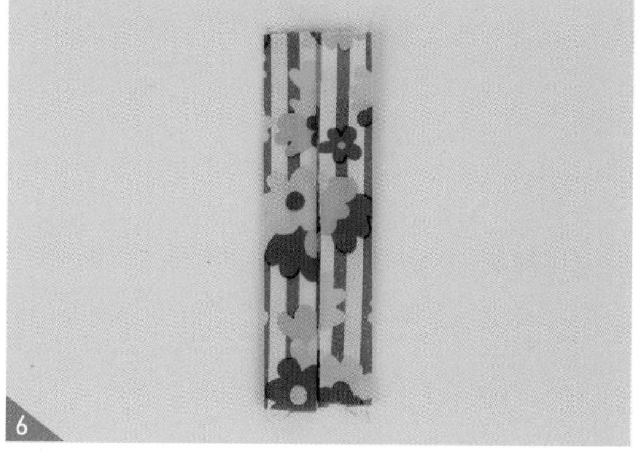

6 리본 중앙을 감아줄 끈을 만들어 줍니다. 먼저 가운데로 반을 접고 다시 펼친 후 양쪽을 중심 쪽으로 반씩 접어주세요. 다시 중심으로 반을 접어주세요. 이렇게 접는 방법을 '대문 접기'라고 합니다.

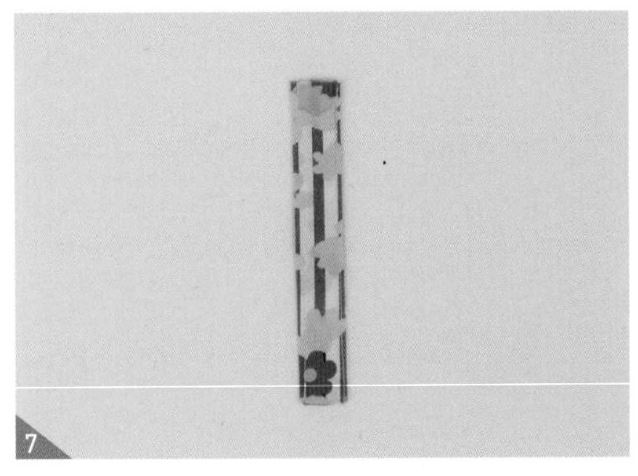

7

대문 접기를 해 준 후 양끝을 0.1cm로 눌러 박아 고정시켜주세요.

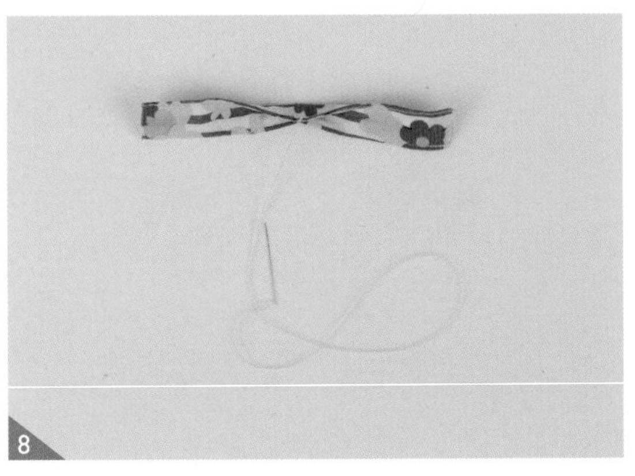

8

리본끈의 중심을 반 접어 끝부분을 손바느질로 한두 땀 꿰매 주세요.

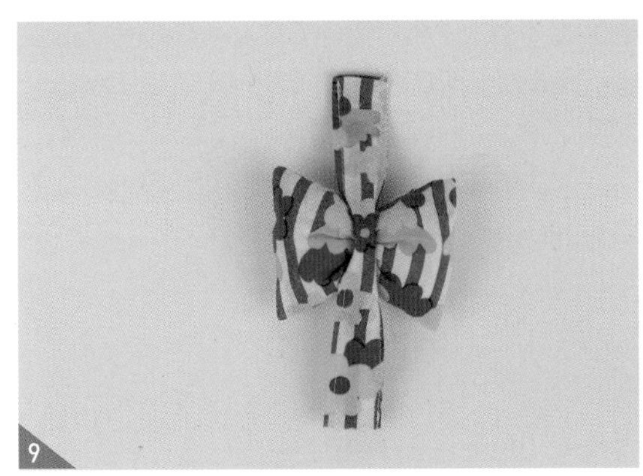

9

리본끈으로 리본 중앙을 둘러주세요. 리본끈 중앙이 리본 앞면에 오도록 합니다.

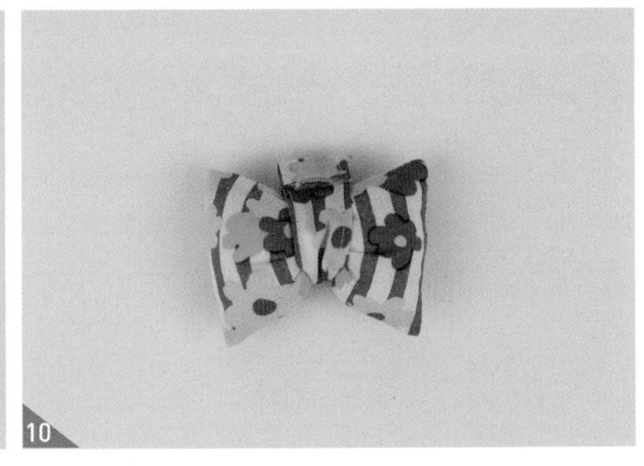

10

리본끈의 끝을 한번 접어 리본 뒷면 중앙에 오도록 당겨 남는 원단을 자르고 고정해 주세요.

11

공그르기로 리본끈의 끝을 고정해 주세요.

12

글루건으로 플라스틱 헤어 핀을 리본 뒷면에 고정해 주세요.

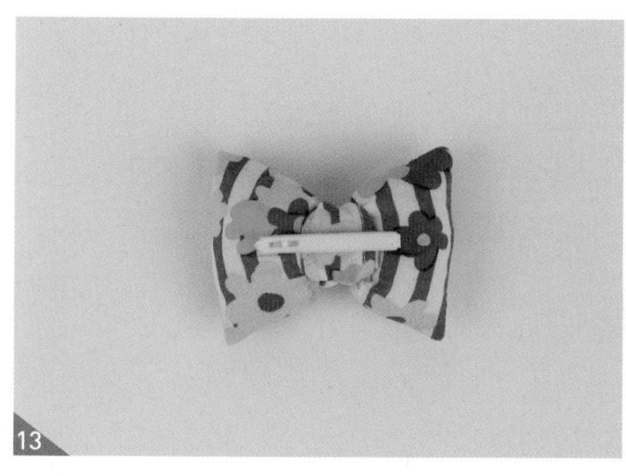

13

글루건이 굳어 핀이 잘 고정되도록 열이 식을 동안 잠시 기다려주세요.

14

완성입니다.

플라밍고 수영복 & 수영모자

바캉스의 꽃, 물놀이를 위해 우리 아이들의 수영복과 수영모자를 준비했어요. 밝고 화사한 컬러의 트리코트 원단을 사용해 프리티하고 러블리한 여름 패션을 완성했어요. 뜨거운 태양 아래 우리 아이들의 피부를 보호하면서 신나게 물놀이를 즐겨봐요. 트리코트 원단은 신축성이 뛰어난데 일반 봉사를 사용하면 신축성이 저해되고 당기면 뜯어집니다. 이번에 사용할 날라리사 사용법을 터득하면 텐션 있는 원단을 이용할 때 많은 도움이 됩니다.

수영복 준비물(L SIZE 기준)

원단

1) 몸판 : 트리코트 프린트 50cm X 30cm
2) 트리코트 무지 35cm X 15cm
3) 프릴감 : 50cm X 20cm(프릴 달릴 부분 2배 + 여유분)
4) 바이어스 테이프 : 트리코트 무지 115cm X 4cm(어깨끈 길이 좌우 10cm씩, 다리끈 길이 좌우 17cm씩)

플라밍고 수영복 재단하기

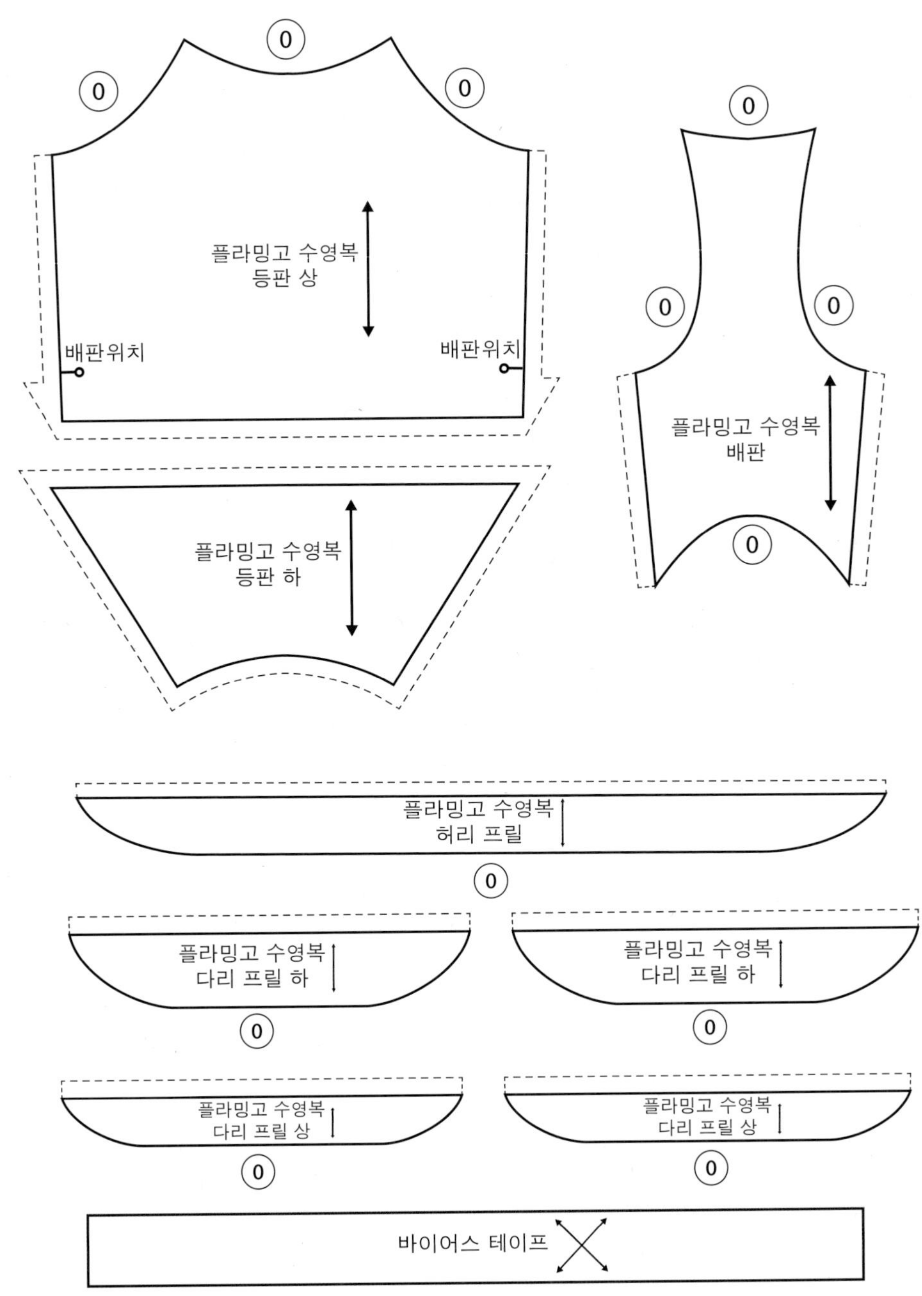

위는 기본 패턴이며 실제 사이즈 패턴은 부록으로 제공합니다.

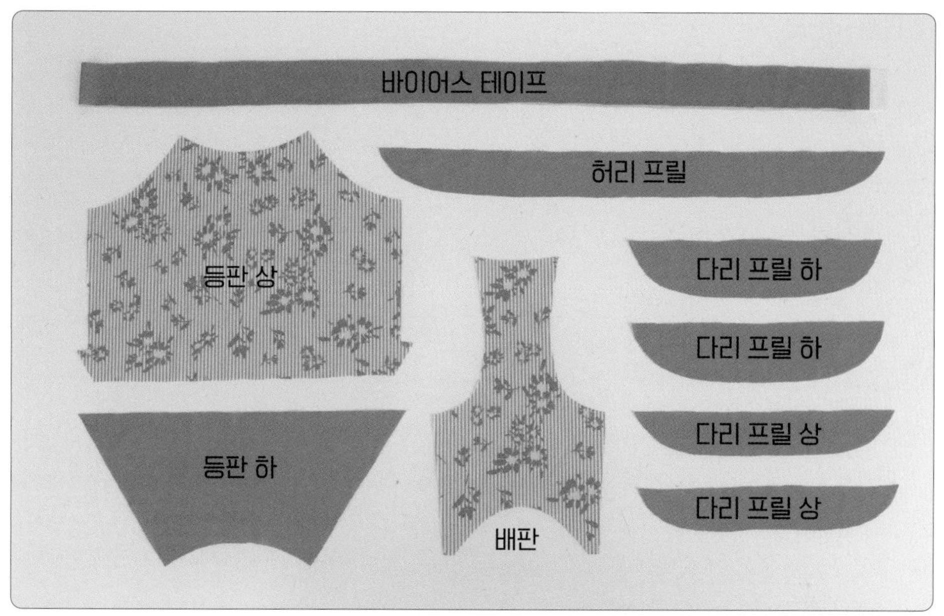

 원단 위에 패턴을 올린 후 시접분을 그려줍니다. 시접선을 따라 재단해 주세요.

재단 TIP

1. 시접 분량은 완성선에서 1cm를 더해 줍니다. 바이어스 랍빠로 처리할 부분은 시접이 없어요.
2. 끝이 뭉툭하지 않은 초크 혹은 펜을 사용하시면 더욱 정확하게 그릴 수 있습니다.
3. 재단할 때 중심 표시와 너치를 꼭 넣어주세요.
4. 원단의 식서 방향은 꼭 지켜주세요.

재봉 TIP

1. 트리코트 원단은 텐션이 있는 원단입니다. 재봉틀 밑실, 그리고 오버록의 3, 4번 실로 날라리사를 사용하면 제품 완성 후에도 적당한 텐션을 유지할 수 있습니다.
2. 바이어스를 재봉하는 순서에서 바이어스 랍빠 도구를 이용하면 쉽고 깔끔하게 마무리할 수 있습니다.

바이어스 테이프 만들기 

바이어스 랍빠 치기 

프릴 만들기 

재봉 따라하기

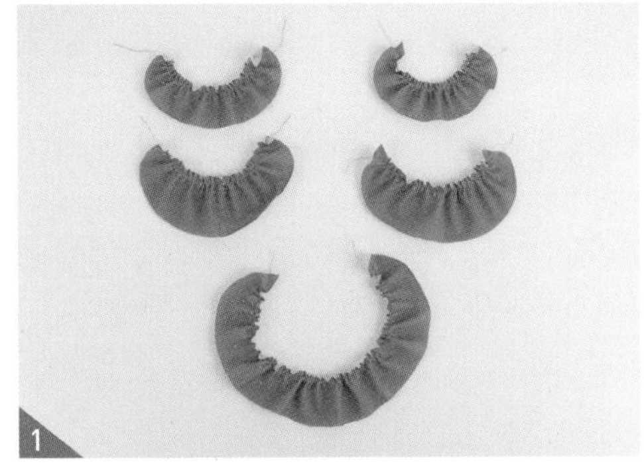

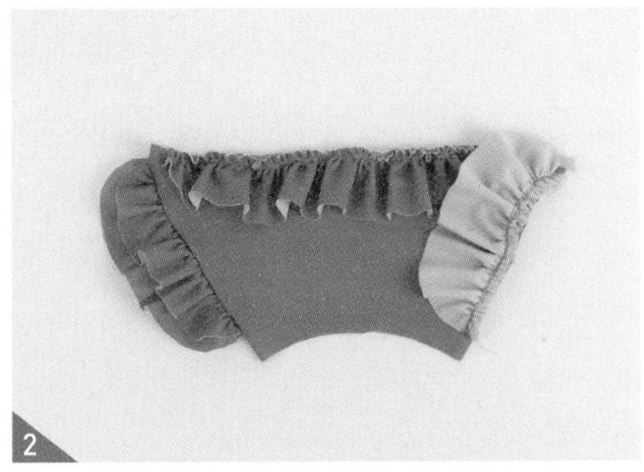

주름 노루발로 교체하고, 다리 양쪽에 달 프릴 각 두 장씩, 허리에 달 프릴 한 장을 만듭니다. 프릴 분량은 완성 사이즈의 약 2배입니다. 프릴 완성 사이즈는 다리 13cm, 허리 27cm 입니다.

※ 프릴 완성 후 꼭 중심 표시를 해주세요.

완성된 프릴을 다리와 허리 부분에 재봉해 주세요. 다리 쪽에 달릴 프릴은 폭이 넓은 쪽이 아래쪽으로 가게 달아주세요.

※ 허리 부분은 몸판의 겉면과 프릴의 안면을 마주보게 올려서 재봉하고, 다리 부분은 몸판의 겉면과 프릴의 겉면을 마주 대고 재봉합니다. 프릴과 몸판쪽의 표시되어 있는 중심을 서로 맞추어서 고정 후 재봉해 주세요.

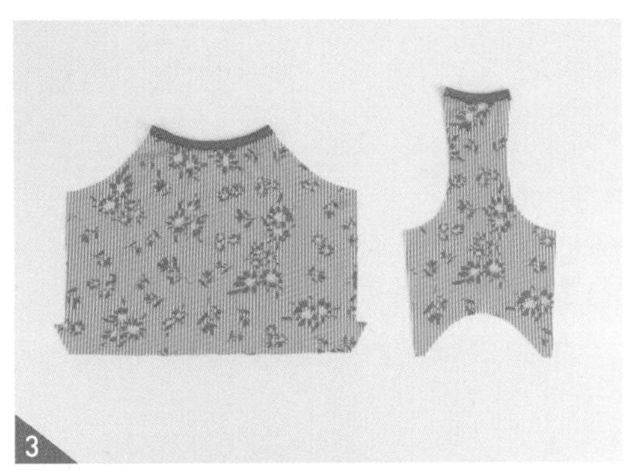

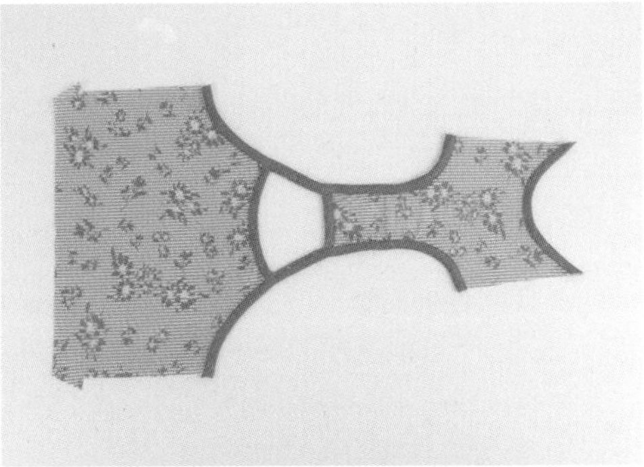

배판의 목 부분과 밑단 그리고 등판 목 부분을 바이어스 테이프로 바이어스 랍빠를 치고, 배판과 등판의 암홀을 바이어스 랍빠를 쳐서 연결해 주세요. 어깨끈은 10cm로 완성해 줍니다.

※ 만드는 끈 길이 사이즈는 패턴을 참고하세요.

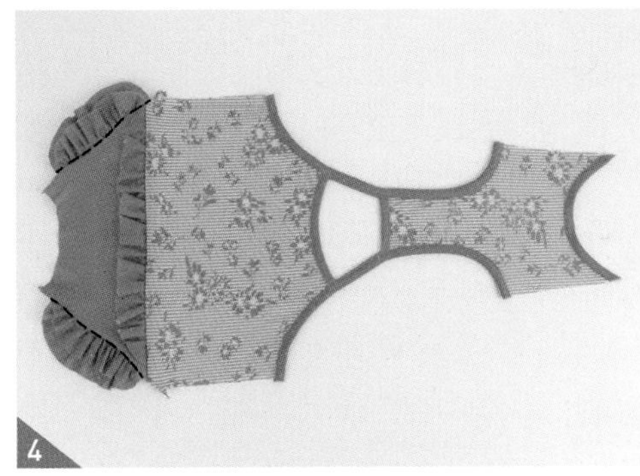

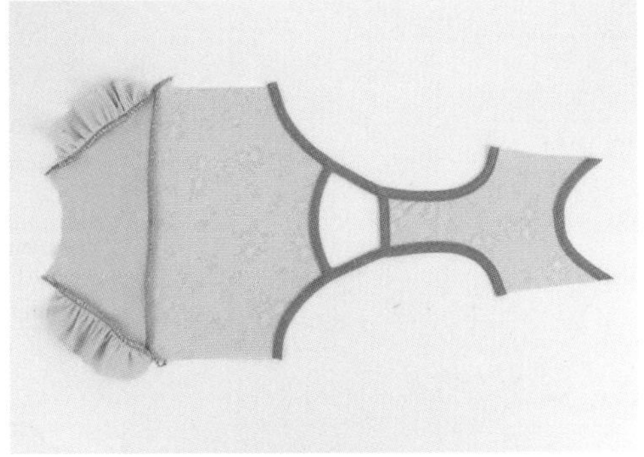

등판 쪽 상단과 하단을 재봉한 후 오버록이나 지그재그 박기로 시접을 정리해 주세요. 이때 다리쪽에 프릴이 재봉된 부분도 함께 오버록이나 지그재그 박기로 시접을 정리한 후 0.2cm 상침해 주세요.

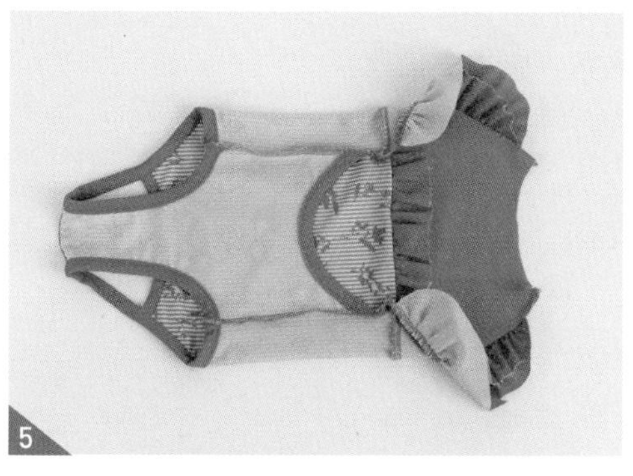

5

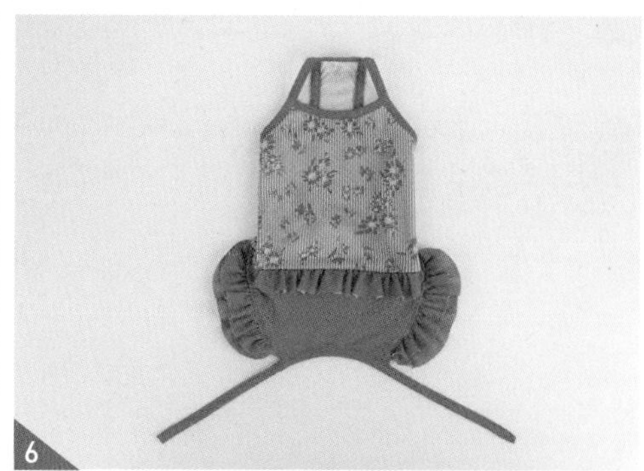

6

상단의 옆선을 재봉 후 오버록이나 지그재그 박기로 시접을 정리해 주세요. 옆선 길이는 배판이 짧습니다. 겨드랑이는 맞추고, 허리쪽은 등판의 너치에 맞춰주세요.

※ 이때 겨드랑이쪽 오버록 실을 3~4cm 길게 남겨두세요.

엉덩이 부분을 바이어스 테이프로 바이어스 랍빠를 치면서 다리끈을 만들어주세요. 이때 양쪽 끈은 17cm 이상 남겨주세요.

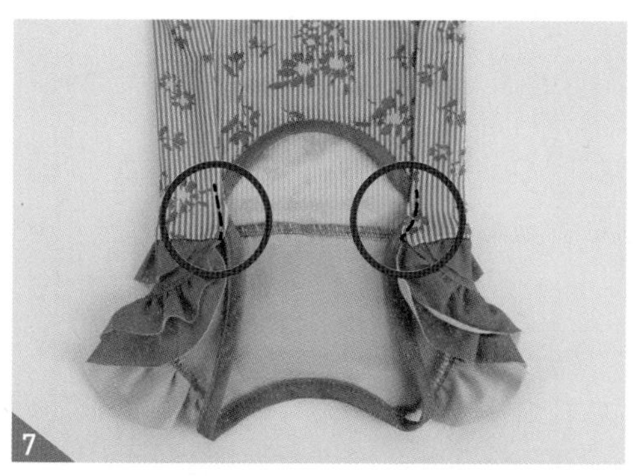

7

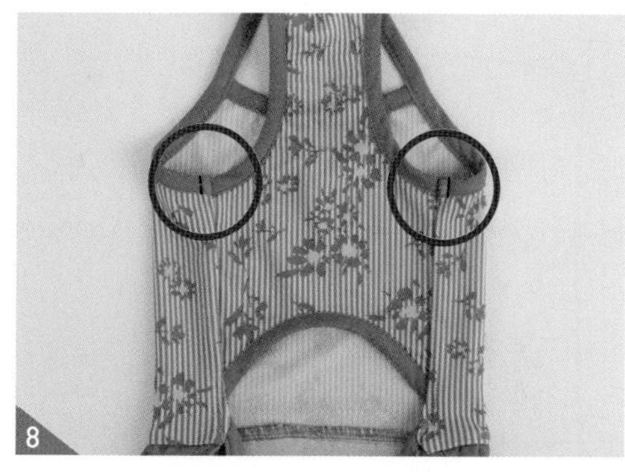

8

만들어진 다리끈의 끝을 안쪽으로 넣어 눌러 박아 고정해 주세요. 다리끈의 완성 길이는 14cm 입니다.

겨드랑이 부분 시접을 등쪽으로 넘겨서 눌러 박아주세요.

※ 이때 튀어나온 오버록 실을 넘어가는 시접과 몸판 사이에 넣고 함께 눌러 박아주면 깔끔하게 처리됩니다.

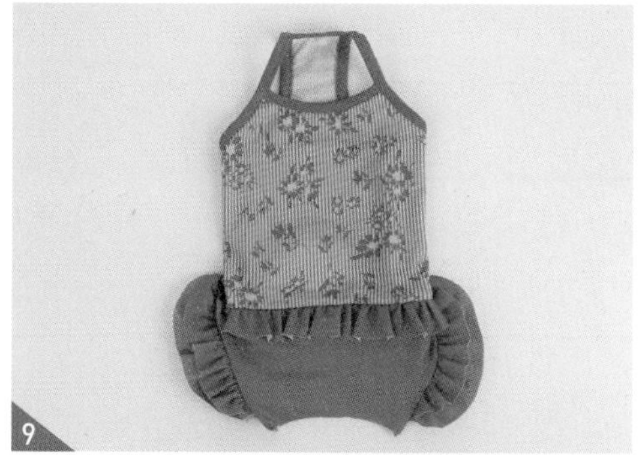

9

완성입니다.

플라밍고 수영모자

수영모자 준비물(L SIZE 기준)

원단

1) 몸판 : 트리코트 프린트 45cm X 20cm
2) 프릴감 : 트리코트 무지 35cm X 4cm(프릴 달릴 부분 2배 + 여유분)
3) 바이어스 테이프 : 트리코트 무지 120cm X 4cm(스트랩 길이 좌우 17cm씩)

플라밍고 수영모자 재단하기

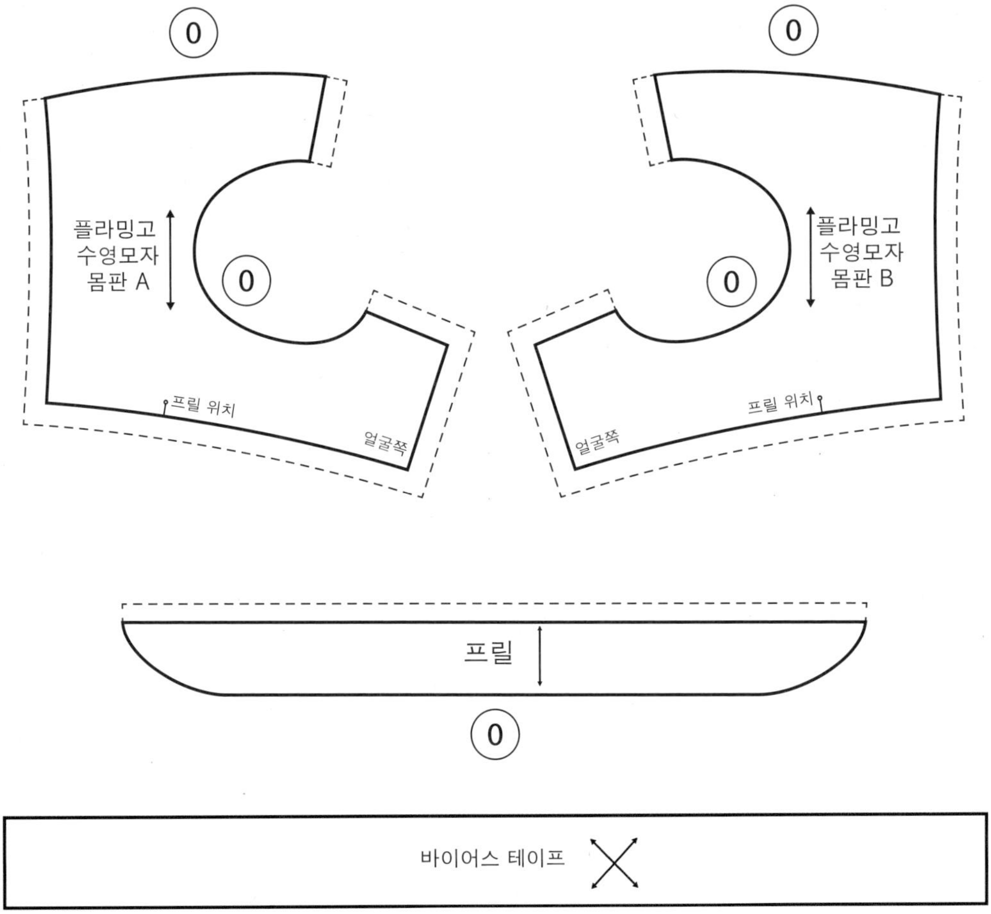

0
0
플라밍고 수영모자 몸판 A
0
프릴 위치
얼굴쪽
플라밍고 수영모자 몸판 B
0
프릴 위치
얼굴쪽

프릴
0

바이어스 테이프

위는 기본 패턴이며 실제 사이즈 패턴은 부록으로 제공합니다.

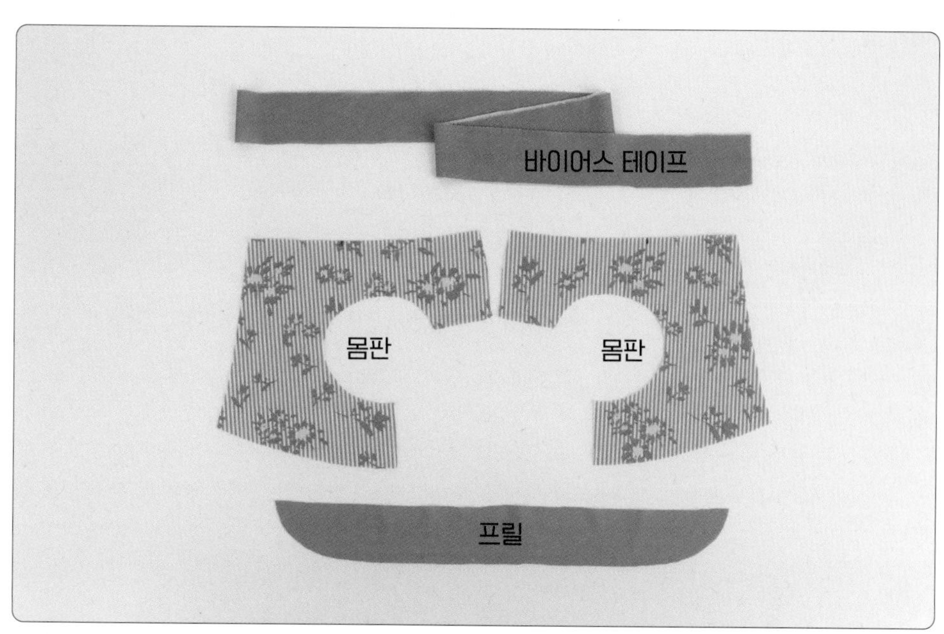

 원단 위에 패턴을 올린 후 시접분을 그려줍니다. 시접선을 따라 재단해 주세요.

재봉 따라하기

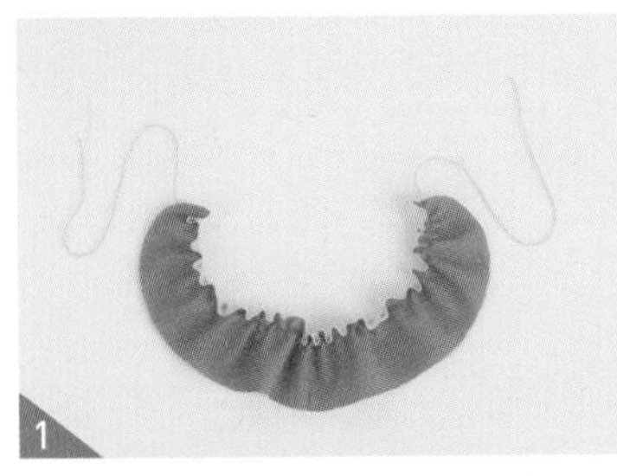

주름 노루발로 교체하고, 프릴을 만든 후 프릴 분량을 균일하게 정리해 주세요. 프릴 분량은 완성 사이즈의 약 2배이며 완성 사이즈는 18cm 입니다.

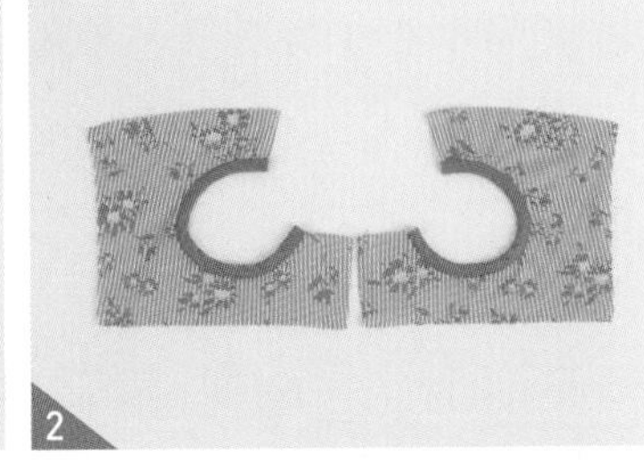

수영모자 오른쪽, 왼쪽 부분의 귀 부분을 바이어스 테이프로 바이어스 랍빠를 쳐 주세요.

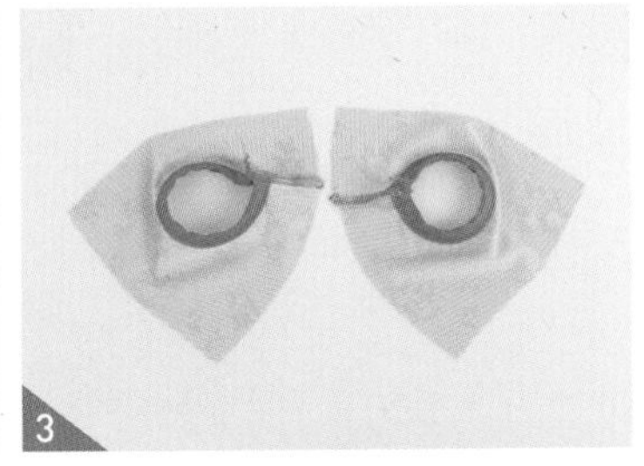

오른쪽, 왼쪽의 수영모자 귀 부분을 원형으로 연결하여 완성한 후 오버록이나 지그재그 박기로 시접을 정리해 주세요. 이때 오버록 실을 3~4cm 길게 남겨 두고 잘라주세요.

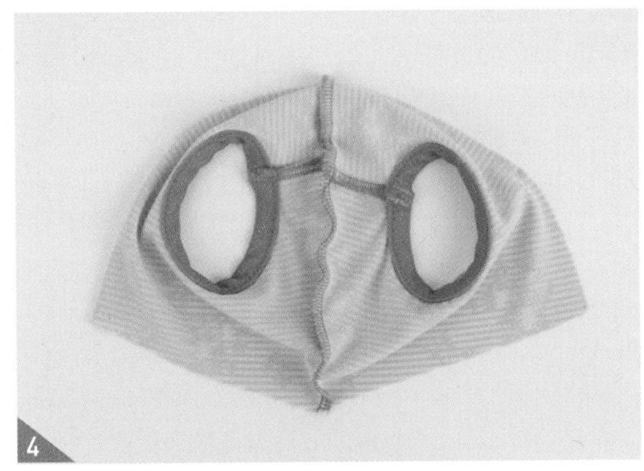

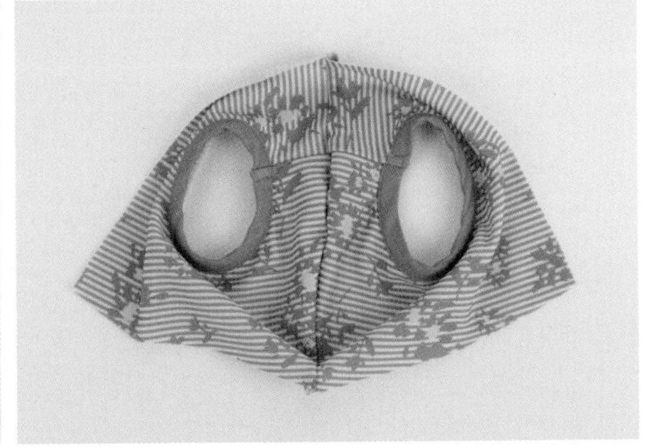

수영모자의 오른쪽과 왼쪽을 재봉한 후 오버록이나 지그재그 박기로 시접을 정리해 주세요.

※ 중앙에 +자로 시접이 겹치는 부위에서 시접이 넘어가는 방향을 각각 반대로 하면 시접이 모여 두꺼워지는 것을 막을 수 있습니다.

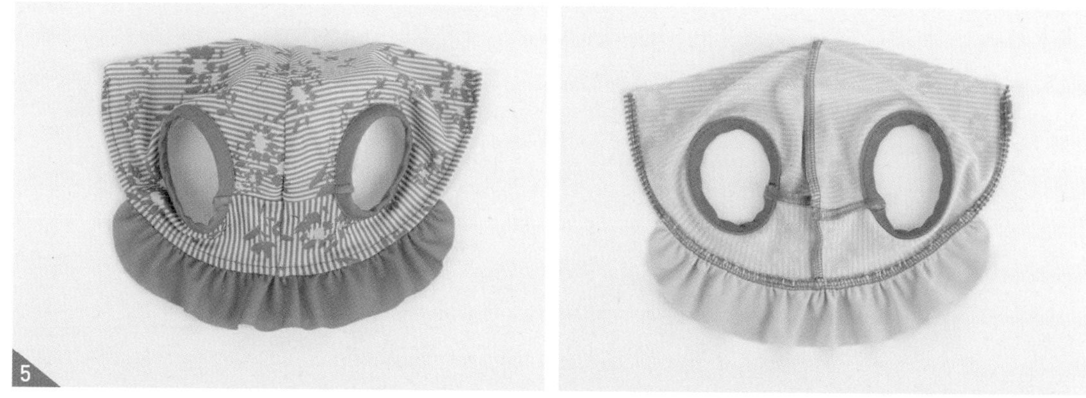

모자에 프릴을 달고 오버록이나 지그재그로 시접을 정리한 후 모자 앞쪽 전체에 0.5cm 상침해 주세요.

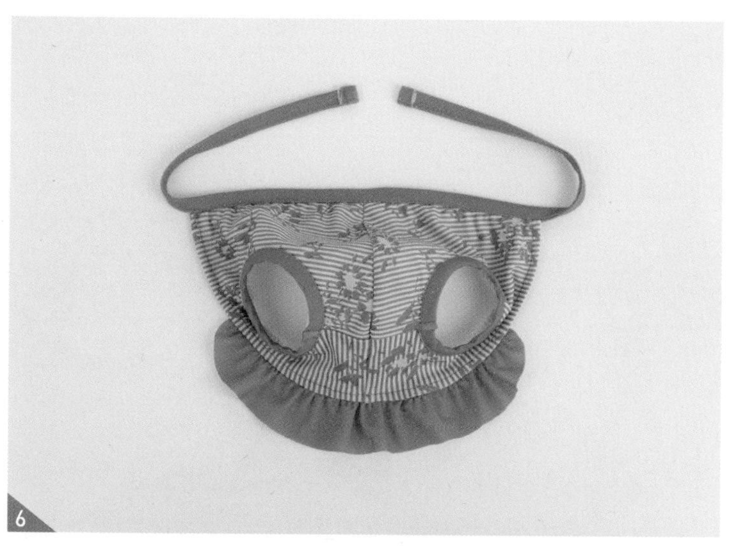

수영모자 목 부분에 좌우로 18cm씩 남겨둔 후 바이어스 테이프로 바이어스 랍빠를 치고, 양쪽 끈의 끝부분을 한번 접어 눌러 박아 처리해 주세요. 완성입니다.

트로피칼 래시가드

플라밍고 수영복은 프리티하고 러블리하다면, 트로피칼 래시가드는 스포티하고 쿨한 수영복이에요. 신축성이 뛰어난 트리코트 원단으로 팔, 다리가 긴 체형의 아이들에게 잘 맞고 래글런 스타일로 활동성도 좋아요. 수영복으로만 아니라 일상의 에스레저룩으로도 활용 가능해요.

트리코트 원단은 신축성이 뛰어난데 일반 봉사를 사용하면 신축성이 저해되고 당기면 뜯어집니다. 이번에 사용할 날라리사 사용법을 터득하면 텐션 있는 원단을 이용할 때 많은 도움이 됩니다.

준비물(L SIZE 기준)

원단

1) 몸판 : 트리코트 프린트 90cm X 30cm

2) 트리코트 무지 60cm X 50cm

부자재

1) 고무줄 44cm

트로피칼 래시가드 재단하기

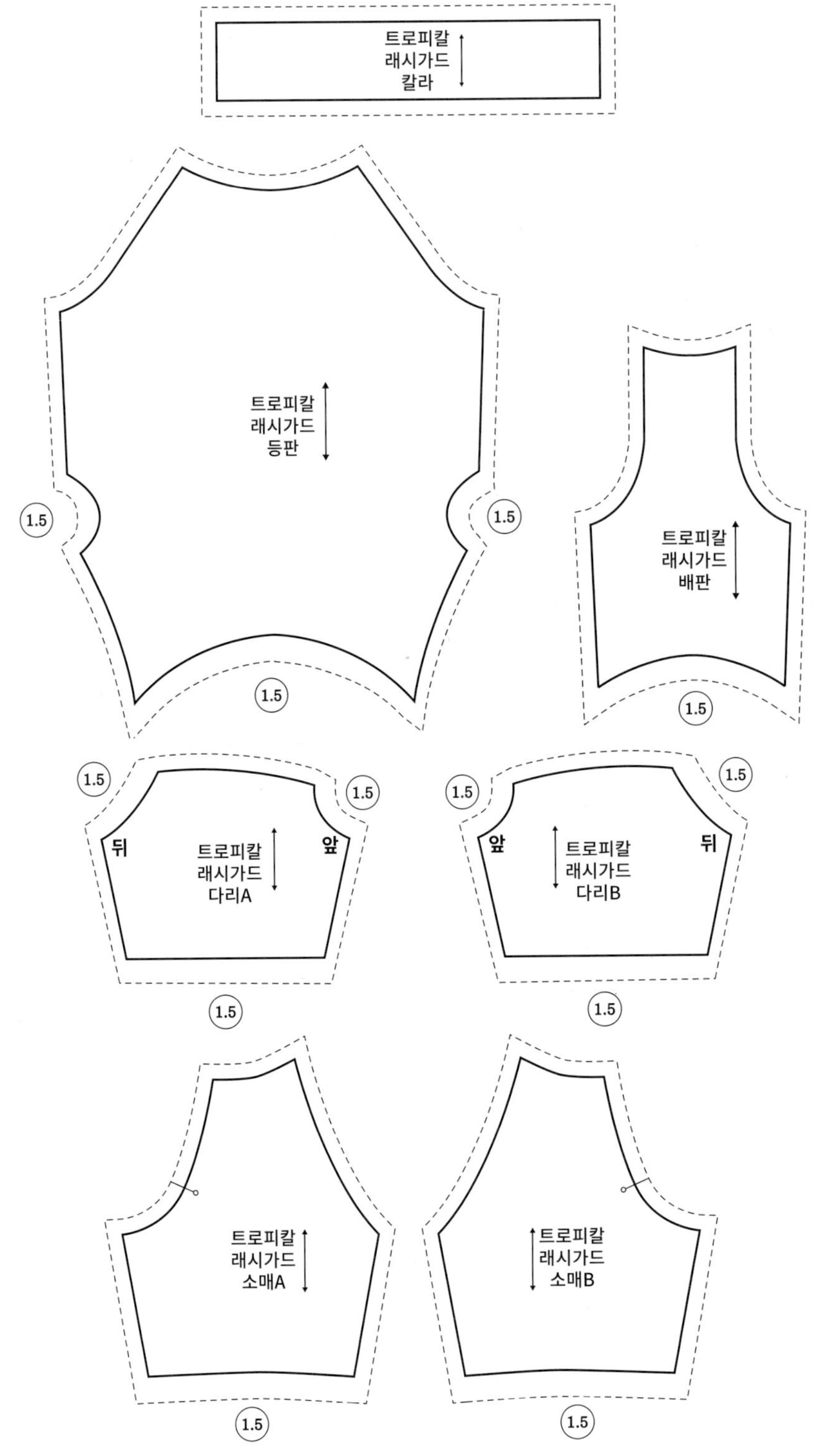

위는 기본 패턴이며 실제 사이즈 패턴은 부록으로 제공합니다.

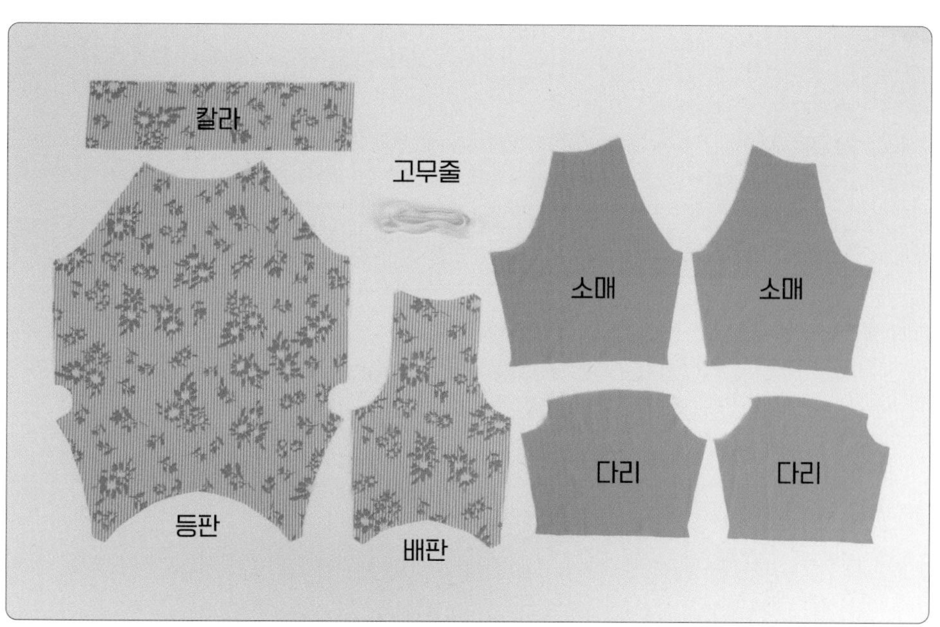

 원단 위에 패턴을 올린 후 시접분을 그려줍니다. 시접선을 따라 재단해 주세요.

재단 TIP

1. 시접 분량은 완성선에서 1cm를 더해 줍니다. 바이어스 랍빠로 처리할 부분은 시접이 없어요.
2. 고무줄이 들어가는 밑단은 시접을 1.5cm 더해 줍니다.
3. 끝이 뭉툭하지 않은 초크 혹은 펜을 사용하시면 더욱 정확하게 그릴 수 있습니다.
4. 재단할 때 중심 표시와 너치를 꼭 넣어주세요.
5. 원단의 식서 방향은 꼭 지켜주세요.

재봉 TIP

1. 트리코트 원단은 텐션이 있는 원단입니다. 재봉틀 밑실, 그리고 오버록의 3, 4번 실로 날라리사를 사용하면 제품 완성 후에도 적당한 텐션을 유지할 수 있습니다.

고무줄 넣기 

▶ 재봉 따라하기

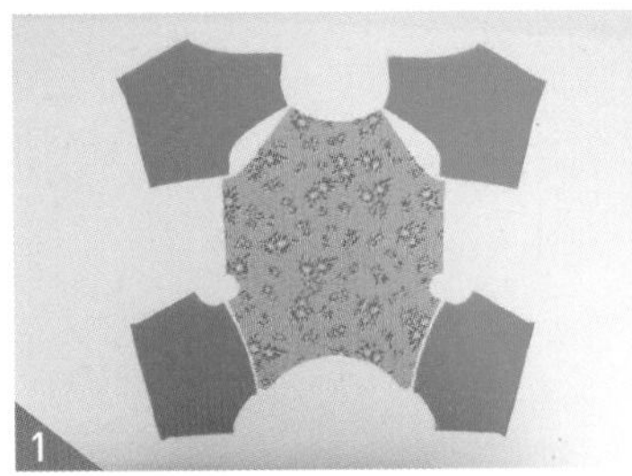

1

소매와 팬츠 부분은 위 사진처럼 등판에 연결됩니다.

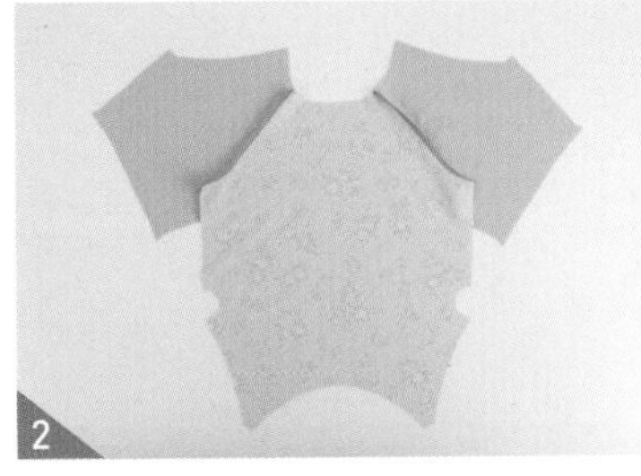

2

먼저 등판과 소매를 재봉한 후 오버록이나 지그재그 박기로 시접을 정리해 주세요.

※ 소매에서 커브가 많이 들어간 쪽이 등판과 연결되는 부분입니다.

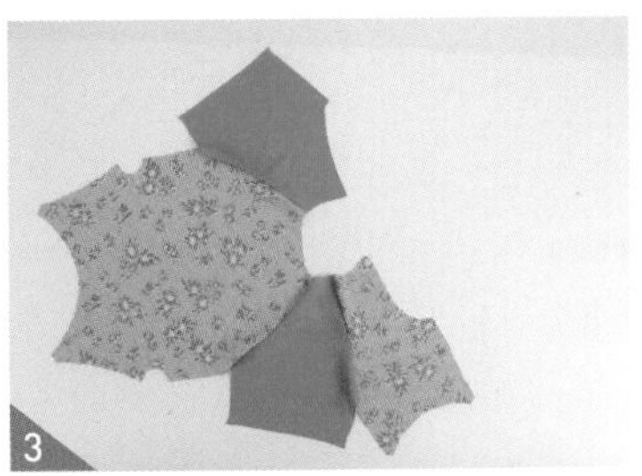

3

배판과 소매를 재봉한 후 오버록이나 지그재그 박기로 시접을 정리해 주세요.

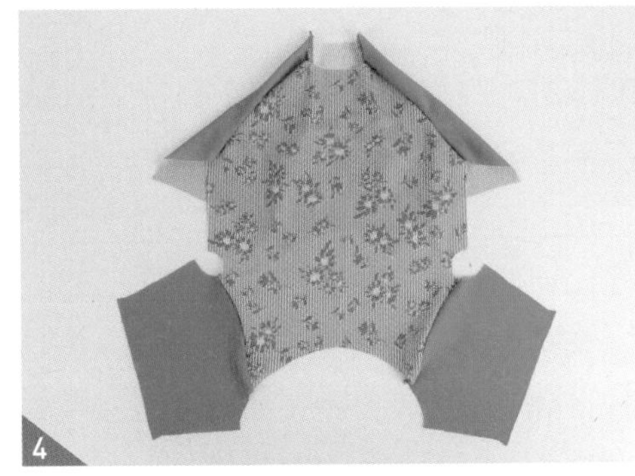

4

등판과 팬츠를 재봉한 후 오버록이나 지그재그 박기로 시접을 정리해 주세요.

5

소매 밑단과 팬츠의 밑단을 오버록으로 시접을 정리한 후 1cm 접어 일반 재봉틀로 재봉해 주세요.

6

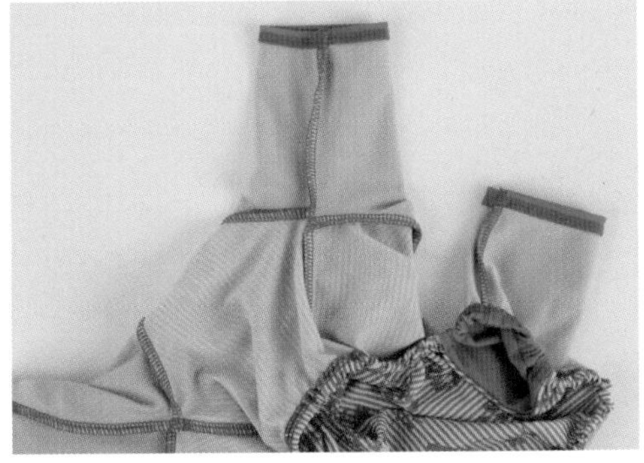

소매와 몸판의 옆선과 팬츠 옆선도 재봉한 후 오버록이나 지그재그 박기로 시접을 정리해 주세요. 밑단쪽 오버록 실을 3~4cm 길게 남겨주세요.

※ 겨드랑이 점에서 만나는 시접을 각각 다른 방향으로 넘겨주면 시접이 모여 두꺼워지지 않게 완성됩니다.

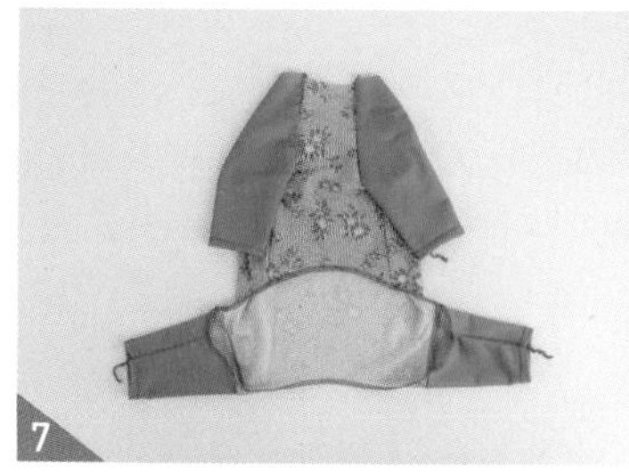

7

배 부분에 오버록으로 시접을 정리해 주세요.

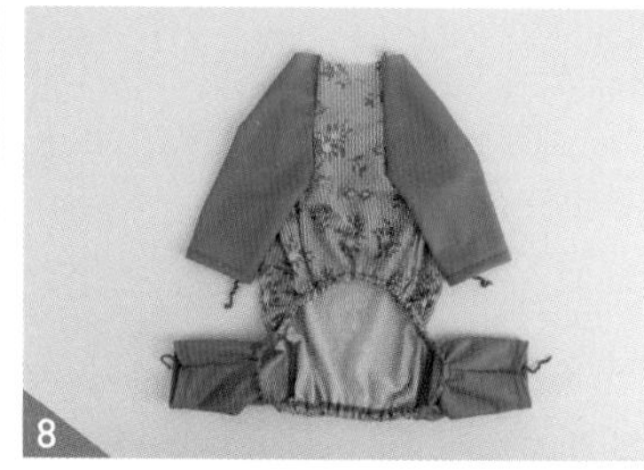

8

먼저 고무줄 양끝을 1cm 정도 겹쳐 원형으로 만들고, 겹친 부분을 나비 스티치(ㅁ→X)로 고정해 주세요. 시접을 접어 사이로 고무줄을 끼워 넣고, 일반 재봉틀로 시접과 배판을 재봉해 고무줄 통로를 만들어 주세요. 이때 고무줄은 함께 재봉하지 않습니다.[8)]

※ 8) 고무줄의 길이는 고무줄 통과 둘레의 65%~75% 길이로 넣습니다.
예시 고무줄 통과 둘레가 64cm일 때, 고무줄 길이 = 64cm X 70% = 45.5cm

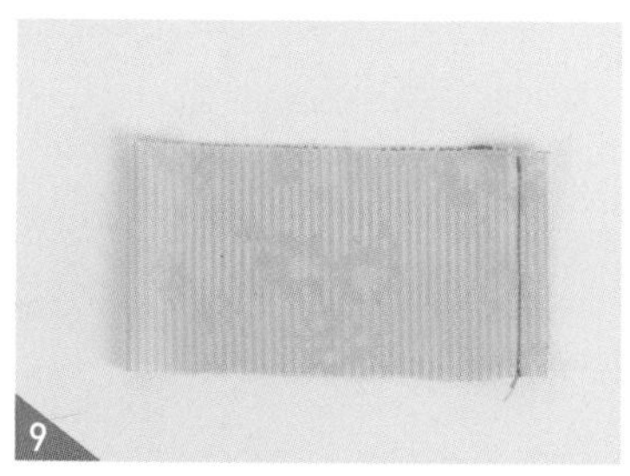

9

칼라를 만들어주세요. 식서 방향으로 반을 접어 재봉해 주세요.

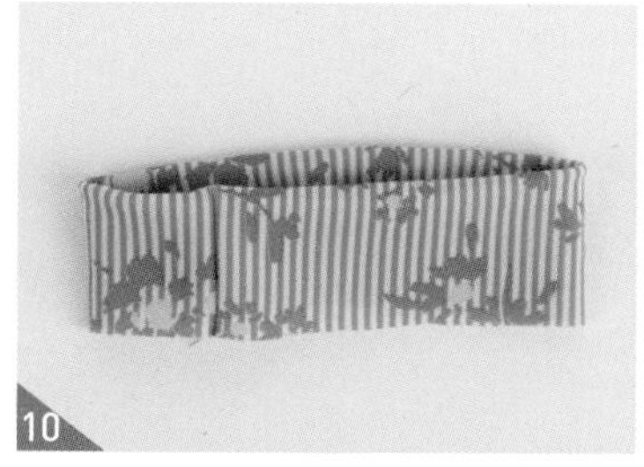

10

칼라를 반으로 접어주세요. 재봉선을 기준으로 푸서 방향으로 반을 접어 중심선을 표시해 주세요.

11

칼라의 재봉선을 배판 중심에 맞추고, 반대편에 표시된 중심선을 등판 중심에 맞춰 시침 핀으로 고정해 주세요. 칼라 둘레는 몸판 목둘레보다 작습니다. 중심선을 맞춘 후 칼라를 살짝 당겨가면서 재봉한 후 오버록이나 지그재그 박기로 시접을 정리해 주세요.

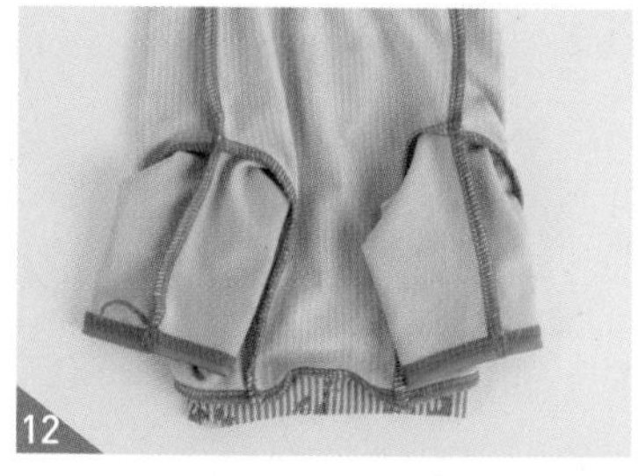

12

소매와 팬츠 밑단의 시접을 등판 쪽으로 넘겨 그 사이에 3~4cm 남겨둔 오버록 실을 끼워 눌러 박아 고정해 준 후 실을 잘라주세요.

13

완성입니다.

쪽-빨아 목욕가운 & 목욕타월

우리 아이들이 신나게 물놀이하고서 체온 조절이나 털을 말리기 위해서, 흡수력이 뛰어난 극세사 원단으로 쪽—빨아 목욕가운과 목욕타월을 만들어 보아요. 목욕 후 입는 드라이 가운으로도 사용할 수 있어 여름철 필수 아이템입니다.
후드와 리본으로 포인트를 주고 벨크로와 허리 스트랩으로 고정도 할 수 있습니다. 극세사 원단은 원단 표면의 장모 때문에 재단할 때 먼지 날림이 많으니 주의해 주세요.

목욕가운 준비물(L SIZE 기준)

원단

1) 몸판 : 극세사 원단 110cm X 60cm
2) 바이어스 테이프 : 다이마루 60수 155cm X 4cm

부자재

1) 벨크로 4cm

쪽-빨아 목욕가운 재단하기

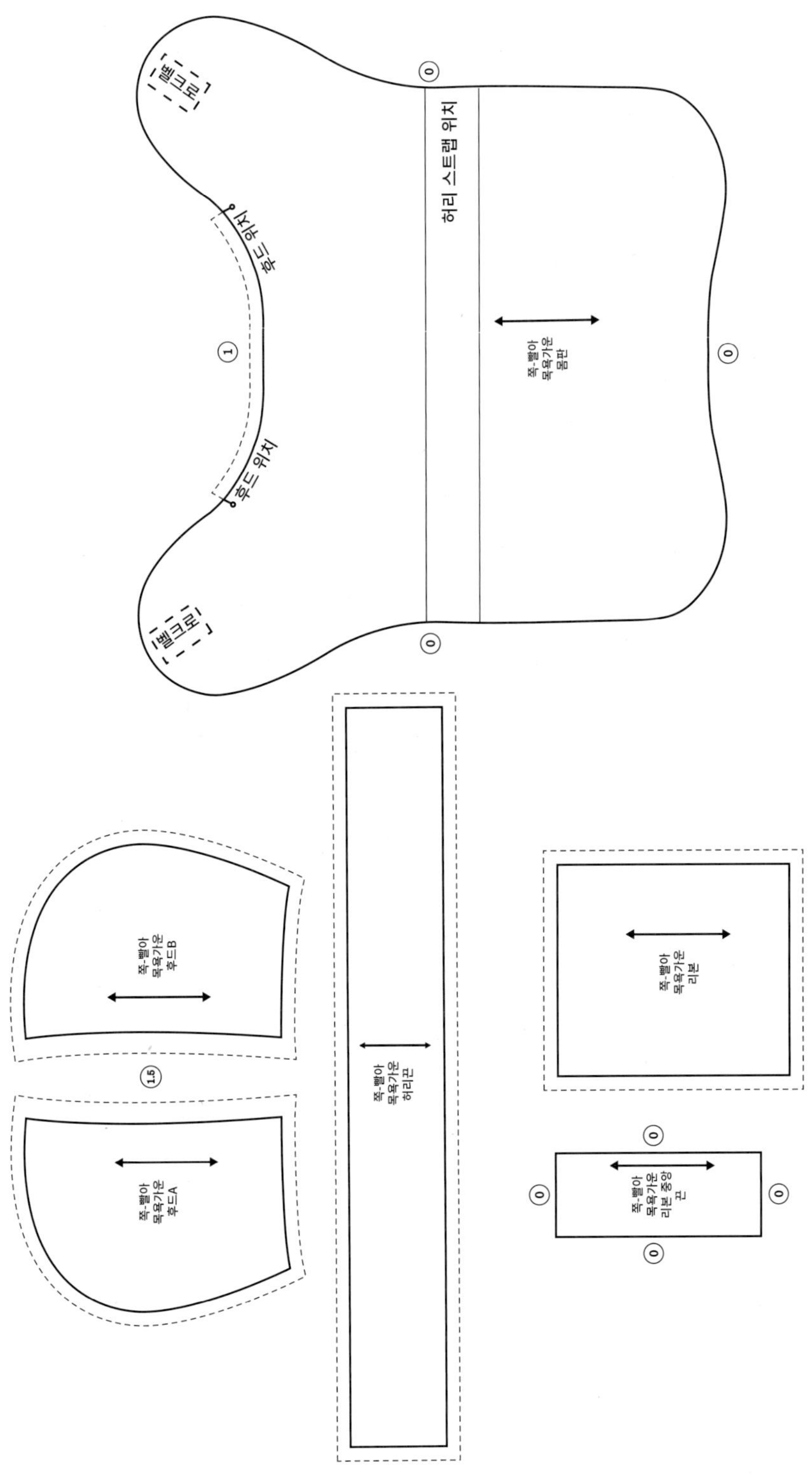

글자가 마주 보이도록 책을 돌려서 보세요. 실제 사이즈 패턴은 부록으로 제공합니다.

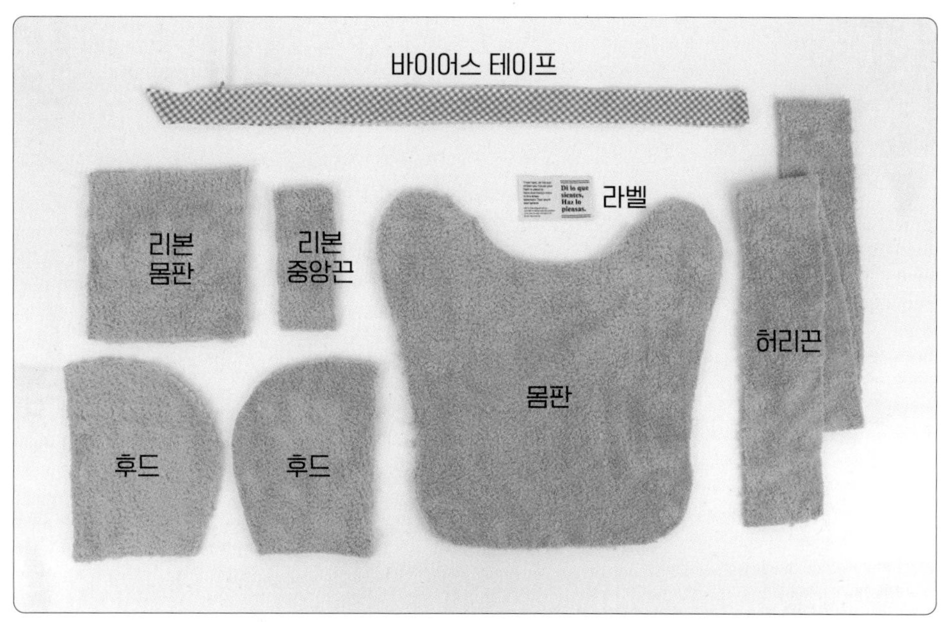

원단 위에 패턴을 올린 후 시접분을 그려줍니다. 시접선을 따라 재단해 주세요.

재단 TIP

1. 시접 분량은 완성선에서 1cm를 더해 줍니다. 바이어스 랍빠로 처리할 부분은 시접이 없어요.
2. 끝이 뭉툭하지 않은 초크 혹은 펜을 사용하시면 더욱 정확하게 그릴 수 있습니다.
3. 재단할 때 중심 표시와 너치를 꼭 넣어주세요.
4. 원단의 식서 방향은 꼭 지켜주세요

재봉 TIP

1. 극세사 원단처럼 장모를 가진 원단은 오버록이나 지그재그 박기로 시접을 눌러준 후 바이어스 테이프 처리하는 것이 편리합니다.
2. 바이어스를 재봉하는 순서에서 바이어스 랍빠 도구를 이용하면 쉽고 깔끔하게 마무리할 수 있습니다.

바이어스 테이프 만들기 

바이어스 랍빠 치기 

리본 만들기 

재봉 따라하기

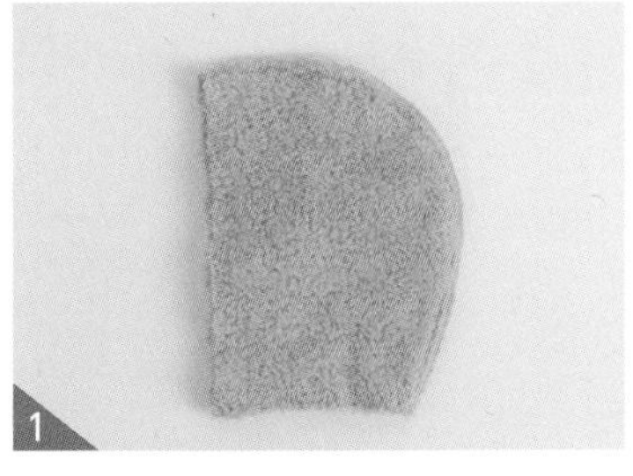

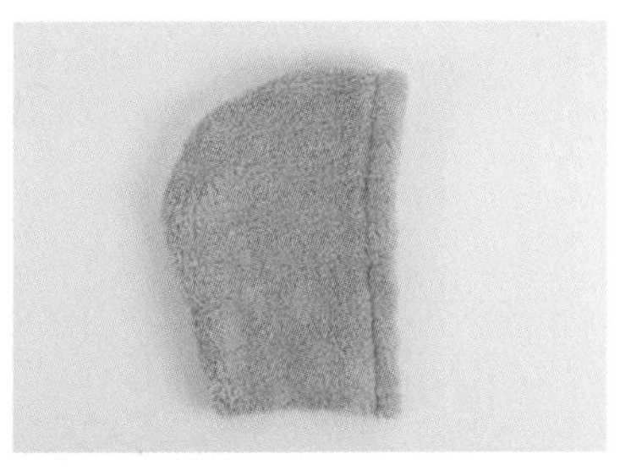

후드를 만들어주세요. 후드의 중심을 재봉한 후 오버록이나 지그재그 박기로 시접을 정리해 주세요.

후드 테두리를 오버록이나 지그재그 박기를 한 후 1.5cm 접어서 후드 안쪽을 바라보고 시접을 눌러 박아 후드를 완성해 주세요.

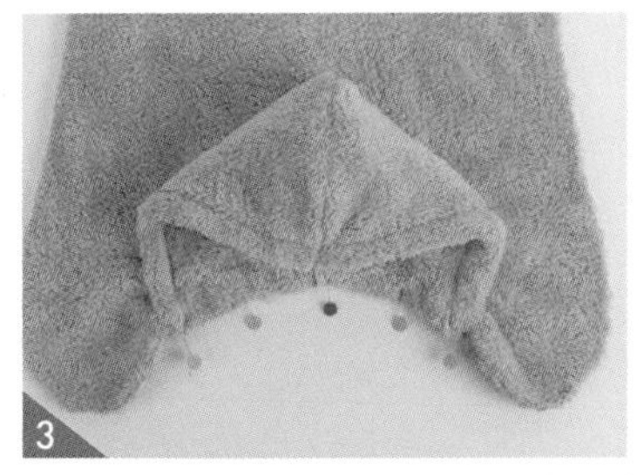

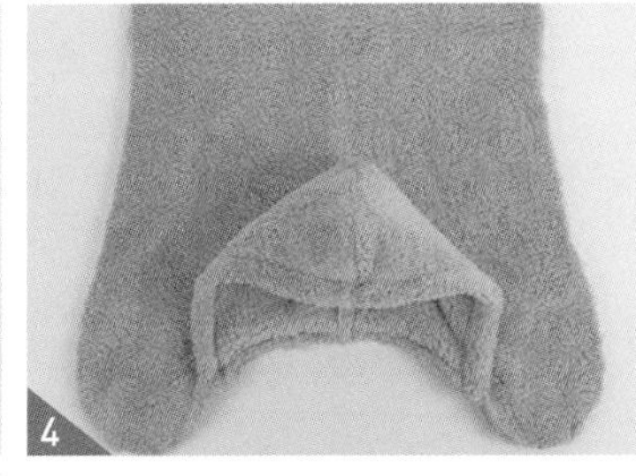

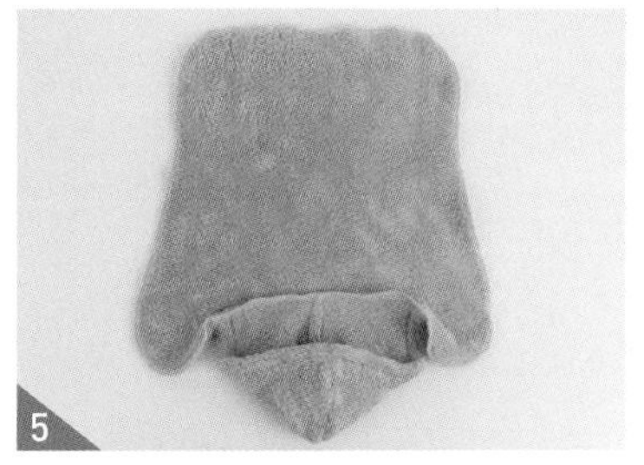

후드와 몸판을 시침 핀으로 고정해 주세요. 후드가 달릴 부분은 시접이 1cm 완성선에서 나와 있습니다. 이때 중심선을 먼저 맞추고 시침 핀으로 고정해주면 더욱 쉽게 재봉할 수 있습니다.

후드와 몸판을 재봉해 주세요.

후드가 달린 몸판 테두리 전체를 오버록이나 지그재그 박기로 시접을 정리해 주세요.

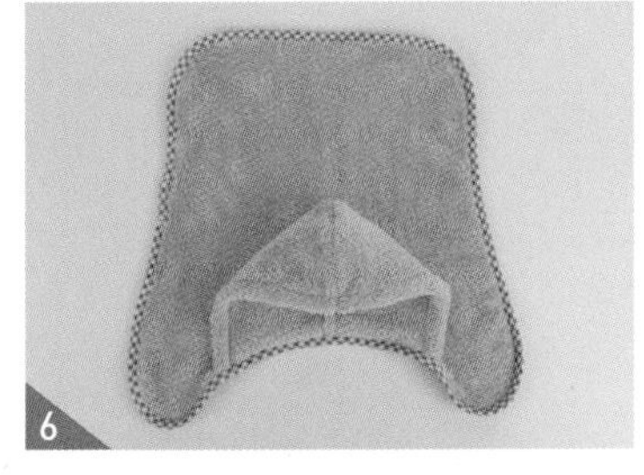

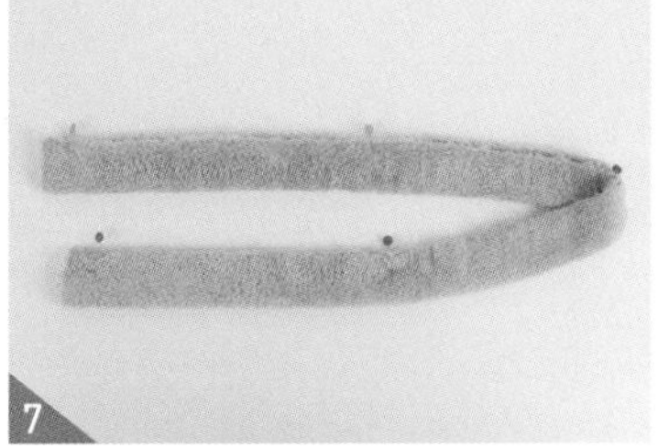

시접이 정리된 몸판 테두리에 바이어스 테이프로 바이어스 랍빠를 쳐 주세요. 이때 바이어스 랍빠의 시작과 끝은 허리끈이 달리는 위치에 올 수 있도록 해 주세요.

허리끈을 만듭니다. 끈 감을 반으로 접어 창구멍을 7~8cm 남겨두고 시침 핀으로 고정해 주세요.

※ 바이어스 랍빠 치기의 마무리는 바이어스 테이프를 시작과 1cm 겹쳐 박고 테이프를 3cm 길게 빼서 잘라 주세요. 자른 바이어스 테이프의 끝을 1cm 접어서 안쪽으로 넣은 후 눌러 박아주세요.

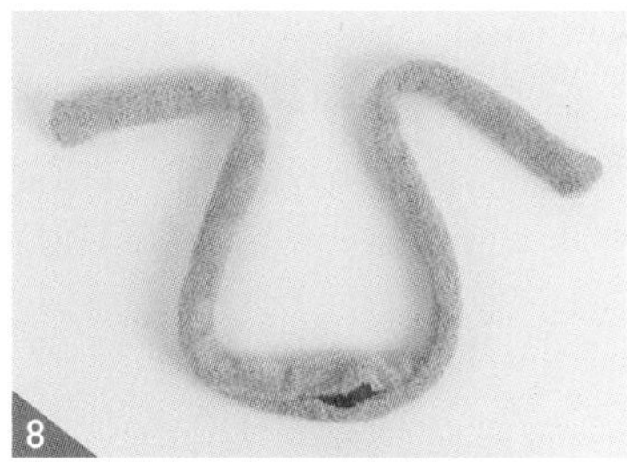

8

허리끈을 재봉한 후 창구멍으로 뒤집어 주세요.

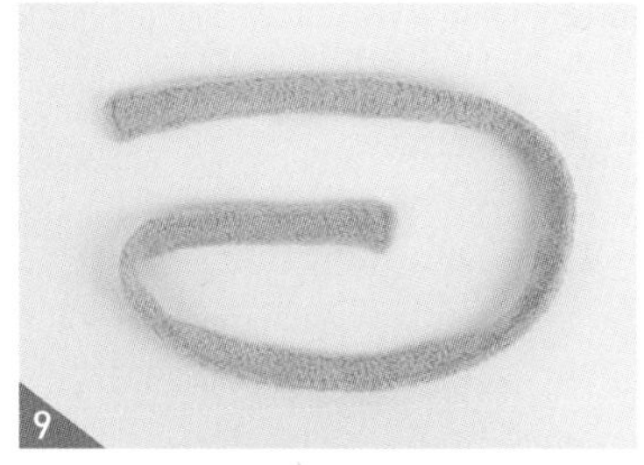

9

뒤집은 허리끈 테두리에 0.5cm 폭으로 상침해 주면 완성입니다.

10

몸판에 끈이 달릴 위치를 확인한 후 끈의 중심선과 몸판의 중심선을 맞추고 끈과 몸판을 눌러 박아 고정해 주세요.

11

리본을 만들어 주세요. 반으로 접어서 윗면 중앙에 5cm 창구멍을 남기고 재봉해 주세요.

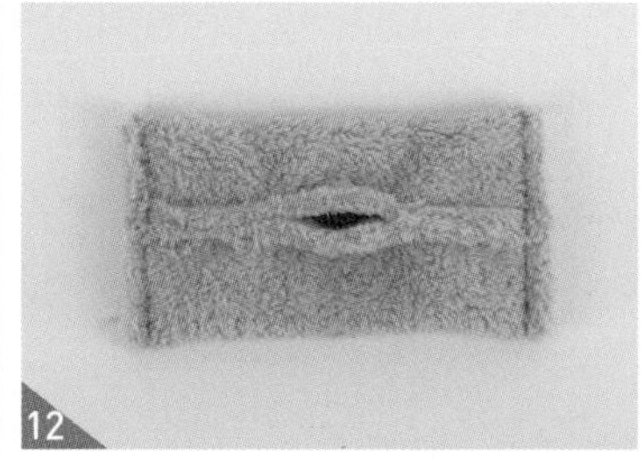

12

재봉된 선이 중앙에 오도록 접어서 좌우를 재봉해 주세요.

13

창구멍을 통해 뒤집은 후 중앙에 주름을 잡아 실로 묶어 고정해 주세요.

14

리본 중앙에 끈을 만들어 주세요. 길게 두 번 접어 2cm 폭으로 만든 후 재봉해 주세요. 리본 중앙을 감아 뒷면에 손바느질로 고정해 주면 리본이 완성됩니다. 시접이 두꺼워 바느질이 힘들 수 있으니 골무를 꼭 사용하세요.

15

완성된 리본을 허리끈 중앙에 손바느질로 달아주세요. 리본 중앙, 리본 양쪽 끝에 두 세 땀 꿰매고 양쪽 여밈 부분(후드 양옆 날개)에 벨크로를 달아주세요.[15)]

16

밑단에 라벨을 눌러 박아 고정해주면 완성입니다.

※ 15) 벨크로는 자칫 우리 아이들의 피부에 닿을 수 있으니 거친 면은 반드시 왼쪽 바깥쪽으로 달아주세요.

쪽-빨아 목욕타월

쪽-빨아 목욕타월 재단하기

쪽-빨아 목욕타월의 크기는 원하는 사이즈로 시접 없이 재단해서 만들어 주세요.

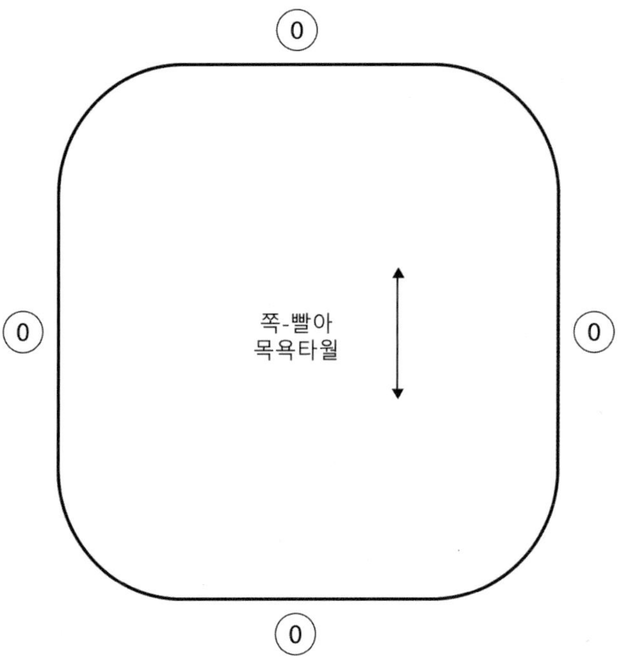

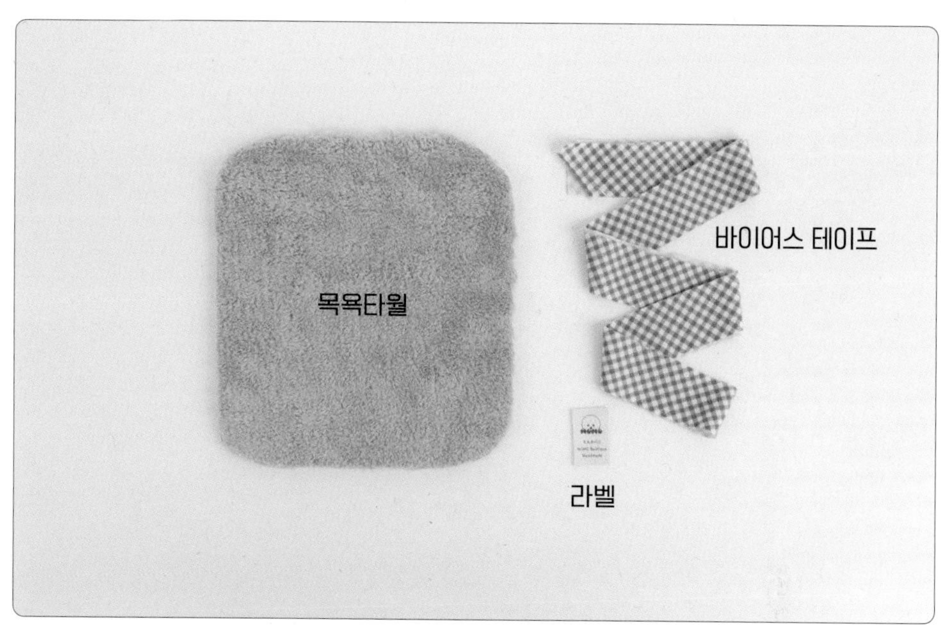

 시접선을 따라 재단해 주세요.

재봉 따라하기

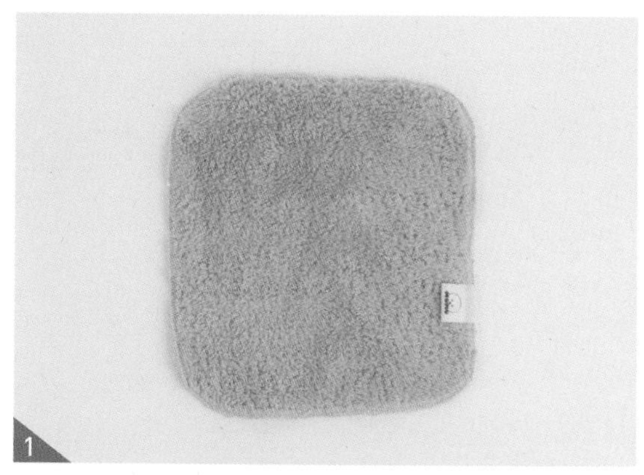

타월 겉면 라벨 위치에 라벨을 눌러 박은 뒤 테두리를 오버록이나 지그재그 박기해 시접을 정리해 주세요.

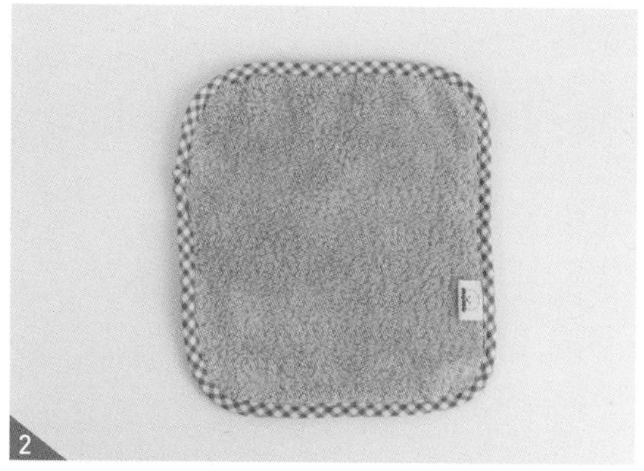

준비한 바이어스 테이프로 타월 테두리에 바이어스 랍빠를 치면 완성입니다.

※ 바이어스 랍빠 치기의 마무리는 바이어스 테이프를 시작 부분과 1cm 겹쳐 박고 테이프를 3cm 길게 빼서 잘라 주세요. 자른 바이어스 테이프의 끝을 1cm 접어서 안쪽으로 넣은 후 눌러 박아주세요.

다시 그 여름 바닷가 케이프

멍크닉의 선샤인 스퀘어 케이프와는 다른, 여름이 생각나는 시원하고 경쾌한 이미지의 마린룩 케이프입니다. 직사각형 셰이프에 자수 디테일을 넣은 네커치프 스트랩으로 앞에서 보아도 너무 귀엽습니다.

가정용 재봉틀에 들어 있는 자수 기능을 사용해 원하는 자수 스타일과 실의 컬러를 결정하고 만들어 봅시다.

준비물(L SIZE 기준)

원단

1) 몸판 : 60수 면 66cm X 35cm

부자재

1) 고무줄 레이스 5.5cm X 1cm

다시 그 여름 바닷가 케이프 재단하기

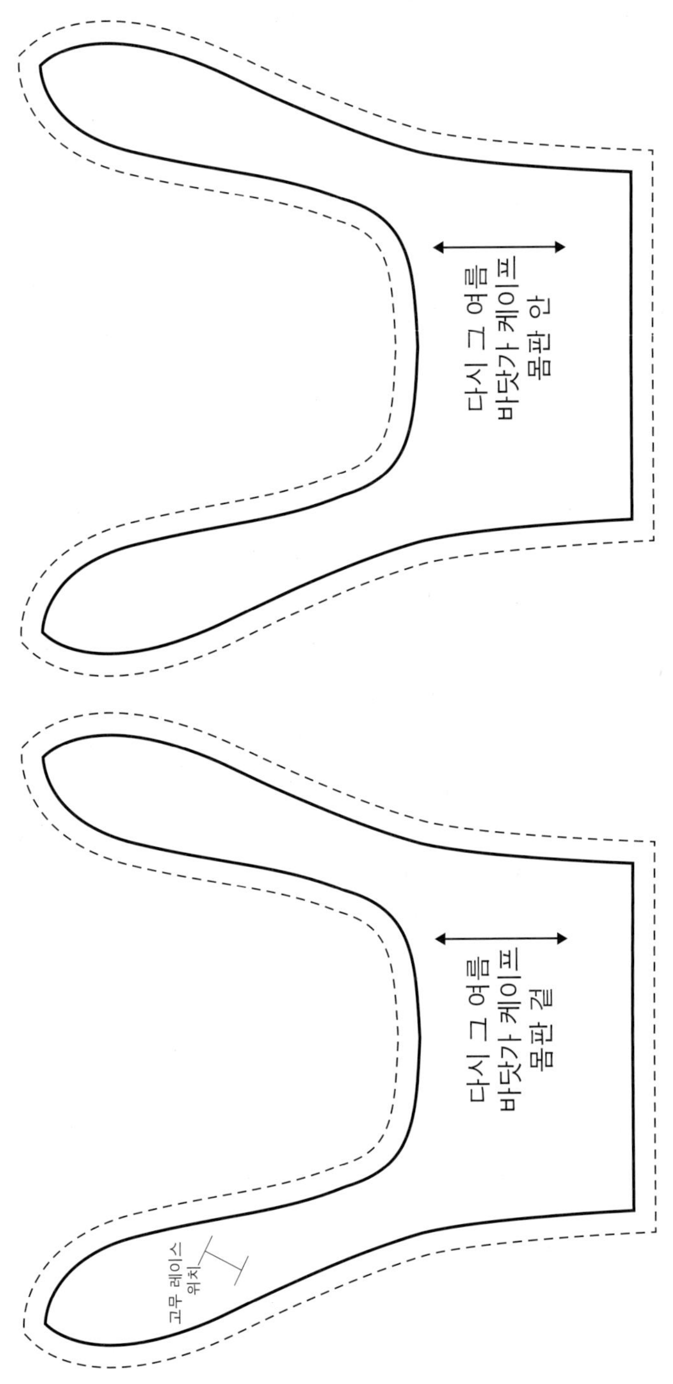

글자가 마주 보이도록 책을 돌려서 보세요. 실제 사이즈 패턴은 부록으로 제공합니다.

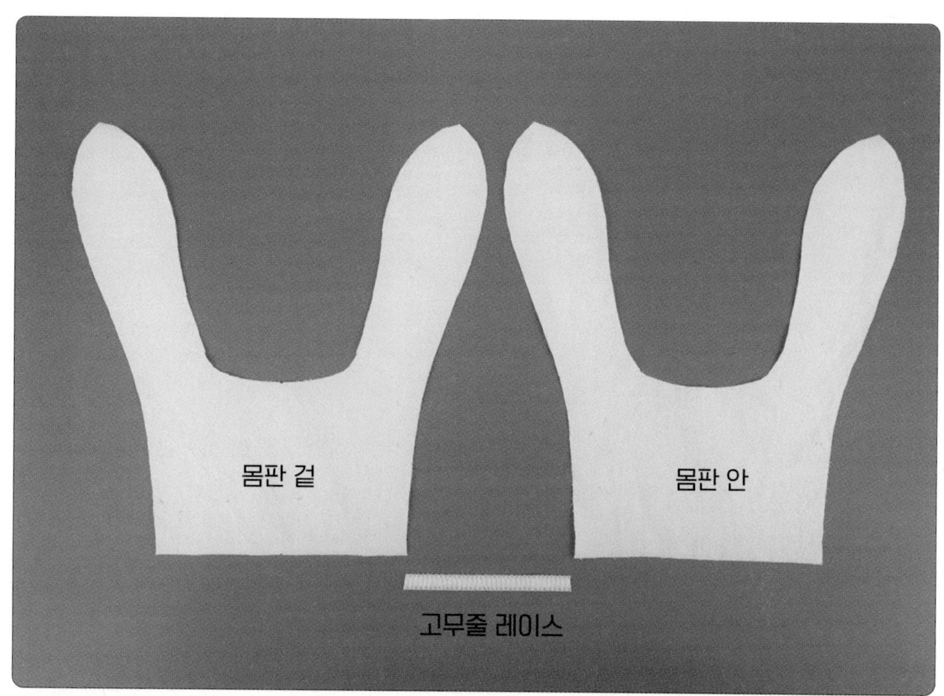

 원단 위에 패턴을 올린 후 시접분을 그려줍니다. 시접선을 따라 재단해 주세요.

재단 TIP

1. 시접 분량은 완성선에서 1cm를 더해 줍니다.
2. 끝이 뭉툭하지 않은 초크 혹은 펜을 사용하시면 더욱 정확하게 그릴 수 있습니다.
3. 재단할 때 중심 표시와 너치를 꼭 넣어주세요.
4. 원단의 식서 방향은 꼭 지켜주세요.

재봉 TIP

1. 가정용 재봉틀의 자수 기능을 사용합니다. 기능을 확인하고 충분히 테스트한 후 사용하면 다양한 자수 모양을 활용할 수 있습니다.

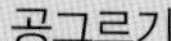

▶ 재봉 따라하기

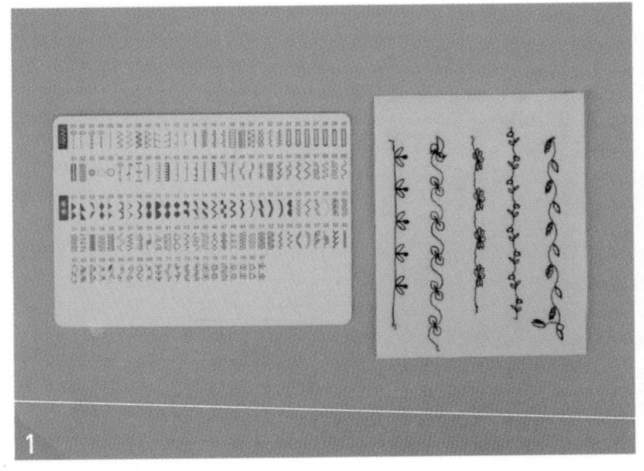

가정용 재봉틀의 자수 기능을 확인하고 원하는 자수 모양을 선택해 주세요.

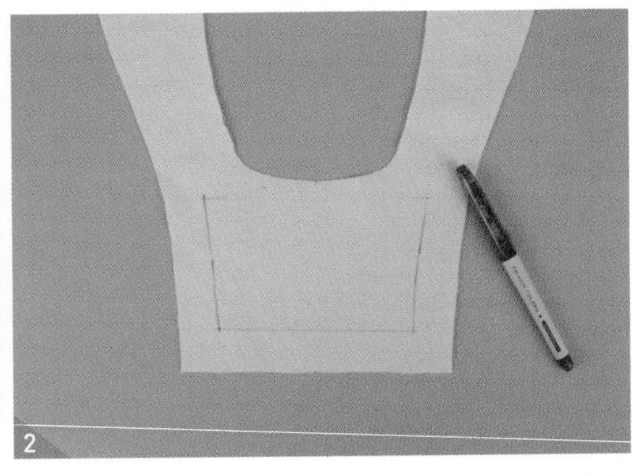

케이프 바깥쪽 겉면의 원하는 위치에 열펜으로 라인을 그려주세요.

※ L사이즈 기준으로 재단선에서 3cm 들어온 위치, 높이는 8cm로 지정해서 만들었습니다.

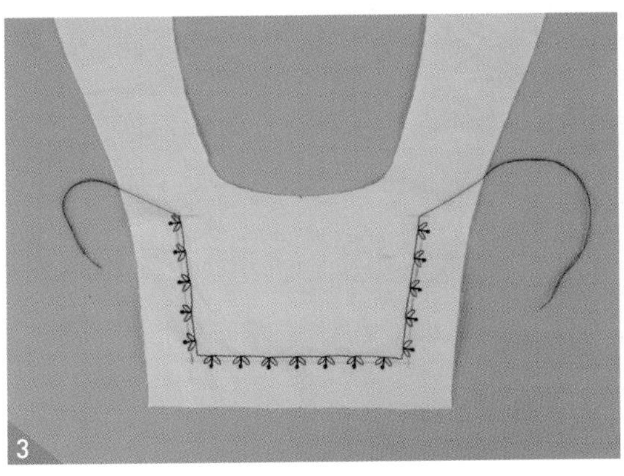

열펜으로 그린 선을 따라 자수를 넣어 주세요. 시작과 끝의 실을 20cm 남겨두세요.

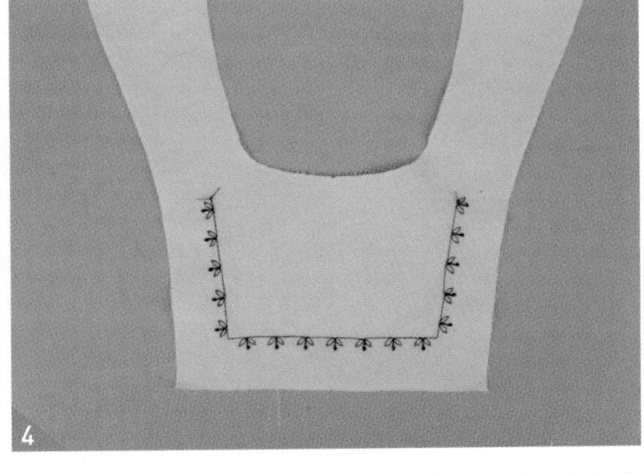

자수의 양쪽 끝실을 정리해 주세요. 케이프 원단 안쪽에서 밑실을 잡아당기면 윗실이 따라 나옵니다. 윗실을 당겨 뽑고 2~3번 매듭을 지은 후 1cm 남기고 실을 잘라주세요.

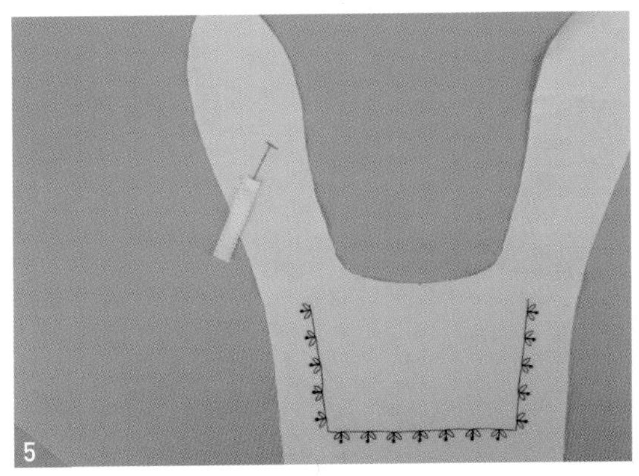

고무 레이스를 겉면에 표시한 위치에 달아주세요. 먼저 고무 레이스의 한쪽을 1cm 시접으로 재봉해 주세요.

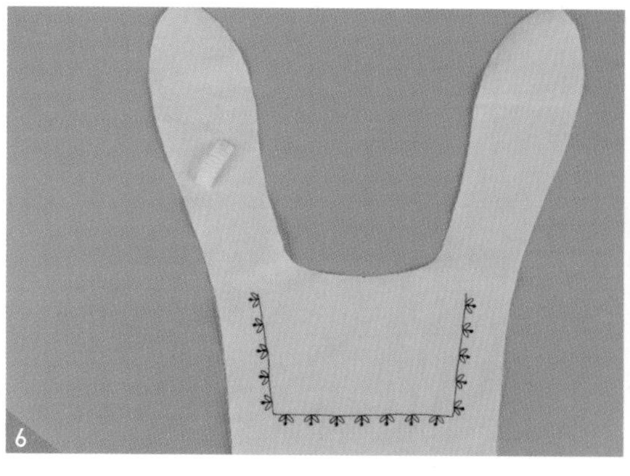

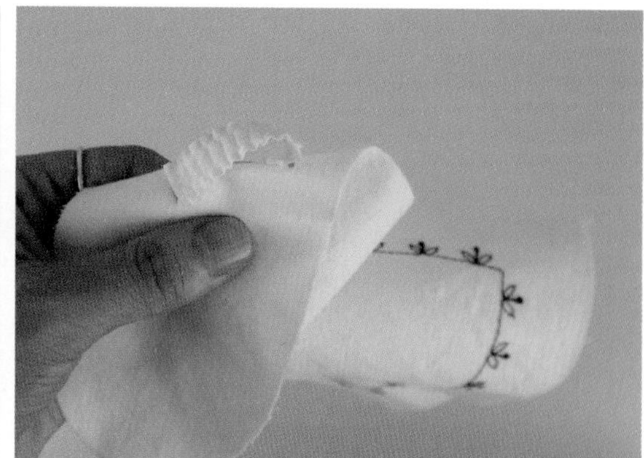

나머지 한쪽은 고무 레이스를 1cm 접어 상침으로 고정해 주세요.

※ 고무 레이스를 달 때는 반대쪽 스트랩이 들어갈 수 있도록 여유 있게 달아주세요.

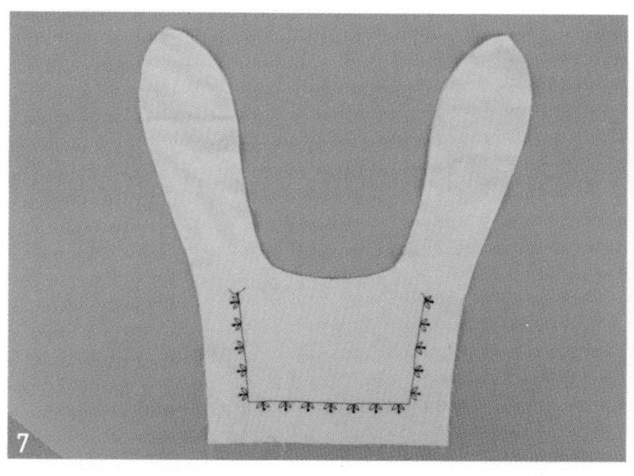

케이프의 안쪽과 바깥쪽 두 장을 겉과 겉을 마주 대고 재봉해 주세요. 창구멍의 처음과 끝은 반드시 되돌아 박기 해주세요.

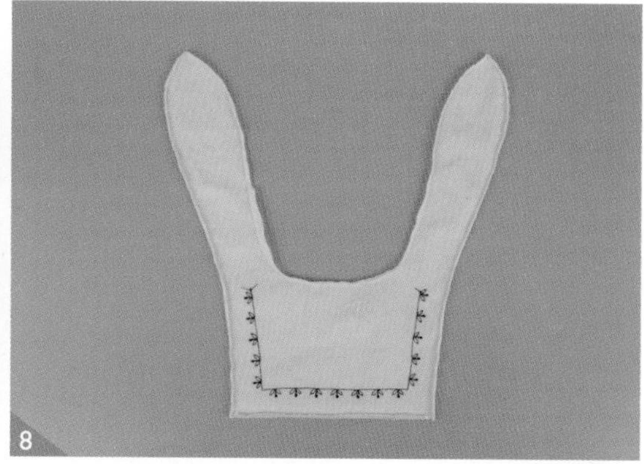

시접을 바깥쪽으로 재봉선을 따라 접어서 다림질한 후 창구멍 위치를 제외한 시접을 0.2cm 남겨두고 잘라주세요.

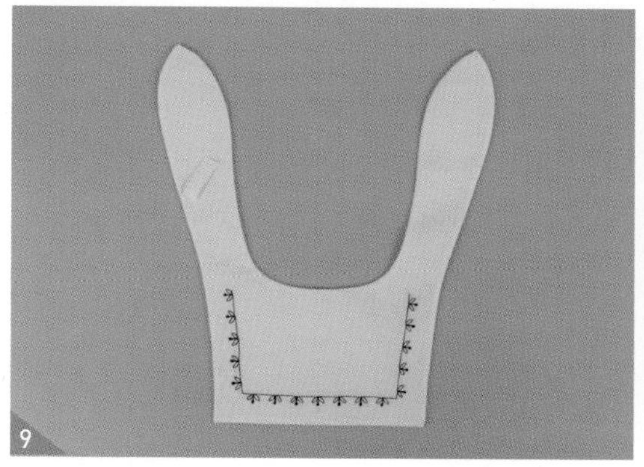

창구멍으로 뒤집어준 후 다림질해 주세요.

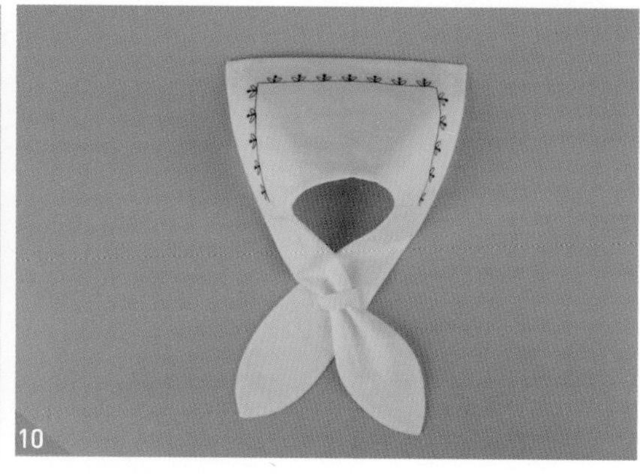

창구멍을 공그르기하면 완성입니다.

나한테 바나나 블랭킷

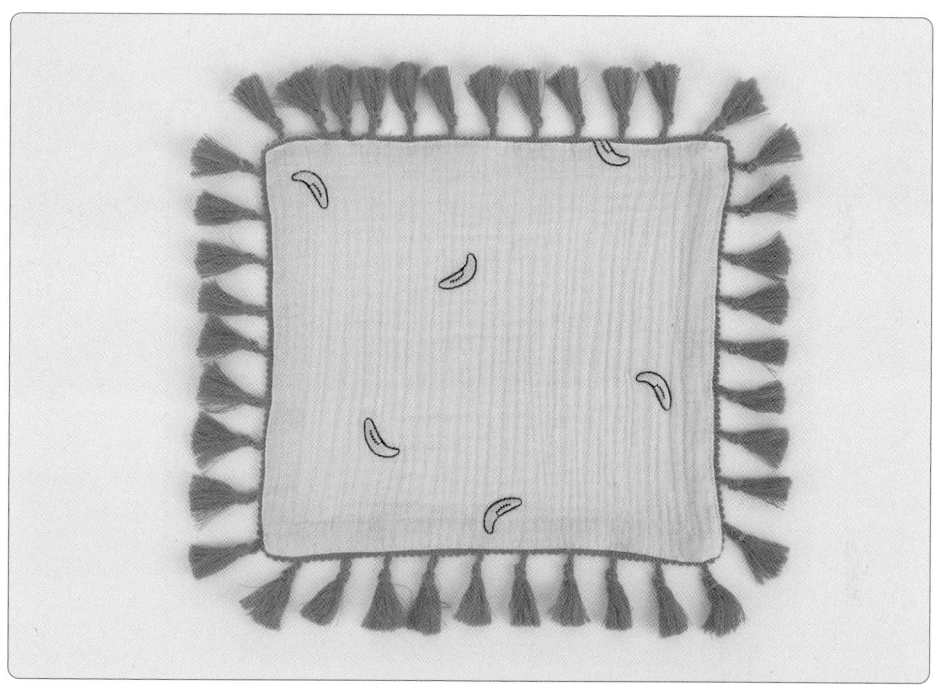

감촉이 부드러운 거즈 원단을 사용하여 산책 매트, 햇빛 가리개 등으로 활용 가능한 아이템입니다. 차가운 에어컨 바람에 추워하는 우리 아이들뿐 아니라 나에게 살짝 덮어줘도 좋습니다.
색감 있는 테슬 트리밍을 포인트로 사용해서 상큼 발랄한 블랭킷을 만들어 보아요.

준비물(제안 사이즈 기준)

원단

1) 몸판 : 3중 면 거즈 151cm X 151cm
2) 테슬 트리밍 : 블랭킷 완성 둘레 610cm

나한테 바나나 블랭킷 재단하기

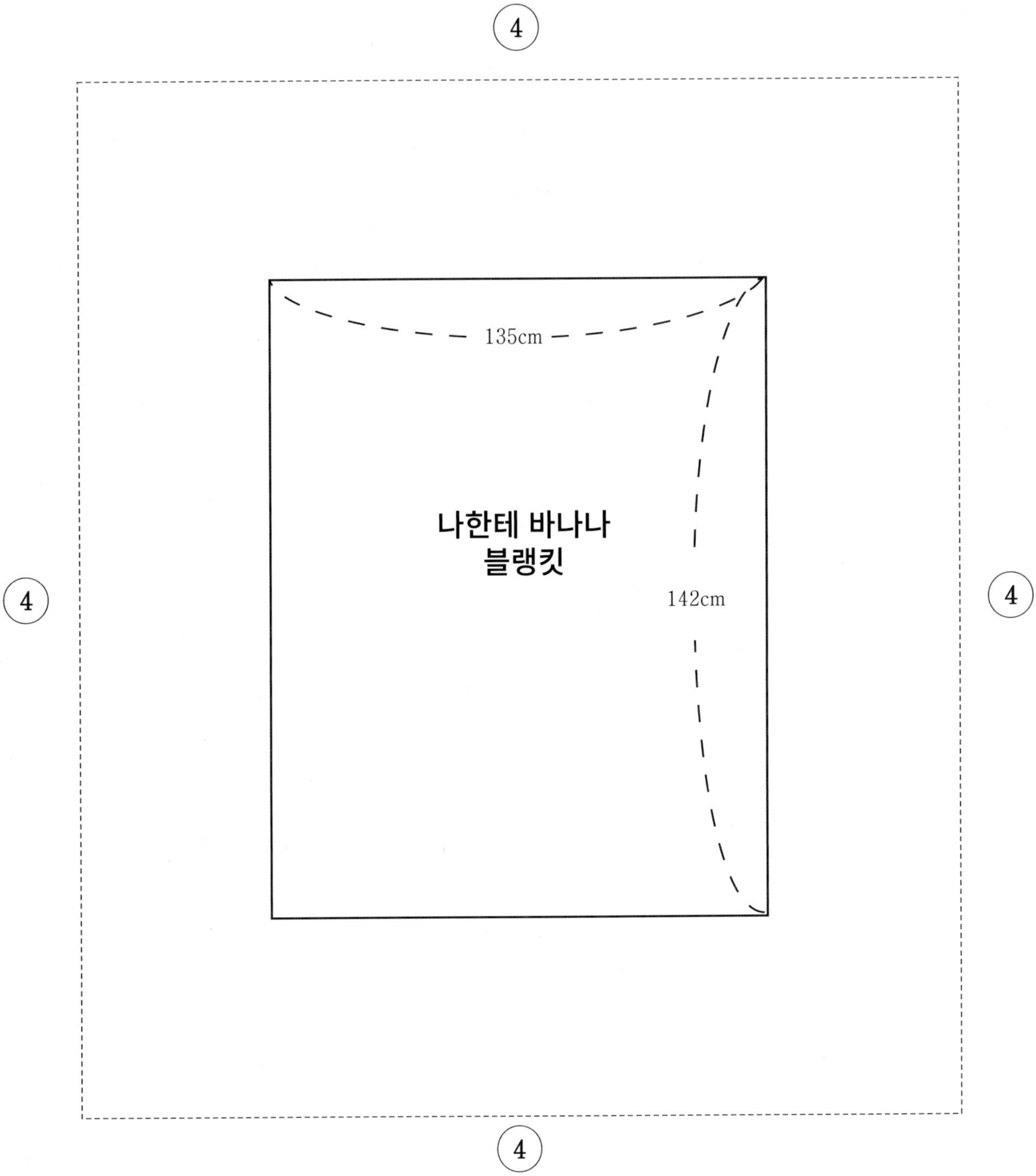

4

135cm

나한테 바나나
블랭킷

4 142cm 4

4

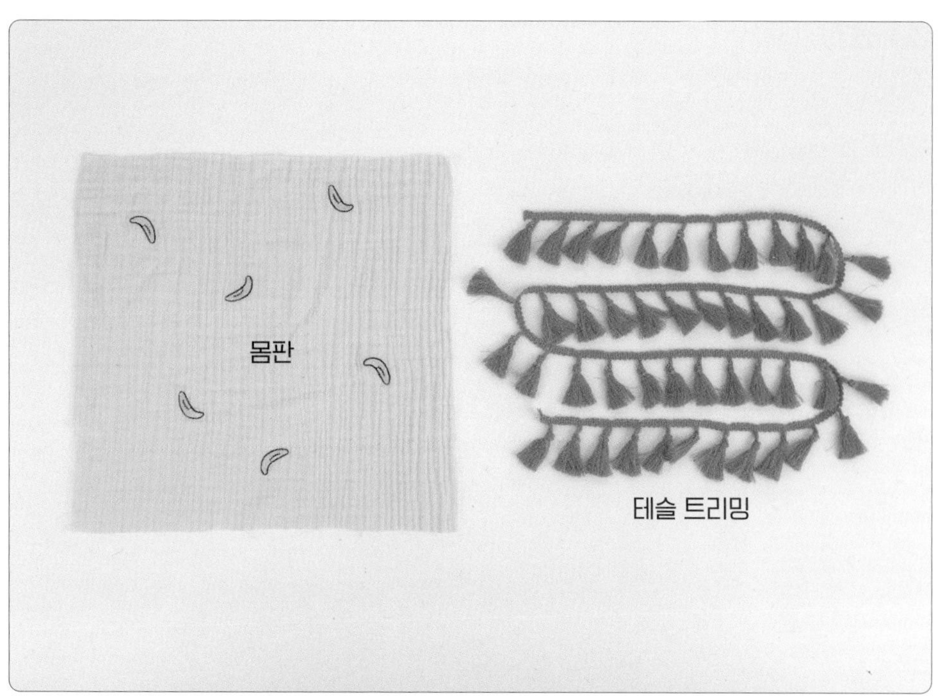

 시접선을 따라 재단해 주세요.

재단 TIP

1. 시접 분량은 완성선에서 4cm를 더해 줍니다.
2. 끝이 뭉툭하지 않은 초크 혹은 펜을 사용하시면 더욱 정확하게 그릴 수 있습니다.
3. 재단할 때 중심 표시와 너치를 꼭 넣어주세요.
4. 원단의 식서 방향은 꼭 지켜주세요.

재봉 TIP

1. 거즈 원단은 재봉이 조금 어렵습니다. 성글게 짜여 있고 두께가 얇기 때문에 재봉 시 밀림 현상이 일어나기 쉽습니다. 꼭 시침 핀으로 고정한 후 재봉하거나 중간중간 노루발을 들어가며 재봉해 주면 밀림 현상을 해소할 수 있습니다.

재봉 따라하기

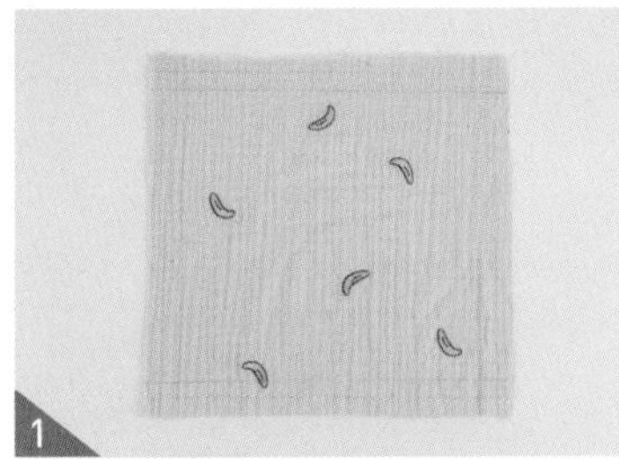

1 블랭킷 테두리에 열펜을 사용해 2cm 간격으로 두 줄의 선을 그어주세요.

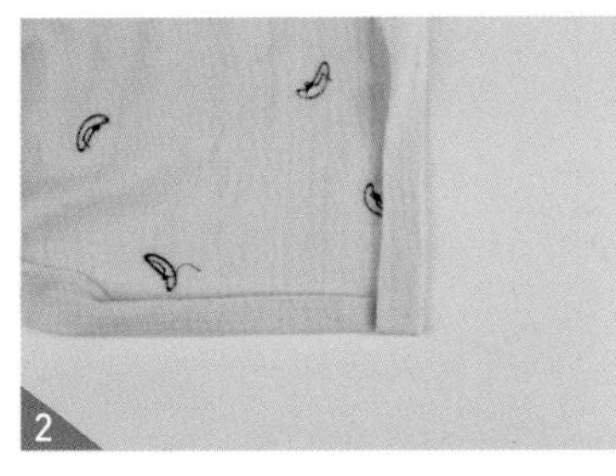

2 선에 맞춰 안쪽으로 두 번 접어주세요. 열펜으로 그렸기 때문에 다림질 열로 선이 지워지니 주의해 주세요.

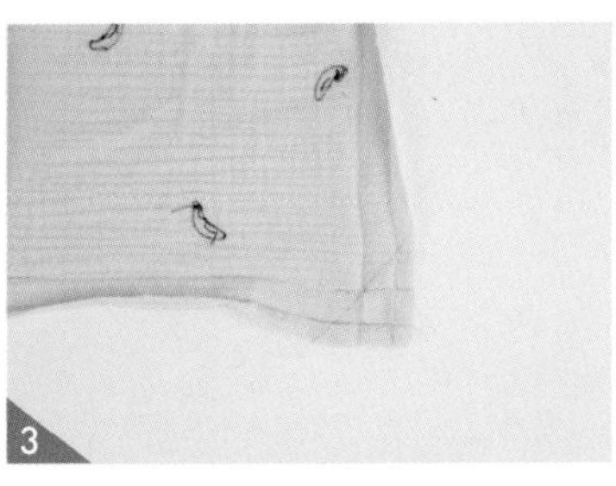

3 각 모서리에 사선으로 선을 그어주세요.

4 모서리를 반으로 접어 선을 따라 재봉해 주세요. 시접 끝까지 재봉하지 않습니다.

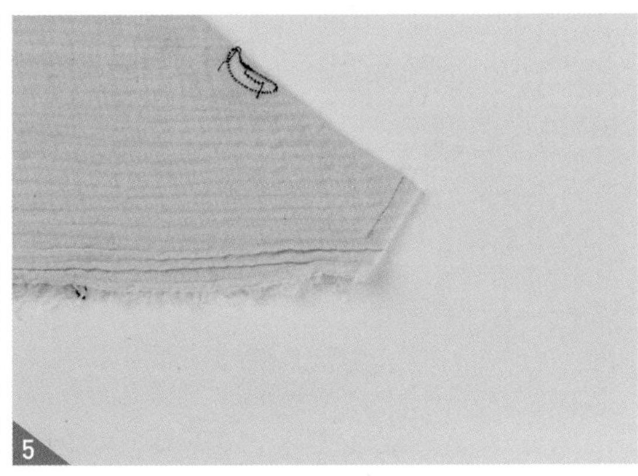

5 시접을 0.5cm 남기고 잘라주세요.

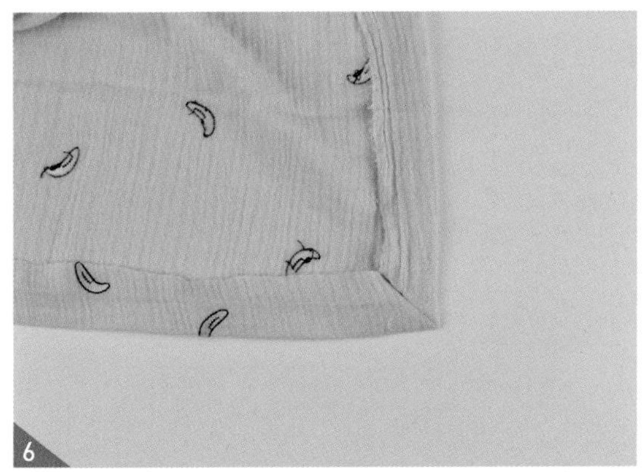

6 뒤집어서 모서리 모양을 만들어서 다림질해 주세요.

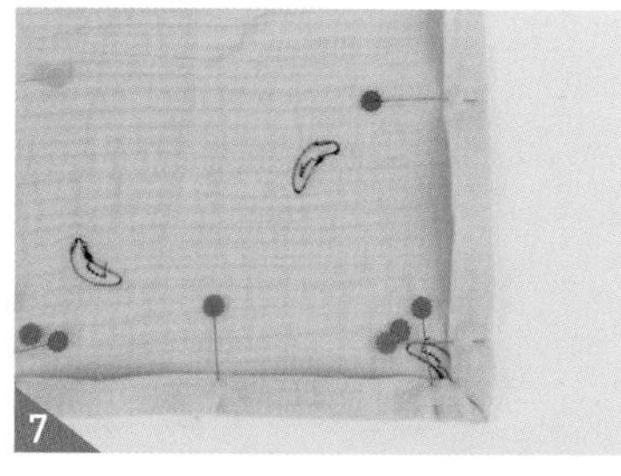

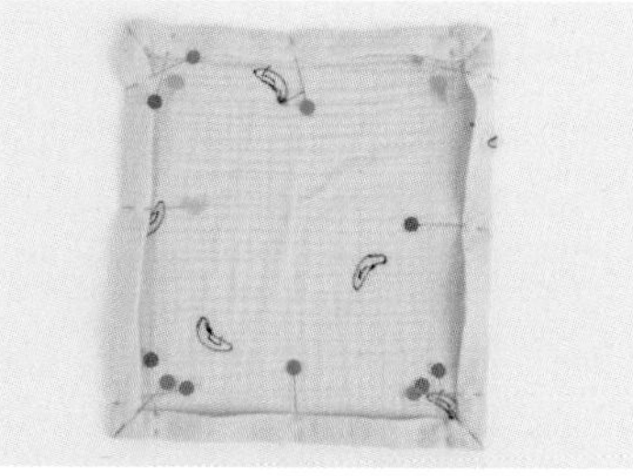

두 번 접어 만들어 둔 선을 따라 4면의 시접을 접어 시침 핀으로 고정해 주세요.

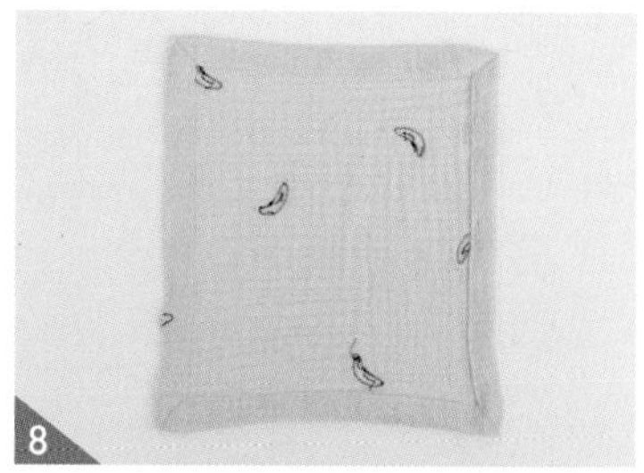

접힌 시접의 끝을 0.2cm로 눌러 박아 고정해 주세요.

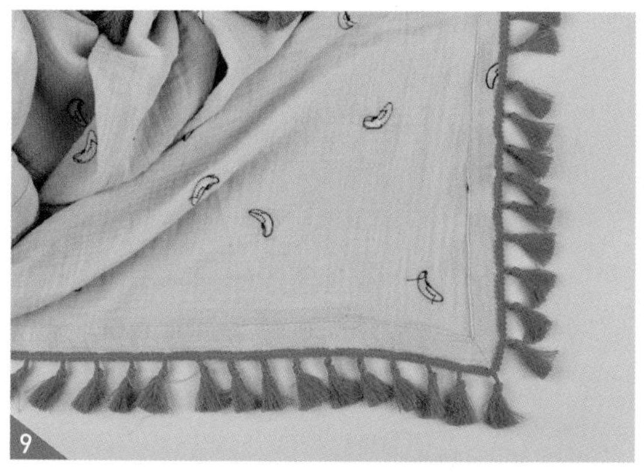

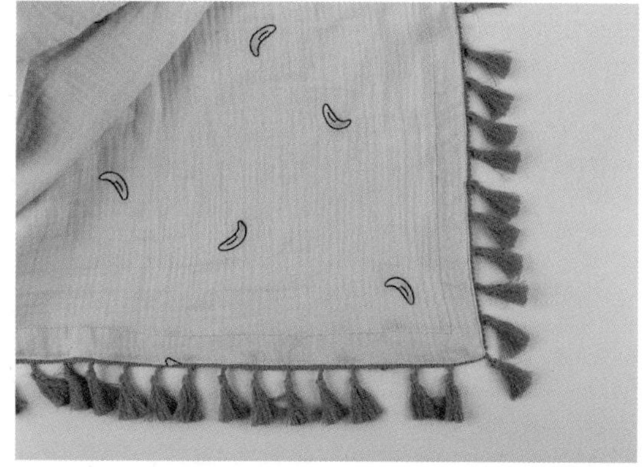

안쪽 면에 테슬 트리밍을 맞춰 눌러 박아주세요. 테슬 트리밍의 끝은 한번 접어 처음과 2cm 정도 겹쳐 눌러 박아주세요.

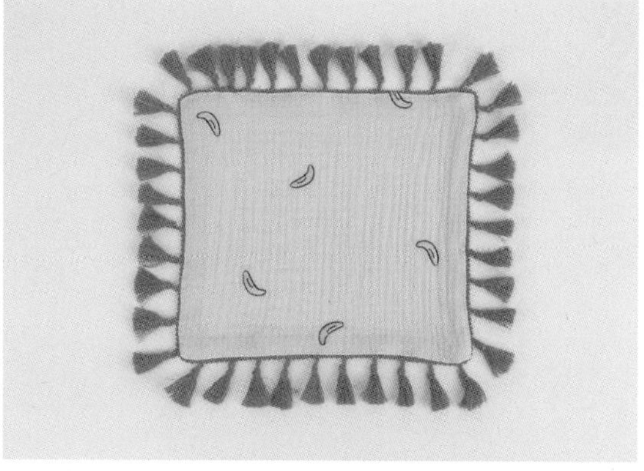

완성입니다.

아이셔 보냉백

더운 여름의 외출에 아이들의 더위를 잠시나마 잊게 해줄 히든백입니다. 아이스팩을 꽁꽁 얼려 보냉백에 넣고 아이들 이동 가방이나 유모차에 넣어 활용하면 에어컨이나 선풍기 바람이 없어도 시원함을 느끼며 쉴 수 있어요. 겨울철에는 핫팩이나 물주머니를 넣어 두어 보온백으로 활용할 수도 있습니다.

퀼팅 솜 부착 방법과 벨크로를 사용해 파우치 만드는 방법을 익혀두면 다양한 사이즈와 다양한 두께의 파우치를 얼마든지 만들 수 있습니다.

준비물(제안 사이즈 기준)

원단

1) 몸판(겉감) : 60수 면 프린트 45cm X 52cm
2) 방수원단(안감) : 60수 면 무지 45cm X 50cm

부자재

1) 퀼팅 솜 5oz 45cm X 50cm
2) 벨크로 7cm X 1cm

아이셔 보냉백 재단하기

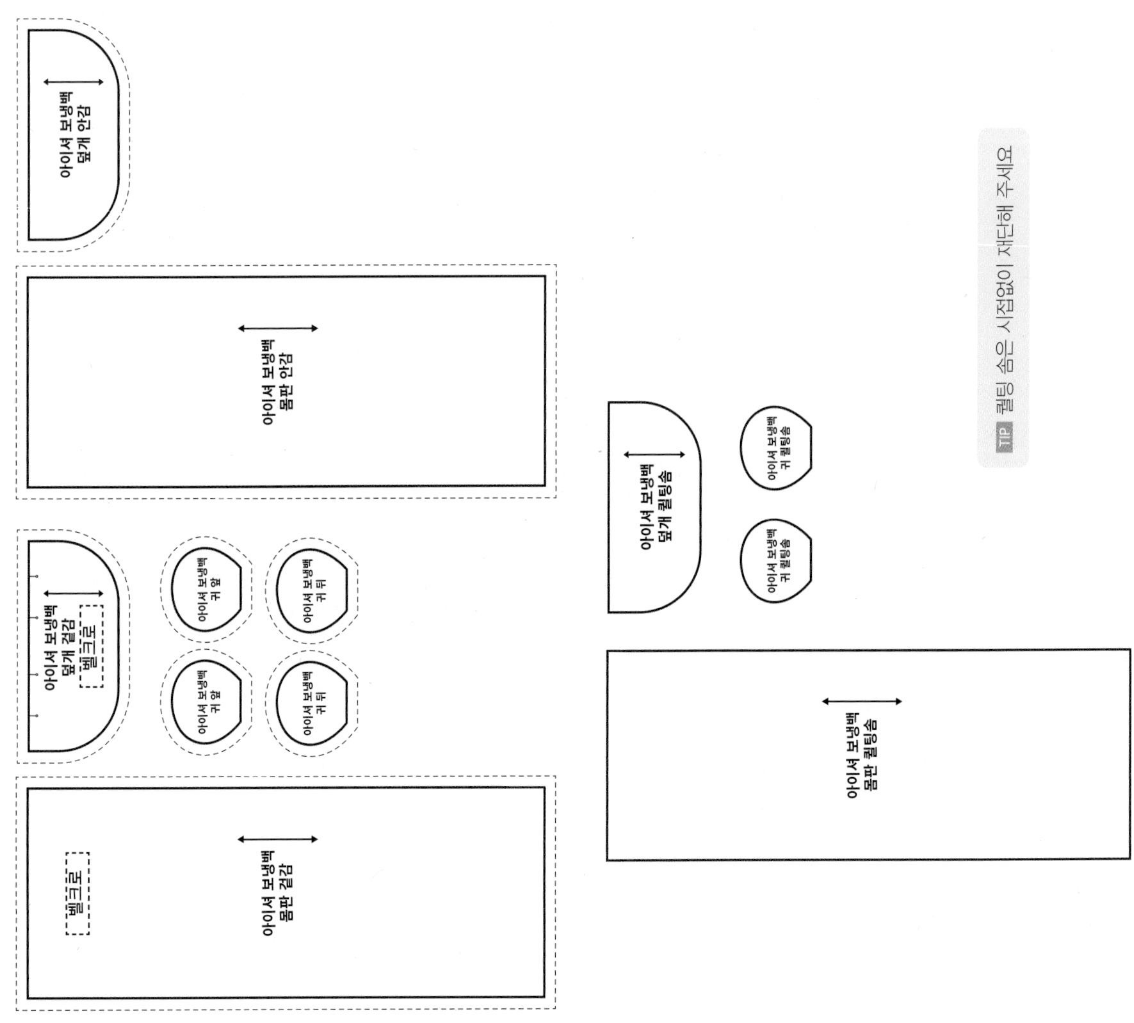

글자가 마주 보이도록 책을 돌려서 보세요. 실제 사이즈 패턴은 부록으로 제공합니다.

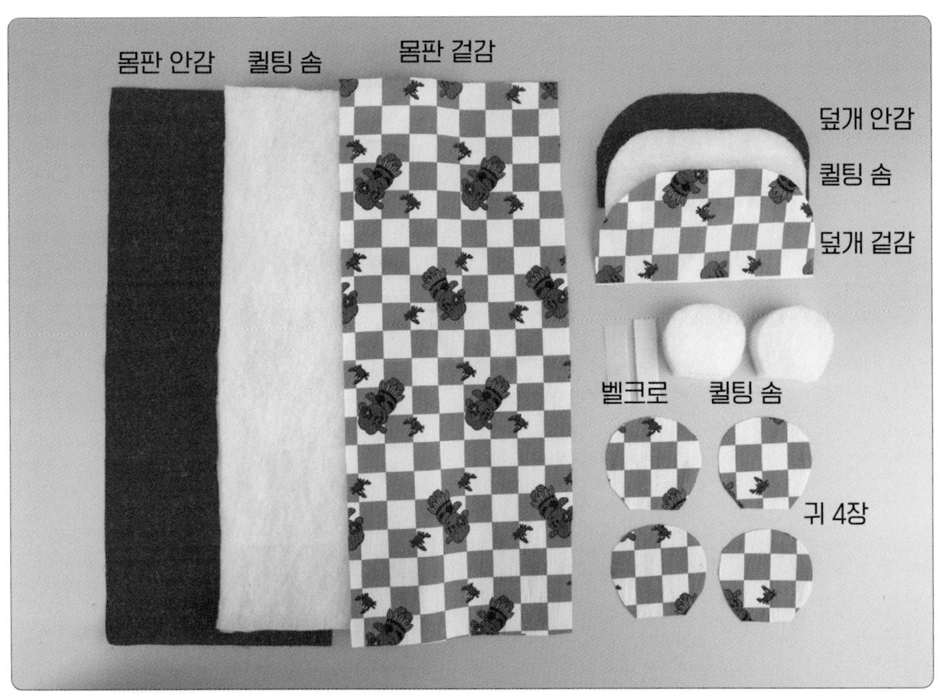

 원단 위에 패턴을 올린 후 시접분을 그려줍니다. 시접선을 따라 재단해 주세요.

재단 TIP

1. 시접 분량은 완성선에서 1cm를 더해 줍니다. 퀼팅 솜은 시접 없이 재단합니다.
2. 끝이 뭉툭하지 않은 초크 혹은 펜을 사용하시면 더욱 정확하게 그릴 수 있습니다.
3. 재단할 때 중심 표시와 너치를 꼭 넣어주세요.
4. 원단의 식서 방향은 꼭 지켜주세요.
5. 퀼팅 솜 부착시 접착스프레이를 사용하면 편리합니다. 환기 가능한 공간에서 사용하세요.

▶ 재봉 따라하기

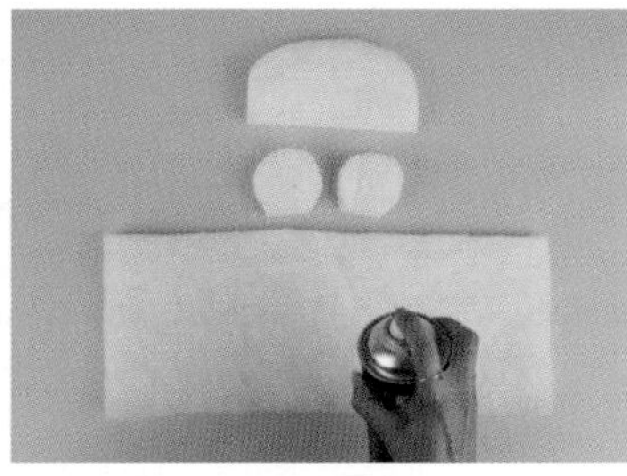

재단해 놓은 퀼팅 솜 한쪽 면에 접착스프레이를 뿌려주세요. 바닥에 신문이나 쓰지 않는 종이를 펼쳐 두고 환기가 되는 곳에서 사용해 주세요.

스프레이가 마르기 전에 겉감 안쪽에 붙여주세요. 모서리도 꼼꼼히 손으로 눌러주세요.

먼저 귀 부분을 만듭니다. 겉끼리 마주 대고 동그란 부분만 재봉해 주세요. 아랫쪽 직선은 창구멍으로 사용합니다.

※ 퀼팅 솜이 부착되지 않은 쪽을 위로 두고 재봉하면 편리합니다.

창구멍으로 뒤집어주세요. 귀 중심에서 창구멍 방향으로 세로로 스티치 넣어주세요.

※ 뒤집기 전에 시접에 가윗밥을 주면 커브가 더욱 깔끔하게 표현됩니다.

완성한 귀를 덮개 겉면에 0.7cm로 재봉해 주세요.

벨크로를 달아주세요. 테두리를 따라 0.1~0.2cm로 상침해 주세요. 이때 벨크로의 거친 면이 아래쪽(프린트 몸판 쪽), 부드러운 면이 위쪽(덮개 안쪽)이 되게 달아주세요.

7

덮개의 귀가 달린 면(겉감의 겉)과 벨크로가 달린 면(안감의 겉)을 마주 대고 직선을 제외한 나머지를 재봉해 주세요. 재봉하지 않은 직선은 창구멍으로 사용합니다.

8

시접을 0.5cm 남기고 잘라주세요.

9

창구멍으로 뒤집어준 뒤 귀를 시접 방향으로 눕혀 다림질해 주세요.

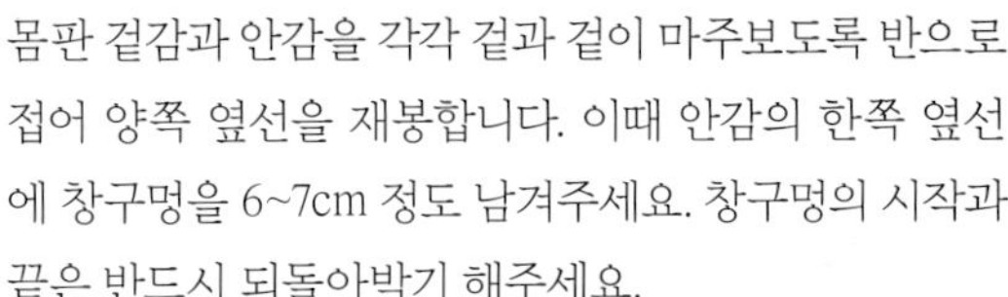

몸판 겉감과 안감을 각각 겉과 겉이 마주보도록 반으로 접어 양쪽 옆선을 재봉합니다. 이때 안감의 한쪽 옆선에 창구멍을 6~7cm 정도 남겨주세요. 창구멍의 시작과 끝은 반드시 되돌아박기 해주세요.

겉감을 뒤집어주세요. 모서리는 시접을 접어서 뒤집어주면 깨끗이 잘 나옵니다. 다림질 후 입구에 만들어 놓은 덮개를 겉끼리 마주 대고 0.5cm 재봉해 주세요.

만들어 놓은 안감에 겉감을 그대로 집어넣어주세요. 겉끼리 마주 보도록 넣어주세요.

시침 핀으로 고정해 주세요.

14

겉감, 덮개, 안감을 둥글게 돌려가며 재봉해 주세요. 보냉백 입구를 만들어야 합니다. 한꺼번에 모두 재봉하면 안 됩니다.

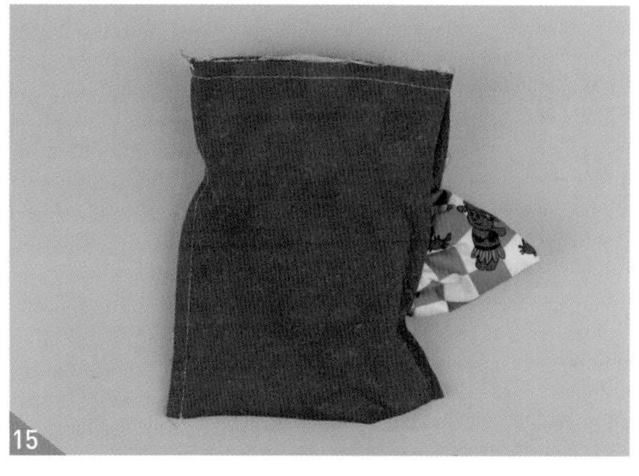

15

시접을 정리해 준 후 안감의 창구멍으로 뒤집어주세요.

16

뒤집기가 끝났어요.

17

안감을 끄집어 내고 창구멍 시접을 깨끗이 접어 시침핀으로 고정 후 0.1~0.2cm 상침으로 눌러 박아주세요.

18

완성입니다.

Pet & People life
Pet & People life
Pet & People life
Pet & People life
Pet & People life

뭉개뭉개 파우치

아이셔 보냉백은 우리 아이들을 위해 소프트하게 마무리했다면, 뭉개뭉개 파우치는 태블릿이나 노트북을 보호하기 위해 하드하게 마무리한 아이템입니다. 제품 사이즈를 재어 세상에 단 하나뿐인 나만의 파우치를 만들어 보세요.
퀼팅을 넣고 테두리를 바이어스 테이프로 바이어스 랍빠를 쳐서 단단한 느낌을 더했습니다.

준비물(제안 사이즈 기준)

원단

1) 몸판 : 폴리에스테르 프린트 40cm X 70cm
2) 안감 : 무지 40cm X 70cm
3) 바이어스 테이프 : 폴리에스테르 프린트
   110cm X 4cm(완성 테두리 + 5cm 이상(시접 및 여유분))

부자재

1) 양면 접착 압축 솜 3oz 40cm X 70cm
2) 벨크로 22cm X 1cm

뭉개뭉개 파우치 재단하기

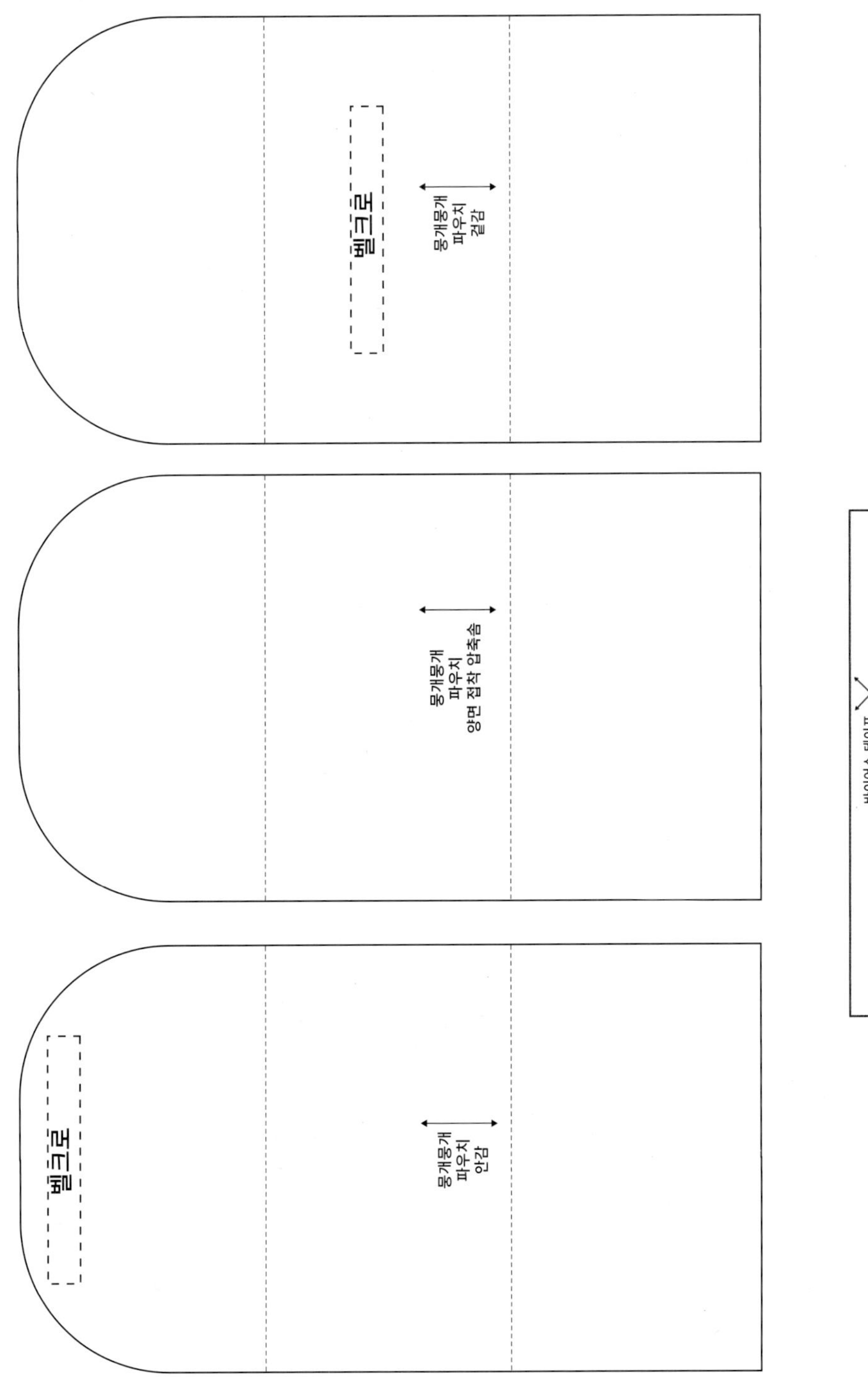

글자가 마주 보이도록 책을 돌려서 보세요. 실제 사이즈 패턴은 부록으로 제공합니다.

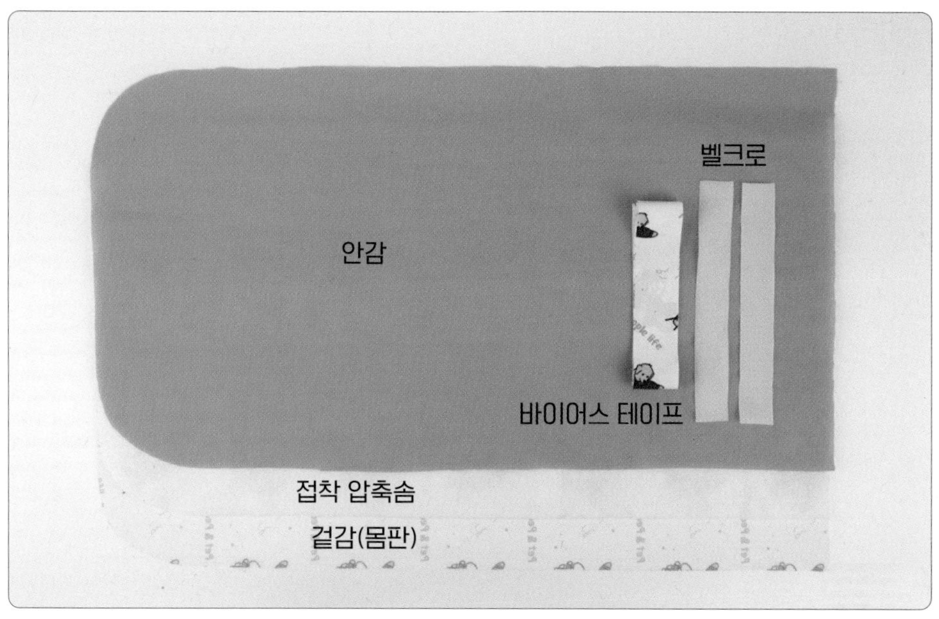

 원단 위에 패턴을 올린 후 시접분을 그려줍니다. 시접선을 따라 재단해 주세요.

재단 TIP

1. 시접 분량은 완성선에서 1cm를 더해 줍니다. 바이어스 랩빠로 처리할 부분은 시접이 없어요.
2. 끝이 뭉툭하지 않은 초크 혹은 펜을 사용하시면 더욱 정확하게 그릴 수 있습니다.
3. 재단할 때 중심 표시와 너치를 꼭 넣어주세요.
4. 원단의 식서 방향은 꼭 지켜주세요.

재봉 TIP

1. 바이어스를 재봉하는 순서에서 바이어스 랩빠 도구를 이용하면 쉽고 깔끔하게 마무리할 수 있습니다.
2. 양면 접착 압축 솜은 양면에 접착제가 있어 일정 온도와 압력으로 원단에 부착됩니다. 다림질 시에 양면의 접착제를 유의하세요.

바이어스 테이프 만들기 

바이어스 랩빠 치기 

재봉 따라하기

걸감 안과 안감 안 사이에 양면 접착 압축 솜을 넣고 사이즈를 맞춰 다리미를 꾹꾹 눌러가며 고정해 주세요.

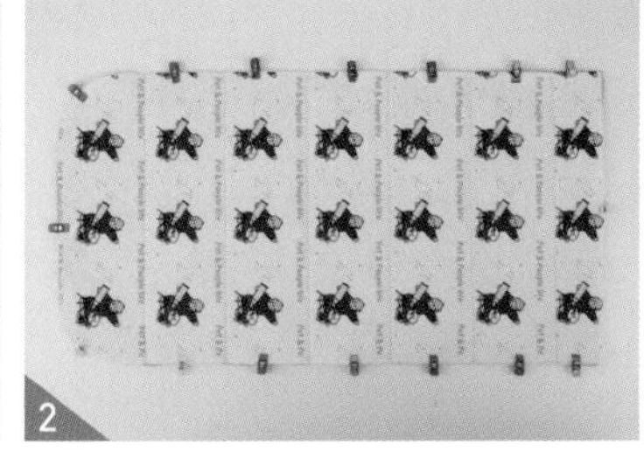

테두리를 시침 클립으로 고정하고 열펜으로 퀼팅 선을 그려준 후 선을 따라 재봉해 주세요.

※ 중간중간 노루발을 들어가며 재봉하면 원단이 밀리지 않으며 퀼팅 노루발을 사용하면 훨씬 더 쉽게 재봉할 수 있습니다.

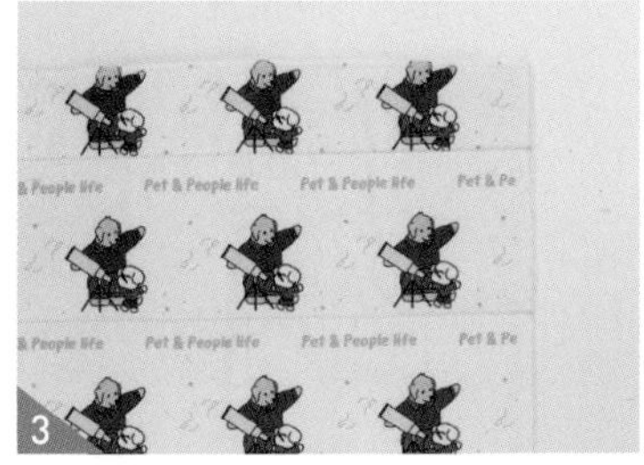

입구에 오버록이나 지그재그 박기로 시접을 정리해 주세요.

※ 시접이 두꺼운 경우 바이어스 랍빠를 치기 전에 오버록이나 지그재그 박기로 시접을 눌러주면 바이어스 랍빠를 칠 때 편리합니다.

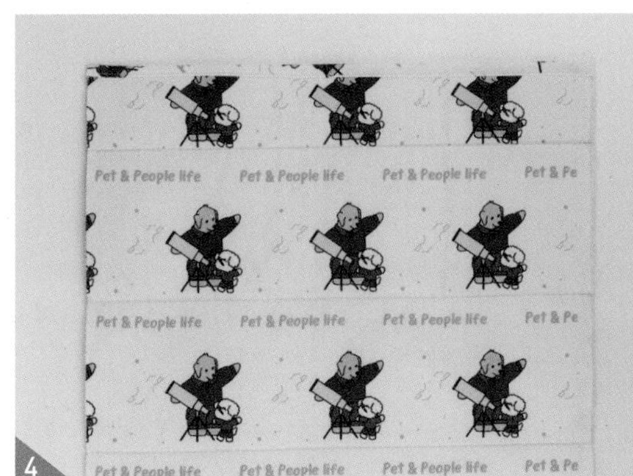

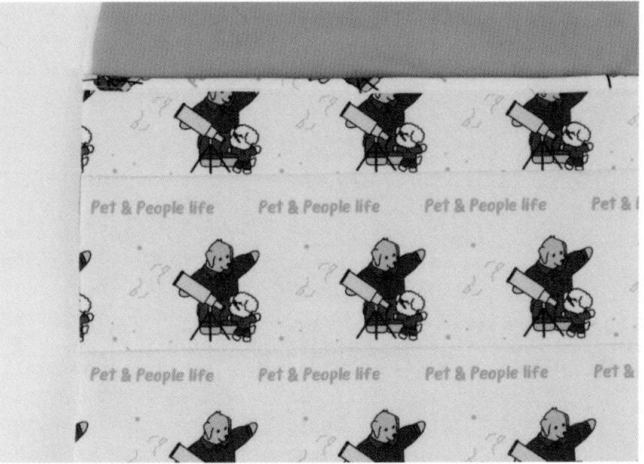

오버록이 된 입구에 바이어스 테이프로 바이어스 랍빠를 치고 시접을 정리해 주세요.

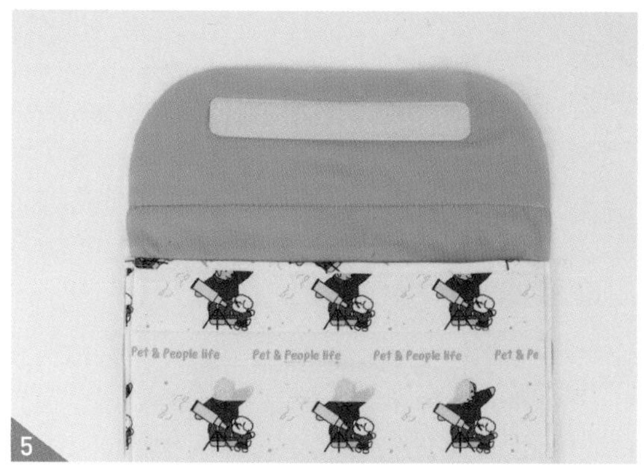

패턴의 벨크로 위치를 원단에 표시해 주세요. 벨크로의 길이를 맞춰 자르고 모서리를 둥글게 잘라 준 후 덮개 쪽은 안감에 부드러운 면을, 입구 쪽은 겉감에 거친 면을 달아주세요.

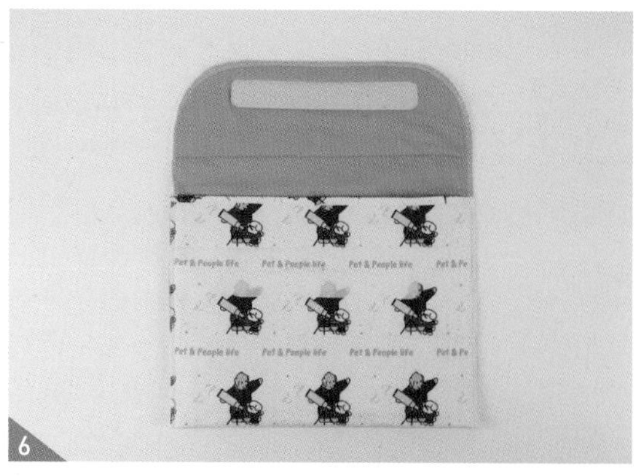

옆선을 0.5cm로 고정한 후 테두리를 오버록이나 지그재그 박기 해주세요.

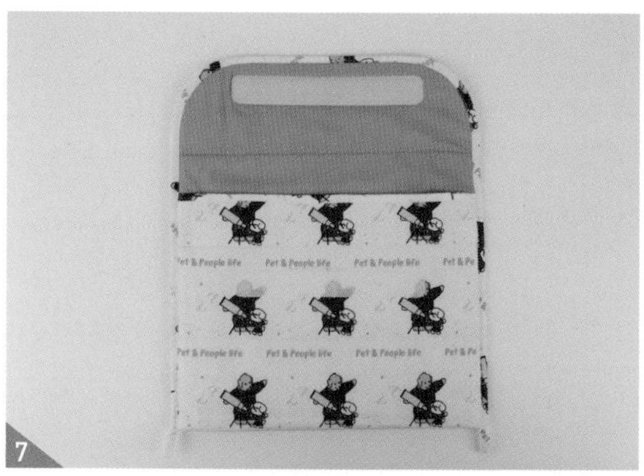

테두리를 바이어스 테이프로 바이어스 랍빠를 쳐 주세요. 처음과 끝은 3cm 길게 바이어스 테이프를 남겨두고 잘라주세요.

양끝 바이어스 테이프를 뒤쪽으로 두 번 접어 고정해 주세요.

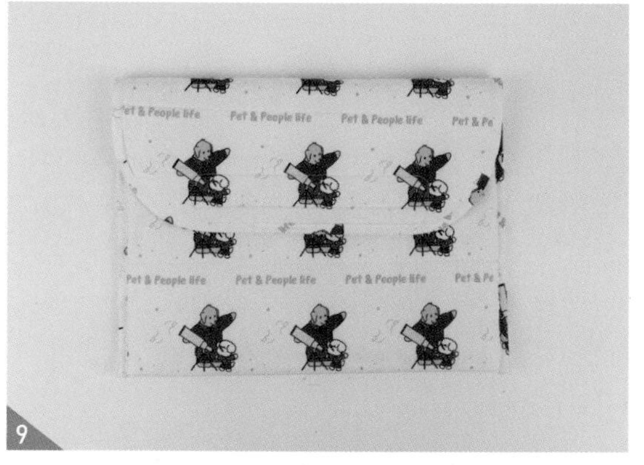

완성입니다.

CHAPTER 3

멍캠핑

SECTION 1 화이트 뮬리 터틀넥

SECTION 2 허니 머스터드 후드티

SECTION 3 소슬 바람막이

SECTION 4 톡톡톡 우비

SECTION 5 도토리 침낭

SECTION 6 카우보이 체크 셔츠

SECTION 7 우리 둘이 함께 베스트

SECTION 8 나는 너의 든든한 백

PET & PEOPLE LIFE

momo boutique

화이트 뮬리 터틀넥

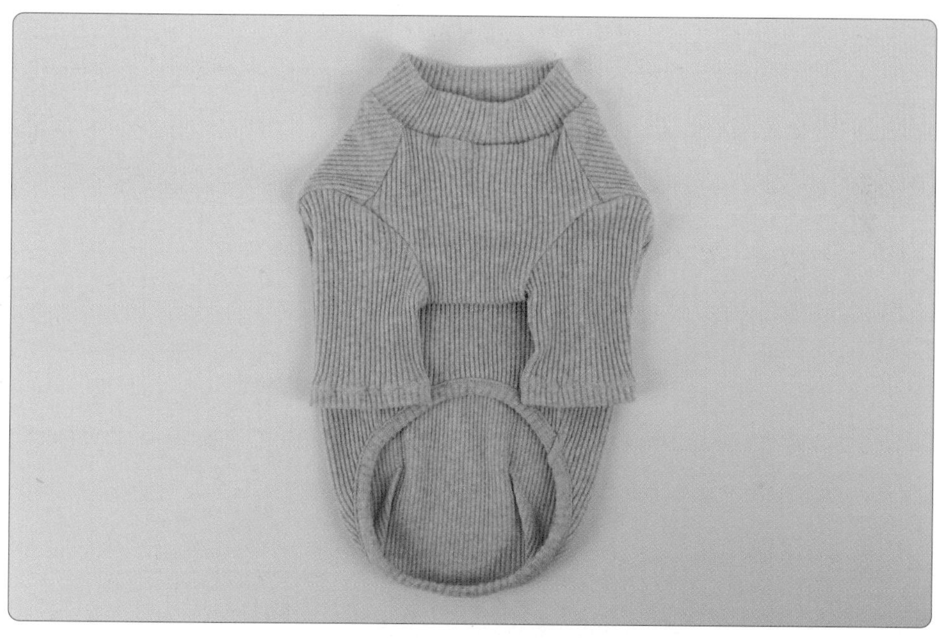

가을부터 겨울까지 유행을 타지 않는 기본 아이템입니다. 화이트 뮬리 터틀넥 하나만으로도 가을 느낌이 물씬 나지만, 궁디 팡팡 호박바지나 우리 둘이 함께 베스트 또는 멜빵바지와 레이어드하면 멋진 캠핑룩이 완성됩니다.

신축성이 있는 골지 원단으로 활동성 좋고 심플한 터틀넥을 컬러별로 만들어 입히면 가을의 낭만을 우리 아이와 함께 느낄 수 있어요.

소매 만들기를 배우게 되면 한층 더 다양한 디자인을 할 수 있게 됩니다. 재봉틀 밑실, 그리고 오버록의 3-4번 실을 날라리사로 교체해서 작업해 주세요.

준비물(L SIZE 기준)

원단

1) 몸판 : 2 X 2 골지(RIB) 면 / 폴리우레탄 70cm X 45cm
2) 바이어스 테이프 : 55cm X 4cm

화이트 물리 터틀넥 재단하기

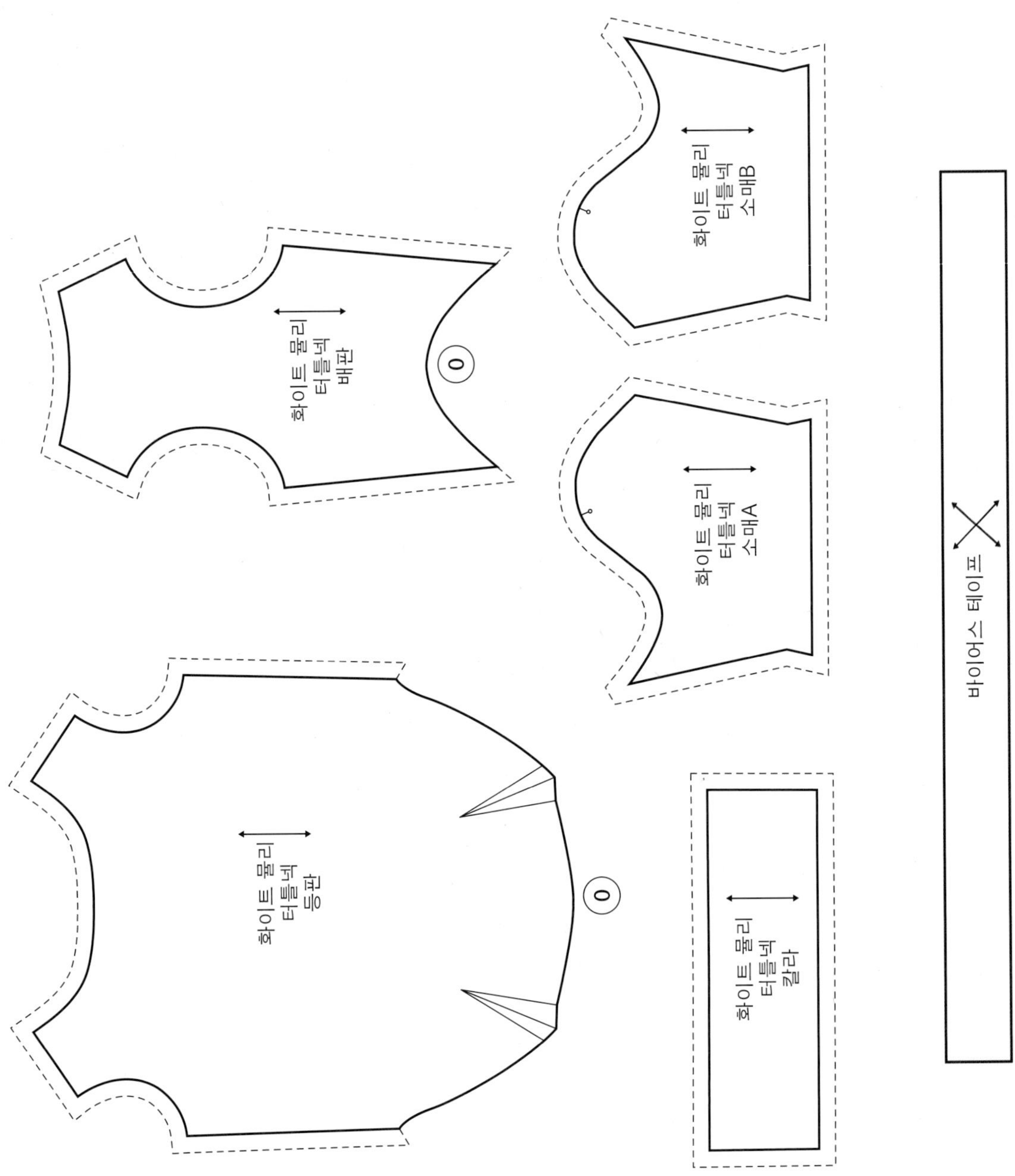

글자가 마주 보이도록 책을 돌려서 보세요. 실제 사이즈 패턴은 부록으로 제공합니다.

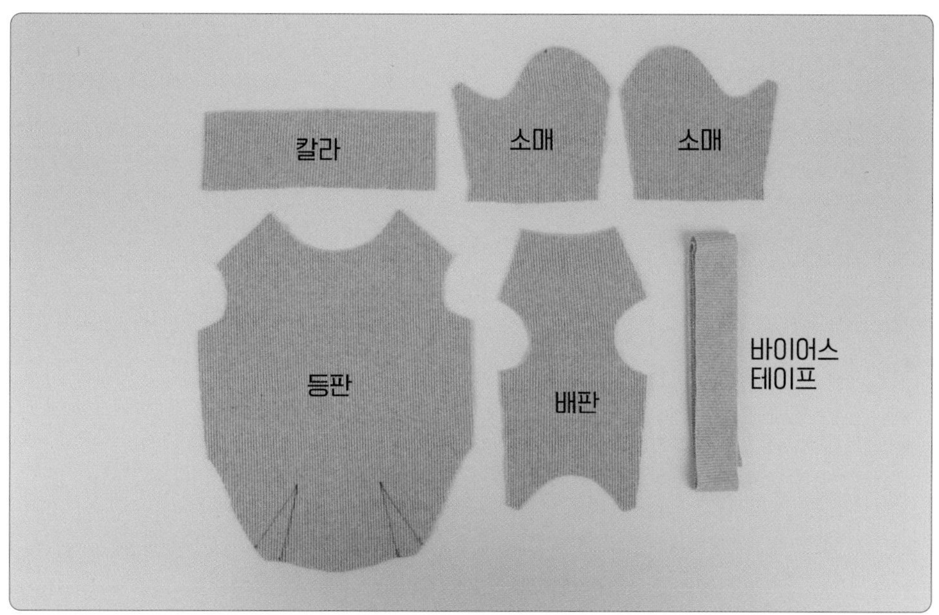

 원단 위에 패턴을 올린 후 시접분을 그려줍니다. 시접선을 따라 재단해 주세요.

재단 TIP

1. 시접 분량은 완성선에서 1cm를 더해 줍니다. 바이어스 랍빠로 처리할 부분은 시접이 없어요.
2. 끝이 뭉툭하지 않은 초크 혹은 펜을 사용하시면 더욱 정확하게 그릴 수 있습니다.
3. 재단할 때 중심 표시와 너치를 꼭 넣어주세요.
4. 원단의 식서 방향은 꼭 지켜주세요.

재봉 TIP

1. 골지 원단은 신축성이 뛰어난 원단입니다. 재봉틀 밑실을 날라리사로 교체하고, 오버록 재봉틀 3, 4번 실 역시 날라리사로 교체해서 사용해 주세요.
2. 중간중간 다리미로 스팀을 준 후 시접을 눌러 다림질한 뒤에 다음 단계로 넘어가세요. 다림질 시 밀지 말고 눌러서 다림질해 주세요.
3. 바이어스를 재봉하는 순서에서 바이어스 랍빠 도구를 이용하면 쉽고 깔끔하게 마무리할 수 있습니다.

재봉 따라하기

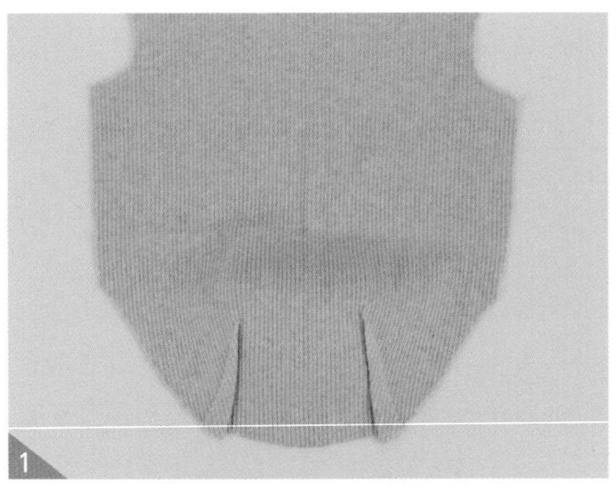
1

등판의 다트를 재봉한 후 중심 쪽으로 넘겨 다림질해 주세요.

※ 다트 재봉 시 밑단에서 뾰족한 부 분으로 향해 재봉한 후 실을 10cm 남겨두고 잘라주세요. 밑실을 당기면 윗실이 밑실 쪽으로 따라 나옵니다. 따라 나온 윗실과 밑실을 2~3번 묶고 1cm 남겨두고 잘라주세요.

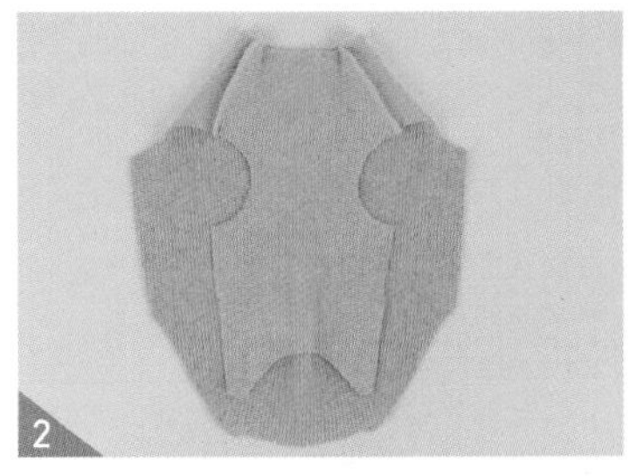
2

배판과 등판의 어깨선을 재봉한 후 오버록이나 지그재그 박기로 시접을 정리해 주세요.

3

칼라를 만들어 주세요. 식서 방향으로 반을 접어 재봉 후 가름솔로 다림질해 주세요.

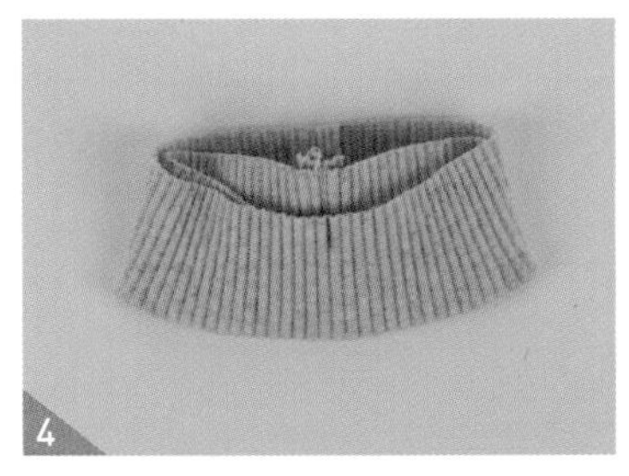
4

푸서 방향으로 반을 접어 가름솔한 봉재선의 반대편을 초크나 열펜으로 표시해 주세요.

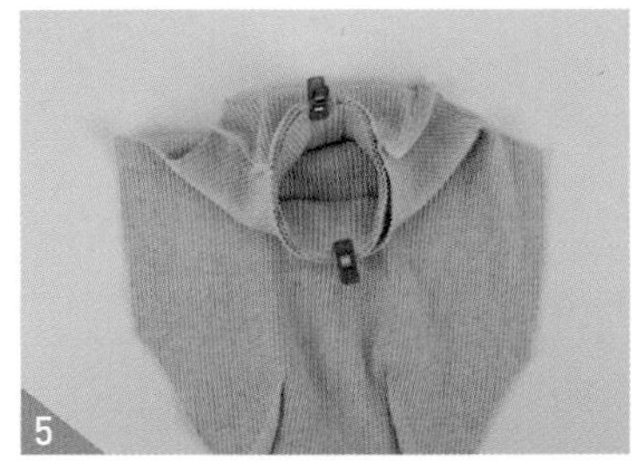
5

몸판 목둘레의 배판 중심선에 가름솔한 칼라의 봉재선을 맞추고, 등판 중심선에 열펜으로 표시된 칼라의 너치를 맞춰 고정 후 재봉해 주세요. 재봉된 목둘레를 오버록으로 시접을 정리해 주세요.[5)]

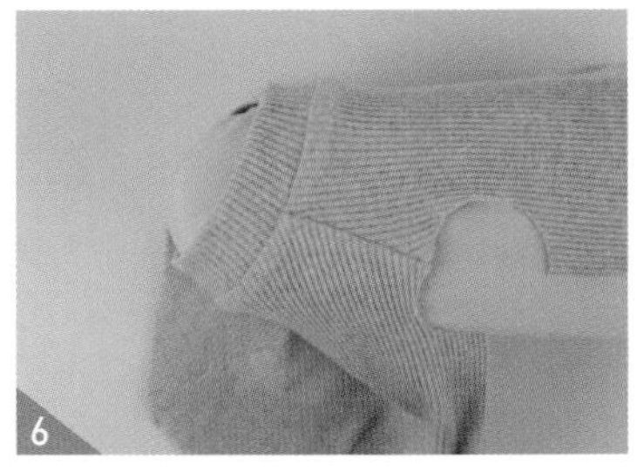
6

우마를 사용하여 시접을 다림질해 주세요. 목둘레 시접은 몸판 쪽으로, 어깨 시접은 등판 쪽으로 넘겨 다림질해 주세요.[6)]

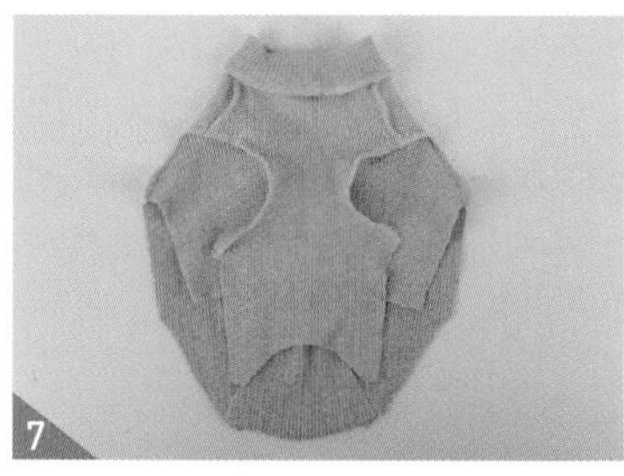
7

양쪽 소매를 몸판에 달아준 후 오버록으로 시접을 정리해 주세요. 시접은 소매쪽으로 넘겨주세요.

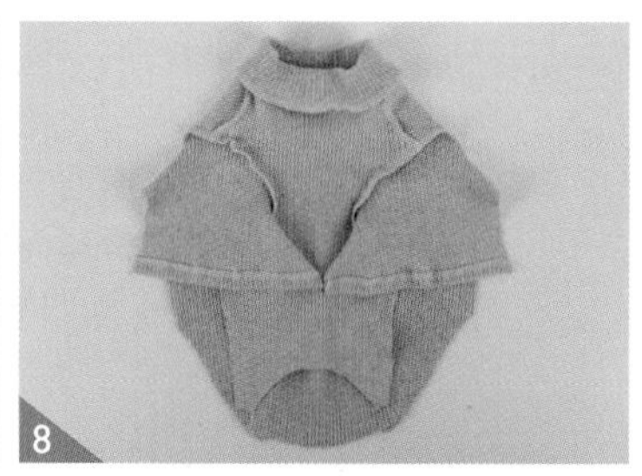
8

소매 밑단을 오버록으로 정리한 후 1cm 시접을 시접 쪽으로 보고 눌러 박아주세요. 스팀을 준 후 다림질해 주세요.

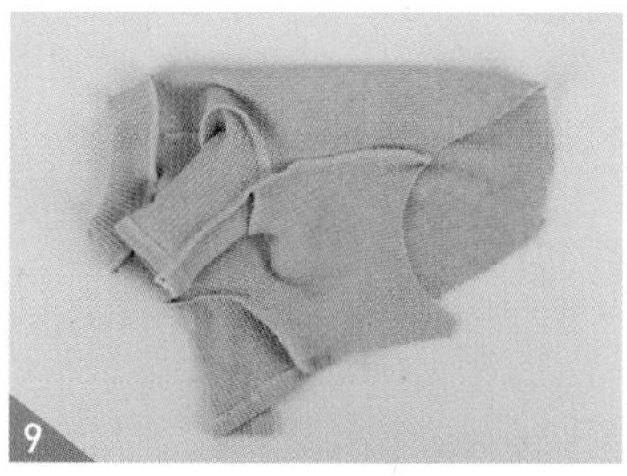
9

착용시 오른쪽의 옆선~소매 옆선을 재봉한 후 오버록으로 시접을 정리해 주세요. 양쪽 끝 오버록 실을 3~4cm 남겨 두고 잘라주세요.[9)]

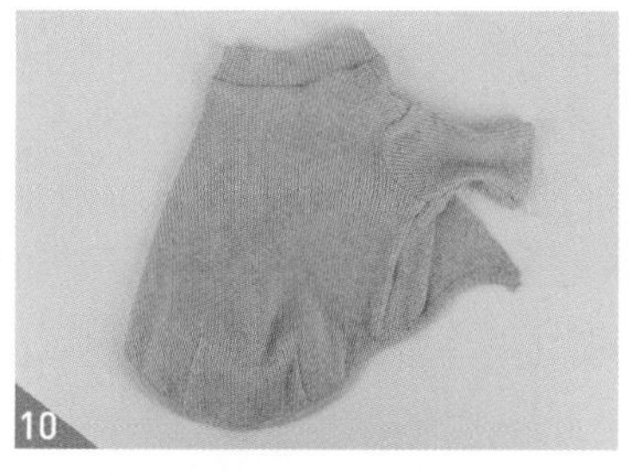
10

밑단 전체를 바이어스 테이프로 바이어스 랍빠를 쳐주세요.

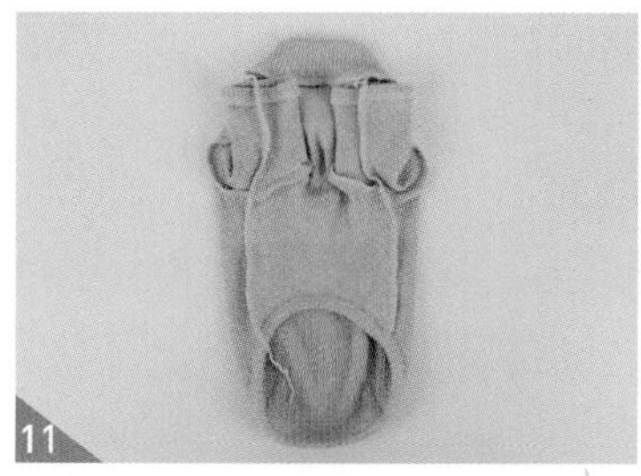
11

왼쪽의 옆선~소매 옆선을 재봉한 후 오버록으로 시접을 정리해 주세요.

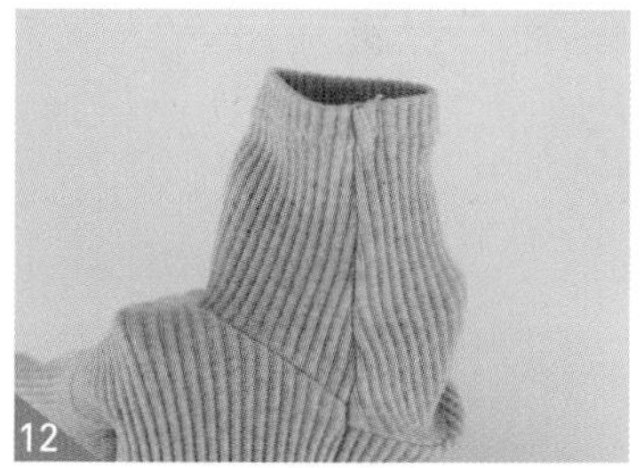
12

소매 밑단의 시접을 등쪽으로 넘기고 시접 사이에 오버록 실을 끼워준 후 1cm 정도 눌러 박아주세요.

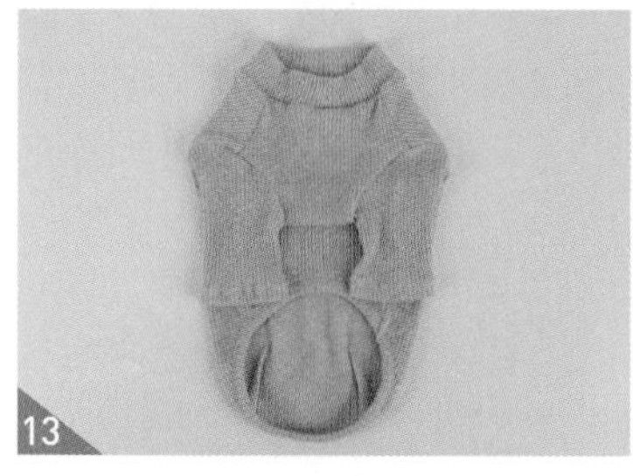
13

스팀을 주면서 다림질로 모양을 잡아 주면 완성입니다.

※ 5) 어깨 시접은 등판 쪽으로 넘겨 재봉해 주세요. 칼라의 목둘레가 몸판의 목 둘레보다 작으니 살짝 당겨가면서 재봉해 주세요.
※ 6) 이때 다림질 시 스팀을 주면서 살짝만 눌러주세요.
※ 9) 겨드랑이 시접은 교차되어 같은 방향으로 넘어가지 않도록 주의해 주세요. 시접이 두꺼우면 착용시 불편할 수 있습니다.

허니 머스터드 후드티

캠핑의 계절, 가을. 캐주얼한 후드티를 만들어 입히고 아이들과 함께 캠핑을 가서 예쁜 추억을 쌓아 보아요.
래글런 소매 밑단에 쫀쫀한 골지를 달아 찬바람을 막아주고, 아일렛을 달고 후드 스트랩을 끼우고 포인트로 캥거루 포켓을 달아주면 귀여운 가을 데일리룩이 완성됩니다.

준비물(L SIZE 기준)

원단

1) 몸판 : 면 쮸리 85cm X 60cm
2) 커프스 : 2X2 골지 50cm X 20cm

부자재

1) 헤링본 테이프 70cm X 1cm
2) 리벳(5mm) 2세트
3) 아일렛(내경 9mm) 2세트
4) 가죽 라벨 1장

허니 머스터드 후드티 재단하기

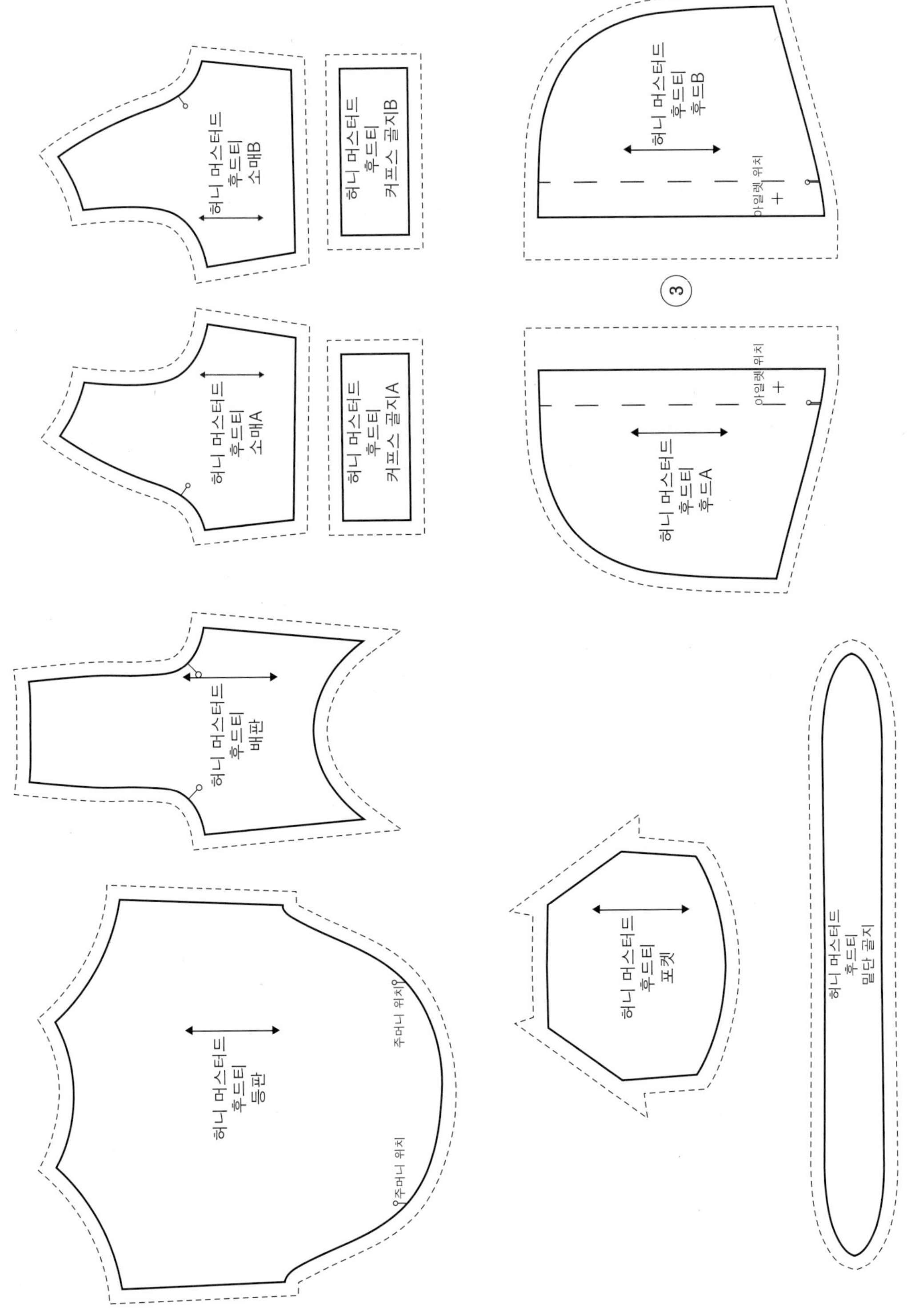

글자가 마주 보이도록 책을 돌려서 보세요. 실제 사이즈 패턴은 부록으로 제공합니다.

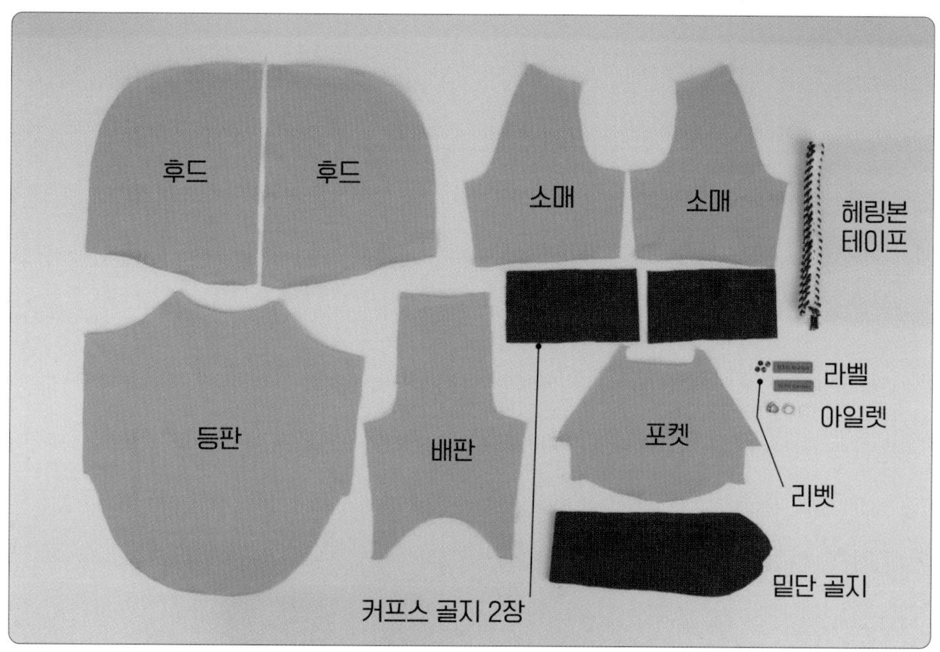

 원단 위에 패턴을 올린 후 시접분을 그려줍니다. 시접선을 따라 재단해 주세요.

재단 TIP

1. 시접 분량은 완성선에서 1cm를 더해 줍니다. 후드 테두리(얼굴쪽) 시접은 3cm를 더해 줍니다.
2. 끝이 뭉툭하지 않은 초크 혹은 펜을 사용하시면 더욱 정확하게 그릴 수 있습니다.
3. 재단할 때 중심 표시와 너치를 꼭 넣어주세요.
4. 원단의 식서 방향은 꼭 지켜주세요.

재봉 TIP

1. 쭈리 원단은 다이마루로 신축성이 뛰어난 원단입니다. 재봉틀 밑실을 날라리사로 교체하고, 오버록 재봉틀 3, 4번 실 역시 날라리사로 교체해서 사용해 주세요.
2. 중간중간 다리미로 스팀을 준 후 시접을 눌러서 다림질한 뒤 다음 단계로 넘어가세요. 다림질 시 밀지 말고 눌러서 다림질해 주세요.
3. 리벳과 아일렛을 달아줄 도구를 확인해 주세요.

리벳 달기 

아일렛 달기 

재봉 따라하기

후드 중심선을 너치에 맞춰 재봉한 후 오버록이나 지그재그 박기로 시접을 정리해 주세요.

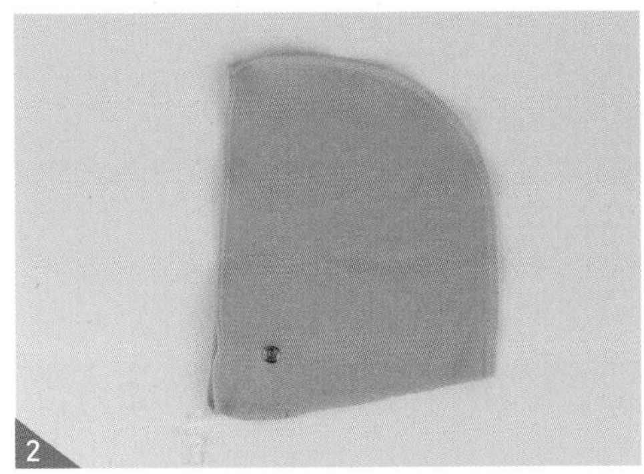

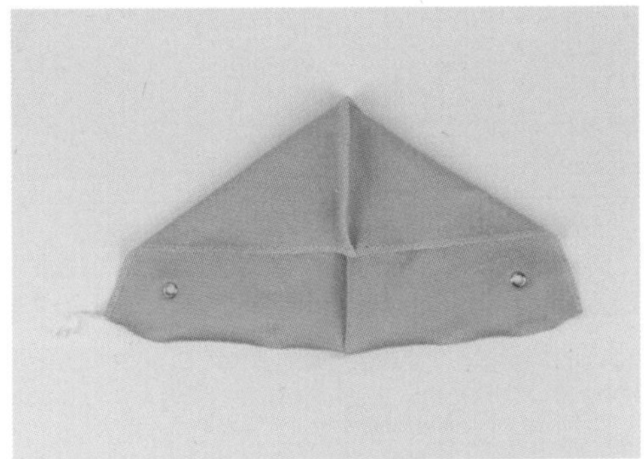

후드 테두리(얼굴쪽)에 오버록이나 지그재그 박기를 한 후 패턴의 아일렛 위치를 확인하고 아일렛을 달아주세요

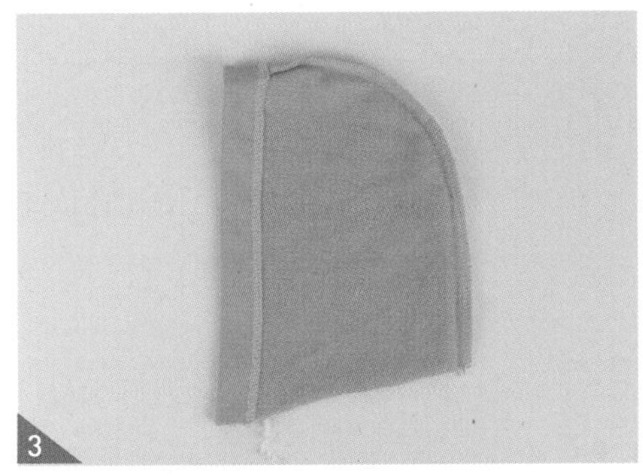

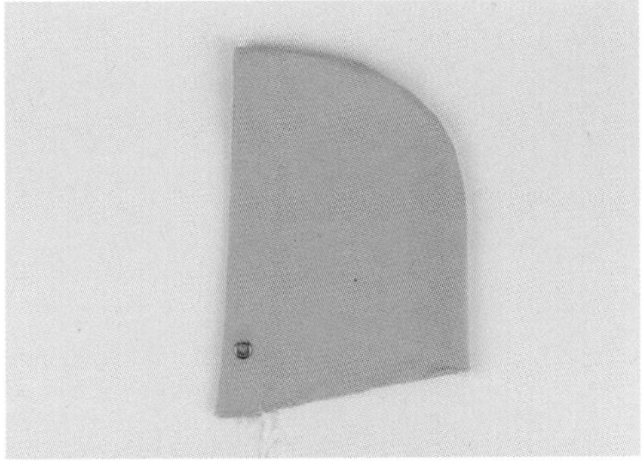

후드의 테두리(얼굴쪽)를 2.5cm접어 다림질한 후 상침해 주세요.

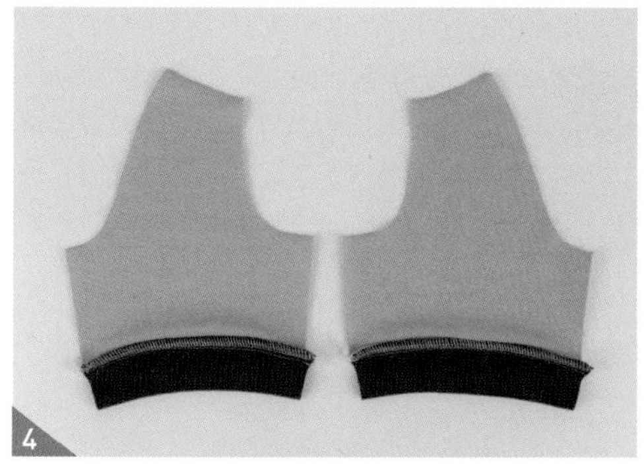

커프스용 골지 원단을 푸서 방향으로 반 접어 다림질해 주세요. 소매의 밑단과 커프스를 재봉한 후 오버록이나 지그재그 박기로 시접을 정리해 주세요.

포켓 원단에 가죽 라벨을 리벳으로 달아주세요.

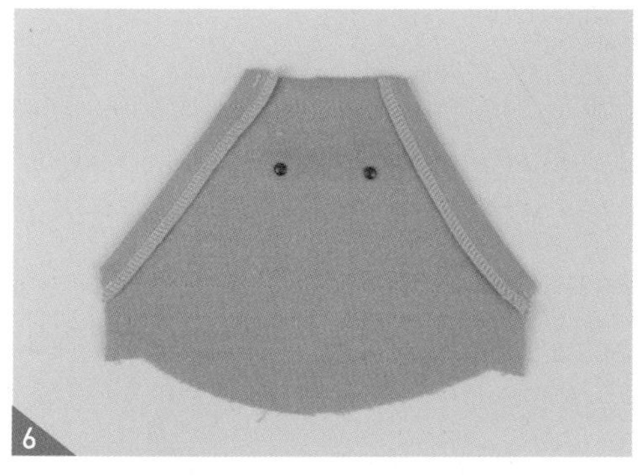

포켓 입구를 오버록이나 지그재그 박기한 후 1cm 접어 0.5cm 상침해 주세요.

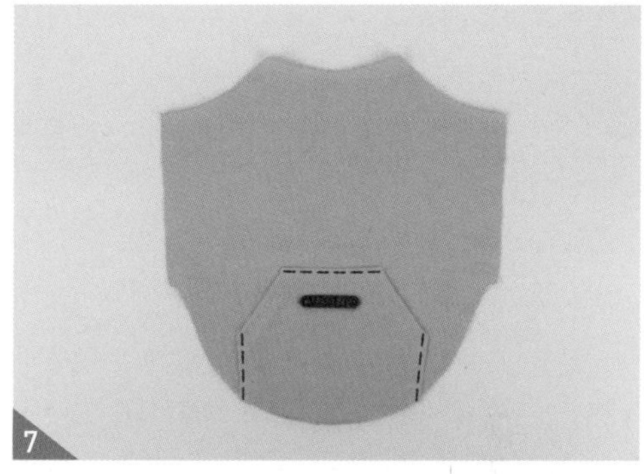

포켓 윗면과 좌우 옆선을 1cm 접어 다림질한 후 등판의 포켓 위치에 시침 핀으로 고정해주세요. 포켓의 입구를 제외한 포켓 테두리를 0.2cm 상침을 넣어 고정시켜주세요.

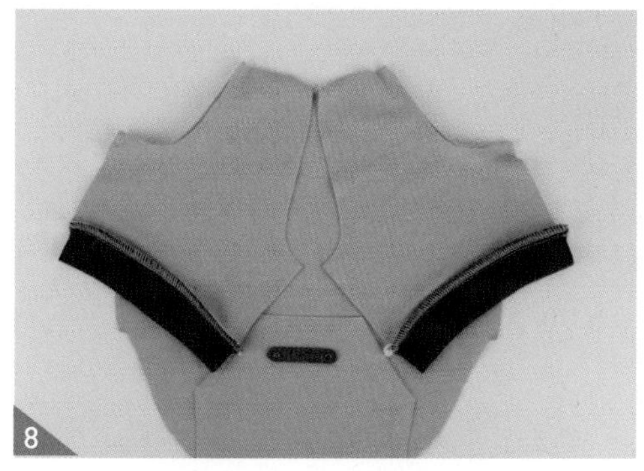

등판 겉과 소매 겉을 마주보게 한 뒤 재봉해 주세요.

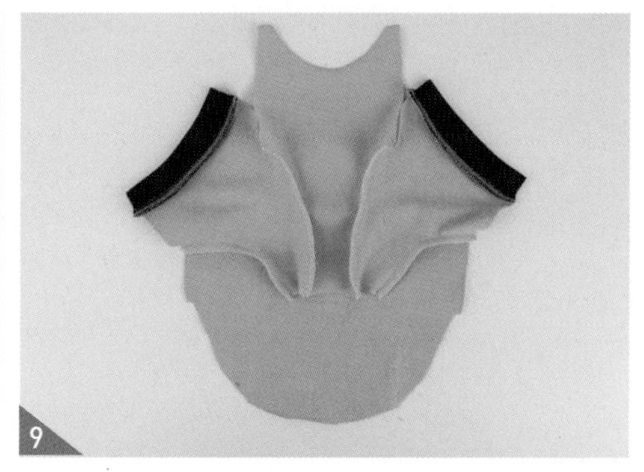

배판 겉과 소매의 겉을 마주 대고 재봉한 후 몸판과 소매가 재봉된 시접 4군데를 오버록이나 지그재그 박기를 해주세요. 시접은 소매쪽으로 넘겨 다려주세요.

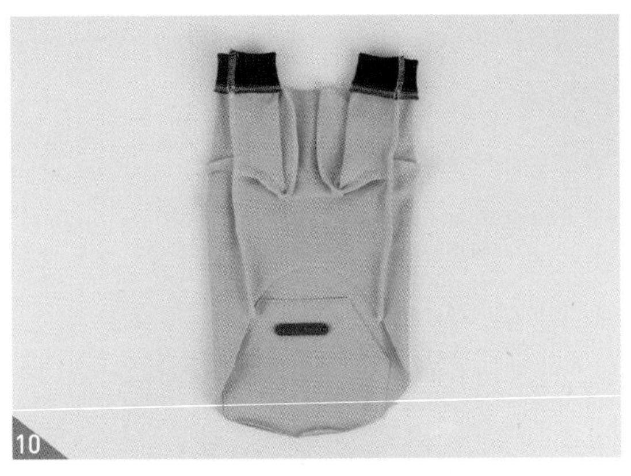

10

몸판 옆선~소매 옆선을 재봉한 후 오버록이나 지그재그 박기로 시접을 정리해 주세요. 이때 겨드랑이 시접은 교차 시켜주고, 소매 밑단은 오버록 실이 3~4cm 길게 남겨지도록 잘라주세요.

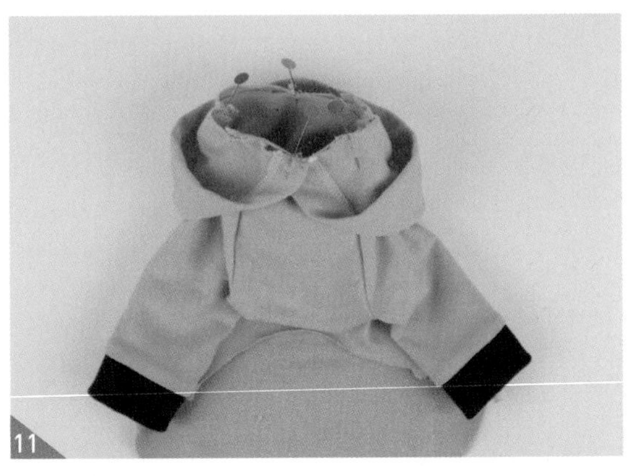

11

몸판에 후드를 시침 핀으로 고정해 주세요. 이때 후드의 중심은 등판 중심과 맞춰 주고, 배판 중심에서는 후드 좌우를 1.5cm 교차 시켜주세요.

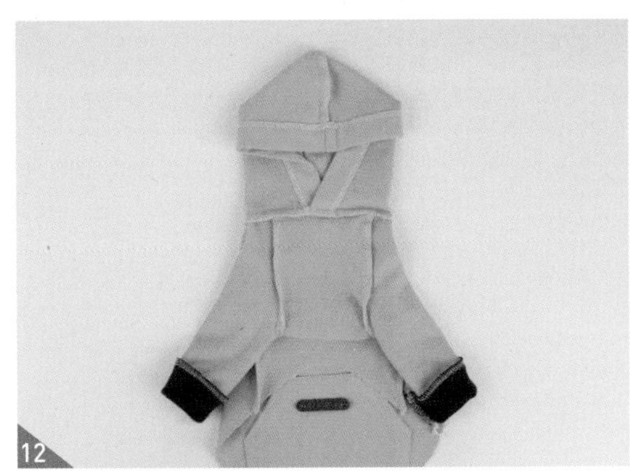

12

후드와 몸판을 재봉한 후 오버록이나 지그재그 박기로 시접을 정리해 주세요.

13

소매 시접을 등판쪽으로 넘겨주고, 길게 남겨둔 오버록 실은 시접 사이에 끼워 1cm 눌러 박아주세요.

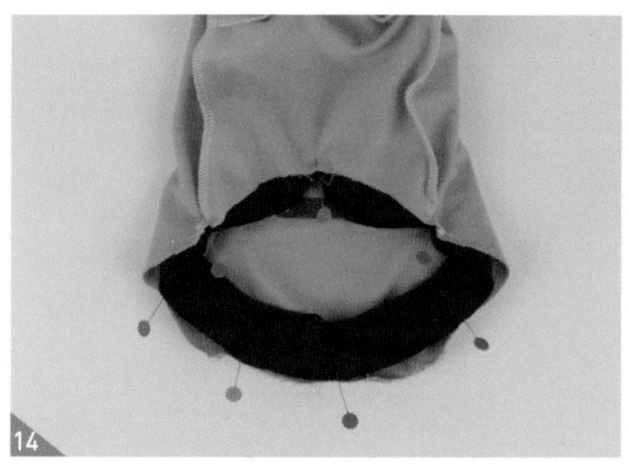

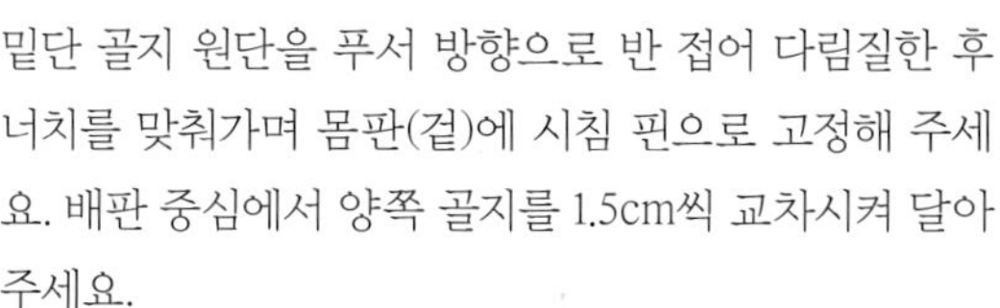

밑단 골지 원단을 푸서 방향으로 반 접어 다림질한 후 너치를 맞춰가며 몸판(겉)에 시침 핀으로 고정해 주세요. 배판 중심에서 양쪽 골지를 1.5cm씩 교차시켜 달아 주세요.

※ 밑단 골지는 몸판의 밑단 둘레 80% 정도로 짧으니 당겨가며 달아주세요.

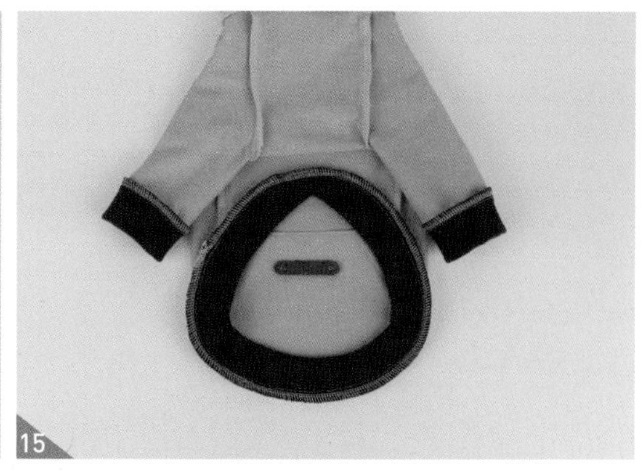

밑단 골지 원단과 몸판을 재봉한 후 오버록이나 지그재그 박기로 시접을 정리해 주세요.

헤링본 테이프를 끼우기 도구를 사용하여 후드의 아일렛으로 스트링을 통과시켜주세요.

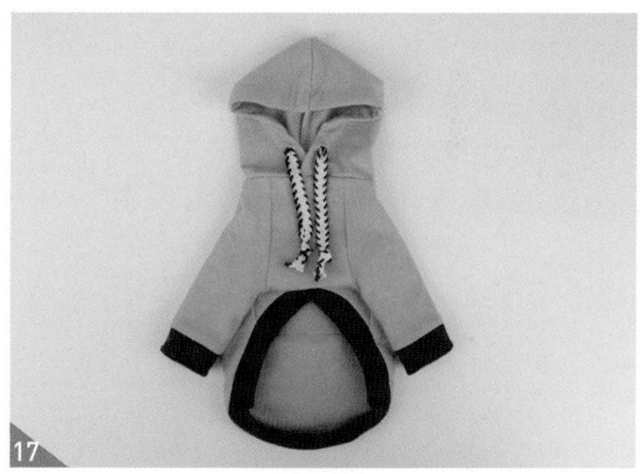

양쪽 끈의 끝을 묶어 주면 완성입니다.

소슬 바람막이

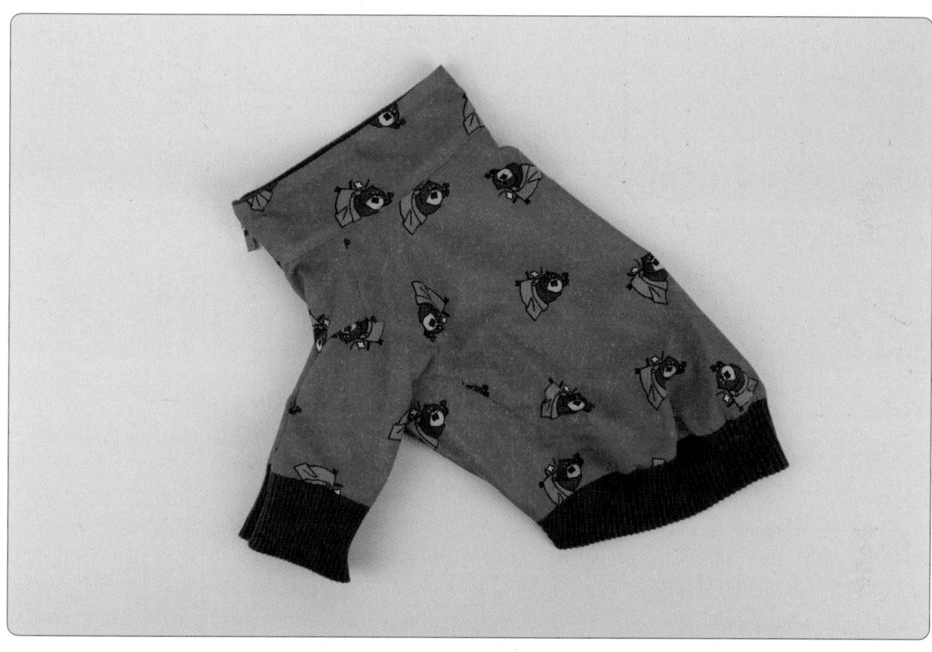

우리 아이와 함께 자연으로 떠난 캠핑에서 쌀쌀한 가을 날씨를 대비해 얇고 가벼우며 생활 방수가 가능한 원단으로 만든 바람막이입니다. 옷에 풀이나 흙먼지가 묻어도 툭툭 털면 되고, 모기나 진드기 등의 해충 방지도 가능하며 기능성 발수 원단을 사용해 바람과 생활 방수도 가능한 멀티웨어입니다.
오픈형 지퍼를 달고 직기와 다이마루 원단을 함께 재봉하기 때문에 재봉 난도는 높은 편입니다.

준비물(L SIZE 기준)

원단

1) 몸판 : 폴리에스테르 프린트 95cm X 40cm
2) 칼라&커프스&밑단 : 2X2 골지 35cm X 30cm

부자재

1) 실크 접착심지 10cm x 30cm
2) 오픈형 지퍼 28.5cm

▶ 소슬 바람막이 재단하기

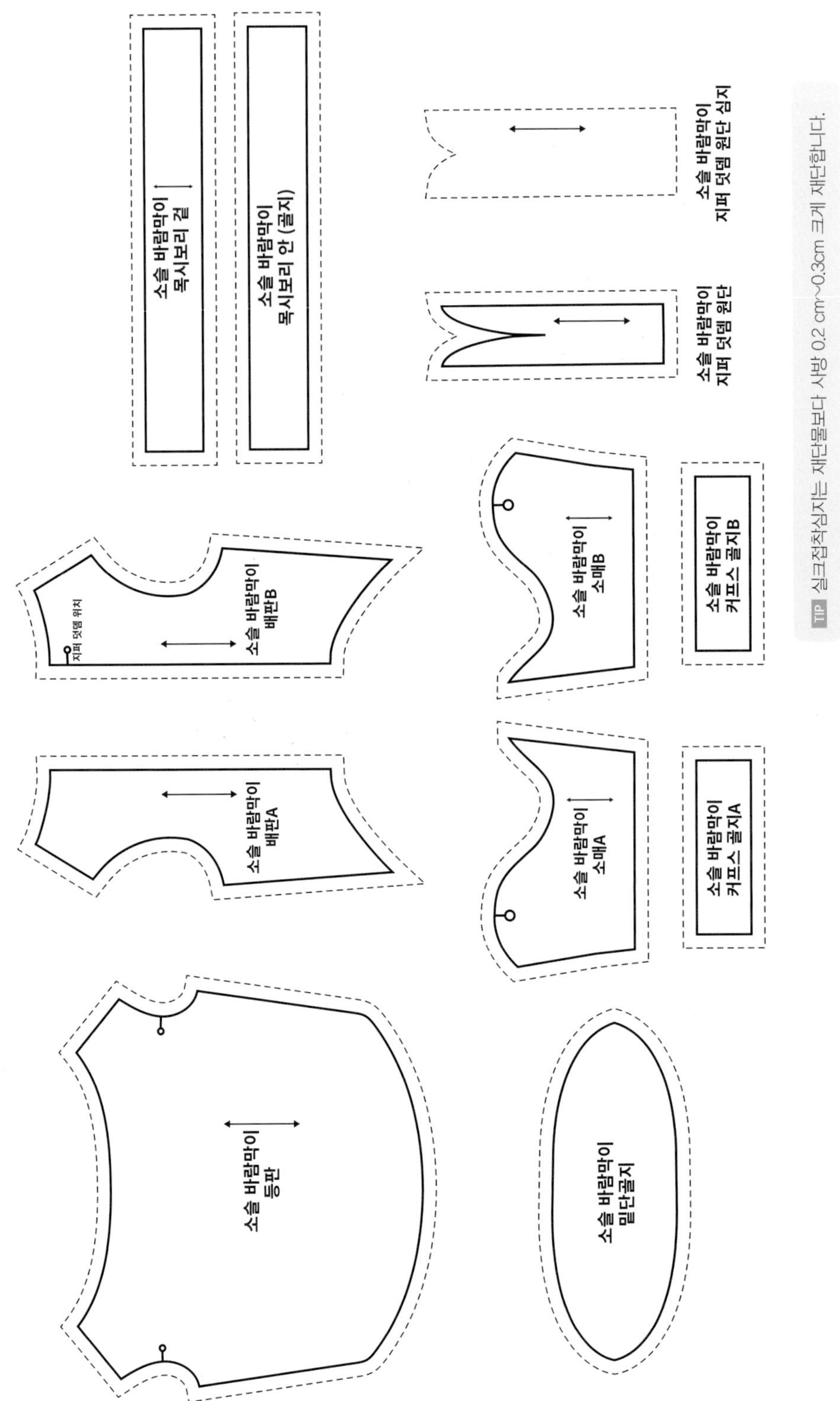

↻ 글자가 마주 보이도록 책을 돌려서 보세요. 실제 사이즈 패턴은 부록으로 제공합니다.

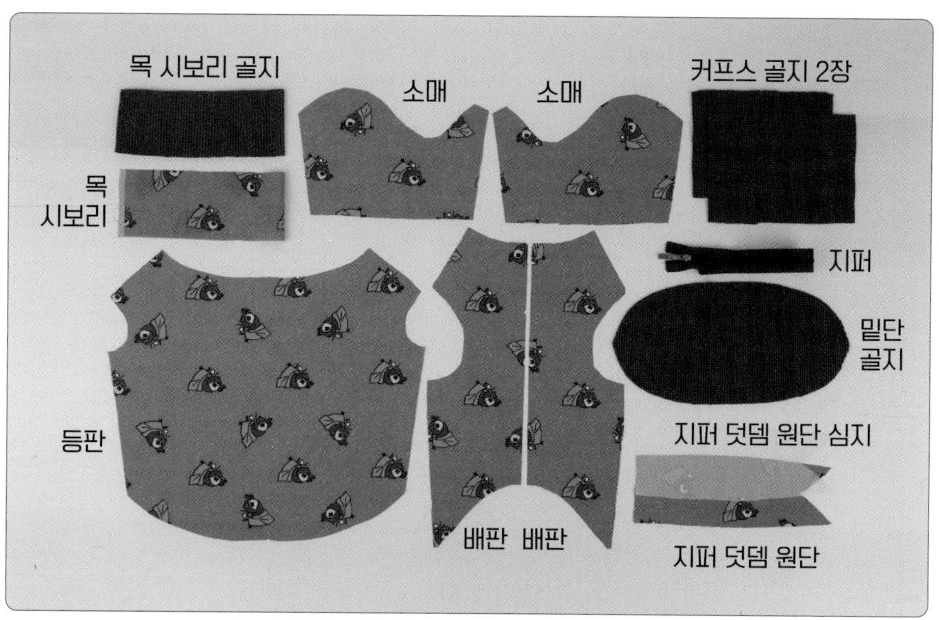

 원단 위에 패턴을 올린 후 시접분을 그려줍니다. 시접선을 따라 재단해 주세요.

재단 TIP

1. 시접 분량은 완성선에서 1cm를 더해 줍니다.
2. 실크 접착심지는 재단 시 0.2cm~0.3cm 크게 재단합니다.
3. 끝이 뭉툭하지 않은 초크 혹은 펜을 사용하시면 더욱 정확하게 그릴 수 있습니다.
4. 재단할 때 중심 표시를 꼭 넣어주세요.
5. 원단의 식서 방향은 꼭 지켜주세요.

재봉 TIP

1. 골지 원단으로 신축성이 뛰어난 원단입니다. 합봉되는 직기 원단은 신축성이 없기 때문에 골지 원단은 직기 원단의 둘레보다 작게 재단되어 있어요. 너치를 맞춰 당겨가며 재봉해 주세요.
2. 중간중간 다리미로 스팀을 준 후 시접을 눌러 다림질하고 다음 단계로 넘어가세요. 골지 원단 다림질 시 밀지 말고 눌러서 다림질해 주세요.
3. 지퍼를 재봉할 때는 지퍼 노루발을 사용합니다.
4. 본 재봉 전에 시침 핀 고정 과정을 많이 넣어줘야 정확한 재봉이 됩니다.

심지 붙이기

지퍼 달기 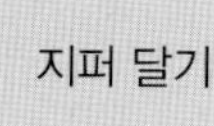

재봉 따라하기

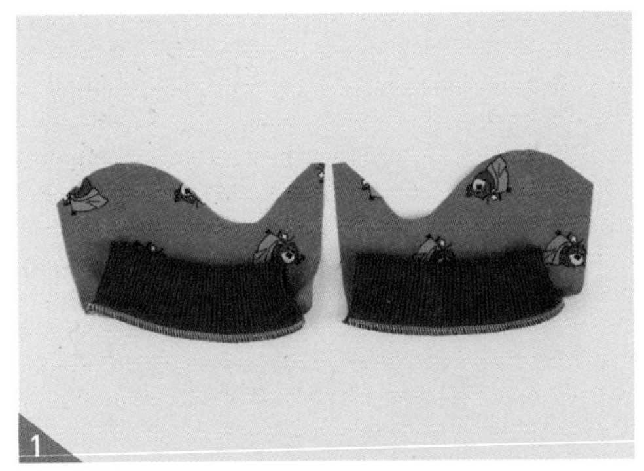

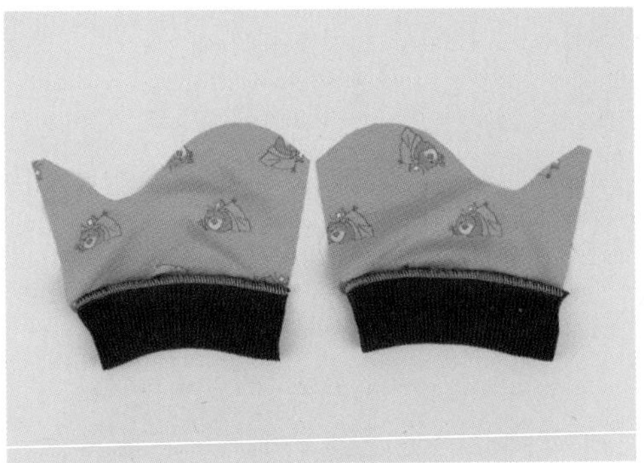

1

커프스용 골지를 푸서 방향으로 반 접어 다림질해 주세요. 소매 겉면과 마주 대고 재봉 후 오버록이나 지그재그 박기로 시접을 정리해 주세요.

2

지퍼 안쪽 덧댐 원단에 심지를 붙여주세요.

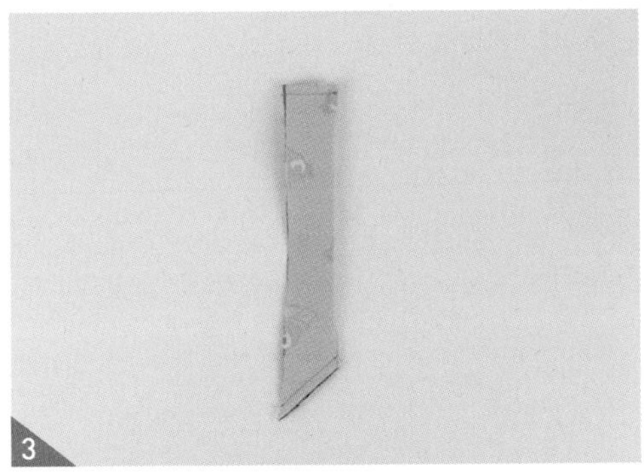

3

덧댐 원단 위, 아래를 재봉해 주세요.

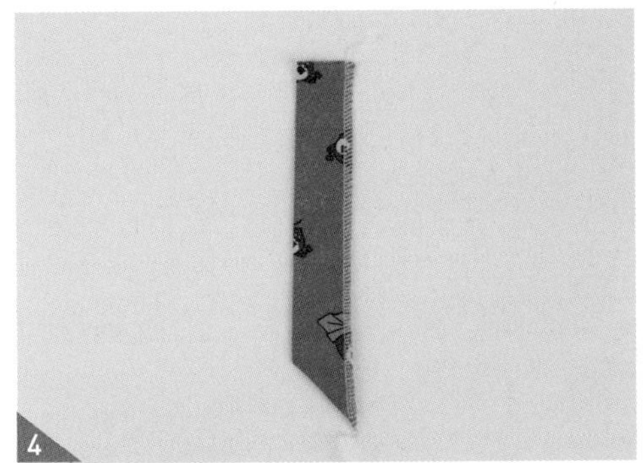

4

뒤집어서 다림질한 후 왼쪽을 오버록이나 지그재그 박기로 시접을 정리해 주세요.

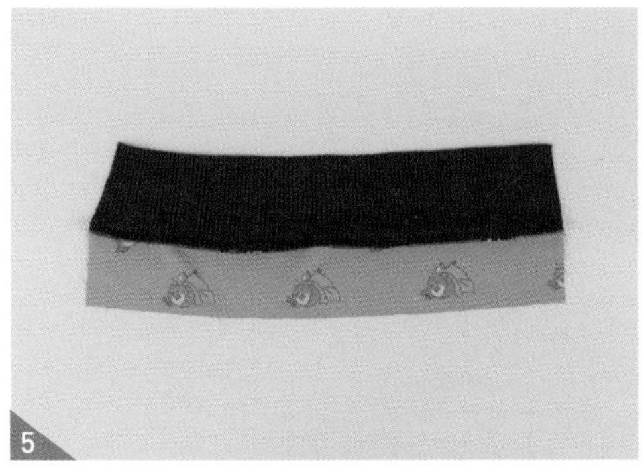
5

칼라의 겉과 칼라 안감(골지)의 겉을 마주 대고 재봉 후 다림질해 주세요.

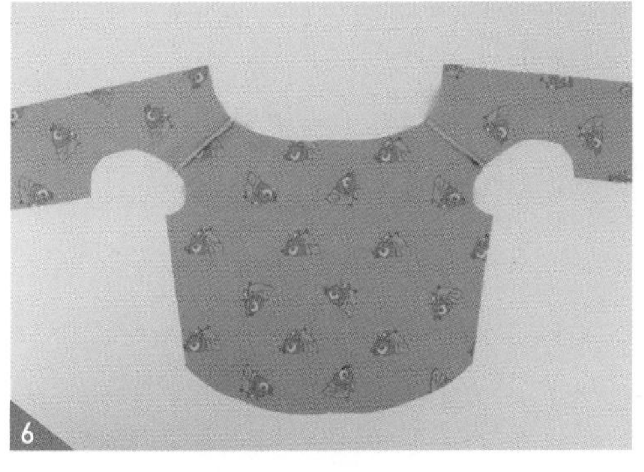
6

왼쪽, 오른쪽 배판과 등판의 어깨선을 재봉한 후 오버록이나 지그재그 박기로 시접을 정리해 주세요. 시접은 등판 쪽으로 넘겨주세요.

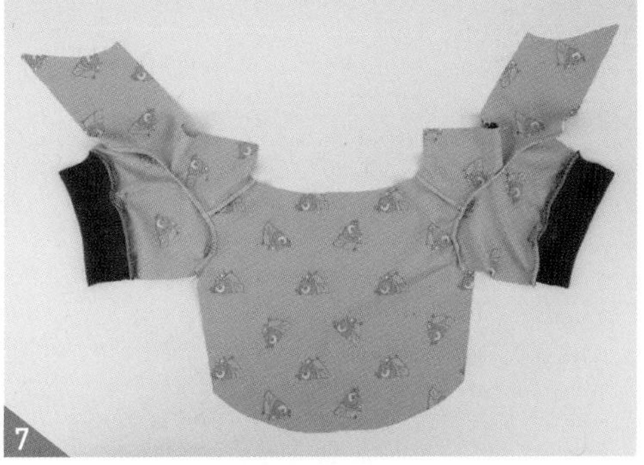
7

소매와 몸판을 재봉하여 연결한 후 오버록이나 지그재그 박기로 시접을 정리해 주세요.

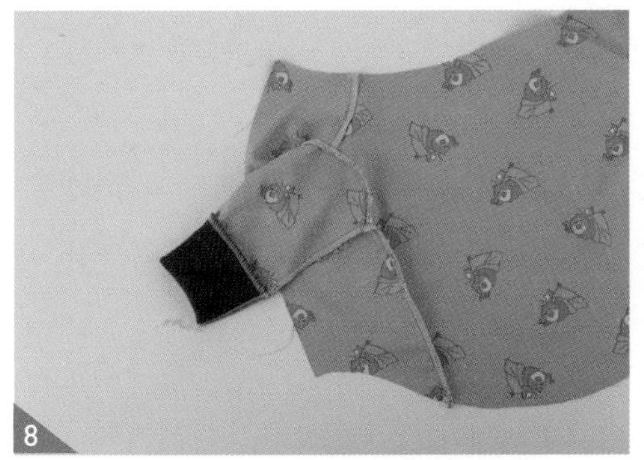
8

몸판의 옆선과 소매 옆선을 재봉한 후 오버록이나 지그재그 박기로 시접을 정리해 주세요. 이때 소매 밑단의 오버록 실은 3~4cm 남겨주세요.

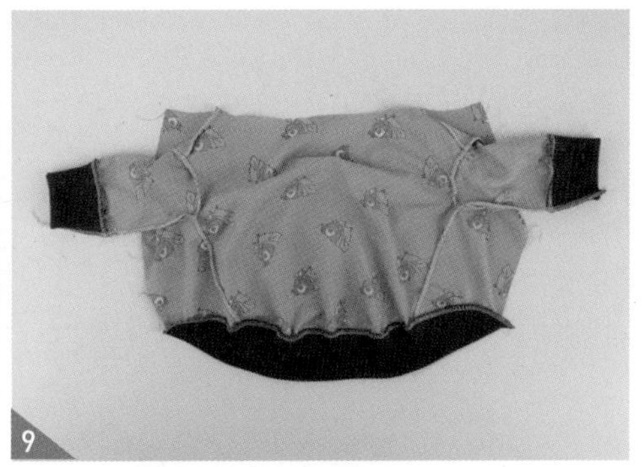
9

밑단용 골지를 푸서 방향으로 반 접어 다림질하고, 몸판의 겉과 마주 대고 재봉한 후 오버록이나 지그재그 박기로 시접을 정리해 주세요.

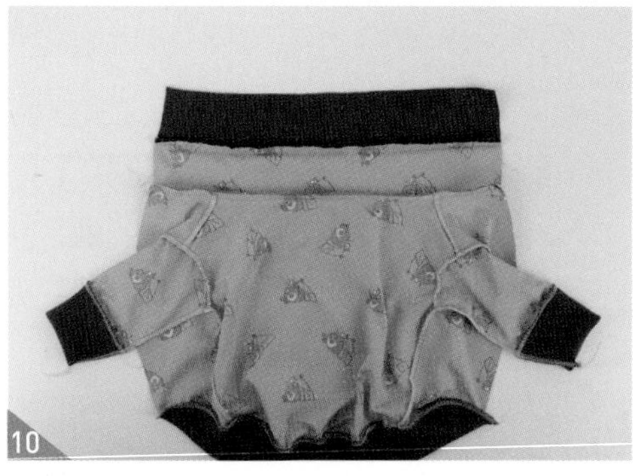

10

몸판 겉과 칼라 겉감의 겉을 마주 대고 목둘레를 시침 핀으로 고정 후 재봉해 주세요.

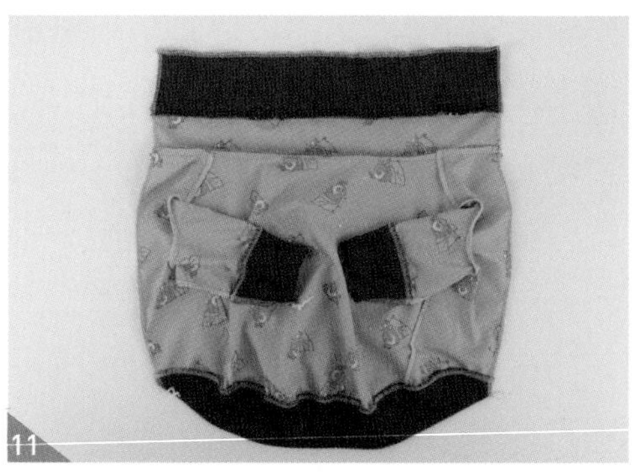

11

양쪽 앞 중심(배판 중심)을 오버록이나 지그재그 박기로 시접을 정리해 주세요. 칼라 안단인 골지의 시접(목둘레 부분)도 오버록을 넣어주세요. 오버록 실은 3~4cm 길게 남겨두고 자릅니다.

12

지퍼 노루발로 바꿔주세요. 먼저 지퍼를 열어 분리한 후 지퍼 손잡이가 달린 쪽을 착용 왼쪽에 놓아두고, 몸판(겉) 위에 지퍼(겉)이 마주보도록 한 후 시침 핀으로 고정하고 재봉합니다. 착용 오른쪽에 지퍼 위치를 확인한 후 동일한 방법으로 반대편 지퍼를 달아줍니다. 상단의 지퍼 끝은 접어서 마무리합니다.

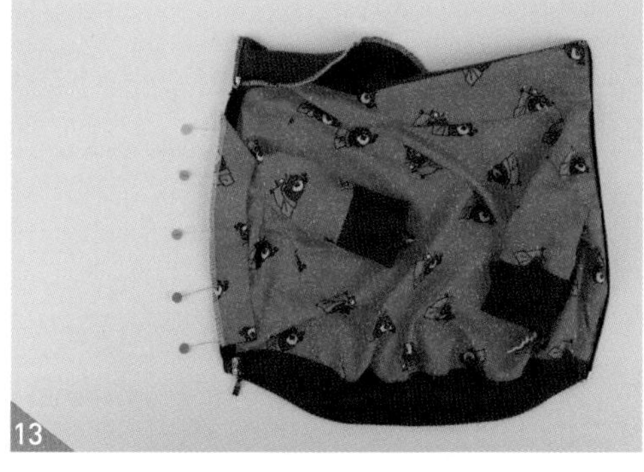

13

착용시 왼쪽에 덧댐 원단을 지퍼 덧댐 위치(너치)부터 배판 밑단의 완성선까지 시침 핀으로 고정하고 재봉해 주세요. 길게 남아있는 오버록 실은 지퍼와 덧댐 원단 사이에 끼워서 박아서 처리해 줍니다.

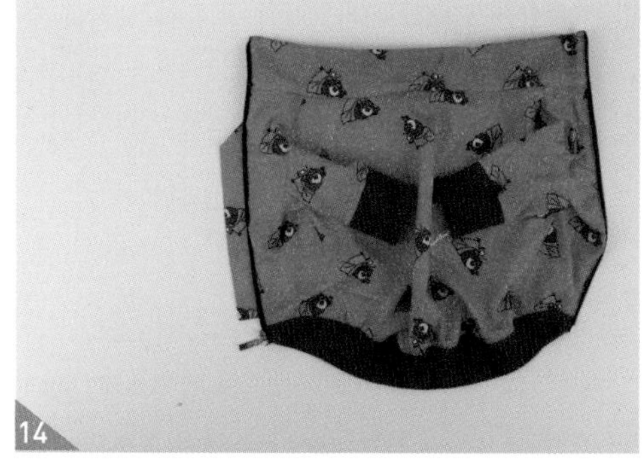

14

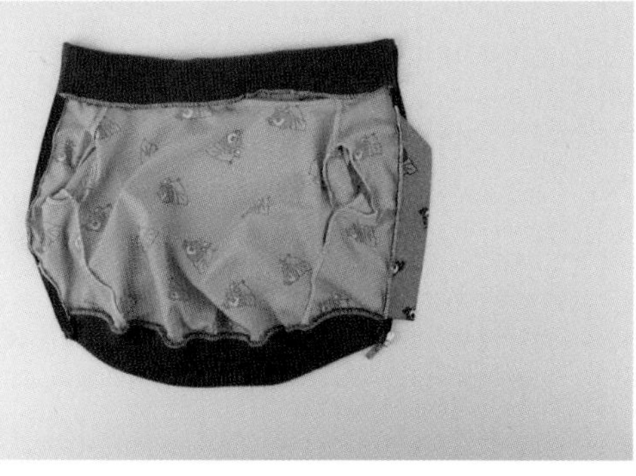

칼라 안단(골지)은 겉이 밖으로 오도록 뒤집어주세요. 덧댐 원단은 사진처럼 바깥쪽으로 넘겨서 다림질해 주세요.

지퍼에서 0.2cm 몸판쪽으로 상침해 주세요.

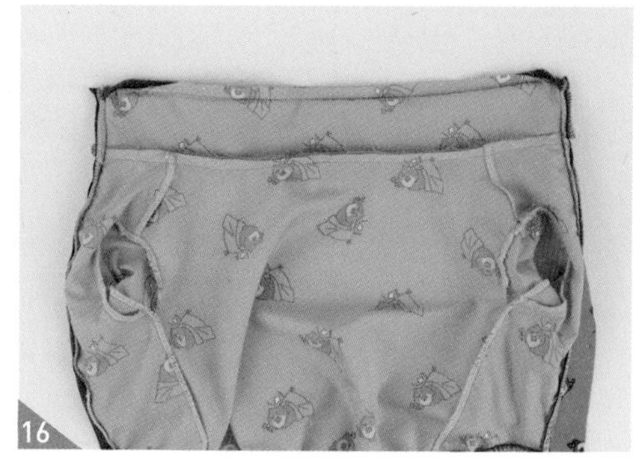

몸판과 칼라가 재봉되어 있는 목둘레 시접을 칼라쪽으로 넘겨 다림질해 주세요.

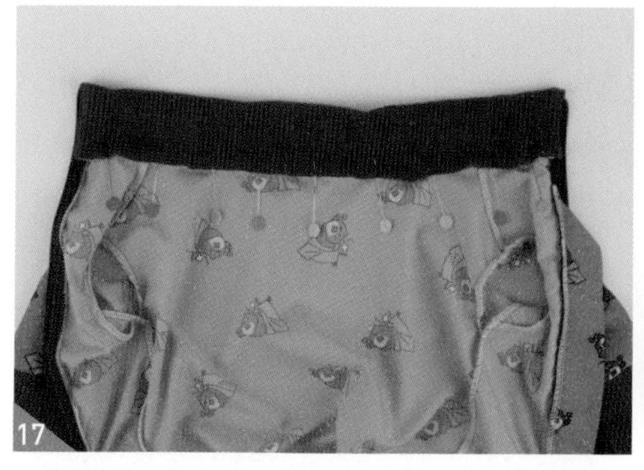

칼라 안단인 골지의 시접은 칼라쪽으로 접어 다림질 후 시침 핀으로 고정해 주세요.

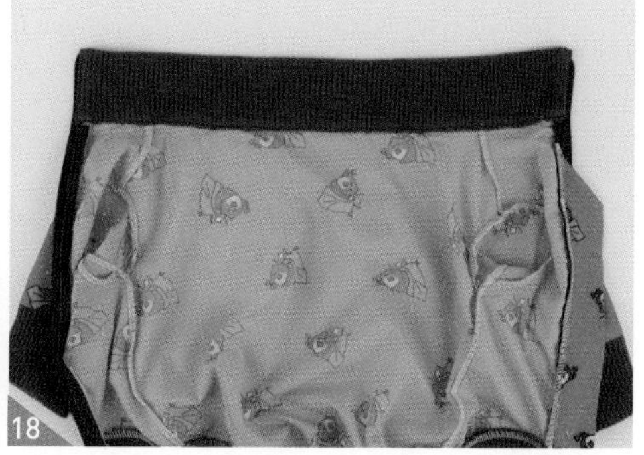

칼라 겉면의 목둘레 재봉선에서 0.2cm 칼라쪽으로 들어가 상침해 주세요.

※ 중간중간 노루발을 들어가며 재봉해 주세요.

소매 옆선 시접을 등판쪽으로 넘기고, 남겨둔 오버록 실을 끼워 1cm 눌러 박아주세요.

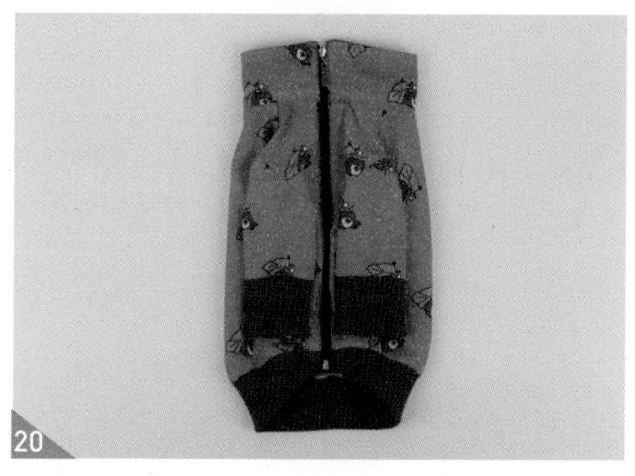

완성입니다.

톡톡톡 우비

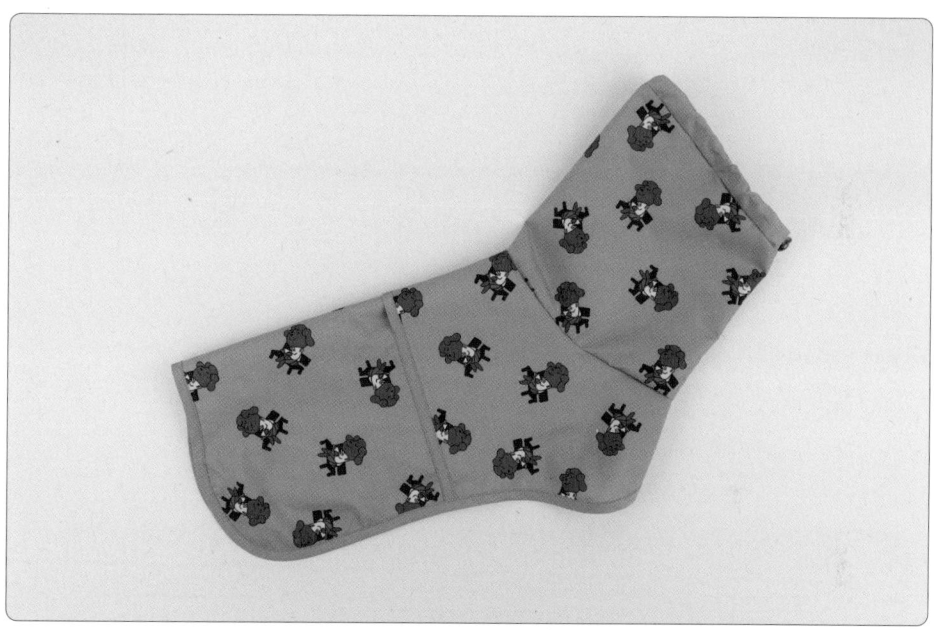

이슬비가 내려도 우리 아이들의 산책권 보장을 위한 입고 벗기 편한 판초 타입 우비입니다. 몸털기만으로 벗겨지는 모자 대신 스누드 스타일을 채용해 눈가림이 없어 편안하게 산책을 즐길 수 있어요.

우비 원단은 일반 원단과 달리 방수 및 발수가 되는 기능성 원단을 사용합니다. 일반적으로 이런 원단은 재봉 수정 시 바늘땀 자국이 남기 때문에 가능하면 재봉 수정이 없도록 해야 하고, 시침 핀보다는 시침 클립을 사용하면 좋습니다.

준비물(L SIZE 기준)

원단

1) 몸판 : 폴리에스테르 방수원단 103cm X 60cm
2) 바이어스 테이프 : 폴리에스테르 방수원단 140 cm X 4 cm

부자재

1) 스트링 고무줄 77cm
2) 스토퍼 1개
3) 아일렛(내경 5mm) 2세트

▶ 톡톡톡 우비 재단하기

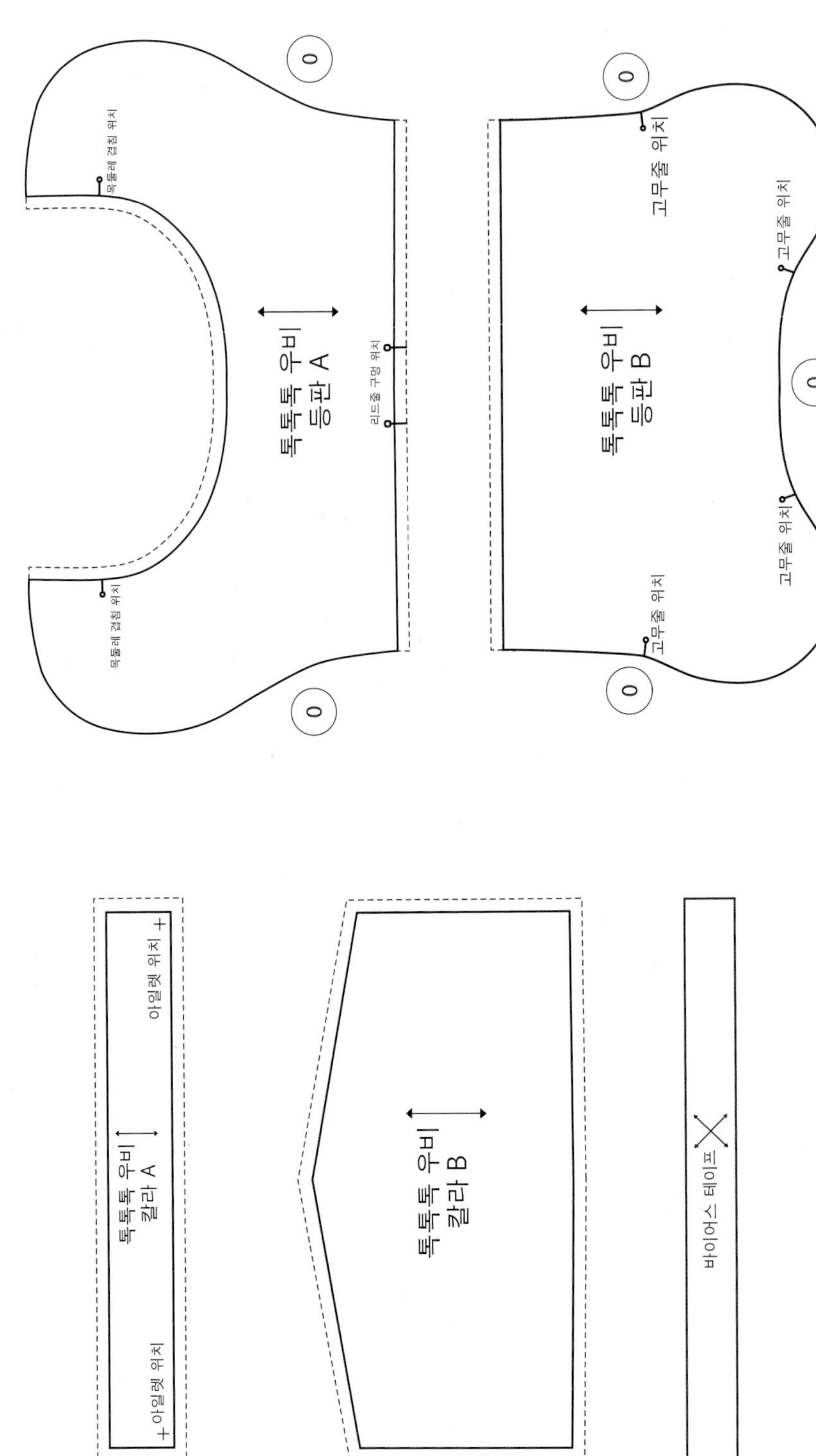

↻ 글자가 마주 보이도록 책을 돌려서 보세요. 실제 사이즈 패턴은 부록으로 제공합니다.

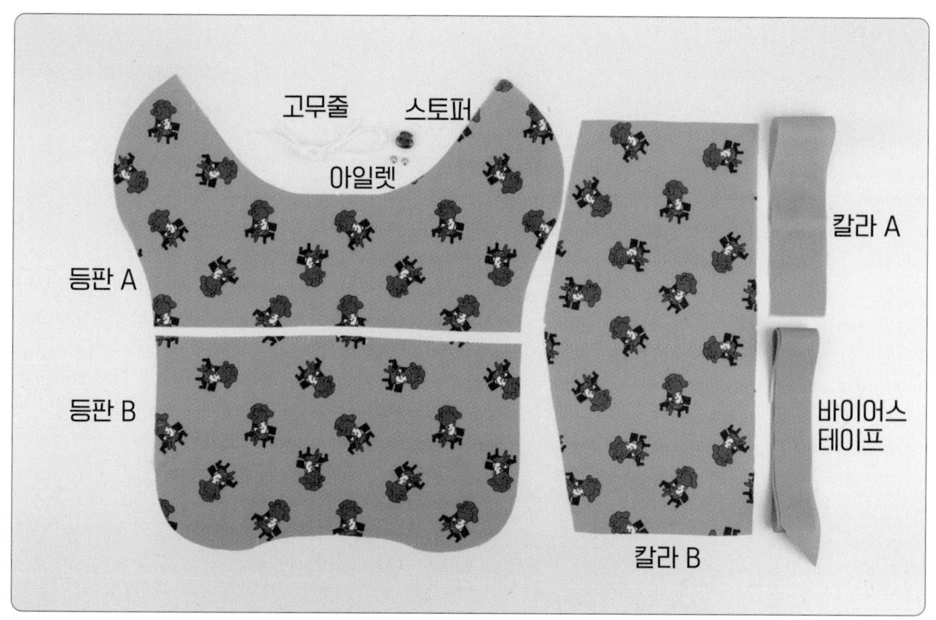

 원단 위에 패턴을 올린 후 시접분을 그려줍니다. 시접선을 따라 재단해 주세요.

재단 TIP

1. 시접 분량은 완성선에서 1cm를 더해 줍니다. 바이어스 랍빠로 처리할 부분은 시접이 없어요
2. 끝이 뭉툭하지 않은 초크 혹은 펜을 사용하시면 더욱 정확하게 그릴 수 있습니다.
3. 재단할 때 중심 표시와 너치를 꼭 넣어주세요.
4. 원단의 식서 방향은 꼭 지켜주세요.

재봉 TIP

1. 방수 원단은 재봉이 잘못되어 실밥을 뜯게 되면 바늘땀 자국이 많이 남습니다. 시침 클립(집개)을 사용해서 본 재봉 전에 임시로 고정하고 재봉 위치와 방향을 확인한 뒤 재봉해 주세요.
2. 바이어스를 재봉하는 순서에서 바이어스 랍빠 도구를 이용하면 쉽고 깔끔하게 마무리할 수 있습니다.

바이어스 테이프 만들기

바이어스 랍빠 치기 

시접 처리하기 

아일렛 달기 

▶ 재봉 따라하기

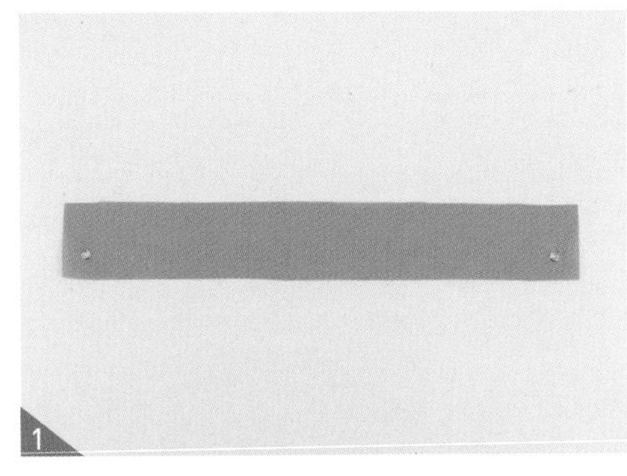

칼라A에 스트링이 통과할 위치에 아일렛을 달아주세요.

반으로 접어 옆선을 재봉해 주세요.

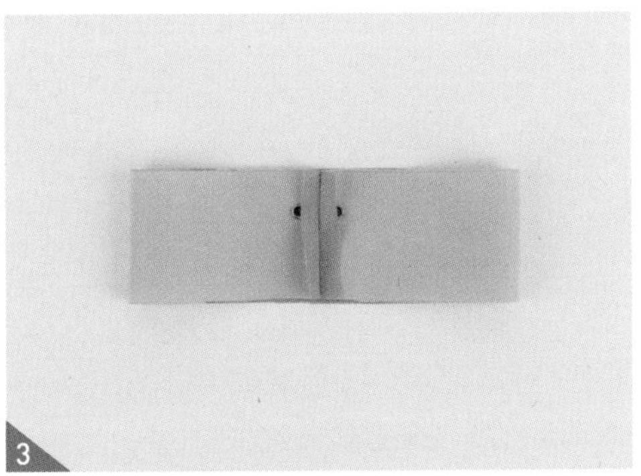

시접은 가름솔로 다림질해 주세요.

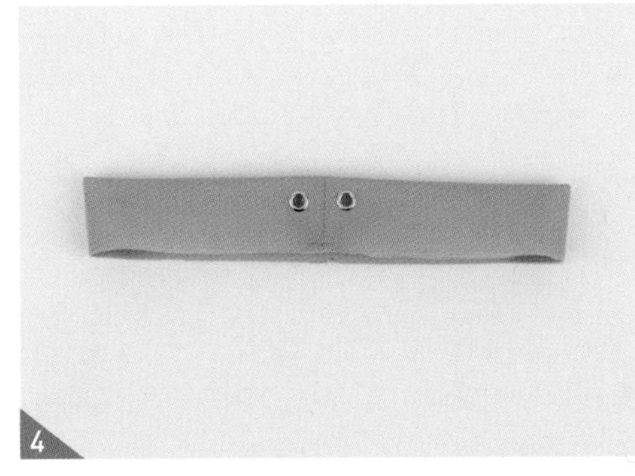

다시 푸서 방향으로 반을 접어 다림질해 주세요.

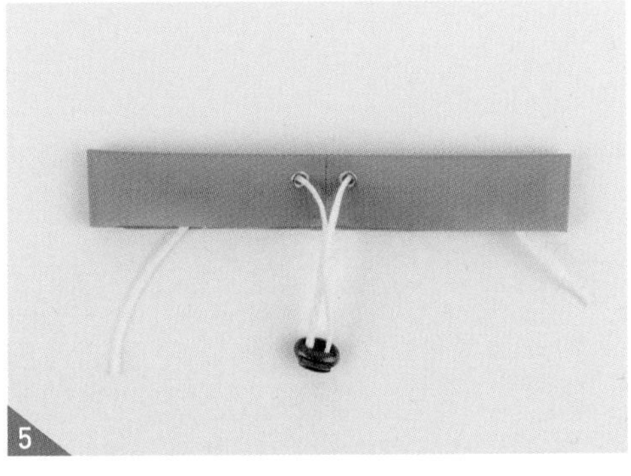

스토퍼에 스트링 고무줄을 통과시킨 후 좌우 아일렛에 통과시켜주세요.

※ 스토퍼에 스트링 고무줄을 통과시킬 때는 버튼을 누른 상태로 통과시킵니다.

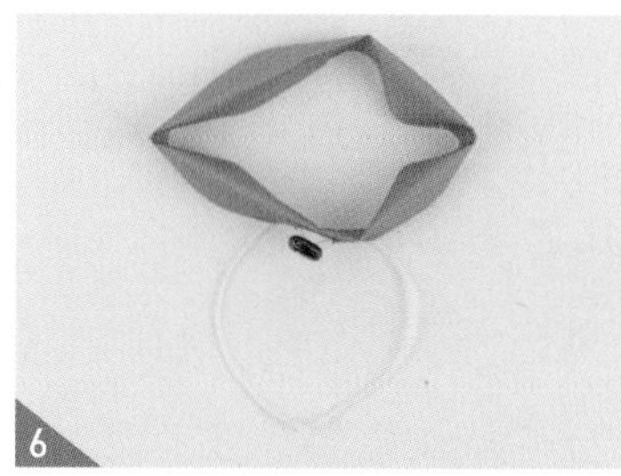

6

스트링 고무줄의 완성 사이즈에 맞춰 끝을 묶어 고정시켜주세요.

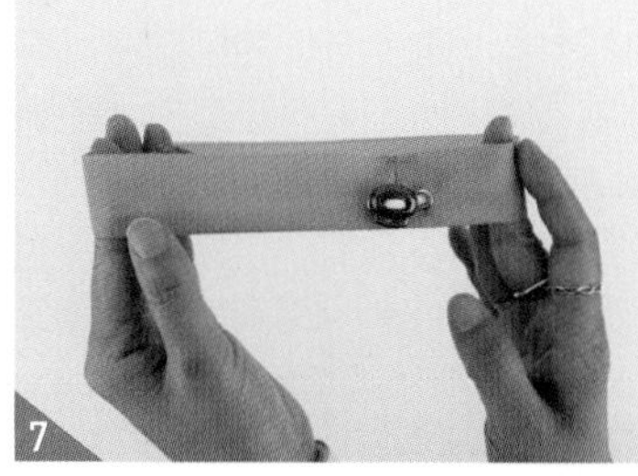

7

묶어 놓은 스트링 고무줄을 칼라A 안으로 넣어주세요.

8

칼라B를 식서 방향으로 반 접어 재봉한 후 오버록이나 지그재그 박기로 시접을 정리해 주세요.

9

칼라B(겉)에 칼라A를 재봉한 후 오버록이나 지그재그 박기로 시접을 정리해 주세요. 스토퍼가 달린 부분이 칼라B의 재봉선과 마주 보도록 해주세요.

10

다림질로 시접을 칼라B 쪽으로 넘겨주세요.

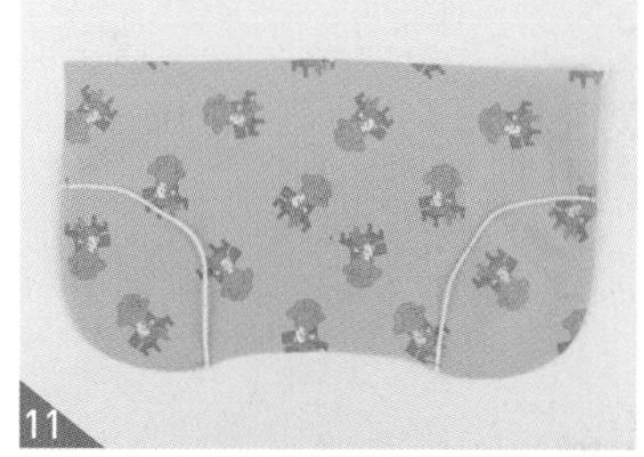

11

등판B에 다리가 통과될 스트링 고무줄의 양 끝을 되돌아박기로 단단히 고정해 주세요.

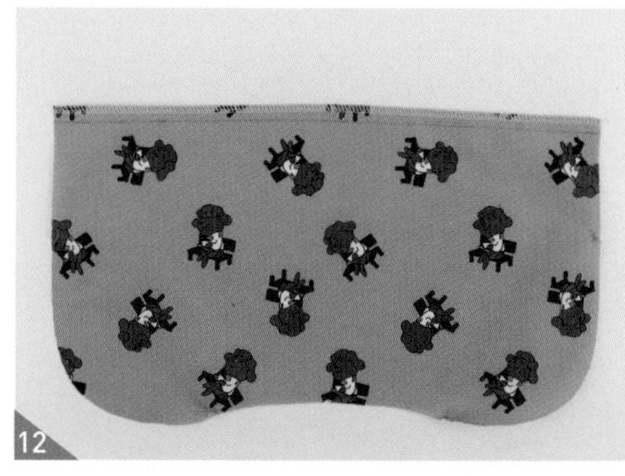

12

등판B의 직선 부분(위쪽)을 오버록이나 지그재그 박기로 시접을 정리하고 완성선(1cm)을 열펜으로 그어주세요.

13

등판A의 밑단을 바이어스 테이프로 바이어스 랍빠를 쳐주세요.

등판A(상단)를 등판B(하단)에 그어진 선에 맞추어 겹쳐주세요. 이때 중심선을 맞춰주세요.

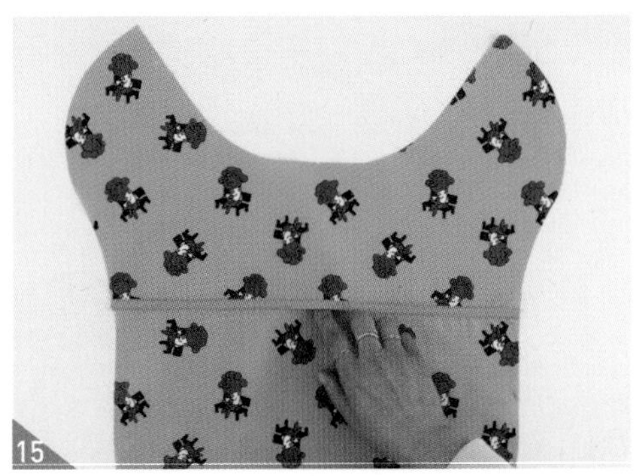

중앙의 7cm를 남기고 좌우로 눌러 박아주세요. 반드시 되돌아박기를 해주세요.

합봉된 등판의 테두리를 목둘레를 제외하고 바이어스 테이프로 바이어스 랍빠를 쳐 주세요.

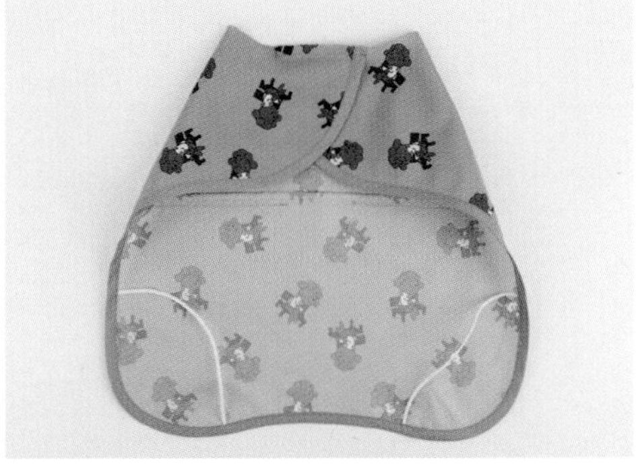

완성된 등판의 목둘레를 중심선(너치)에 맞춰 겹쳐서 시침 클립으로 고정해 주세요. 착용 오른쪽이 위로 올라와 겹쳐집니다.

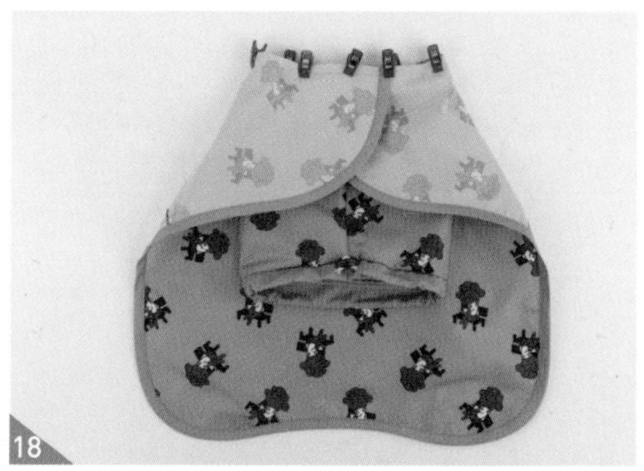

완성된 칼라와 등판을 중심선에 맞추고 겉끼리 마주 대어 목둘레를 임시 고정해 주세요. 몸판의 앞중심과 칼라B의 재봉선 그리고 칼라A의 스토퍼가 일직선상에 있는지 확인해 주세요.

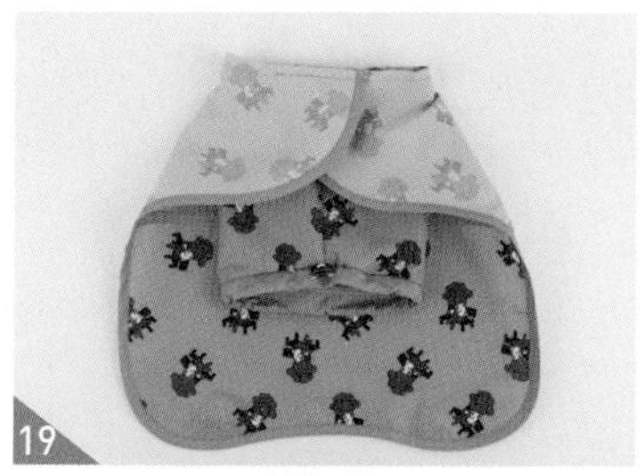

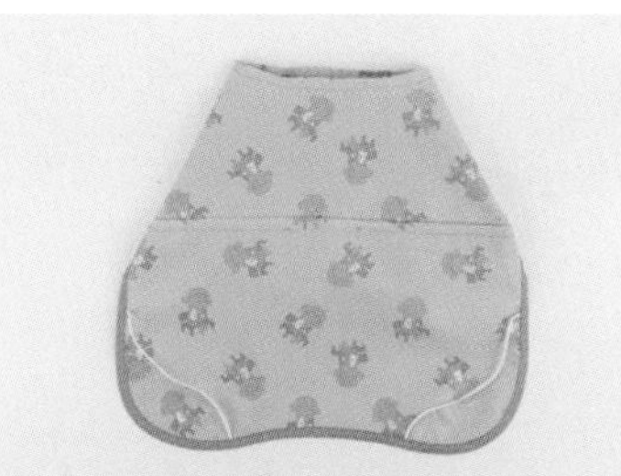

목둘레를 1cm로 재봉해 주세요.

오버록이나 지그재그 박기로 시접을 정리해 주세요.

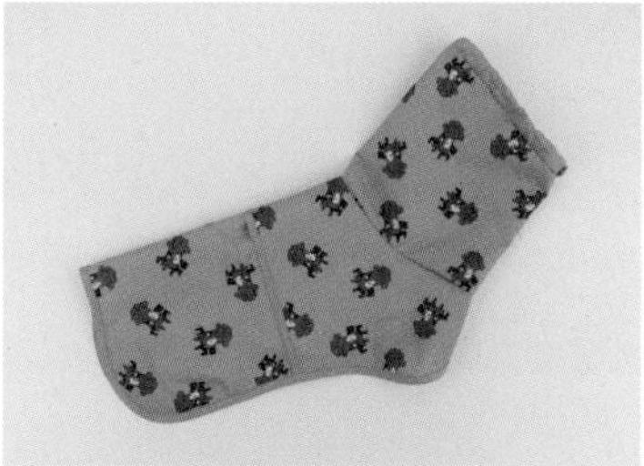

목둘레 시접을 칼라쪽으로 넘겨 다림질해 주면 완성입니다.

도토리 침낭

양털 보아 안감으로 만들어 야외 캠핑에서도 아늑한 공간이 되어주는 포근한 패딩 침낭입니다. 지퍼를 열면 매트가 되고, 닫으면 침낭이 되는 투웨이 아이템이에요. 외출 시 아이들의 이동가방이나 유모차 바닥에 깔아줘도 오랜 시간 아이들이 따뜻함을 느끼며 쉴 수 있어요.

보아 털 때문에 재봉하기 힘들 수 있으며 퀼팅 노루발을 사용하면 쉽게 재봉할 수 있습니다.

준비물(제안 사이즈 기준)

원단

1) 몸판 : 폴리에스테르 프린트 100 cm X 70cm
2) 안감 : 양털 보아 단면 100cm X 70cm
3) 퀼팅 솜 : 3oz 90cm X 65cm(겉감용 + 안감용)

부자재

1) 오픈형 지퍼 88cm(지퍼 이빨 5호 비슬론 추천)
2) 금속 도트단추 13mm 1세트
3) 와펜 1개

도토리 침낭 재단하기

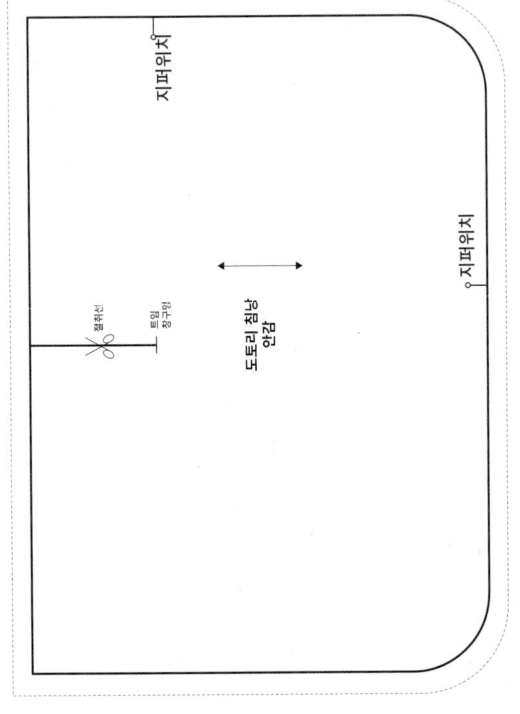

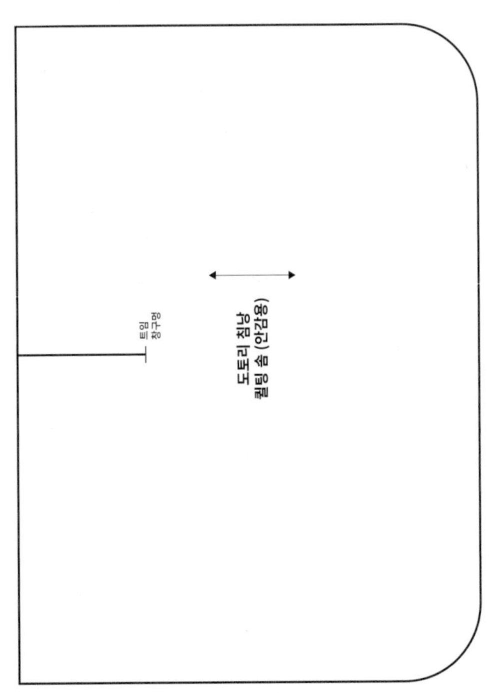

TIP 퀼팅 솜은 시접없이 재단해 주세요.

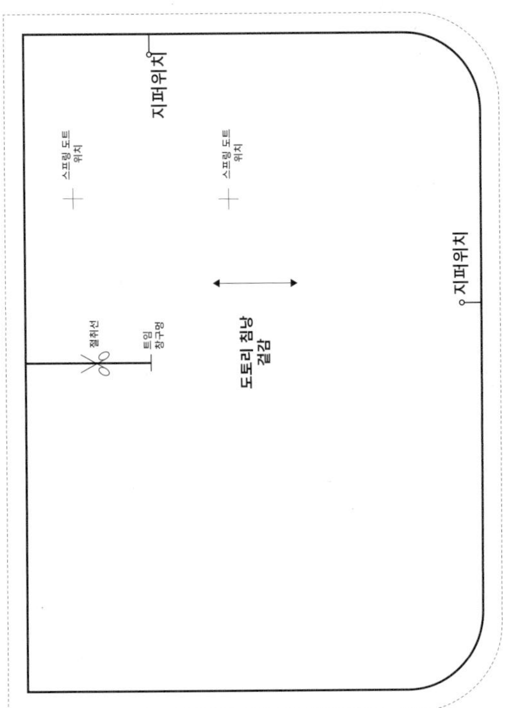

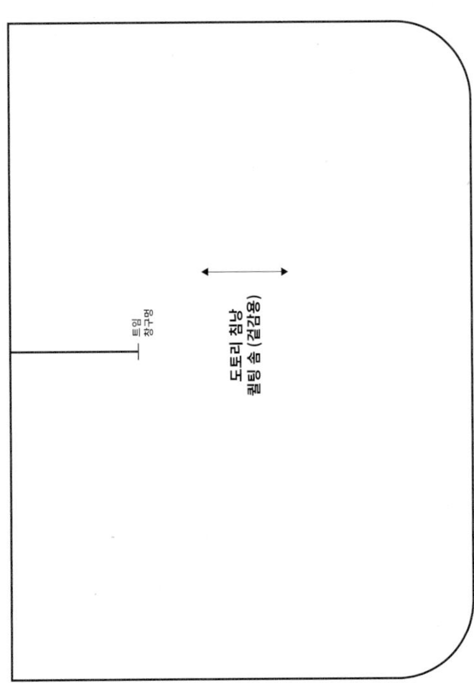

글자가 마주 보이도록 책을 돌려서 보세요. 실제 사이즈 패턴은 부록으로 제공합니다.

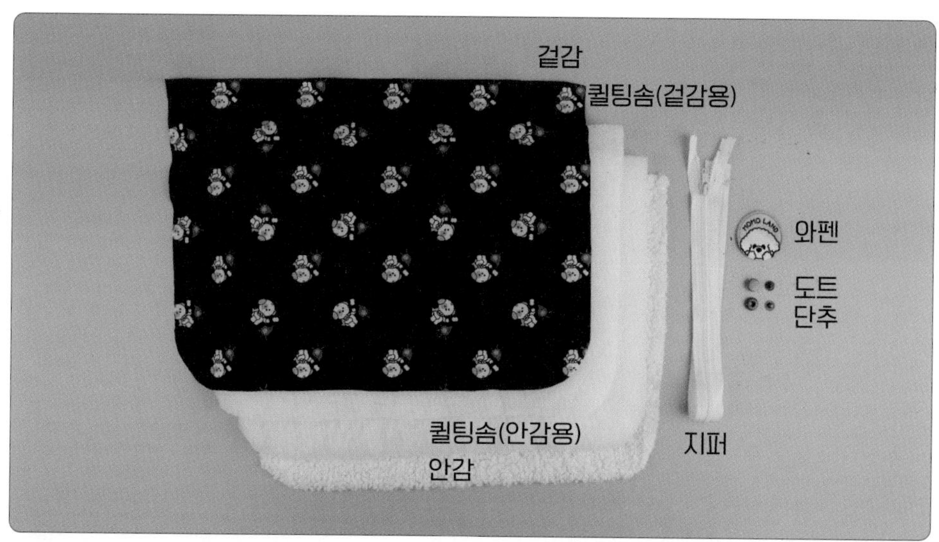

 원단 위에 패턴을 올린 후 시접분을 그려줍니다. 시접선을 따라 재단해 주세요.

재단 TIP

1. 시접 분량은 완성선에서 1cm를 더해 줍니다.
2. 끝이 뭉툭하지 않은 초크 혹은 펜을 사용하시면 더욱 정확하게 그릴 수 있습니다.
3. 재단할 때 중심 표시와 너치를 꼭 넣어주세요. 지퍼도 마찬가지입니다.
4. 원단의 식서 방향은 꼭 지켜주세요.

재봉 TIP

1. 보아 원단은 재봉 시 늘어나서 밀림 현상이 잘 일어납니다. 중간중간 노루발을 들어가며 재봉해 주세요.
2. 겉감은 재봉 수정 시 바늘땀 자국이 남을 수 있어 가능하면 재봉 수정을 하지 않도록 하고, 시침 핀 보다는 시침 클립(집개)을 사용해 주세요.
3. 중간중간 다리미로 스팀을 준 후 시접을 눌러 다림질하고 다음 단계로 넘어갑니다. 다림질 시 밀지 말고 눌러서 다림질해 주세요.
4. 원단이 여러 장 겹쳤거나 표면에 장모가 있으면 재봉 전에 시접을 오버록이나 지그재그 처리하여 눌러주면 훨씬 재봉하기 편합니다.
5. 퀼팅 노루발을 사용하면 일반 노루발보다 훨씬 재봉이 편합니다.
6. 지퍼를 재봉할 때는 지퍼 노루발을 사용합니다.

공그르기

링도트 달기 

▶ 재봉 따라하기

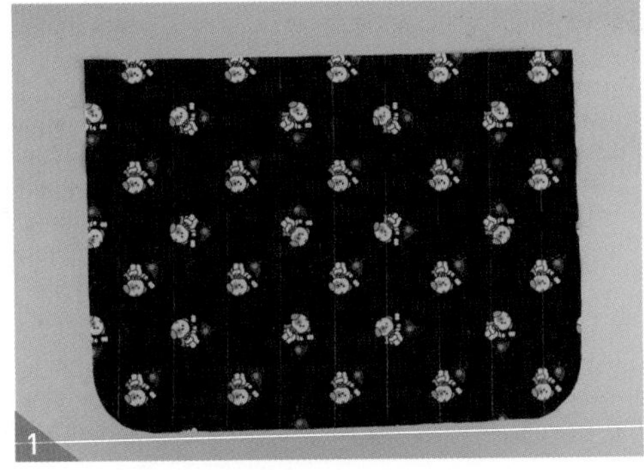

겉감의 겉에 열펜으로 퀼팅선을 그려주세요.

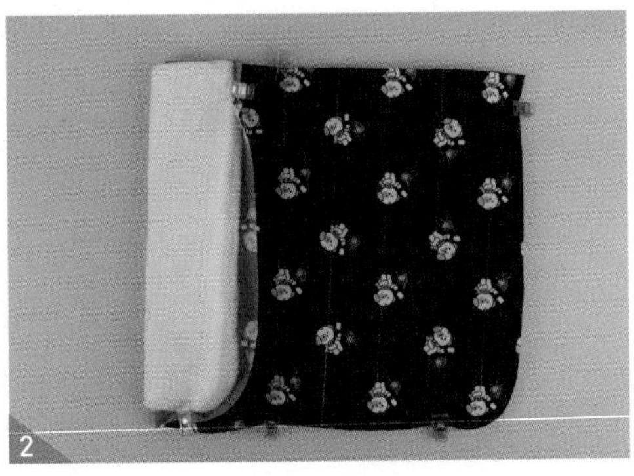

겉감과 퀼팅 솜을 시침 클립(집개)으로 고정해 주세요.

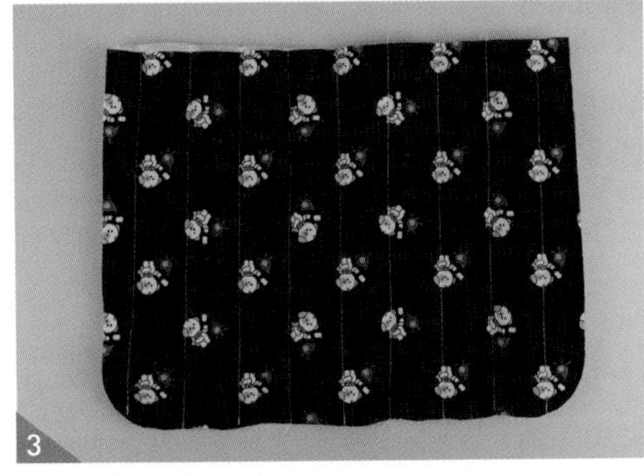

퀼팅 노루발로 교체한 후 선을 따라 퀼팅을 넣어주세요.

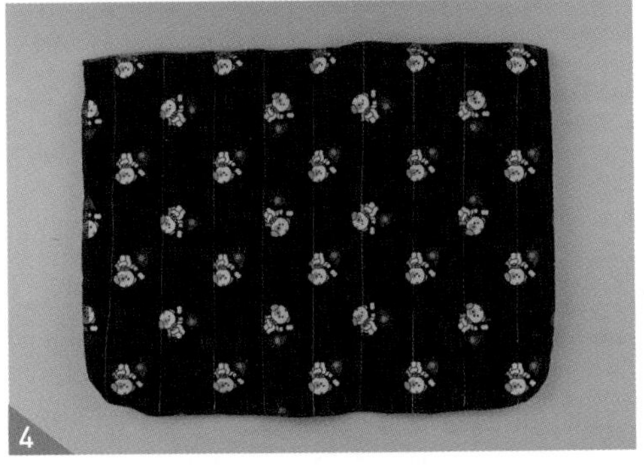

테두리를 오버록이나 지그재그 박기로 시접을 정리해 주세요.

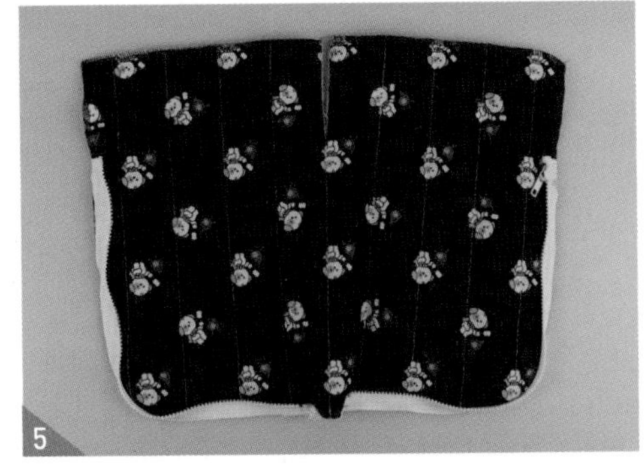

지퍼 노루발로 바꾼 뒤 겉감의 겉에 오픈형 지퍼를 달아주세요. 먼저 지퍼 위치를 확인하고, 겉감의 덮개면(펼쳐서 오른쪽) 겉에 지퍼 손잡이가 달린 쪽의 지퍼 겉을 마주 대고 0.5cm로 지퍼를 재봉해 주세요. 겉감의 바닥면(펼쳐서 왼쪽) 겉에 나머지 한쪽 지퍼의 겉을 마주 대고 0.5cm로 고정해 주세요.[5)]

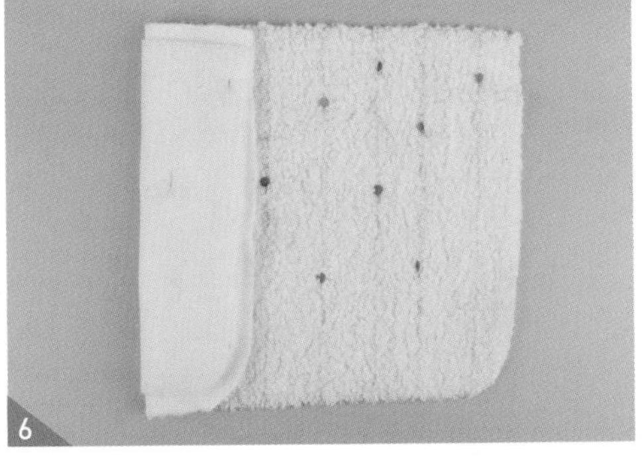

안감과 퀼팅 솜을 시침 핀으로 고정한 후 겉감과 동일한 방법으로 퀼팅선을 넣어주세요.

※ 5) 먼저 지퍼를 닫은 상태에서 재봉 위치를 양쪽 모두 표시해 주세요. 그리고 지퍼를 완전히 열어 좌우를 나눈 후 각각 겉감의 표시에 맞추어 지퍼를 달아주세요. 재봉 시 지퍼 머리는 노루발에 방해가 되지 않도록 이동시켜 가며 재봉해 주세요. 좌, 우 지퍼의 위치가 달라지면 침낭을 닫았을 때 모양이 틀어집니다.

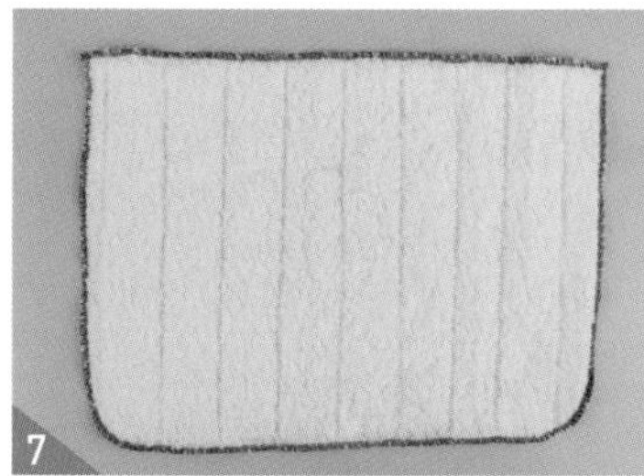

테두리를 오버록이나 지그재그 박기로 시접을 정리해 주세요.

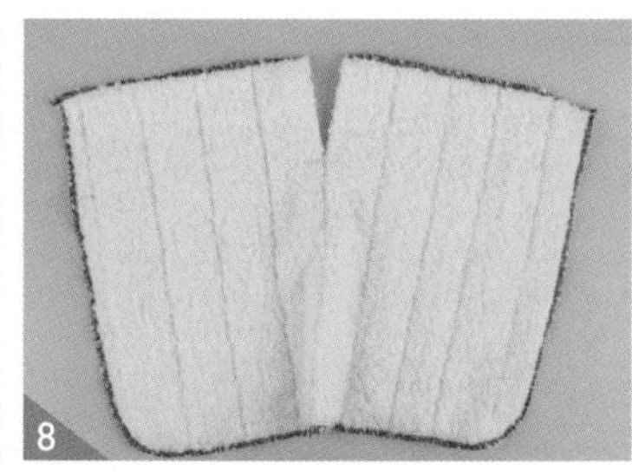

상단 중앙에 트임 분을 패턴에 표시되어 있는 길이만큼 가위로 잘라주세요.

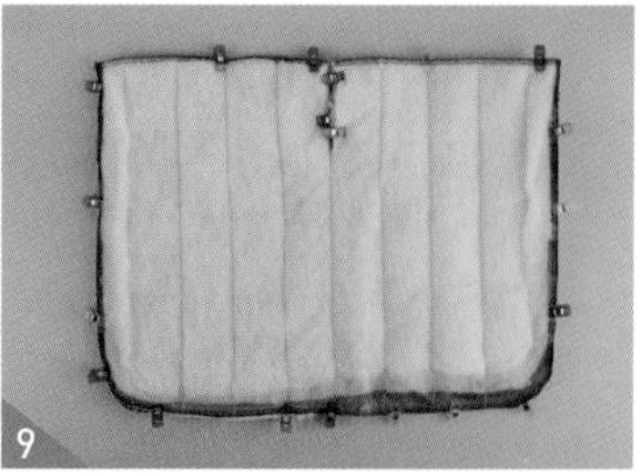

안감과 겉감을 겉끼리 마주 대고 시침 클립으로 고정해 주세요.

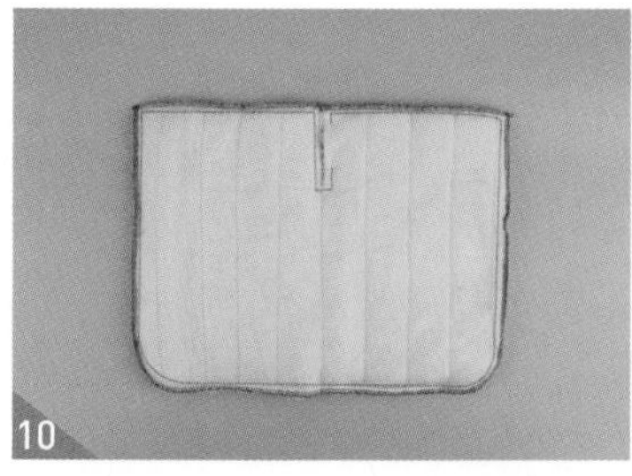

창구멍을 제외하고 테두리를 1cm 재봉해 주세요. 지퍼 이빨을 함께 재봉하지 않도록 주의하세요.

창구멍으로 뒤집어준 후 공그르기로 창구멍을 막아주세요. 테두리 전체에 0.2~0.3cm 상침해 주세요.[11]

덮개 상단에 도트단추를 달아주세요.

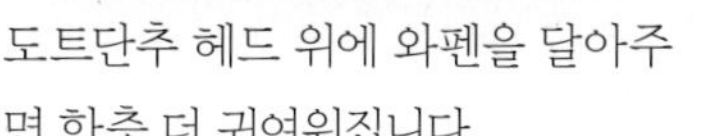

도트단추 헤드 위에 와펜을 달아주면 한층 더 귀여워집니다.

완성입니다.

※ 11) 지퍼가 달린 부분은 안감(보아)을 지퍼가 달린 반대 방향으로 쓸어가면서 상침해야 지퍼를 열고 닫을 때 양털 보아가 걸리지 않습니다.

카우보이 체크 셔츠

낙엽이 떨어지는 가을의 낭만과 어울리는 데님&체크무늬 원단으로 한껏 세련된 분위기를 연출한 아이템입니다. 유행을 타지 않는 디자인으로 어떠한 아우터와 매치해도 완벽한 빈티지룩을 완성할 수 있어요.
체크 원단의 경우 여밈의 앞면은 좌우 체크 패턴의 가로선 정도는 맞춰 주는 게 좋습니다. 칼라 만들기, 커프스 달기, 요크 만들기 등 재봉 난도가 높은 편입니다.

준비물(L SIZE 기준)

원단

1) 몸판 : 면 체크 85cm X 40cm
2) 칼라&커프스&요크 : 데님 60 cm X 30 cm

부자재

1) 실크접착심지 55cm X 30cm
2) 단추(1cm) 4개

카우보이 체크 셔츠 재단하기

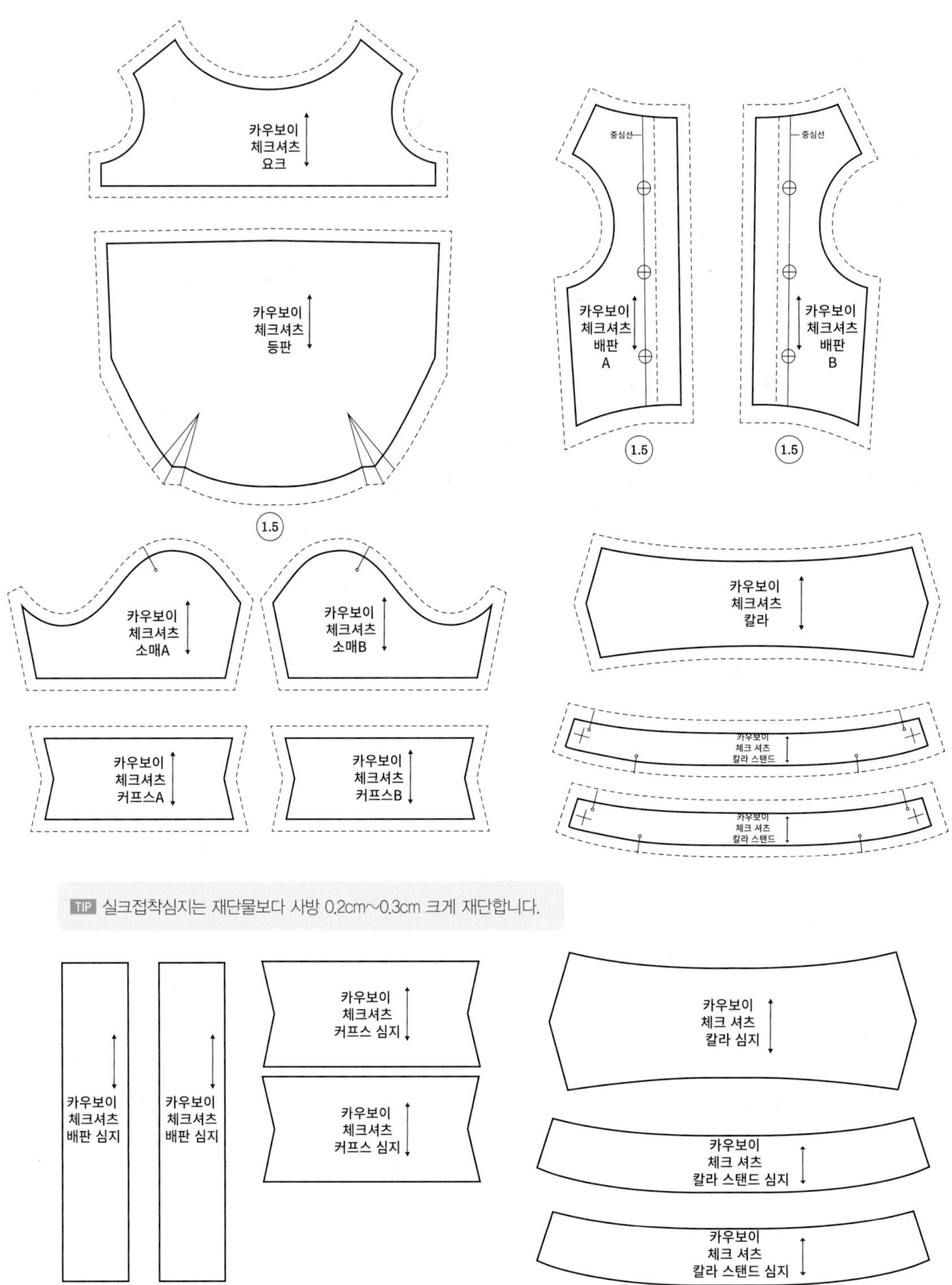

위는 기본 패턴이며 실제 사이즈 패턴은 부록으로 제공합니다.

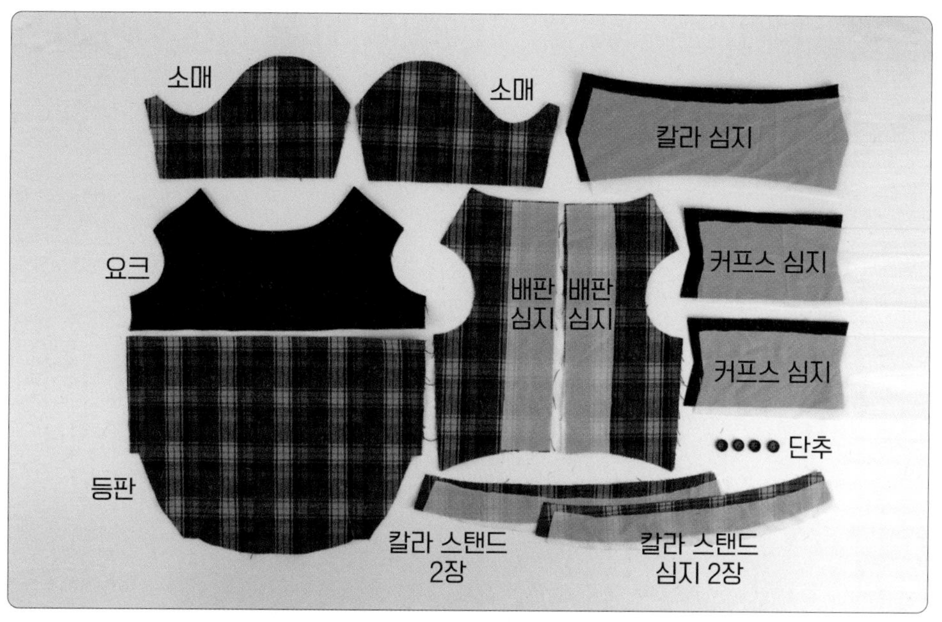

 원단 위에 패턴을 올린 후 시접분을 그려줍니다. 시접선을 따라 재단해 주세요.

재단 TIP

1. 시접 분량은 완성선에서 1cm를 더해 줍니다. 등판, 배판 밑단은 1.5cm를 더해 줍니다.
2. 실크접착심지는 재단 시 0.2cm~0.3cm 크게 재단합니다.
3. 끝이 뭉툭하지 않은 초크 혹은 펜을 사용하시면 더욱 정확하게 그릴 수 있습니다.
4. 재단할 때 중심 표시와 너치를 꼭 넣어주세요.
5. 원단의 식서 방향은 꼭 지켜주세요.

재봉 TIP

1. 중간중간 다리미로 스팀을 준 후 시접을 눌러 다림질하고 다음 단계로 넘어가면 완성도가 높습니다.

심지 붙이기 

다트 박기 

단춧구멍 만들기 

▶ 재봉 따라하기

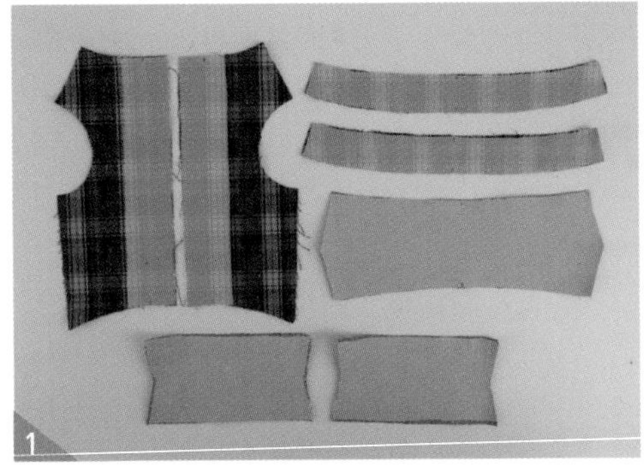

칼라&칼라 스탠드&커프스의 앞 중심에 각각 실크접착심지를 붙여주세요.

※ 실크접착심지 다림질 시 밀지 말고 눌러가며 다려주세요.

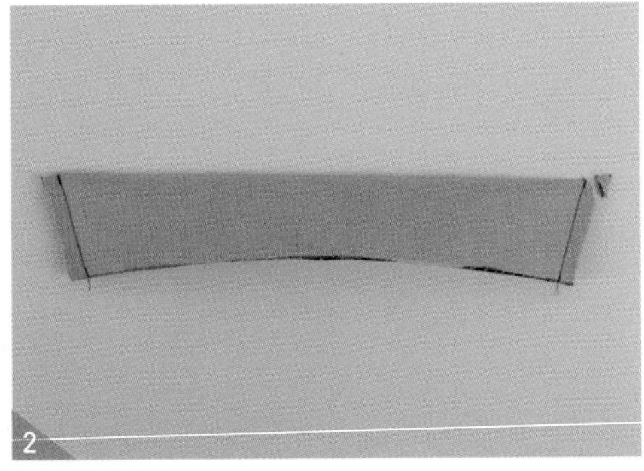

칼라의 겉쪽이 마주 보도록 반으로 접어 재봉한 후 모서리를 잘라주세요.

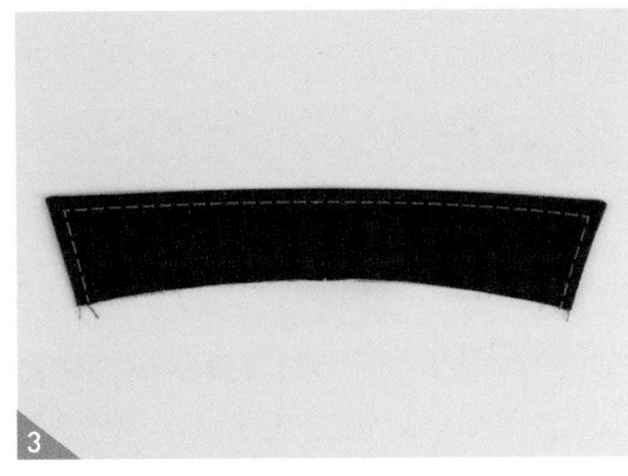

칼라를 뒤집어서 다림질한 후 재봉한 3면에 0.5cm 상침해 주세요.

칼라 스탠드의 겉감에서 몸판과 재봉할 부분(한 장만)을 0.8cm 시접을 접어 다림질해 주세요.

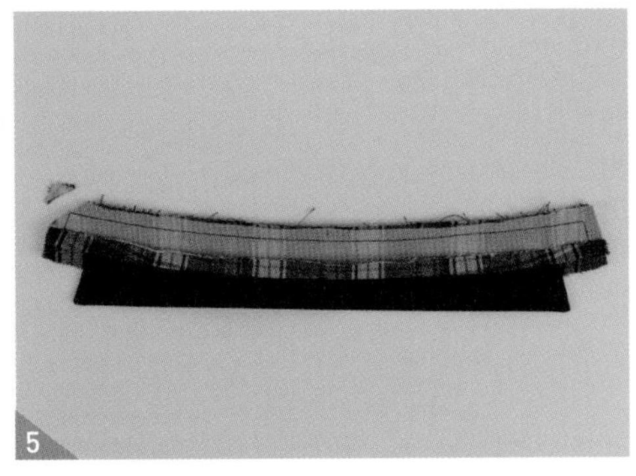

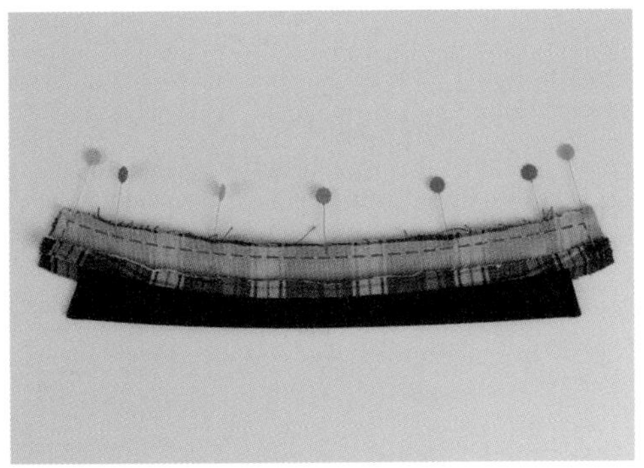

칼라 스탠드 두 장을 겉끼리 마주 대고 맞춘 후 그 사이에 칼라를 끼워 시침 고정해 함께 재봉해 주세요. 모서리 시접을 잘라주세요. 이때 미리 접어 놓은 겉 칼라 스탠드 분의 시접은 접은 채로 재봉해 주세요.

칼라 스탠드를 뒤집어 다림질해 주세요.

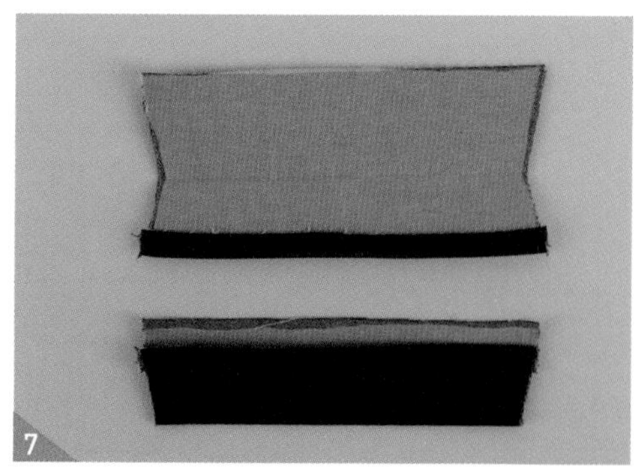

커프스를 안쪽으로 반 접은 후 소매 겉면과 재봉할 부분의 커프스 시접을 0.8cm 접어 다림질해 주세요.

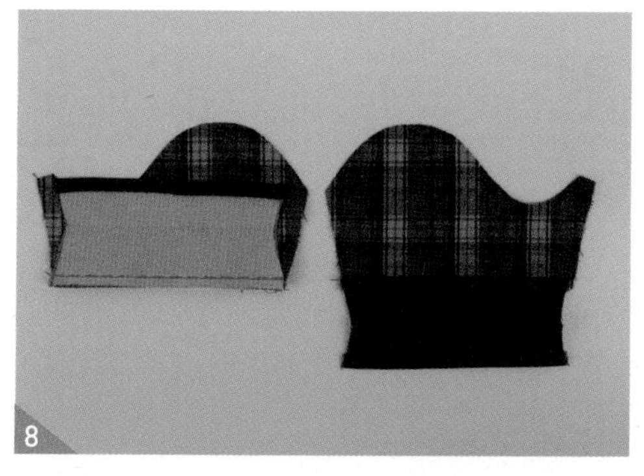

시접을 접지 않은 커프스 겉쪽과 소매 안쪽을 마주 대고 재봉한 후 시접을 커프스 쪽으로 넘겨 다림질해 주세요.

시접이 접힌 커프스를 소매 겉면으로 접어 올려 시침핀으로 고정 후 0.2cm 상침해 주세요.

등판의 밑단 다트를 재봉한 후 뒷 중심선을 향하도록 넘겨 다림질해 주세요.

등판(체크)과 요크를 겉면을 마주 대어 재봉하고 오버록이나 지그재그 박기로 시접을 정리한 뒤 시접을 아래쪽으로 넘겨 다리고 0.5cm 상침해 주세요.

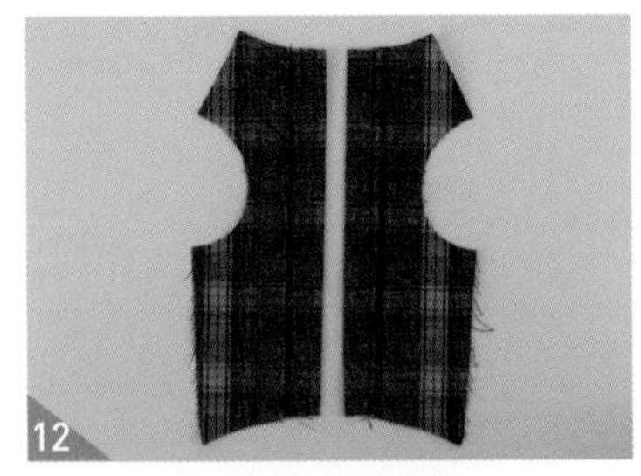
12

배판 여밈 부분을 오버록이나 지그재그 박기로 시접을 정리한 뒤 표시한 완성선에 맞추어 안쪽으로 접어 다림질해 주세요. 겉면을 위로 두고, 접은 선에서 2cm 안으로 눌러 박아 주세요.

※ 2cm로 일정하게 상침을 넣기 위해 열펜으로 미리 선을 긋거나 자석 조기를 사용하면 편리합니다.

13

셔츠의 모든 부분이 완성되었습니다. 개수와 모양을 확인해 주세요.

14

배판의 양쪽 어깨와 등판의 양쪽 어깨를 겉끼리 마주 대고 재봉한 후 오버록이나 지그재그 박기로 시접을 정리해 주세요. 등판 쪽으로 시접을 넘겨 0.5cm 상침해 주세요.

15

완성된 칼라와 몸판을 재봉해 주세요. 몸판 목둘레 안쪽과 칼라 스탠드의 시접이 접히지 않은 쪽 겉면을 마주 대고 재봉해 주세요.

※ 중심선, 어깨선 표시를 맞춰 시침 핀으로 고정 후 재봉하면 편리합니다.

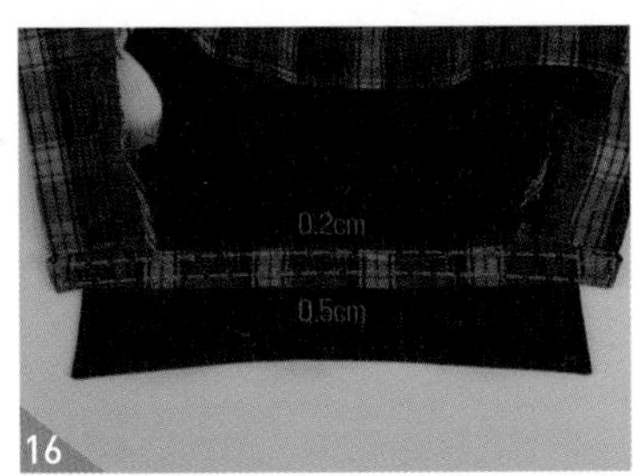

16

목둘레 시접을 칼라 스탠드 안으로 집어 넣고 몸판 겉을 위로 한 후, 칼라 스탠드의 접힌 시접선을 몸판 목둘레에 맞춰 시침 핀으로 고정하고 0.2cm 상침해 고정시켜주세요. 그리고 칼라 스탠드의 나머지 부분은 0.5cm 상침해 주세요.

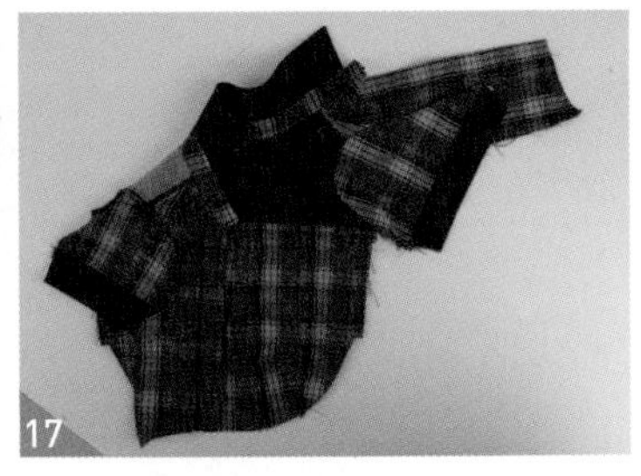
17

몸판과 소매의 암홀을 겉끼리 마주 대고 소매 중심선과 어깨선, 겨드랑이 점을 서로 맞춰 시침 핀으로 고정 후 재봉해 주세요. 재봉된 암홀 시접을 오버록이나 지그재그 박기로 정리해 주세요.

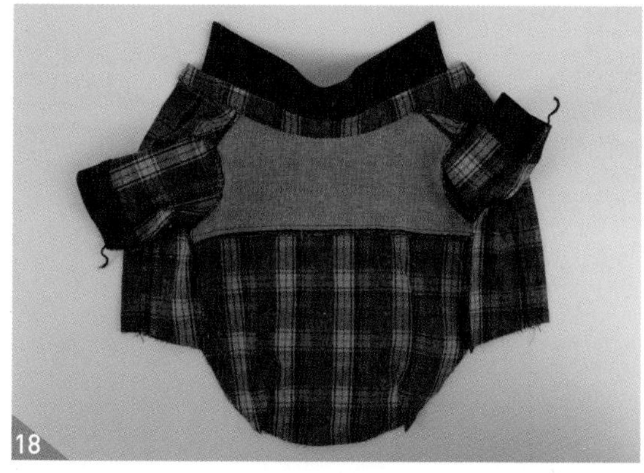

배판과 등판의 소매 옆선부터 겉끼리 마주 대고 재봉해 주세요. 이때 겨드랑이 시접은 교차되게 넘겨서 두꺼워지지 않게 재봉해 주세요.

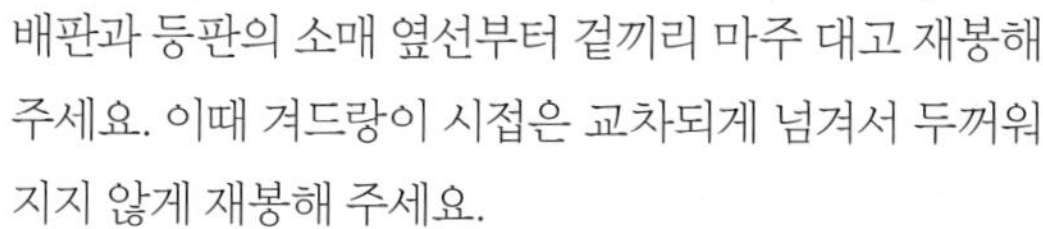
※ 배판 암홀 시접은 소매쪽으로, 등판 암홀 시접은 몸판쪽으로 넘깁니다. 오버록이나 지그재그 박기로 시접을 정리해 주세요. 이때 소매 밑단 쪽 오버록 실은 3~4cm 길게 남기고 잘라주세요.

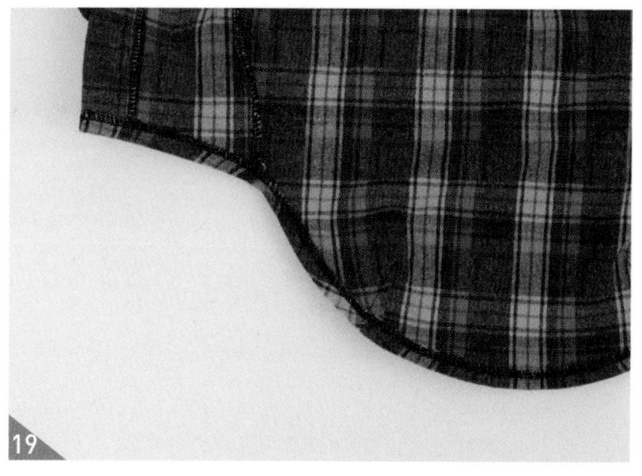

밑단 전체를 오버록이나 지그재그 박기로 시접을 정리해 주세요. 이때 밑단 오버록 실은 양 끝을 3~4cm 길게 남겨 잘라주세요. 오버록 재봉이 된 시접을 1cm 접어 올려 다림질한 후 눌러 박아주세요. 이때 남겨둔 오버록 실을 시접과 몸판 사이에 끼워 박아주세요. 소매 밑단의 남겨진 오버록 실도 소매 시접을 등판 쪽으로 넘긴 후 시접과 소매 사이에 끼워 박아주세요. 튀어나온 실은 잘라서 깨끗이 정리해 줍니다.

패턴의 단춧구멍 위치를 배판의 착용 왼쪽 중심에 표시하고 단춧구멍을 만들어주세요.

※첫 번째 단춧구멍은 칼라 스탠드에 가로로, 나머지 3개는 세로로 뚫어주세요.

패턴의 단추 위치를 착용 오른쪽 중심에 표시한 후 단추를 달아 주면 완성입니다.

우리 둘이 함께 베스트

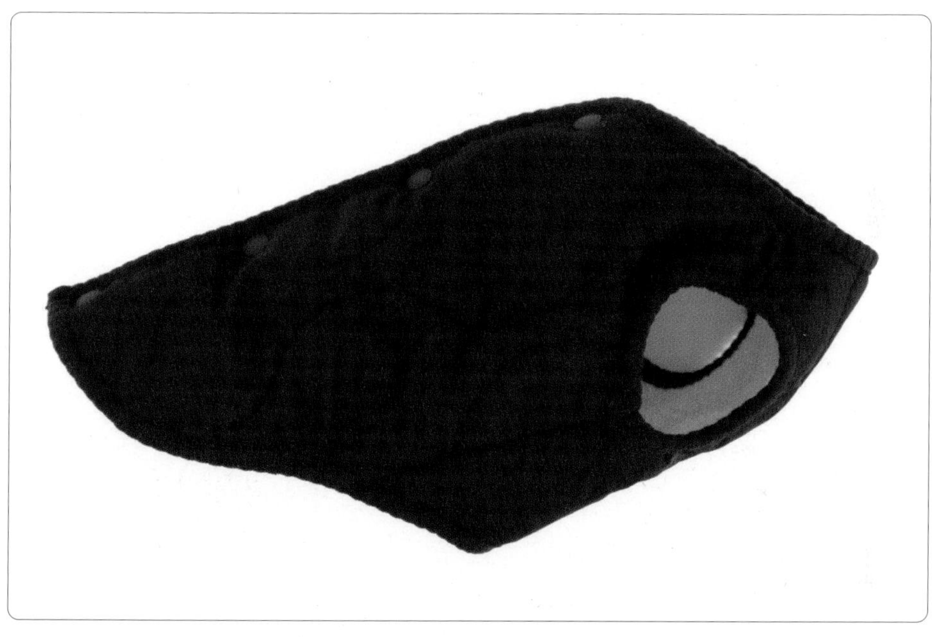

겨울이 다가 오기 전 쌀쌀해진 가을 날씨에 나와 아이가 함께 입을 수 있는 시밀러룩입니다. 멍캠핑의 화이트 뮬리 터틀넥과 매치하기도 좋으며 퀼팅 원단을 사용해 포근함도 제공합니다. 우리 둘이 함께 베스트를 입고 둘만의 추억을 만들어 보아요. 퀼팅 처리되어 판매되는 원단을 사용하므로 만들기가 간단하면서도 완성도가 높은 아이템입니다.

준비물(L SIZE 기준)

원단

1) 몸판 : 퀼팅 원단 55cm X 40cm
2) 바이어스 테이프 : 200cm X 4cm

부자재

1) T단추 4세트

커플 아이템 준비물

원단

1) 몸판 : 퀼팅 원단 130cm X 65 cm
2) 바이어스 테이프 : 300cm X 4cm

부자재

1) T단추 4세트

▶ 우리 둘이 함께 베스트 재단하기

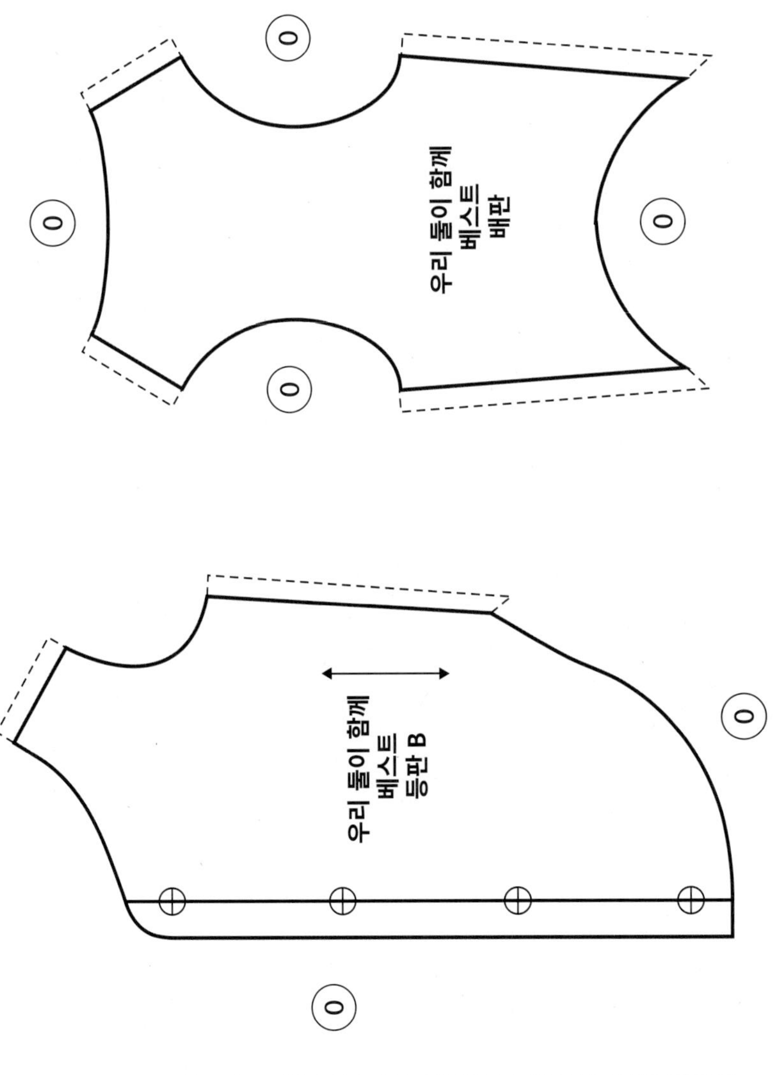

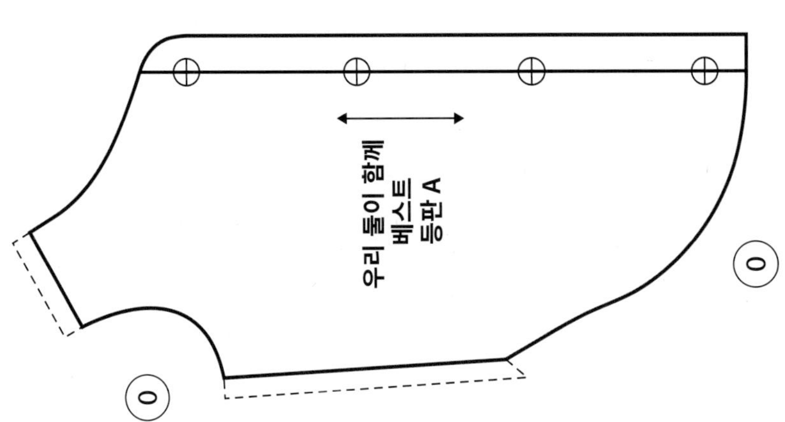

글자가 마주 보이도록 책을 돌려서 보세요. 실제 사이즈 패턴은 부록으로 제공합니다.

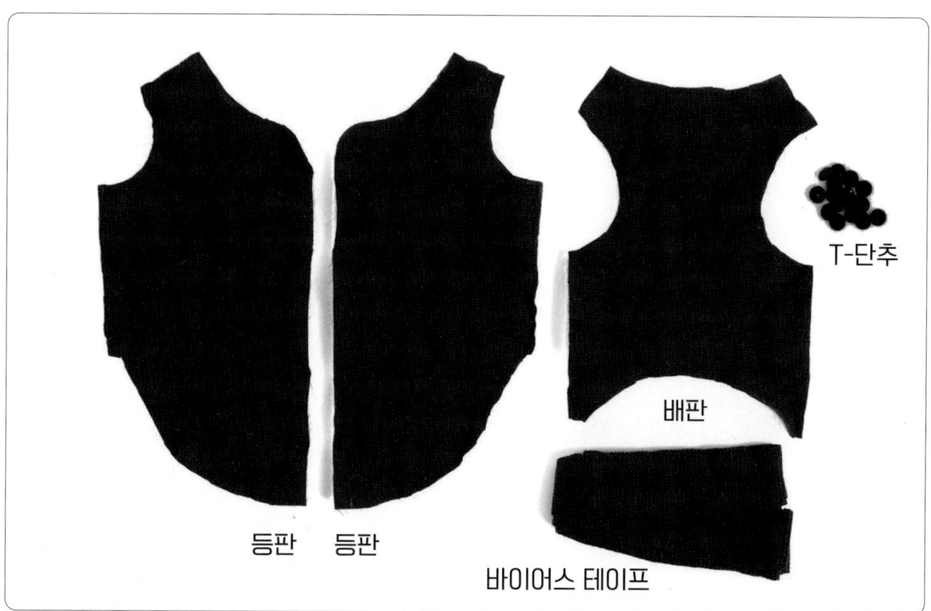

 원단 위에 패턴을 올린 후 시접분을 그려줍니다. 시접선을 따라 재단해 주세요.

재단 TIP

1. 시접 분량은 완성선에서 1cm를 더해 줍니다. 바이어스 랍빠로 처리할 부분은 시접이 없어요.
2. 끝이 뭉툭하지 않은 초크 혹은 펜을 사용하시면 더욱 정확하게 그릴 수 있습니다.
3. 재단할 때 중심 표시와 너치를 꼭 넣어주세요.
4. 원단의 식서 방향은 꼭 지켜주세요

재봉 TIP

1. 바이어스를 재봉하는 순서에서 바이어스 랍빠 도구를 이용하면 쉽고 깔끔하게 마무리할 수 있습니다.
2. 퀼팅 원단은 두께가 있어 바이어스 랍빠 처리 전에 오버록을 쳐주면 깔끔하고 편하게 재봉이 가능합니다.

T단추 달기 

바이어스 테이프 만들기 

바이어스 랍빠 치기 

재봉 따라하기

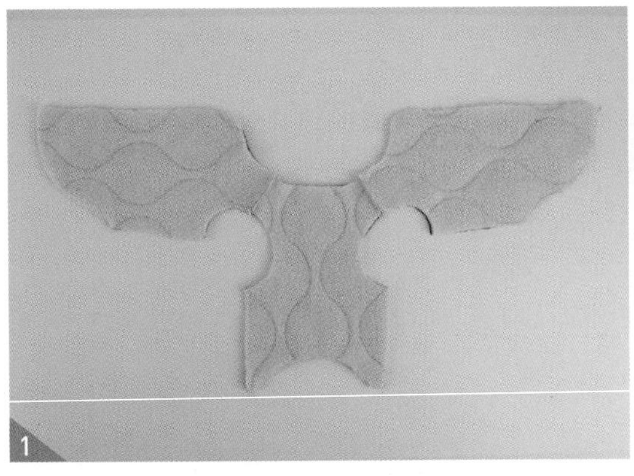
1

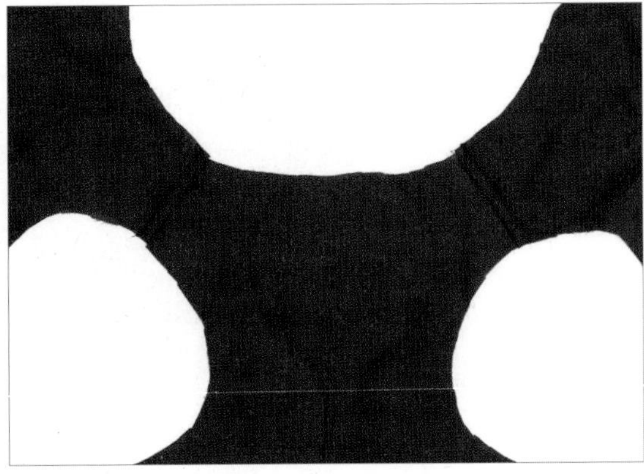

배판과 등판의 겉과 겉을 마주 대고 어깨선을 재봉한 후 오버록이나 지그재그 박기로 시접을 정리해 주세요. 어깨 시접을 등판 쪽으로 넘긴 후 0.5cm로 상침해 주세요.

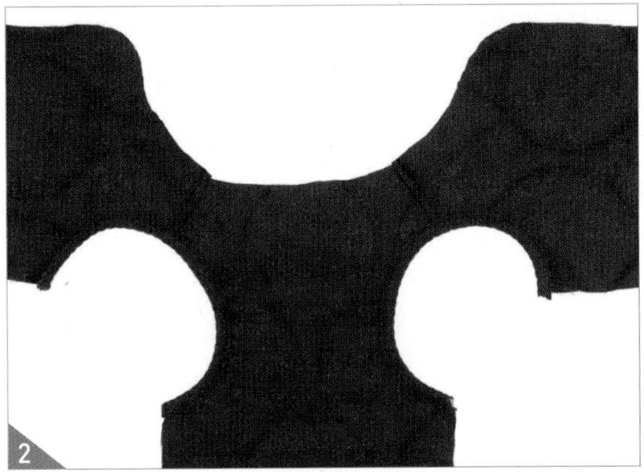
2

암홀을 오버록이나 지그재그 박기로 시접을 정리한 후 골지 원단으로 바이어스 랍빠를 쳐 주세요.

※ 퀼팅 원단은 두께가 있어 바이어스 랍빠 처리 전에 오버록을 쳐주면 깔끔하고 편하게 재봉이 가능합니다.

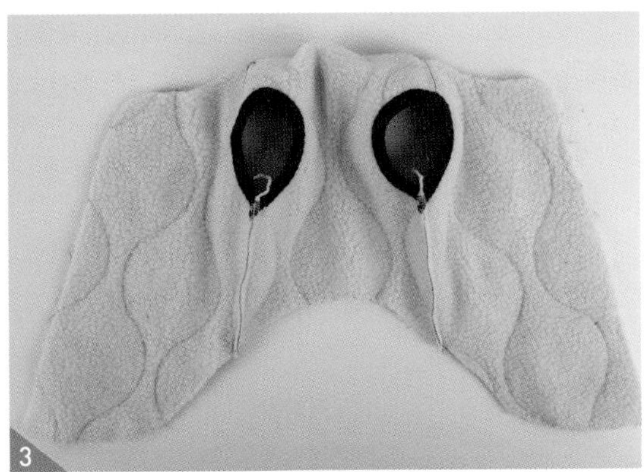
3

옆선을 재봉한 후 오버록이나 지그재그 박기로 시접을 정리해 주세요. 이때 겨드랑이쪽은 오버록 실을 3~4cm 길게 남겨 두고 잘라주세요.

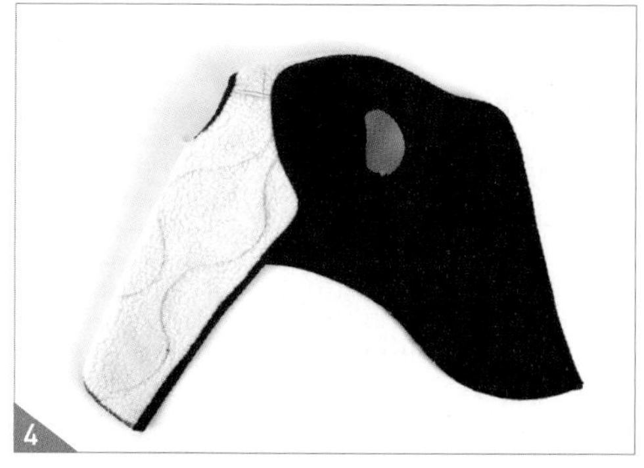

4

묵둘레~밑단까지 오버록이나 지그재그 박기로 시접을 정리해 주세요. 이때 옆선 시접은 등판쪽으로 넘겨주세요. 오버록 후 밑단을 제외한 등판 중심선(여밈)과 목둘레에 바이어스 랍빠를 쳐 주세요.

※ 밑단의 바이어스 랍빠 끝은 몸판의 길이에 맞춰 잘라주세요.

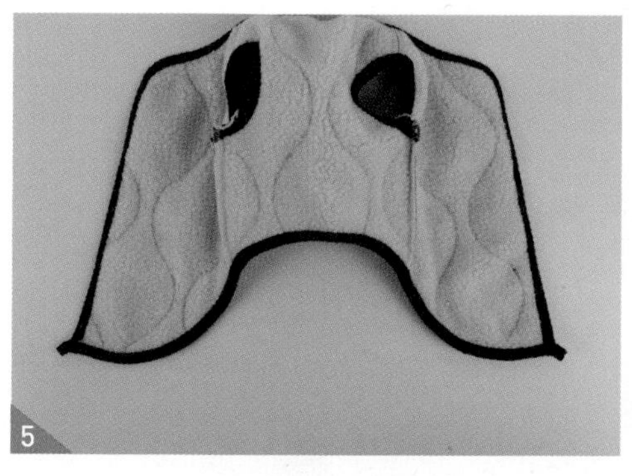

5

밑단에도 골지 원단으로 바이어스 랍빠를 쳐 주세요. 이때 양끝을 2cm 정도 길게 남겨 잘라주세요.

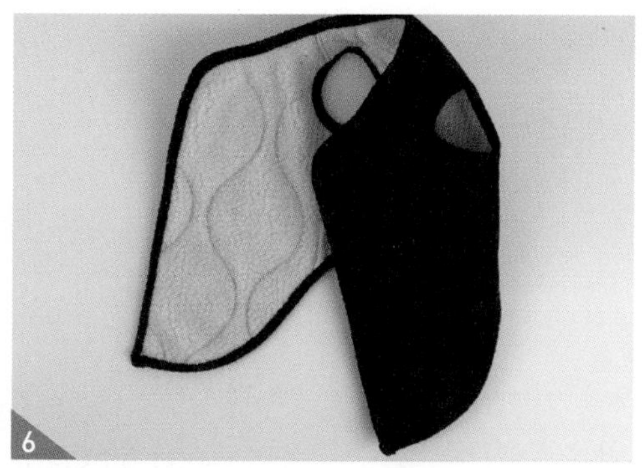

6

밑단의 2cm 길게 자른 골지 원단은 안쪽으로 접어서 눌러 박고, 겨드랑이 시접은 등판쪽으로 넘겨 길게 남겨둔 오버록 실을 시접과 몸판 사이에 끼워 넣고 눌러 박아주세요.

7

T단추를 달 위치를 좌우 앞단에 표시한 후 단추를 달아주세요.

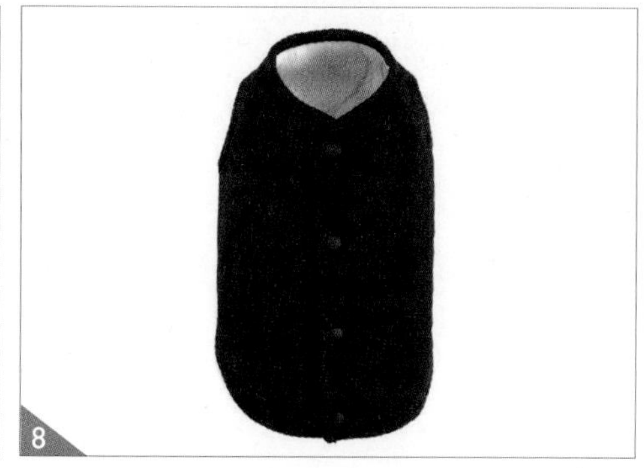

8

완성입니다.

나는 너의 든든한 백

한 손에 쏙 들어가는 사이즈로 접을 수 있어서 어떤 가방이나 주머니에도 휴대가 가능하지만, 펼치면 도라에몽 주머니처럼 대용량의 패커블 백이 됩니다. 나만의 다용도 가방으로도 사용하고 우리 아이들의 간식이나 장난감, 옷 등을 언제 어디서든 꺼낼 수 있는 만능 주머니로도 사용할 수 있어요.
오버록이 없어도 시접 처리가 가능하고, 안팎으로도 시접 처리가 깔끔한 통솔 시접 처리방법을 사용합니다.

준비물(제안 사이즈 기준)

원단

1) 폴리에스테르 프린트 150cm X 65cm

부자재

1) 끼움 라벨 1개
2) 리본끈 15cm X 1cm

나는 너의 든든한 백 재단하기

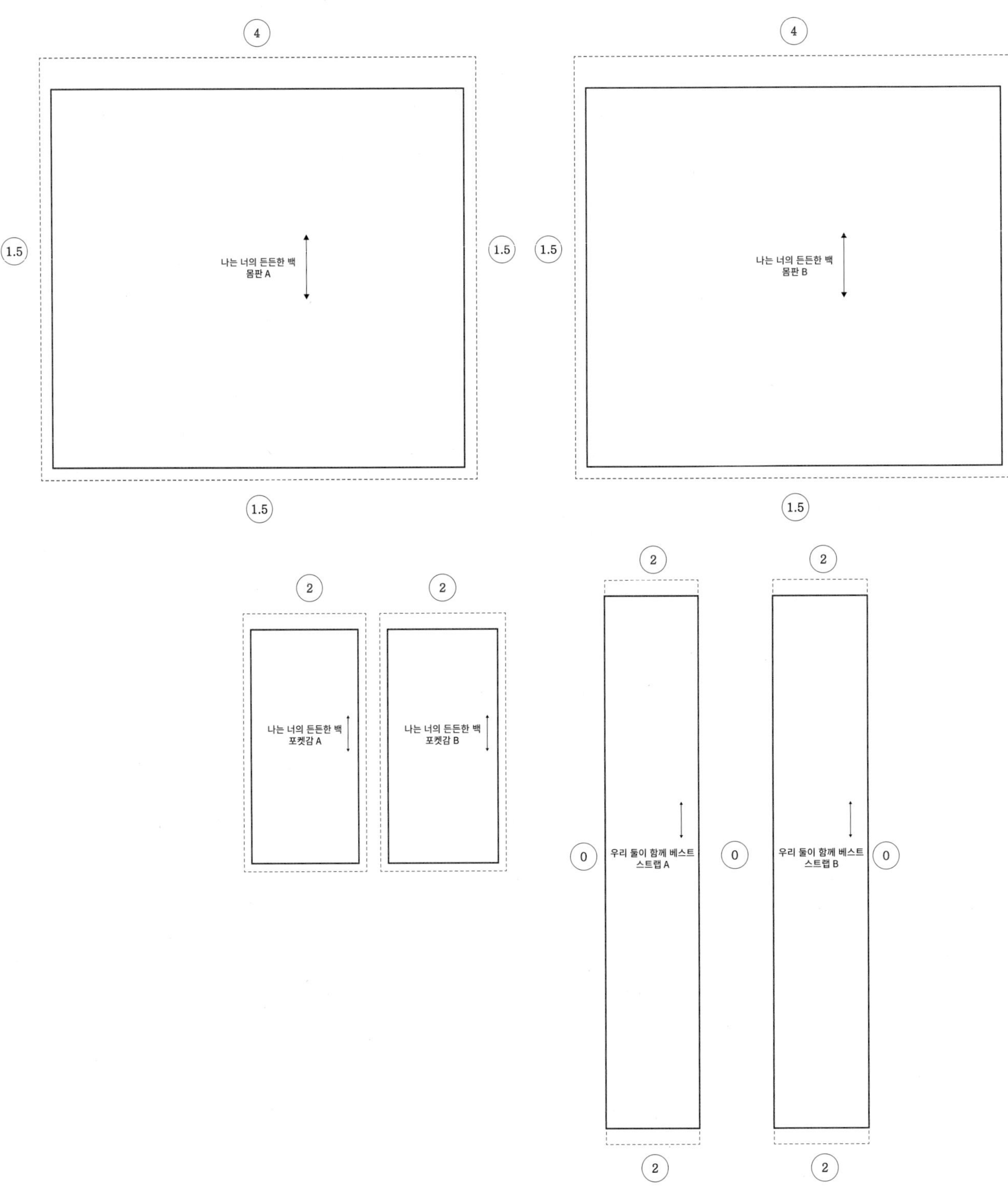

위는 기본 패턴이며 실제 사이즈 패턴은 부록으로 제공합니다.

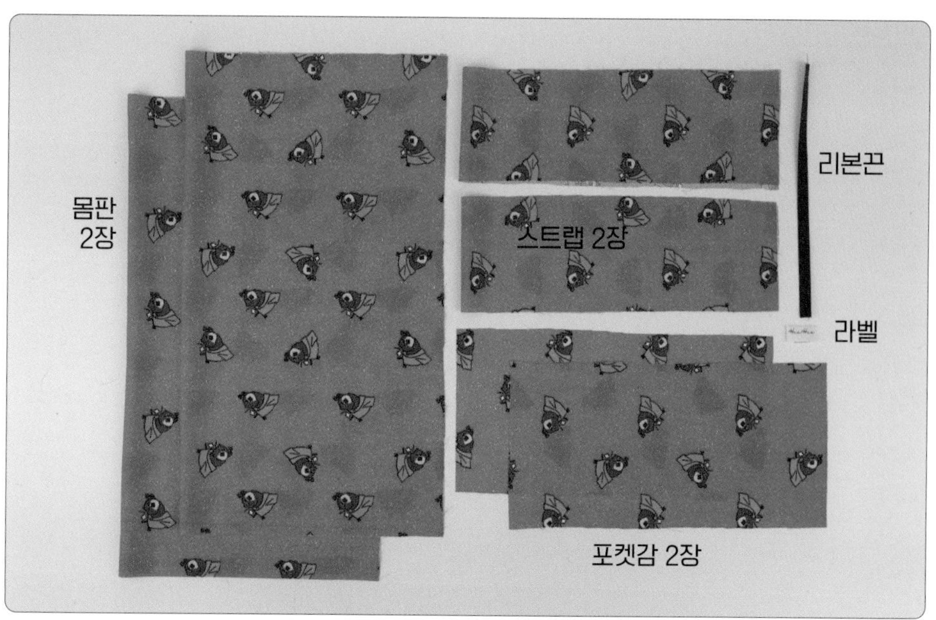

 원단 위에 패턴을 올린 후 시접분을 그려줍니다. 시접선을 따라 재단해 주세요.

재단 TIP

1. 이번 재봉은 통솔이 사용되는 부분이 있습니다. 시접 분량을 확인하세요.
2. 끝이 뭉툭하지 않은 초크 혹은 열펜을 사용하시면 더욱 정확하게 그릴 수 있습니다.
3. 재단할 때 중심 표시와 너치를 꼭 넣어주세요.
4. 원단의 식서 방향은 꼭 지켜주세요.

재봉 TIP

1. 통솔은 시접 처리 방법 중의 하나입니다. 일반적으로 겉과 겉을 마주 대고 재봉한 후 시접을 정리해 주지만, 통솔은 먼저 안과 안을 마주 대고 0.5cm 재봉 후 뒤집어서 1cm로 재봉하여 시접을 숨기는 방법입니다.
2. 중간중간 다림질을 넣어주면 더욱 깔끔하게 완성됩니다. 다리미 온도가 너무 높으면 원단이 울 수 있습니다. 가능하면 다림질은 원단 안쪽에서 하고, 경우에 따라 겉에서 할 경우 면 원단(손수건 정도의 두께)을 한 장 깔고 다림질해 주세요.

시접 처리하기 

재봉 따라하기

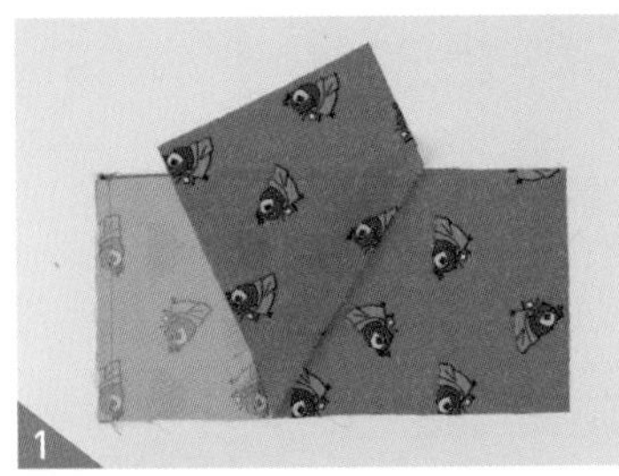

포켓을 만듭니다. 먼저 포켓감의 겉과 겉을 마주 대고 한쪽만 1cm 재봉해 주세요.

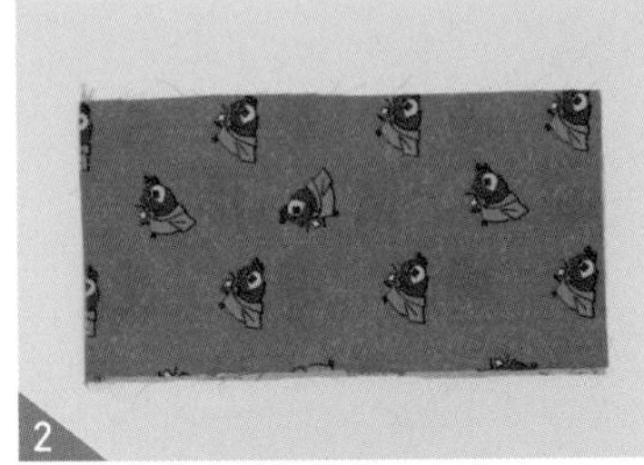

뒤집어서 다림질한 후 0.5cm 상침해 주세요.

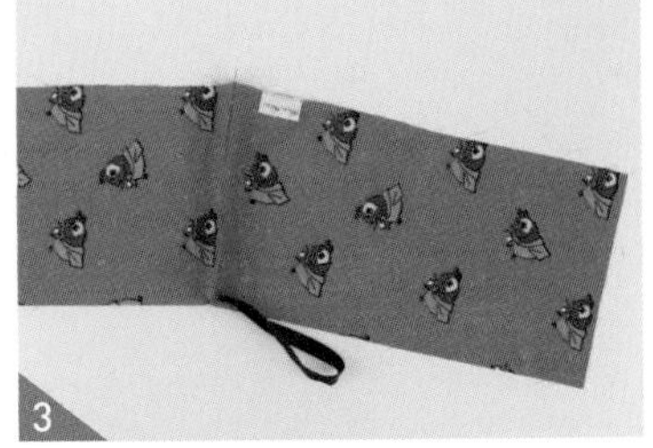

리본끈을 반으로 접어 한쪽 포켓감(겉)에 고정시켜주고, 같은 면 반대편에 라벨을 고정시켜주세요.

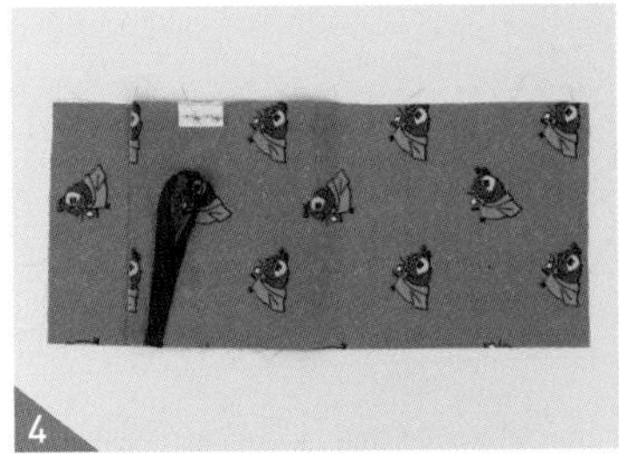

라벨과 리본끈이 고정되지 않은 쪽을 포켓 입구에서 5cm 올라오도록 접어주세요.

반대편(리본과 라벨이 없는 쪽) 포켓감을 라벨과 리본이 달린 쪽으로 접어서 재봉한 후 뒤집어주세요.

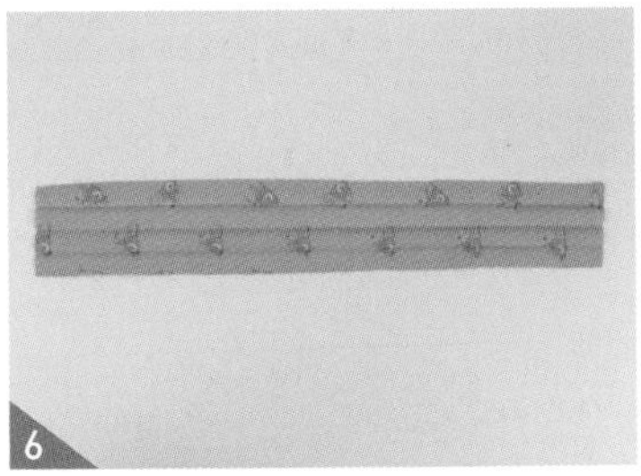

대문 접기로 가방끈을 만들 거에요. 가방끈을 4등분으로 선을 넣어 다림질해 주세요.

※ 원단이 얇은 경우에는 심지를 붙여주세요.

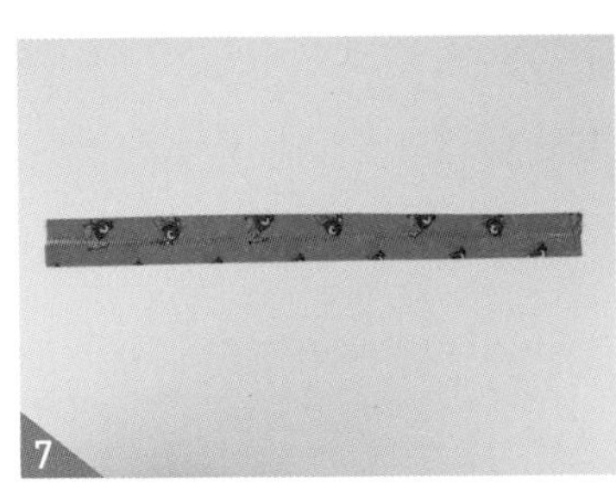

좌우를 중심선에 맞춰 접어주세요.

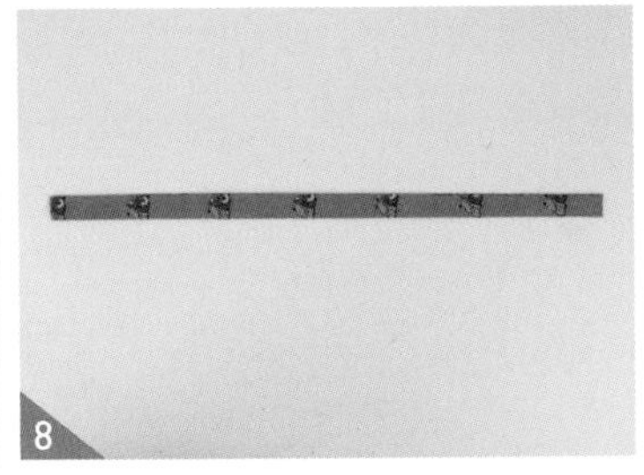

중심선을 접어 좌우 접힌 선을 맞춰 접어주세요.

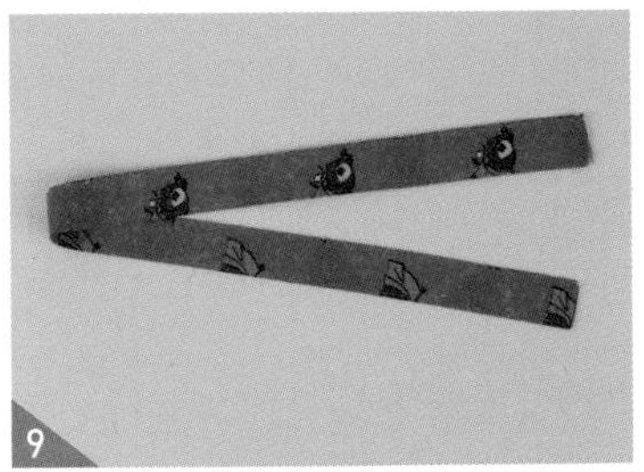

가방끈의 좌우에 0.1~0.2cm 상침해 주세요.

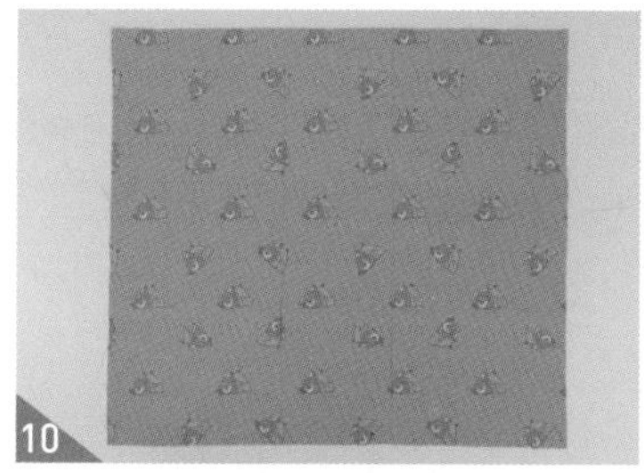

가방 몸판의 좌우를 10cm 접어주기 위해 옆선에서 20cm 들어간 지점에 열펜으로 평행한 선을 그어주세요.

좌우 옆선과 그려진 선을 맞춰 접어 가며 다림질해 주세요.

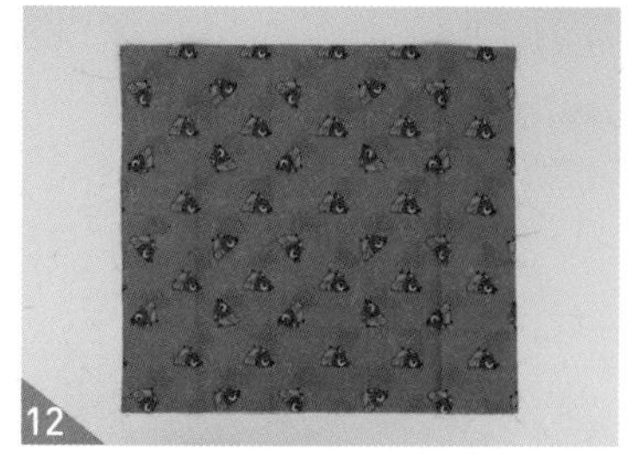

다림질선이 들어간 가방 몸판 원단을 안과 안을 마주 대고 좌우 옆선을 0.5cm 재봉해 주세요. 통솔로 시접을 정리하는 방법이니 잘 따라 해 주세요.

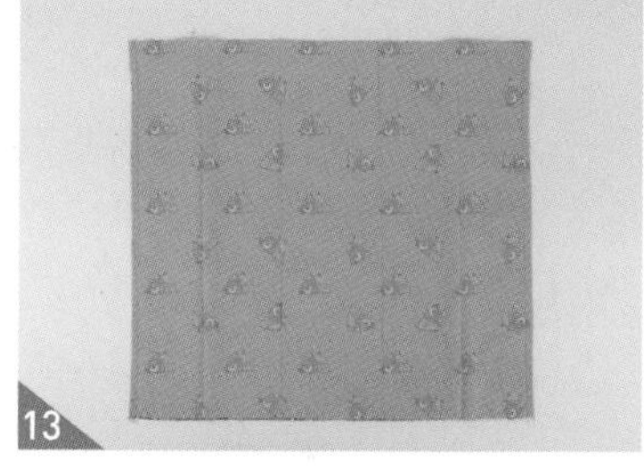

뒤집어서 다림질한 후 1cm 재봉해 주세요. 오버록이나 지그재그 박기 없이 시접의 잘린 면이 안으로 숨겨져서 깔끔하게 정리됩니다.

몸판의 겉이 밖으로 나오도록 뒤집어주세요. 좌우 다림질 선을 맞춰 접어준 뒤 밑단을 0.5cm 재봉해 주세요. 밑단 역시 통솔로 시접을 처리해 주세요.

안이 겉으로 나오도록 뒤집어 다림질해준 뒤 1cm 재봉해 주세요.

겉이 밖으로 나오도록 뒤집어 다림질해 주세요. 이렇게 밑단까지 통솔 완성입니다.

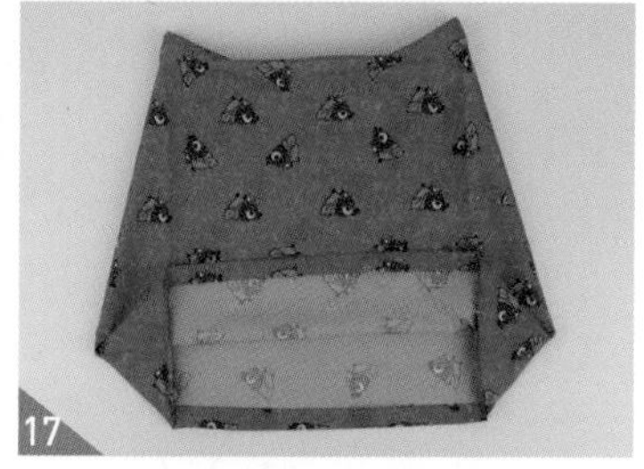

가방 입구를 2cm씩 두 번 접어 다림질해 주세요.

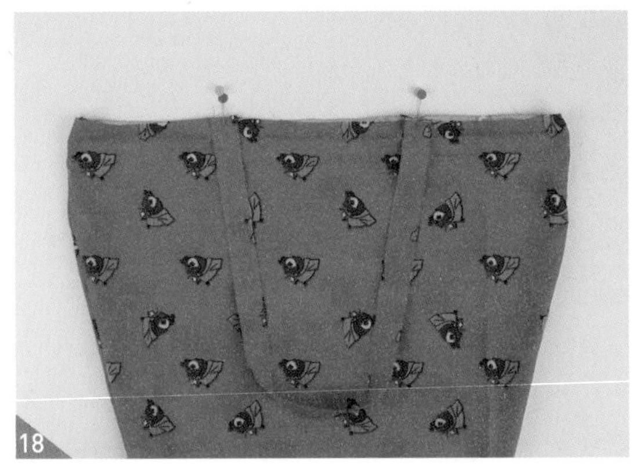

18

가방 입구에 접힌 시접을 펼치고 중심에서 8cm씩 떨어진 지점에 완성된 가방끈을 고정해 주세요.

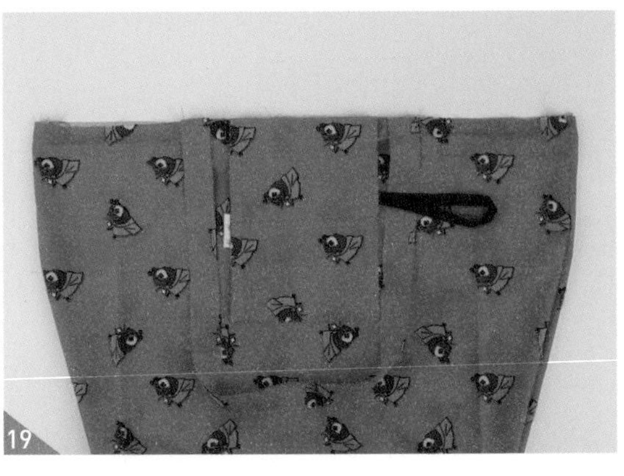

19

만들어 둔 포켓도 가방의 중심과 포켓의 중심을 맞춰 재봉해 주세요.

20

가방 입구에 미리 다림질해둔 선을 따라 접어 2cm 접힌 시접 위아래에 0.1cm 상침해 주세요.

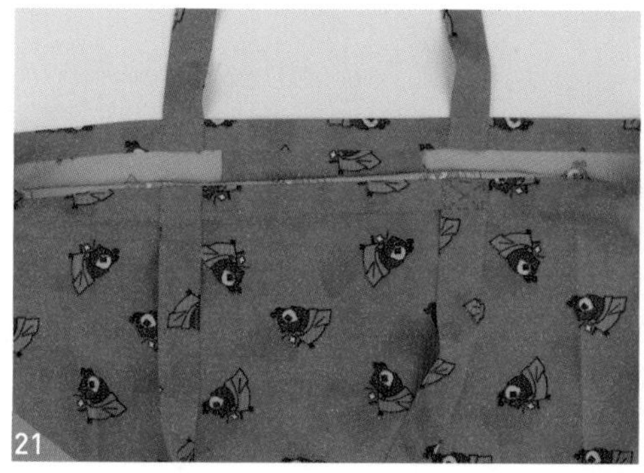

가방끈이 연결되는 부분에 나비 모양 스티치를 넣어 한 번 더 고정해 주세요.

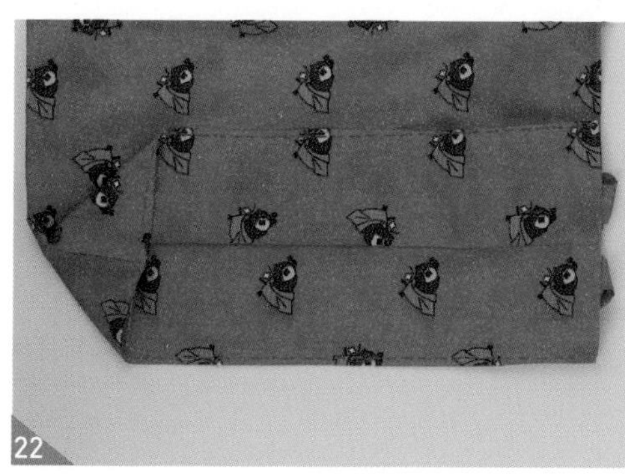

가방 옆선 10cm 접은 선에 0.1cm 상침해 주세요. 밑단은 끊지 말고 연결해서 상침해 주세요.

완성입니다.

접는방법

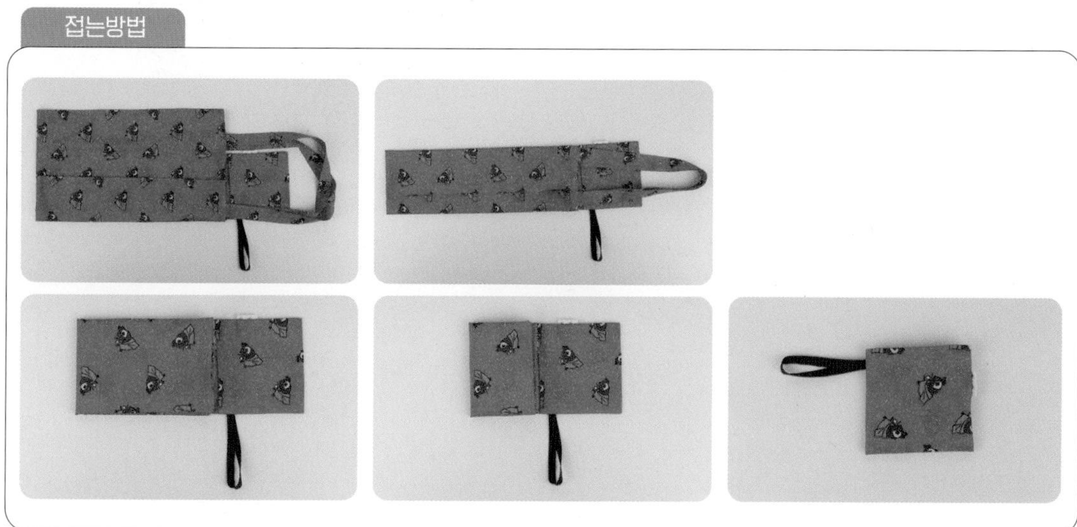

CHAPTER 4

해피 멍 이얼

SECTION ❶ 색동 한복 치마 & 바지 & 저고리

SECTION ❷ 털배자

SECTION ❸ 색동 케이프

SECTION ❹ 색동 볼끼(귀도리)

SECTION ❺ 색동 조바위

SECTION ❻ 호박 족두리

SECTION ❼ 색동 말기 치마

PET & PEOPLE LIFE
HAPPY
momo boutique

색동 한복 치마 & 바지 & 저고리

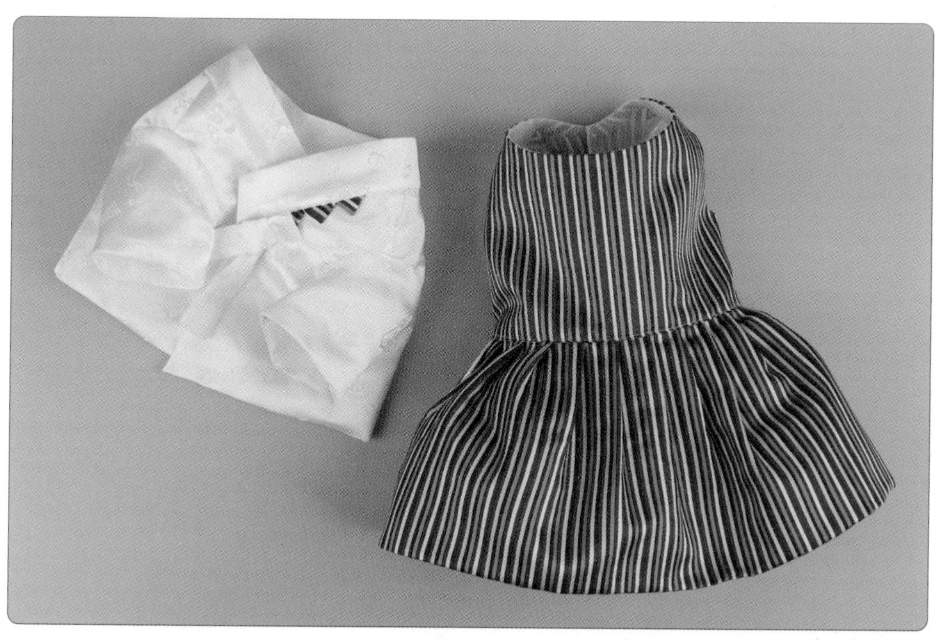

크리스마스 파티, 새해 맞이 등 연말 연시 이벤트에 조금은 특별한 옷으로 우리 아이들과 함께 입을 수 있는 한국 전통의 한복을 만들어 보아요. 전통적이면서 화사한 오색 빛깔의 색동 한복으로 시선을 사로잡는 파티의 셀럽이 되어 보아요.

우선 여자 아이를 위한 색동 한복 치마를 만들어 봅시다. 한복 원단은 재단 후 바로 재봉해 주세요. 시접분의 올이 잘 풀리기 때문에 원단을 만지는 시간이 길어질수록 올이 많이 풀려서 시접분이 줄어들 수 있습니다.

치마 준비물(L SIZE 기준)

원단

1) 치마 : 색동 원단 90cm X 45cm
2) 안감 : 노방 90cm X 45cm

부자재

1) 스냅단추 3세트

색동 한복 치마 재단하기

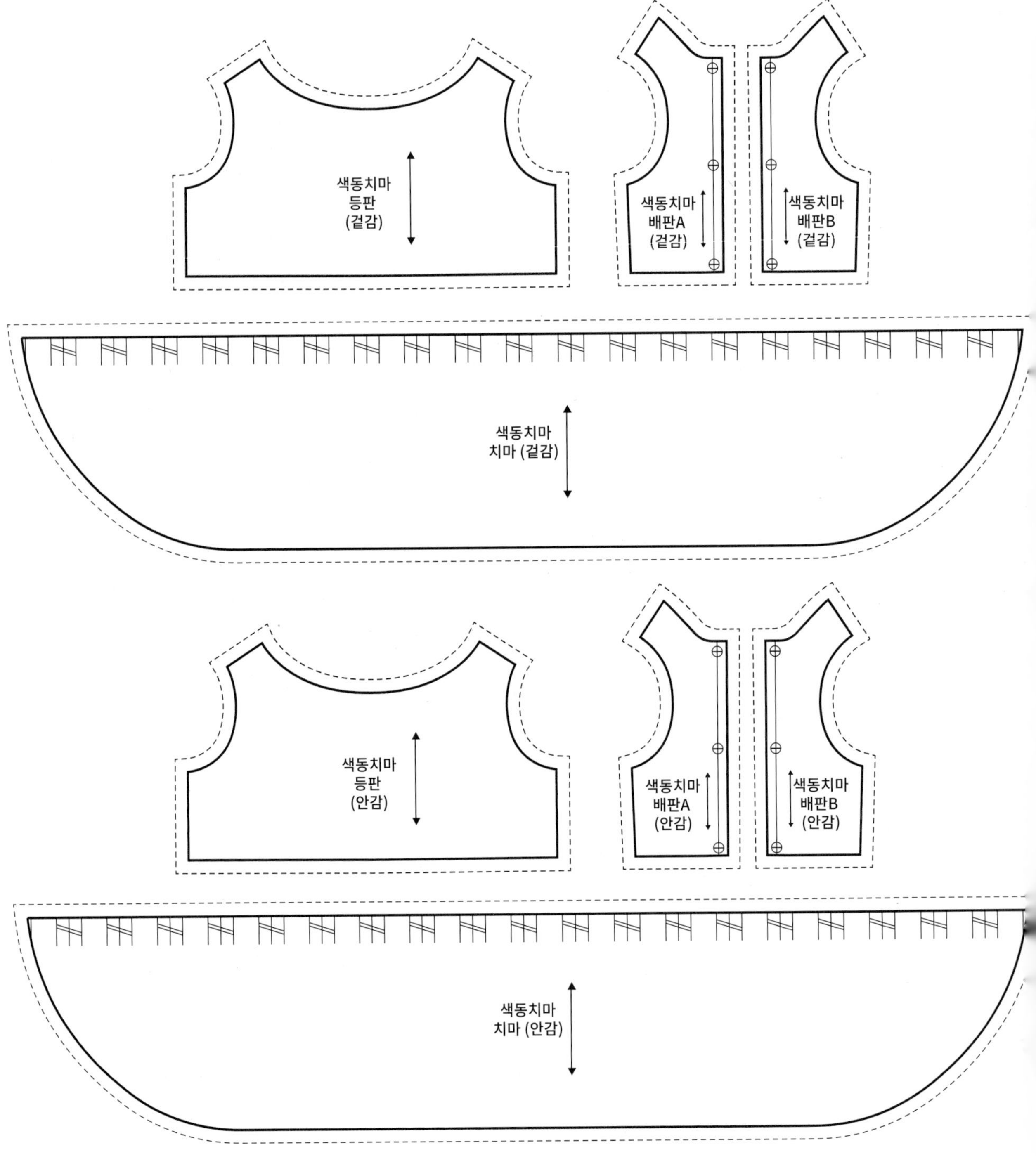

위는 기본 패턴이며 실제 사이즈 패턴은 부록으로 제공합니다.

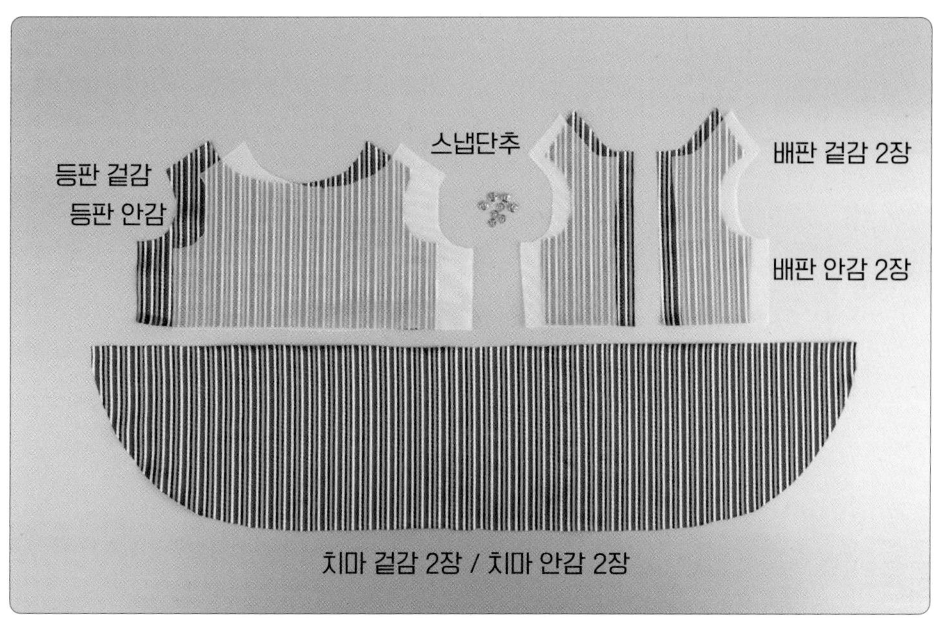

 원단 위에 패턴을 올린 후 시접분을 그려줍니다. 시접선을 따라 재단해 주세요.

재단 TIP

1. 시접 분량은 완성선에서 1cm를 더해 줍니다.
2. 끝이 뭉툭하지 않은 초크 혹은 펜을 사용하시면 더욱 정확하게 그릴 수 있습니다.
3. 재단할 때 중심 표시와 너치를 꼭 넣어주세요.
4. 원단의 식서 방향은 꼭 지켜주세요.
5. 양단은 표면에 날카롭거나 뾰족한 물건이 스치면 올이 잘 풀릴 수 있습니다.

재봉 TIP

1. 바늘땀은 2.0 이하로 조절해서 재봉해 주세요.
2. 시접은 가름솔을 기본으로 합니다.
3. 중간중간 다림질을 넣어주면 더욱 깔끔하게 완성됩니다. 다리미 온도가 너무 높으면 원단이 탈 수 있습니다. 가능하면 다림질은 원단 안쪽에서 하고, 경우에 따라 겉에서 할 경우 면 원단(손수건 정도의 두께)을 한 장 깔고 다림질해 주세요.

스냅단추 달기 

시접 처리하기 

▶ 재봉 따라하기

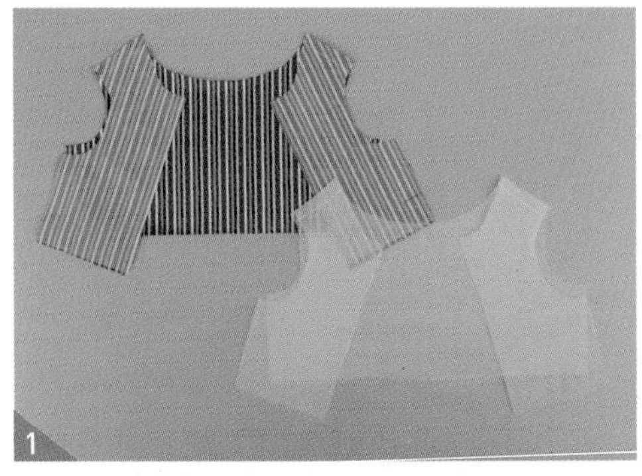
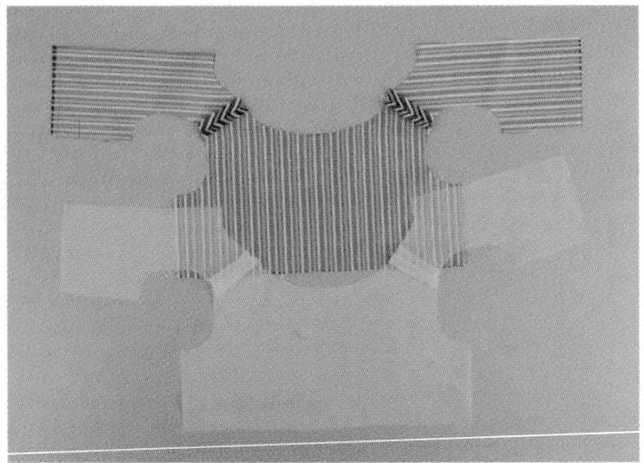

겉감과 안감, 각각의 어깨를 겉끼리 마주 대고 재봉한 후 시접을 가름솔로 다림질해 주세요.

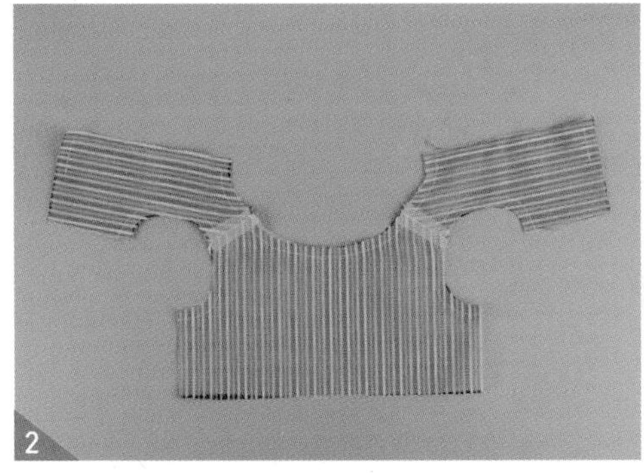

겉감과 안감을 합봉해 주세요. 배판 밑단의 반부터 재봉을 시작해서 앞중심(여밈분)~목둘레~반대편 앞중심(여밈분)~배판 밑단의 반까지 1cm로 재봉해 주세요. 좌우 암홀도 1cm로 재봉해 주세요.

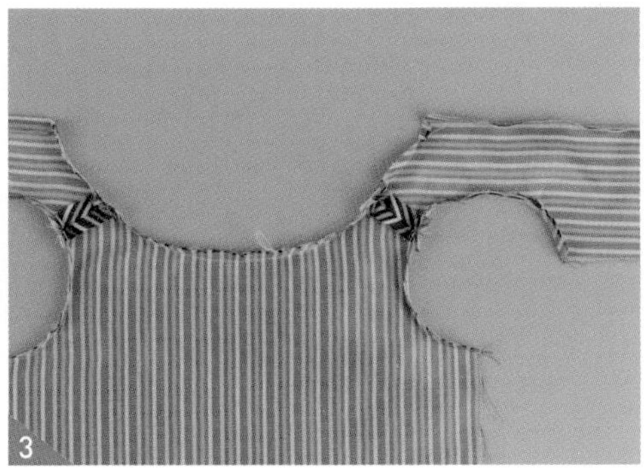

좌우 앞중심(여밈분), 목둘레, 암홀의 시접을 겉감 쪽으로 넘겨 다림질해 주세요.

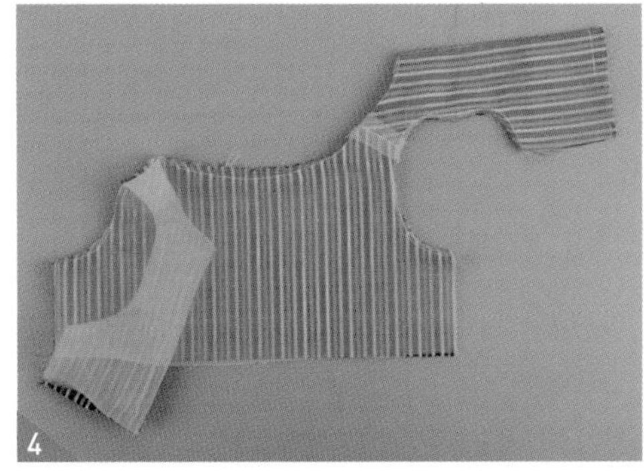
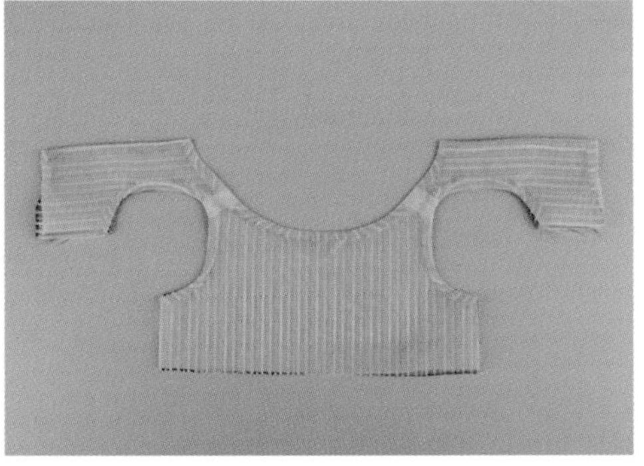

커브가 있는 부분은 시접을 조금 더 자연스럽게 넘기기 위해 가윗밥을 넣어주고, 시접 분량을 0.5cm 남기고 잘라 주세요. 시접이 정리되면 어깨의 겉감과 안감 사이로 통과시켜 뒤집어주세요.

※ 뒤집을 때 너무 세게 당기거나 많은 분량의 원단을 좁은 어깨 사이로 통과시키면 자칫 봉재선이 미어질 수 있으니 주의해 주세요.

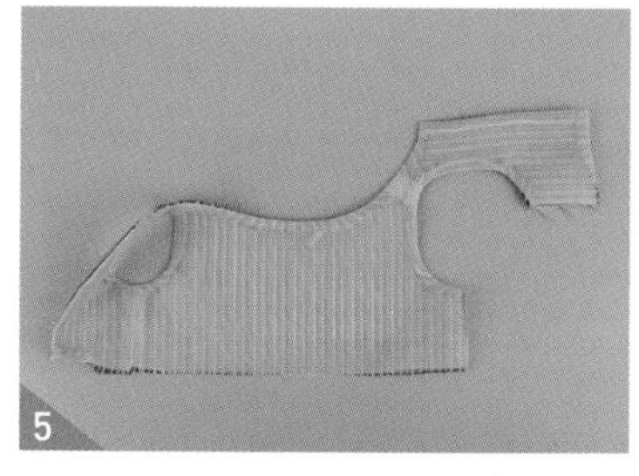
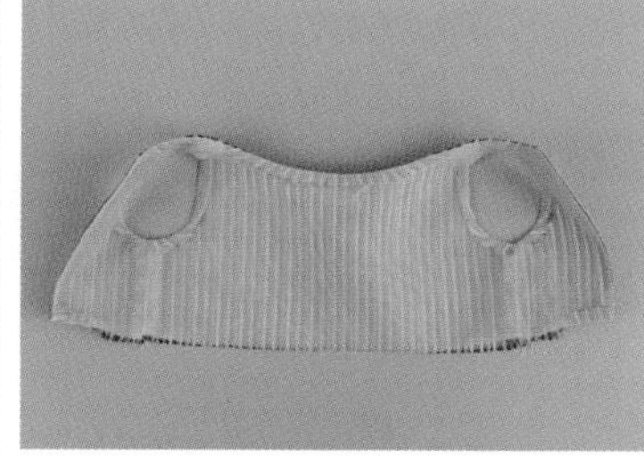

뒤집은 후 겉감과 안감의 옆선을 각각 재봉한 후 시접을 가름솔로 다림질해 주세요.

※ 겉감은 겉감끼리, 안감은 안감끼리 겉과 겉을 마주 대고 겨드랑이 점을 맞춰 시침 핀으로 고정 후 1cm로 재봉해주세요.

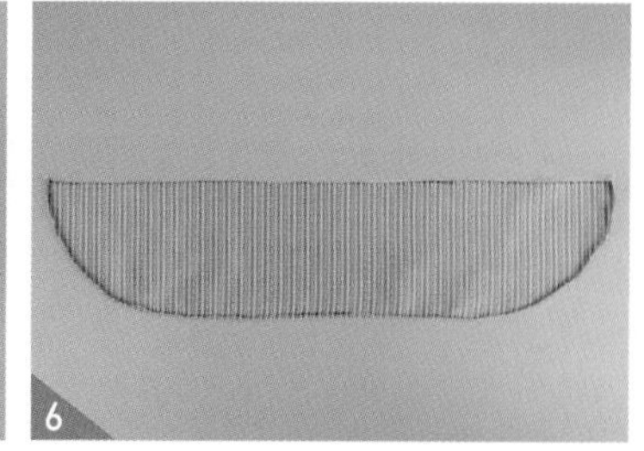

치마의 겉감과 안감을 겉과 겉을 마주 대고 밑단 부분만 재봉한 후 겉감 쪽으로 시접을 넘겨 다림질해 주세요.

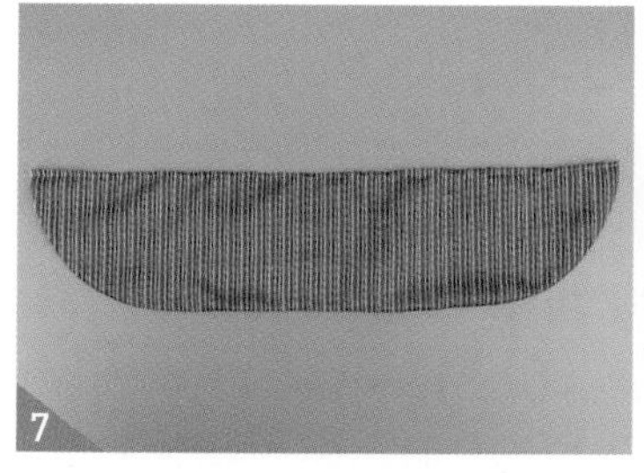

치마를 뒤집어 허릿단을 0.5cm로 재봉한 후 주름 위치를 패턴에서 확인하여 열펜이나 초크로 그려주세요. (2배 주름)

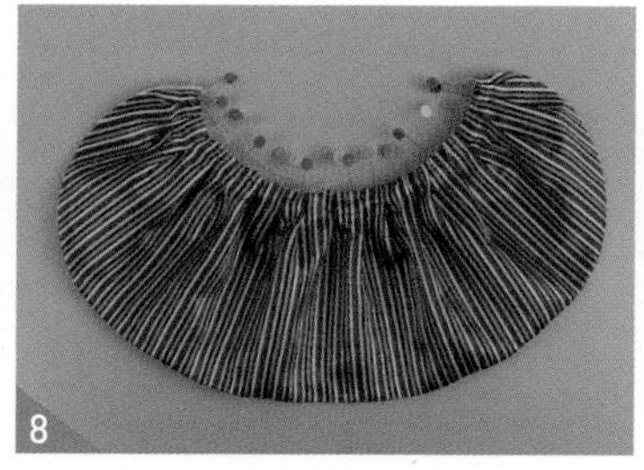

외주름을 잡아 시침 핀으로 고정한 후 0.7cm로 재봉해 주세요.

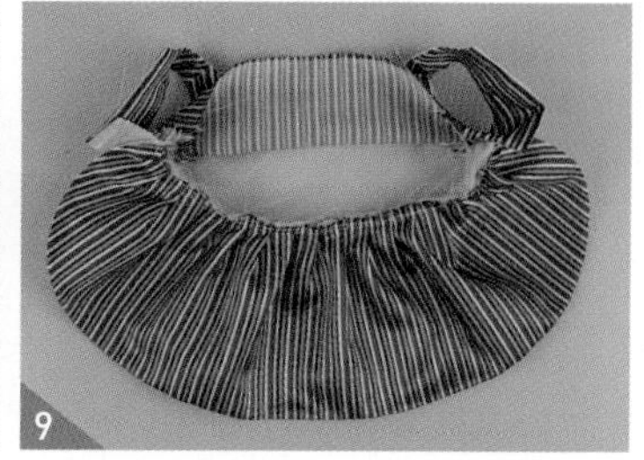

원피스 상의 안감 밑단과 치마 허릿단 안감 쪽을 겉끼리 마주 대고 재봉해 주세요.

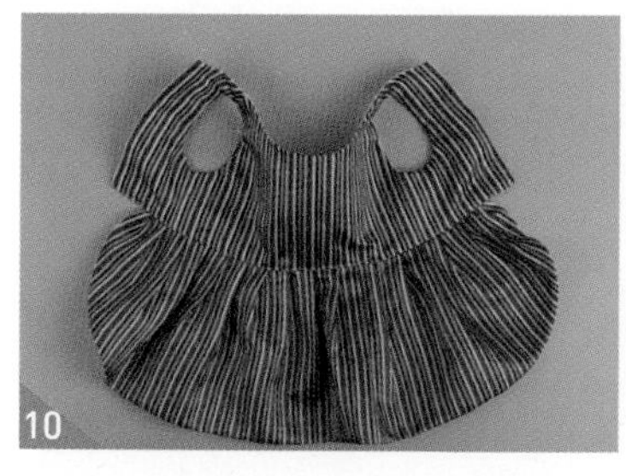

원피스 상의 겉감 밑단 시접을 1cm 접어 다림질한 후 치마 허릿단 겉감 완성선에 올려 시침 핀으로 고정한 후 0.2cm 상침으로 눌러 박아주세요.

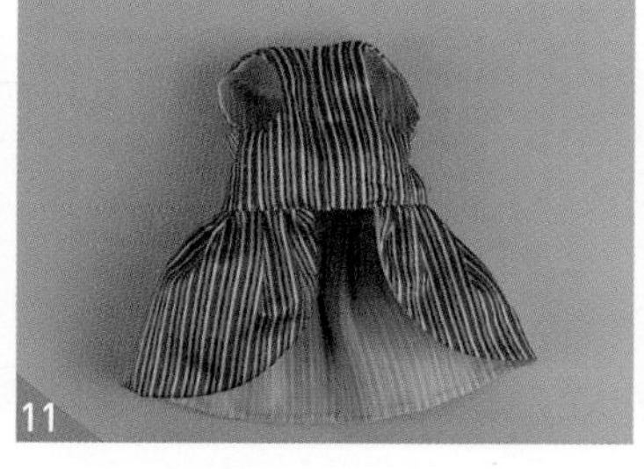

배판에 스냅단추 위치를 그려준 후 손바느질로 달아주세요.

완성입니다.

색동 한복 바지

남자 아이를 위한 색동 한복 바지를 만들어 봅시다. 빵빵한 뒷태로 엉덩이와 다리 부분에 여유가 있어 활동이 편한 올인원 스타일의 색동 한복 바지입니다.

바지 준비물(L SIZE 기준)

원단

1) 바지 : 색동 원단 110cm X 50cm
2) 안감 : 노방 60 cm X 25cm

부자재

1) 스냅단추 3세트
2) 4골 고무줄 100cm

색동 한복 바지 재단하기

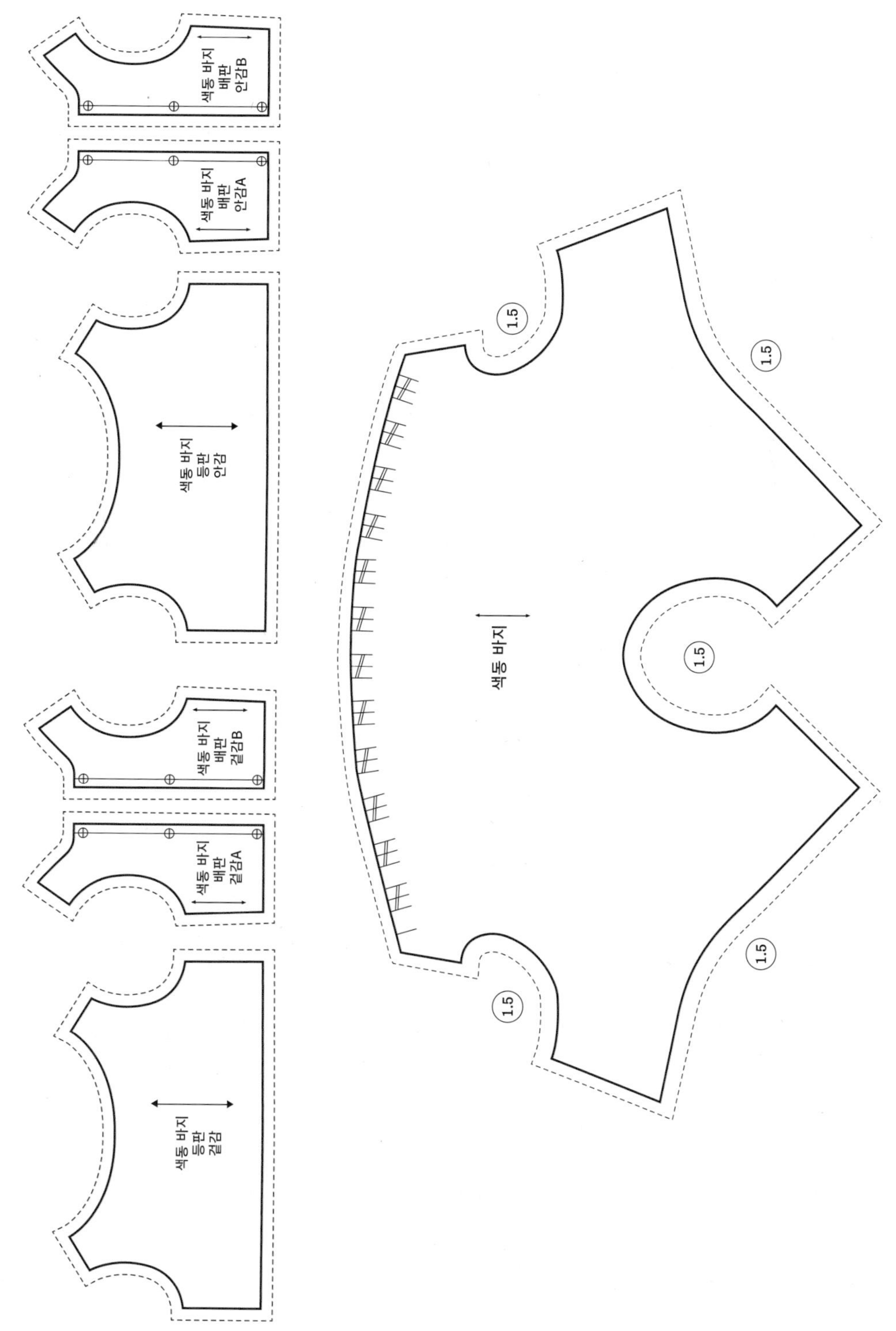

글자가 마주 보이도록 책을 돌려서 보세요. 실제 사이즈 패턴은 부록으로 제공합니다.

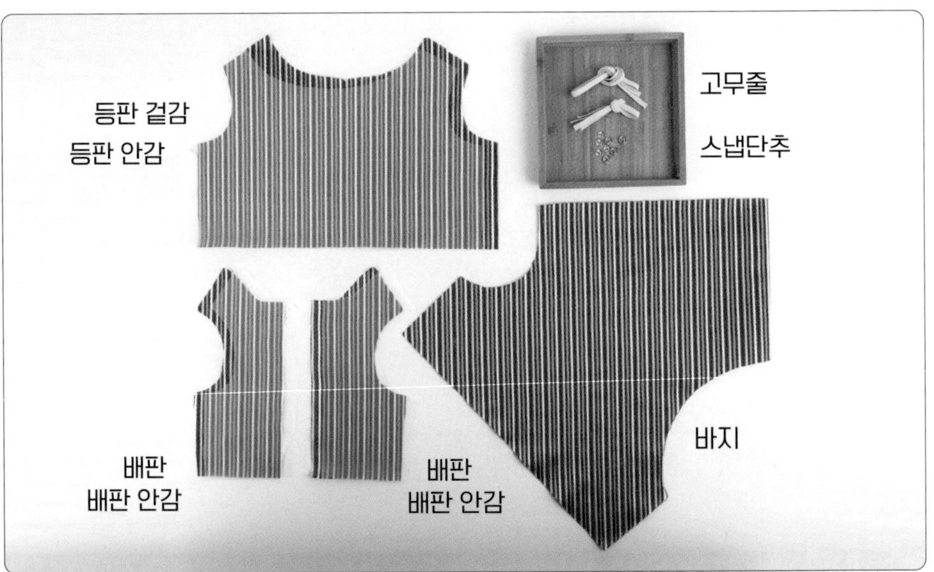

 원단 위에 패턴을 올린 후 시접분을 그려줍니다. 시접선을 따라 재단해 주세요.

재단 TIP

1. 시접 분량은 완성선에서 1cm를 더해 줍니다. 고무줄이 들어가는 밑단 부분은 시접을 1.5cm 더해 줍니다.
2. 끝이 뭉툭하지 않은 초크 혹은 펜을 사용하시면 더욱 정확하게 그릴 수 있습니다.
3. 재단할 때 중심 표시와 너치를 꼭 넣어주세요.
4. 원단의 식서 방향은 꼭 지켜주세요.
5. 양단은 표면에 날카롭거나 뾰족한 물건이 스치면 올이 잘 풀릴 수 있습니다.

재봉 TIP

1. 바늘땀은 2.0 이하로 조절해서 재봉해 주세요.
2. 시접은 가름솔을 기본으로 합니다.
3. 중간중간 다림질을 넣어주면 더욱 깔끔하게 완성됩니다. 다리미 온도가 너무 높으면 원단이 탈 수 있습니다. 가능하면 다림질은 원단 안쪽에서 하고, 경우에 따라 겉에서 할 경우 면 원단(손수건 정도의 두께)을 한 장 깔고 다림질해 주세요.

스냅단추 달기 

고무줄 넣기 

시접 처리하기 

▶ 재봉 따라하기

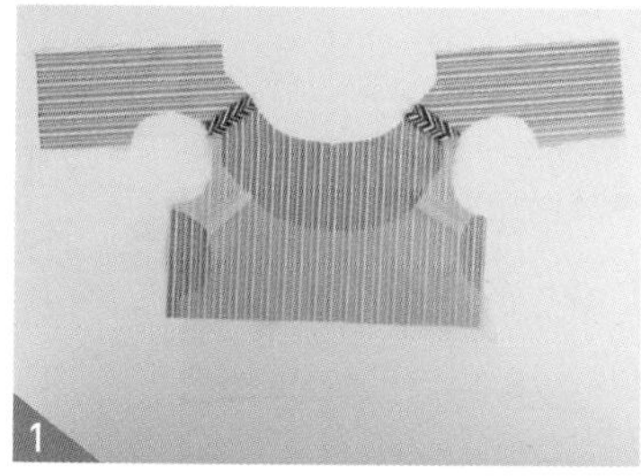
1

걸감과 안감, 각각의 어깨를 걸끼리 마주 대고 재봉한 후 시접을 가름솔로 다림질해 주세요.

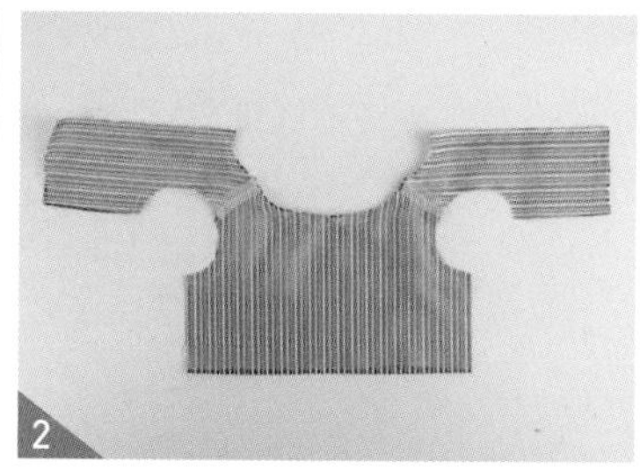
2

걸감과 안감을 합봉해 주세요. 배판 밑단의 반부터 재봉을 시작해서 앞중심(여밈분)~목둘레~반대편 앞중심(여밈분)~배판 밑단의 반까지 1cm로 재봉해 주세요. 좌우 암홀도 1cm로 재봉해 주세요.

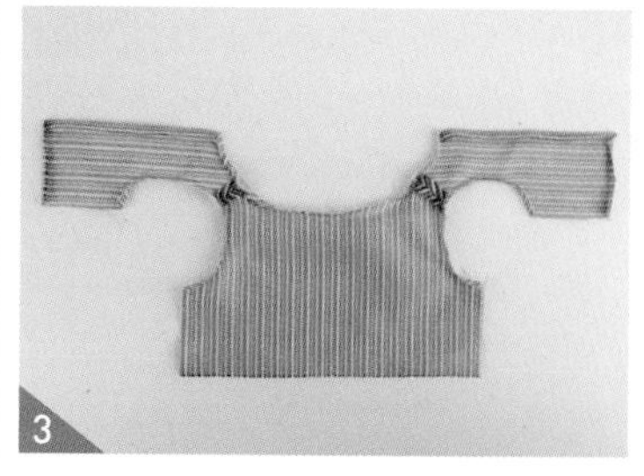
3

좌우 앞중심(여밈분), 목둘레, 암홀의 시접을 걸감 쪽으로 넘겨 다림질해 주세요.

4

커브가 있는 부분은 시접을 조금 더 자연스럽게 넘기기 위해 가윗밥을 넣어주고, 시접 분량을 0.5cm 남기고 잘라주세요. 시접이 정리되면 어깨의 걸감과 안감 사이로 통과시켜 뒤집어주세요.

※ 뒤집을 때 너무 세게 당기거나 많은 분량의 원단을 좁은 어깨 사이로 통과시키면 자칫 봉재선이 미어질 수 있으니 주의해 주세요.

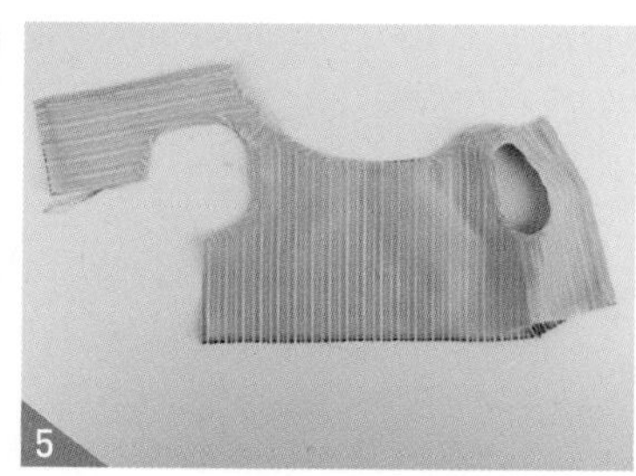
5

뒤집은 후 걸감과 안감의 옆선을 각각 재봉한 후 시접을 가름솔로 다림질해 주세요.

※ 걸감은 걸감끼리, 안감은 안감끼리 걸과 걸을 마주 대고 겨드랑이 점을 맞춰 시침핀으로 고정 후 1cm로 재봉해 주세요.

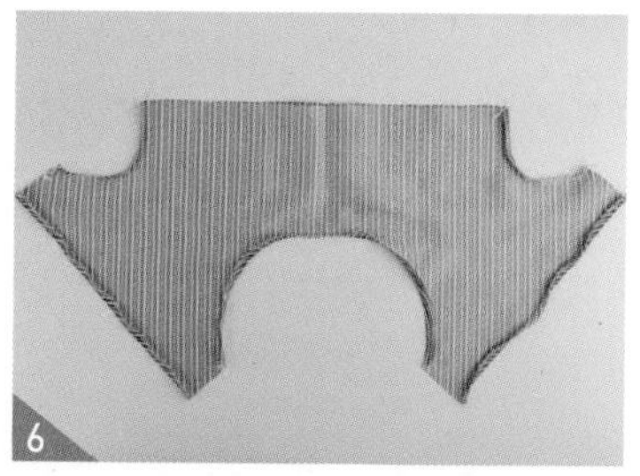
6

밑단과 엉덩이, 가랑이 시접을 오버록이나 지그재그 박기로 정리한 후 1cm 접어서 다림질해 주세요.

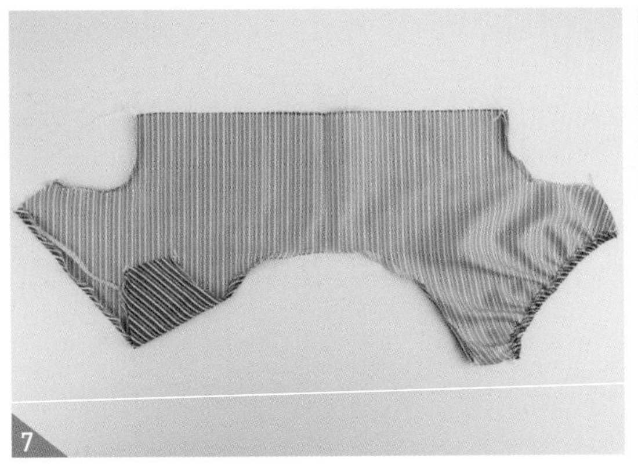

7

좌우 밑단에 고무줄 양끝을 고정한 후 시접을 접어 당겨가며 고무줄 터널을 만들어주세요. 고무줄을 박지 않도록 주의해 주세요.

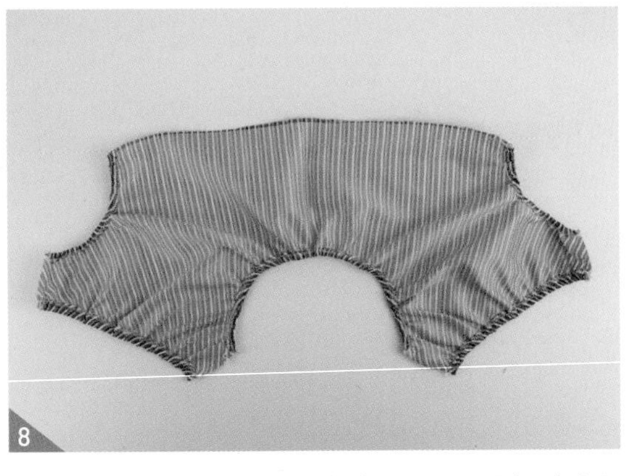

8

엉덩이와 가랑이도 동일한 방법으로 고무줄을 넣어주세요.

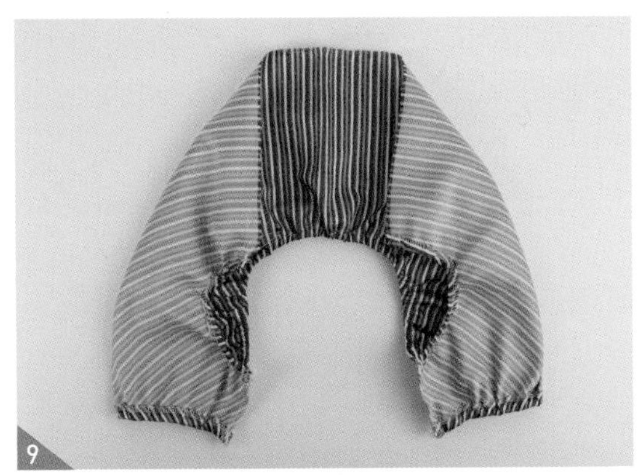

9

바지 옆선을 재봉한 후 오버록이나 지그재그 박기로 시접을 정리해 주세요. 이때 오버록 실은 3~4cm정도 두고 잘라주세요.

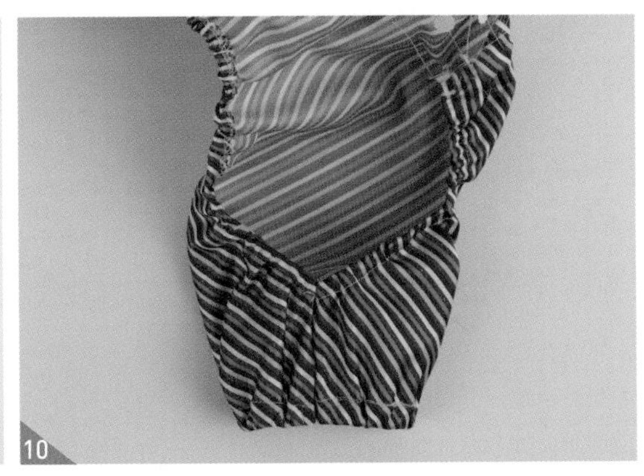

10

바지 옆선 시접을 등판쪽으로 넘기면서 길게 남겨둔 오버록 실을 시접과 몸판 사이에 끼워 1cm 눌러 박아주세요. 튀어나온 오버록 실은 잘라주세요.

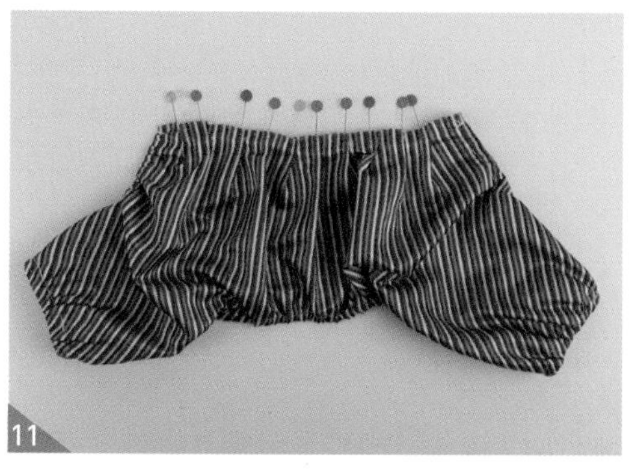

바지 허리에 주름을 잡아 시침 핀으로 고정한 후 0.7cm로 재봉해 주세요. 주름 분량은 패턴을 확인해 주세요. (2배 주름)

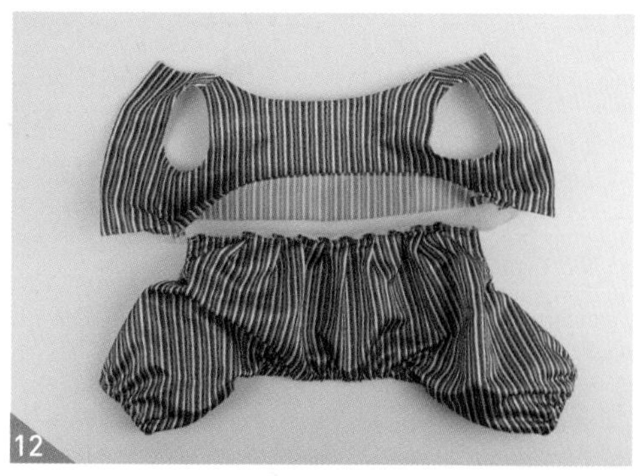

조끼 안감 밑단(겉)과 바지 허릿단(안)을 마주 대고 재봉해 주세요.

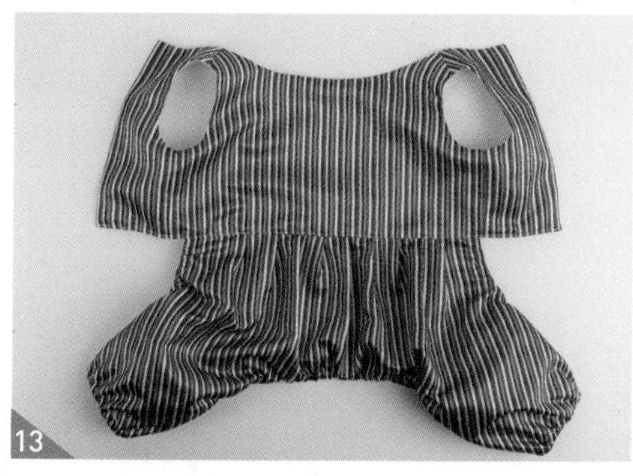

조끼 겉감 밑단(겉) 시접을 접어 바지 허리 완성선과 맞춰 시침 핀으로 고정한 후 0.1~0.2cm로 눌러 박아주세요.

배판 중심에 스냅단추를 달아주세요.

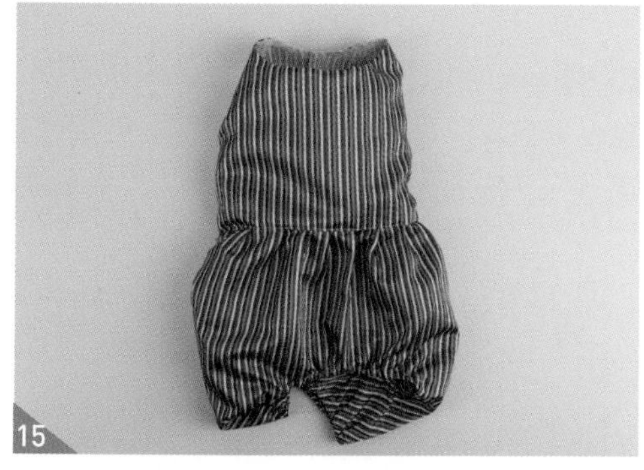

완성입니다.

색동 한복 저고리

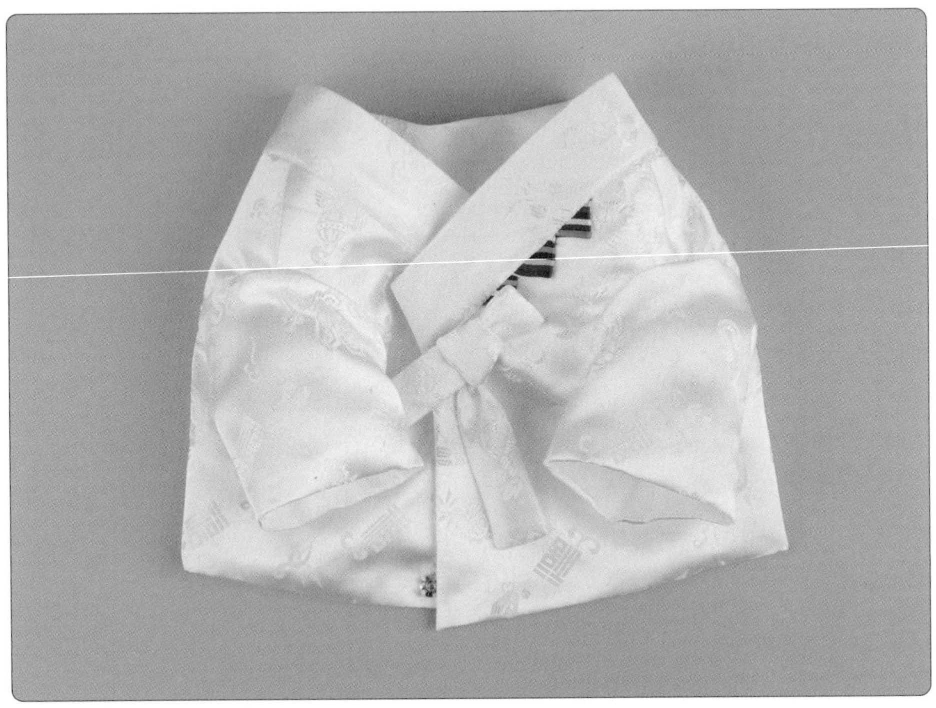

남녀 아이들 모두 입힐 수 있는 색동 잣물림 한복 저고리를 만들어 봅시다. 색동 한복 치마와 바지의 화려함을 순백의 저고리로 눌러줘 단아함을 살렸고, 자칫 단조로울 수 있는 저고리에 색동 잣물림을 넣어 치마&바지와의 절묘한 어울림을 살렸어요. 잣물림은 다양한 색상의 천을 잣 모양처럼 삼각형으로 접어 끼워 박는 전통 문양으로, 사악한 것을 물리치고 복을 가져온다고 알려져 있어요.

저고리 준비물(L SIZE 기준)

원단

1) 저고리 : 흰색 양단 90cm X 30cm
2) 안감 : 노방 90cm X 30cm
3) 색동 : 잣씨용 4cm X 4cm 3장

부자재

1) 스냅단추 3세트
2) 깃용 : 실크접착심지

색동 저고리 한복 재단하기 ①

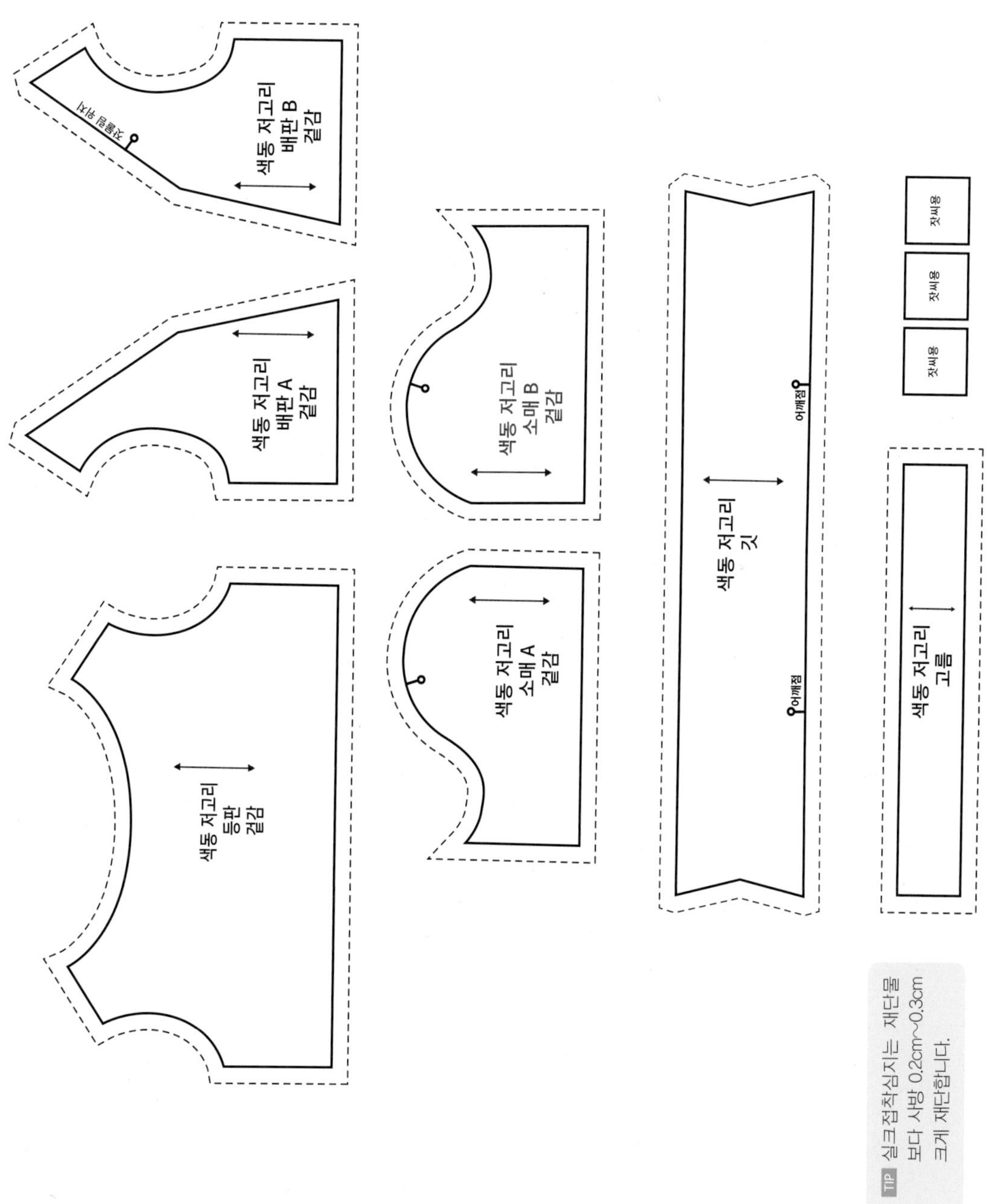

글자가 마주 보이도록 책을 돌려서 보세요. 실제 사이즈 패턴은 부록으로 제공합니다.

색동 한복 저고리 재단하기 ②

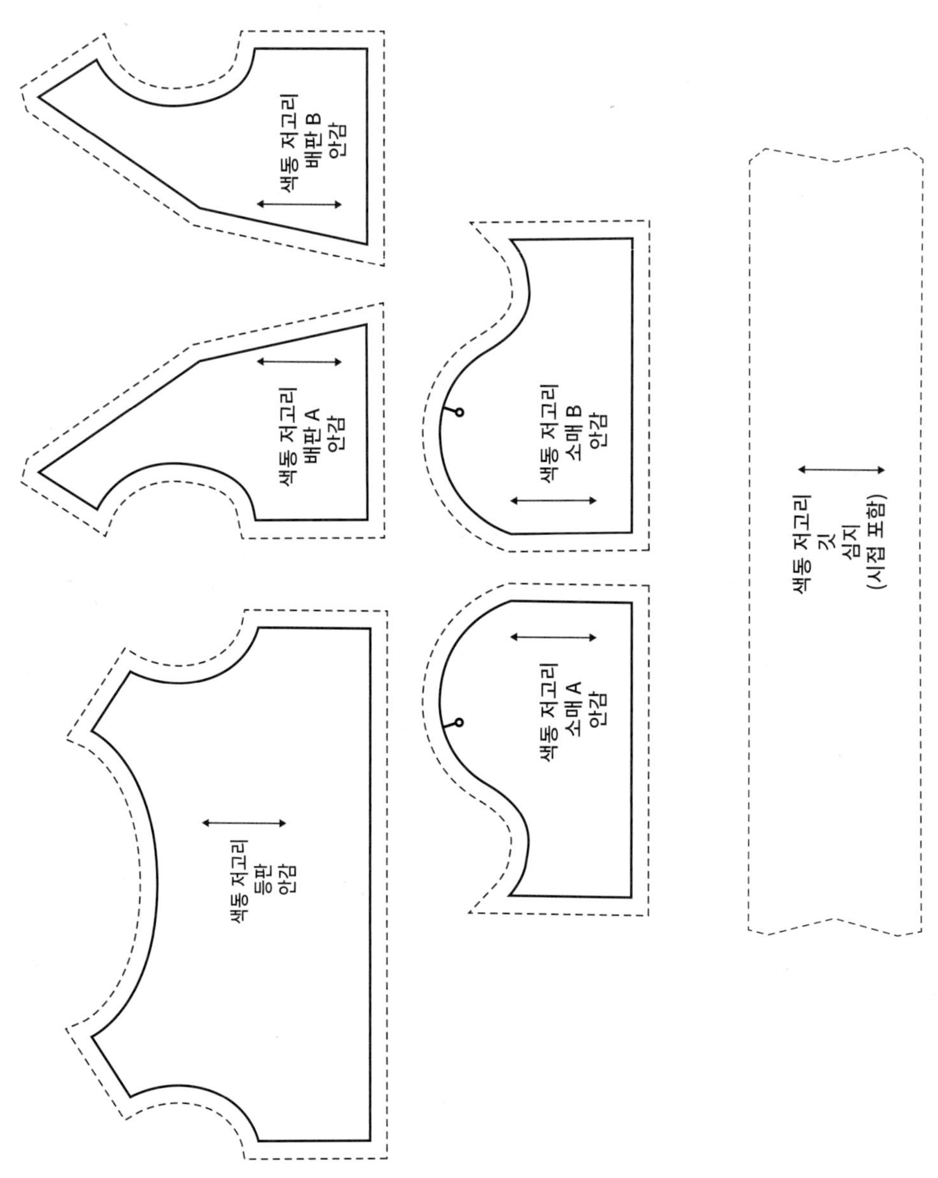

글자가 마주 보이도록 책을 돌려서 보세요. 실제 사이즈 패턴은 부록으로 제공합니다.

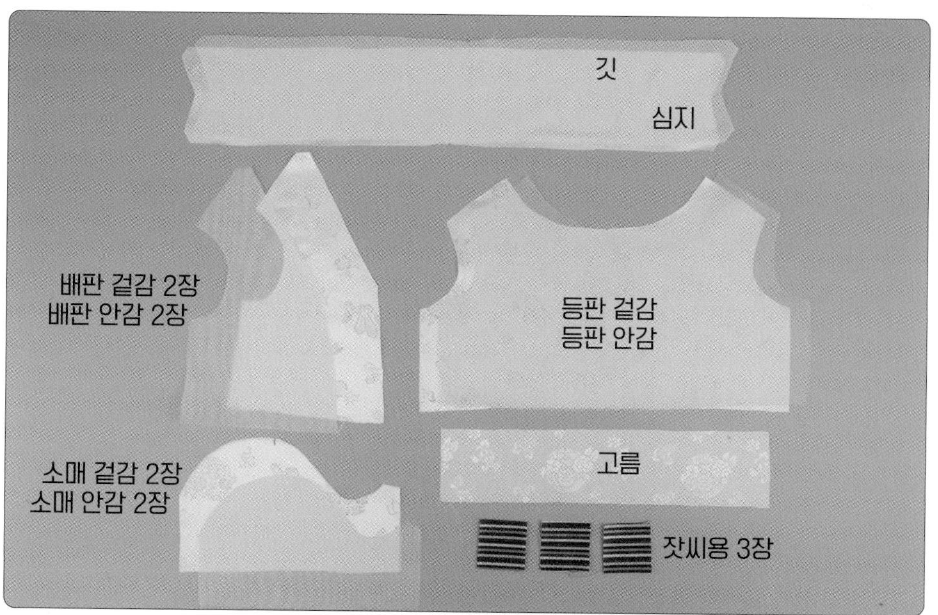

재단 TIP

1. 시접 분량은 완성선에서 1cm를 더해 줍니다.
2. 실크접착심지는 재단 시 0.2cm~0.3cm 크게 재단합니다.
3. 끝이 뭉툭하지 않은 초크 혹은 펜을 사용하시면 더욱 정확하게 그릴 수 있습니다.
4. 재단할 때 중심 표시와 너치를 꼭 넣어주세요.
5. 원단의 식서 방향은 꼭 지켜주세요.
6. 양단은 표면에 날카롭거나 뾰족한 물건이 스치면 올이 잘 풀릴 수 있습니다.

재봉 TIP

1. 바늘땀은 2.0 이하로 조절해서 재봉해 주세요.
2. 시접은 가름솔을 기본으로 합니다.
3. 중간중간 다림질을 넣어주면 더욱 깔끔하게 완성됩니다. 다리미 온도가 너무 높으면 원단이 탈 수 있습니다. 가능하면 다림질은 원단 안쪽에서 하고, 경우에 따라 겉에서 할 경우 면 원단(손수건 정도의 두께)을 한 장 깔고 다림질해 주세요.

스냅단추 달기 

심지 붙이기 

시접 처리하기 

재봉 따라하기

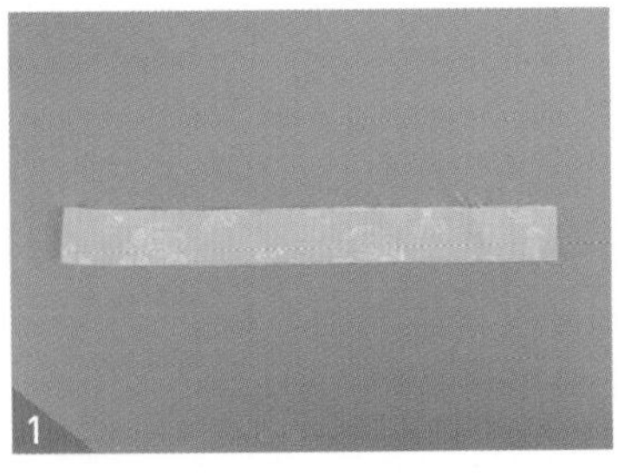

28cm X 6cm의 고름을 만들어주세요. 고름감을 반 접어 3면을 재봉해 주세요. 이때 창구멍은 3~4cm 정도 남겨주세요.

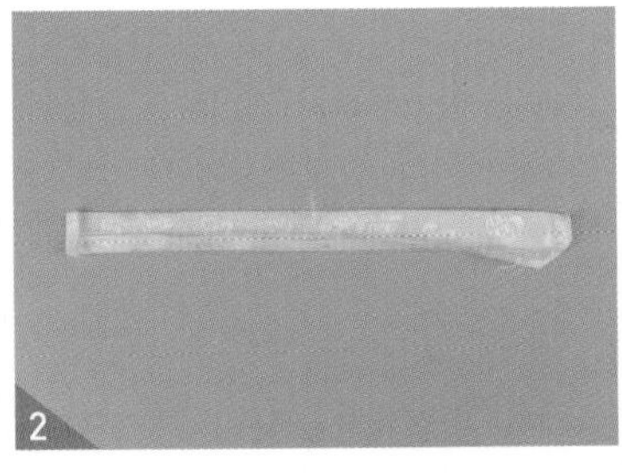

고름 시접을 한쪽으로 접어 다림질한 후 모서리를 사선으로 잘라주세요.

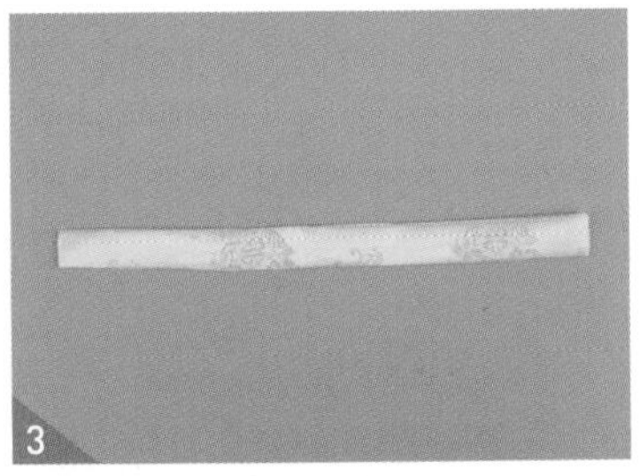

창구멍으로 뒤집어 다림질해 주세요.

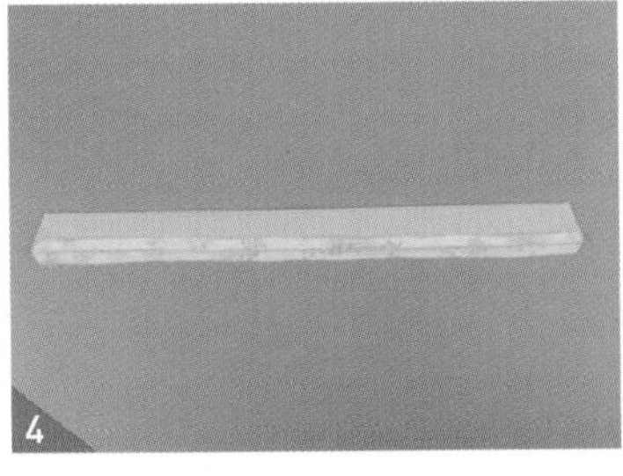

깃을 만들어주세요. 겉과 겉이 마주 보게 반 접고, 깃의 한 쪽 면의 시접을 1cm 접어 다림질한 후 양끝을 재봉해 주세요.

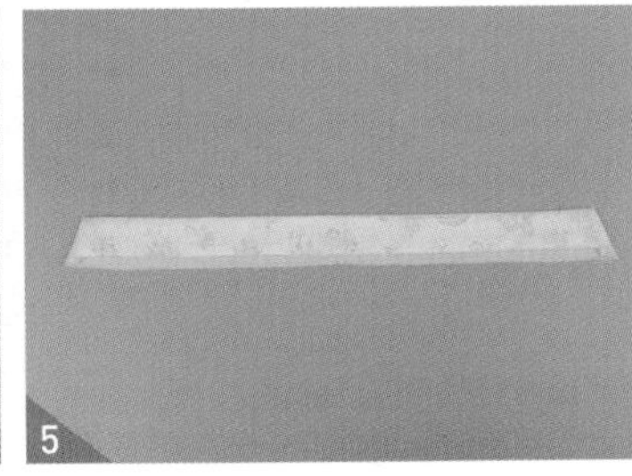

시접을 접어 뒤집어주세요.

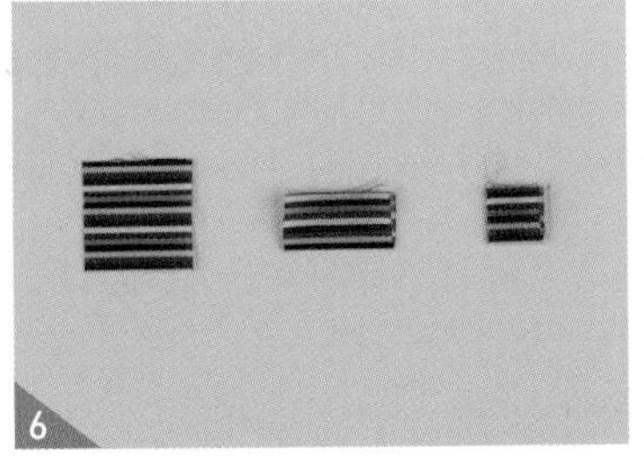

장식용 잣씨를 만들어주세요. 잣씨용 원단(4cm X 4cm) 3장을 반 씩 두 번 접어주세요.

만들어진 잣씨를 1cm씩 겹쳐가며 재봉해 주세요.

겉감과 안감의 저고리 몸판의 어깨선을 각각 재봉한 후 시접을 가름솔로 다림질해 주세요.

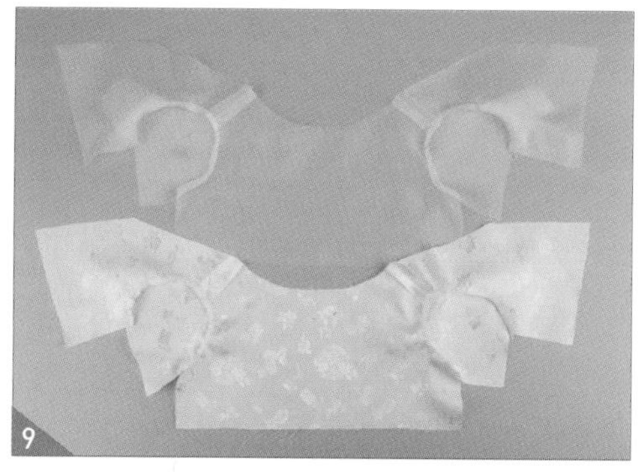

안감과 겉감의 암홀에 소매를 달아주세요. 시접은 소매 쪽으로 넘겨 다려주세요. 이때 시접분량을 0.5cm 남긴 후 잘라내고, 가윗밥을 넣어 주면 조금 더 자연스럽게 시접이 넘어갑니다.

※ 가윗밥을 넣을 때 재봉선을 자르지 않도록 주의하세요.

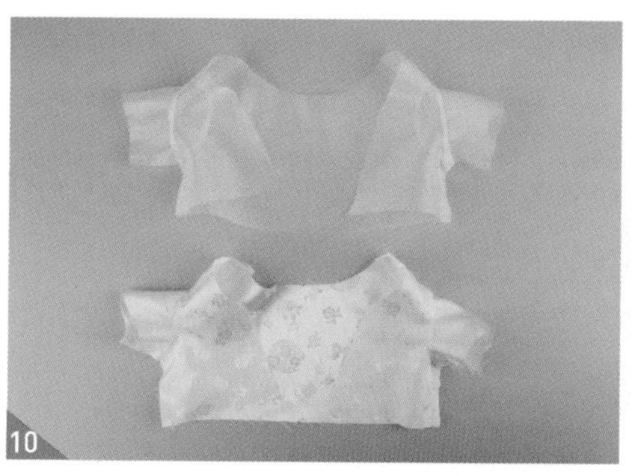

겉감과 안감의 옆선과 겨드랑이를 재봉한 후 시접을 가름솔로 다림질해 주세요. 겨드랑이 교차점 위아래 1cm 지점에 각각 가윗밥을 넣어주세요. 재봉선을 자르지 않도록 주의해 주세요.

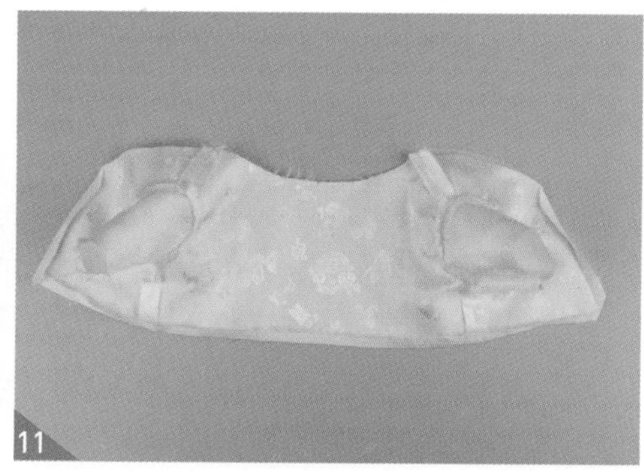

겉감과 안감을 겉끼리 마주 대고 좌우 앞섶(앞중심)과 도련(밑단)을 합봉해 주세요. 시접을 겉감 쪽으로 넘겨 다림질한 후 좌우 모서리를 사선으로 잘라주세요.

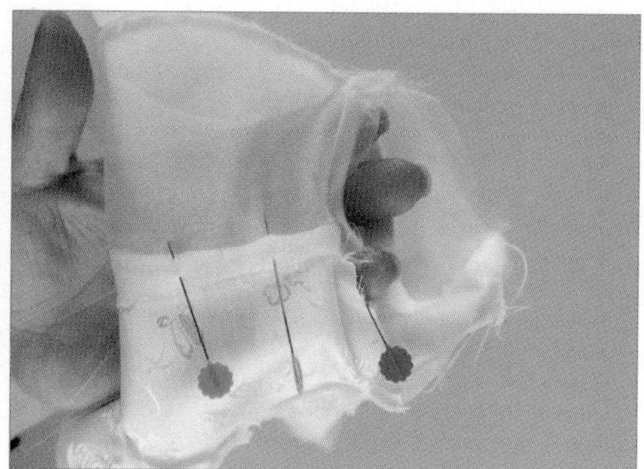

겉감과 안감의 소매 밑단을 겉끼리 마주 대고 합봉해 주세요. 먼저 겉감의 소매 밑단을 안쪽으로 2cm 정도 접으면 겉면이 바깥으로 노출됩니다. 안감의 소매 밑단의 겉면이 노출된 겉감의 겉면과 마주 대도록 포개어 끼운 후 시침 핀으로 고정해주세요. 이때 겨드랑이 점은 서로 꼭 맞춰주세요.

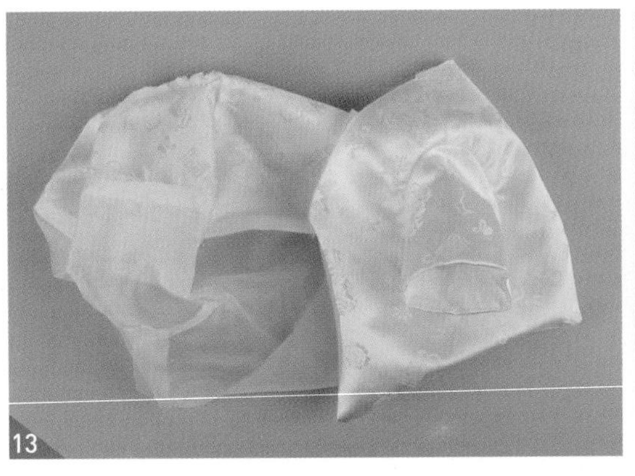

13

소매 밑단 시접도 겉감 쪽으로 접어 다림질한 후 목둘레를 통해 뒤집어주세요.

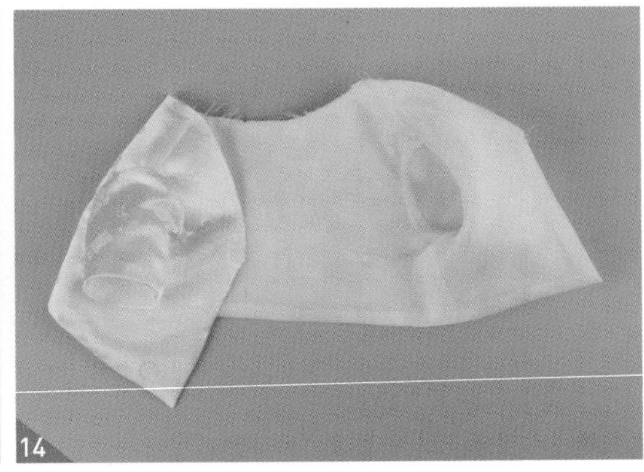

14

깃 달릴 부분의 겉감과 안감을 0.5cm로 고정해 주세요.

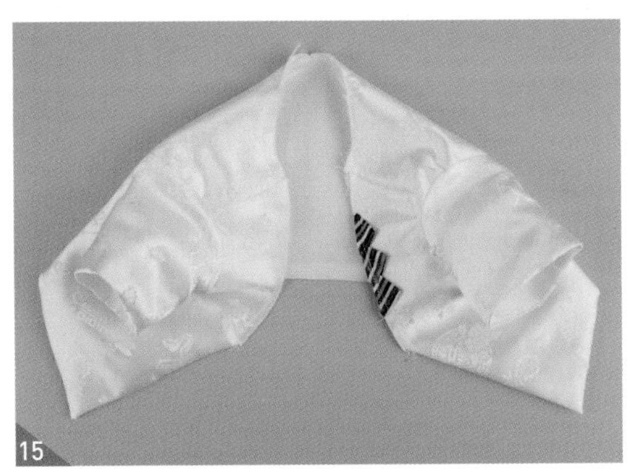

15

몸판의 깃 달릴 부분에 잣물림 장식을 고정해 주세요. 만들어 놓은 잣씨가 완성선에서 1cm 정도 노출될 수 있도록 맞춰 재봉한 후 잣씨의 시접을 몸판 시접 분량과 동일하게 잘라 정리해 주세요. 패턴의 잣물림 위치를 확인해주세요.

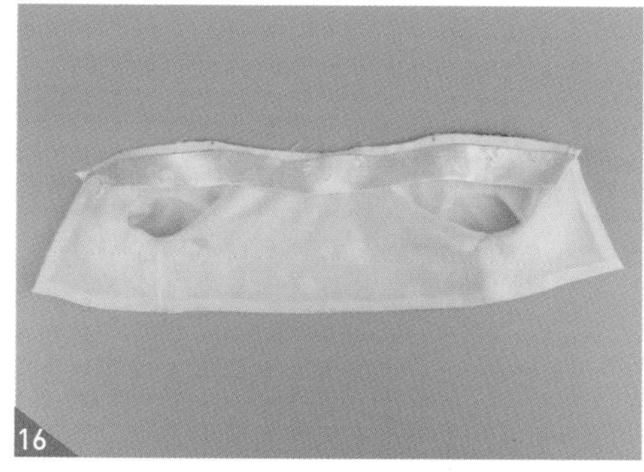

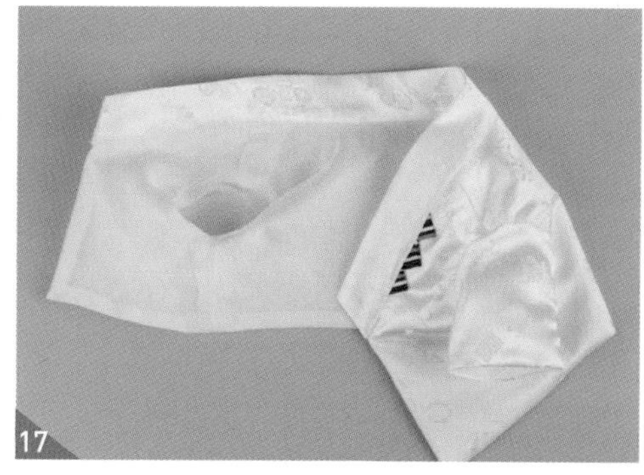

만들어 둔 깃의 시접을 접지 않은 쪽과 몸판의 안감(겉)을 마주 대고 재봉해 주세요.

다림질로 시접을 깃 쪽으로 넘겨 깃 안으로 넣고 다림질한 후, 시접이 접혀있는 겉깃을 몸판 완성선에 맞춰 시침 핀으로 고정합니다. 깃을 겉에서 0.1cm로 상침을 넣어 고정해 주세요.

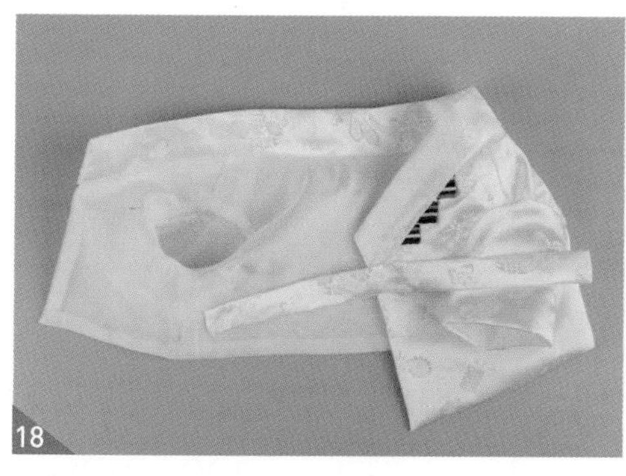

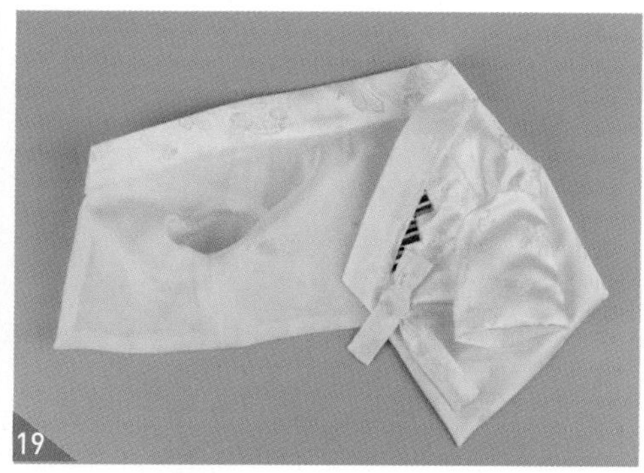

고름 위치를 잡고 고름의 중앙을 되돌아박기를 사용하여 고정해 주세요.

고름을 묶어주세요.

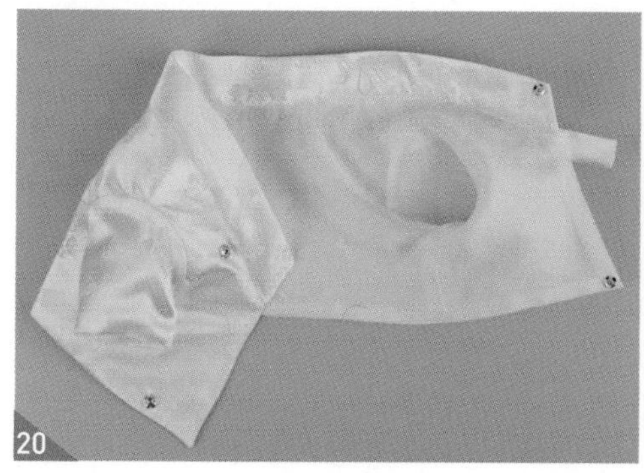

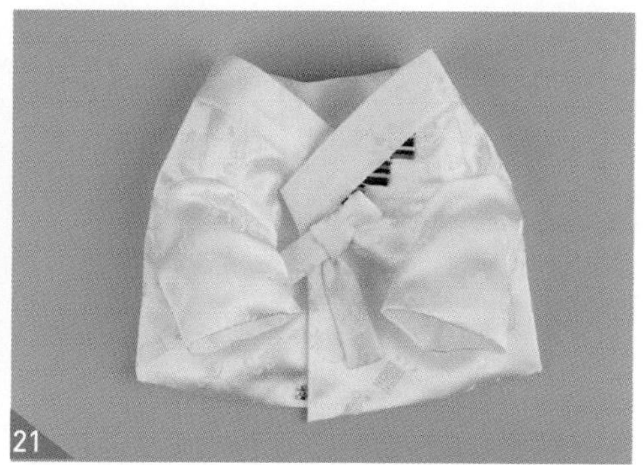

스냅단추를 위와 같이 달아주세요. 시착 후 스냅단추 위치를 잡아 달아주세요.

완성입니다.

털배자

겨울 아우터로 특별한 날 색동 한복과 세트로도 입을 수 있는 고급스러운 배자를 만들어 보아요. 한복 장식인 노리개를 달아 주면 특별함이 한층 더 올라 갑니다. 배자만 입어도 고풍스러운 분위기를 연출할 수 있어요.
배자는 방한 조끼로 누빔에 털을 트리밍해 완성합니다.

준비물(L SIZE 기준)

원단

1) 몸판 : 퀼팅 원단 60cm X 30cm

부자재

1) 털 트리밍 140cm
2) 나비 노리개 1개
3) T단추 4세트

털배자 재단하기

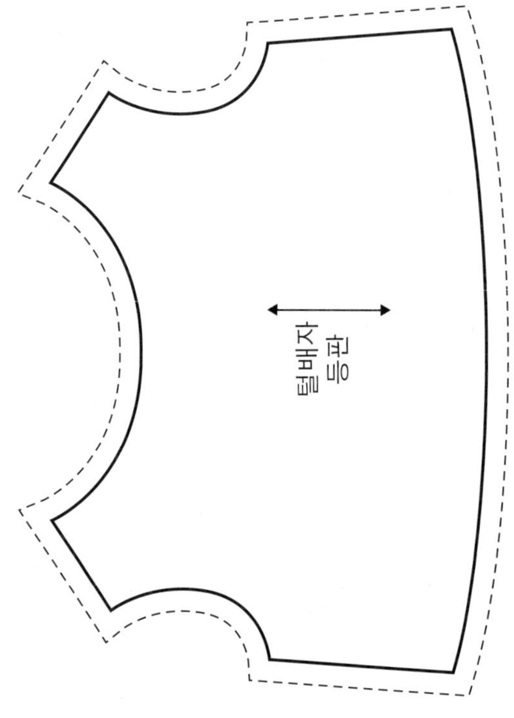

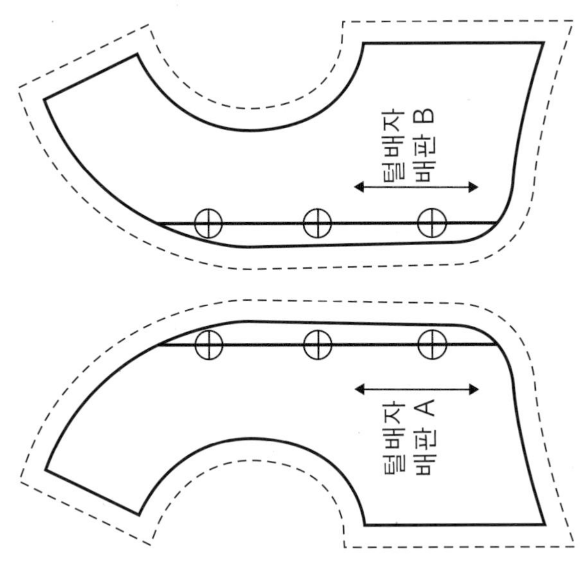

글자가 마주 보이도록 책을 돌려서 보세요. 실제 사이즈 패턴은 부록으로 제공합니다.

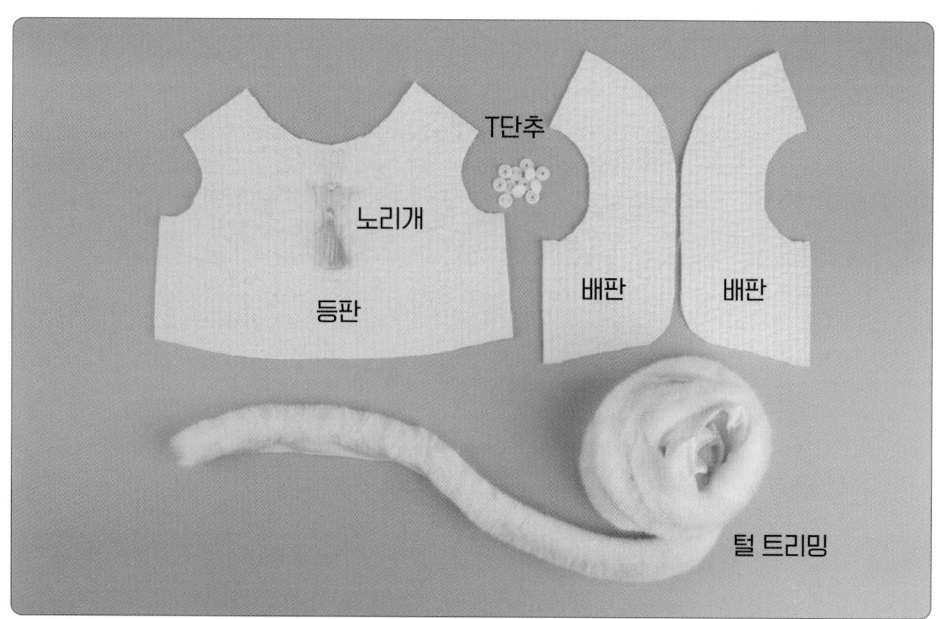

 원단 위에 패턴을 올린 후 시접분을 그려줍니다. 시접선을 따라 재단해 주세요.

재단 TIP

1. 시접 분량은 완성선에서 1cm를 더해 줍니다.
2. 끝이 뭉툭하지 않은 초크 혹은 펜을 사용하시면 더욱 정확하게 그릴 수 있습니다.
3. 재단할 때 중심 표시와 너치를 꼭 넣어주세요.
4. 원단의 식서 방향은 꼭 지켜주세요.

재봉 TIP

1. 바늘땀은 3.0 이상으로 조절해서 재봉해 주세요.
2. 커브가 많아서 너치를 맞춰 시침 핀으로 고정해도 조금씩 밀릴 수 있습니다. 이럴 때는 노루발을 살짝 살짝 들었다 놨다 반복해가며 재봉해 주세요.

T단추 달기 

▶ 재봉 따라하기

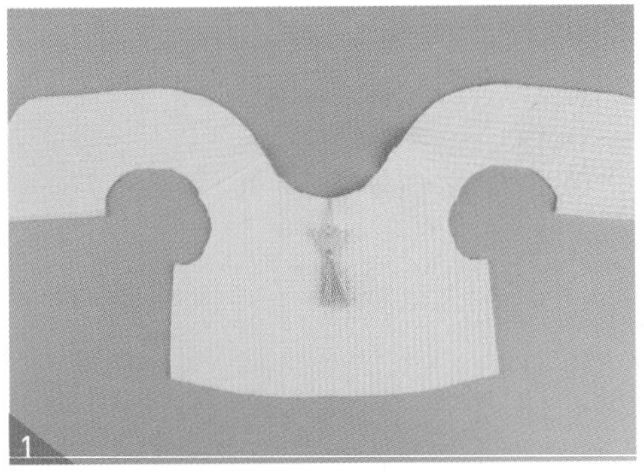

등판 중심에 노리개를 고정한 후 등판과 배판의 겉끼리 마주 대고 어깨선을 재봉해 주세요.

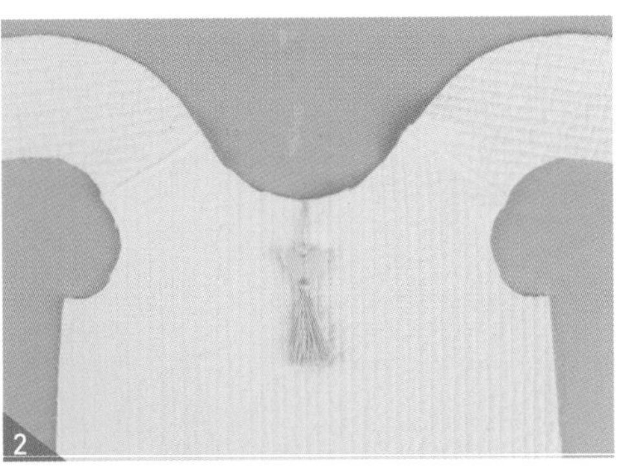

어깨 시접을 등판으로 넘겨 0.5cm 상침해 주세요.

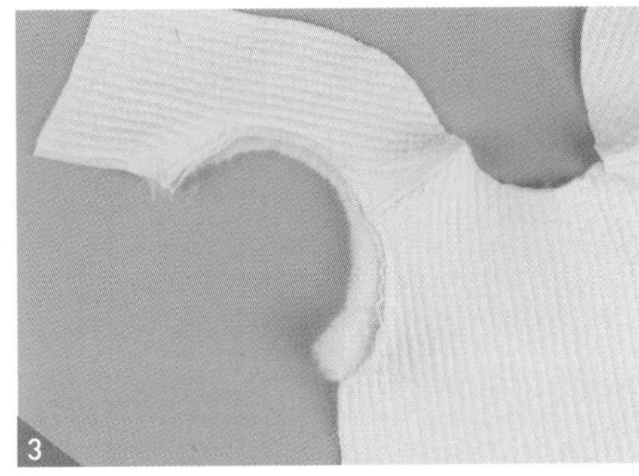

암홀 겉감의 겉에 털 트리밍 시접을 맞춰 1cm로 재봉해 주세요.

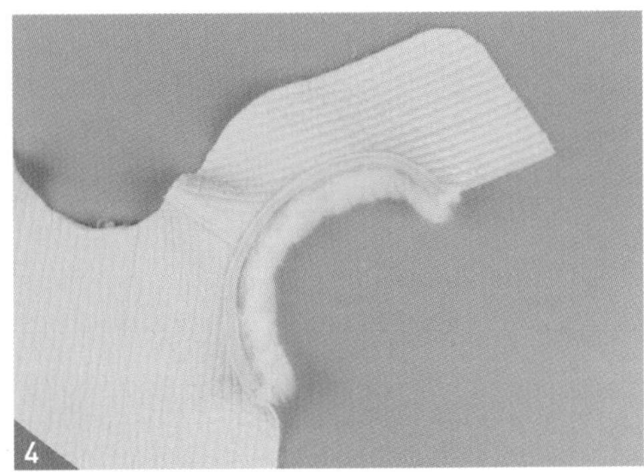

시접을 몸판쪽으로 넘겨 0.5cm 상침해 주세요.

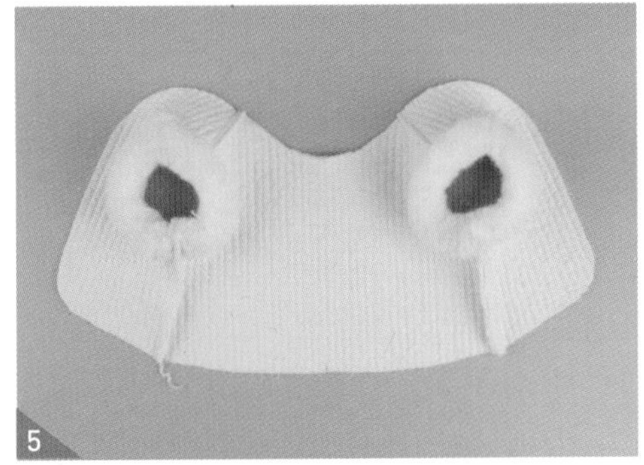

옆선을 재봉한 후 오버록이나 지그재그 박기로 시접을 정리해 주세요.

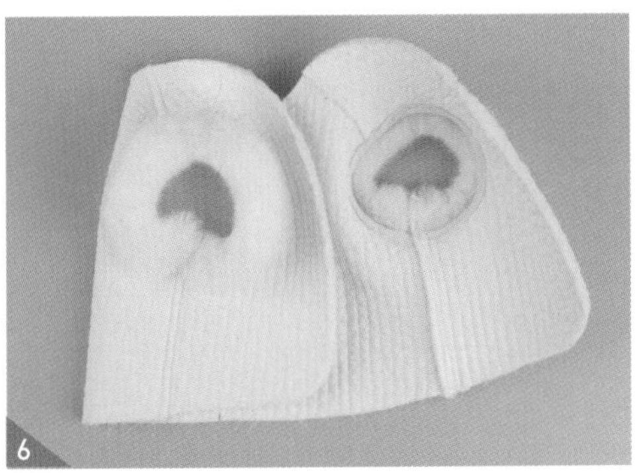

옆선 시접을 등판쪽으로 넘겨준 후 0.5cm 상침해 주세요.

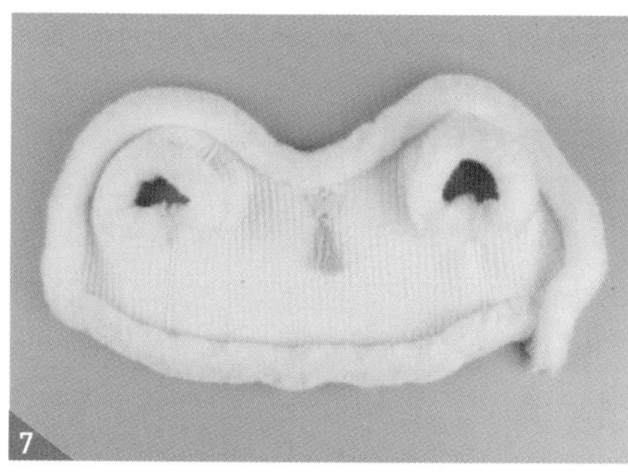

앞중심, 밑단, 목둘레를 암홀과 같은 방법으로 털 트리밍을 달아주세요.

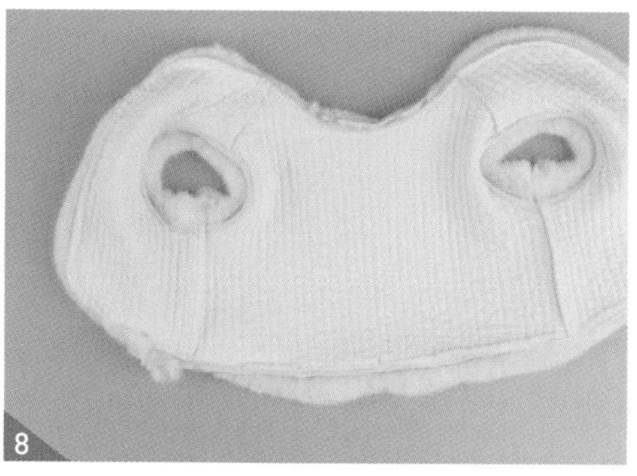

털 트리밍의 끝은 3cm 정도 겹쳐서 달아주세요.

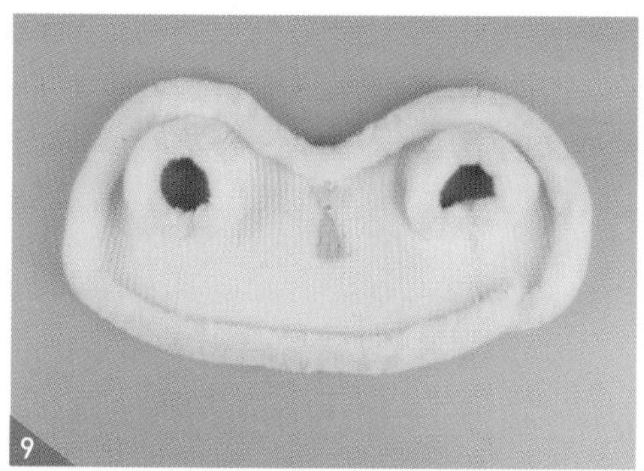

시접을 몸판쪽으로 넘겨 0.5cm 상침해 주세요.

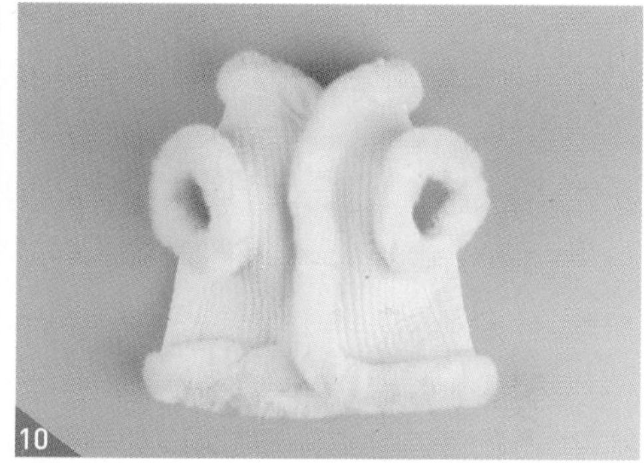

T단추 위치를 패턴에서 확인한 후 달아주세요.

완성입니다.

색동 케이프

색동 케이프 하나로도 우아한 한복 느낌을 연출할 수 있습니다. 노리개를 활용해 더 고급스러운 한복 케이프를 완성해 보아요. 동정과 깃을 표현하고 외주름 잡는 법을 배워볼게요. 주름 폭이나 분량만 조절해도 다양한 분위기로 연출이 가능합니다.

준비물(L SIZE 기준)

원단

1) 케이프 : 색동 원단 135cm X 15cm
2) 양단 겉 깃감(아이보리) 65cm X 7cm
3) 동정감(화이트) 65cm X 10cm
4) 고름감(베이지) 28cm X 6cm
5) 안감 : 노방 135cm X 15cm

부자재

1) 실크접착심지 60cm X 8cm
2) 스냅단추 2세트
3) 노리개 1개

색동 케이프 재단하기

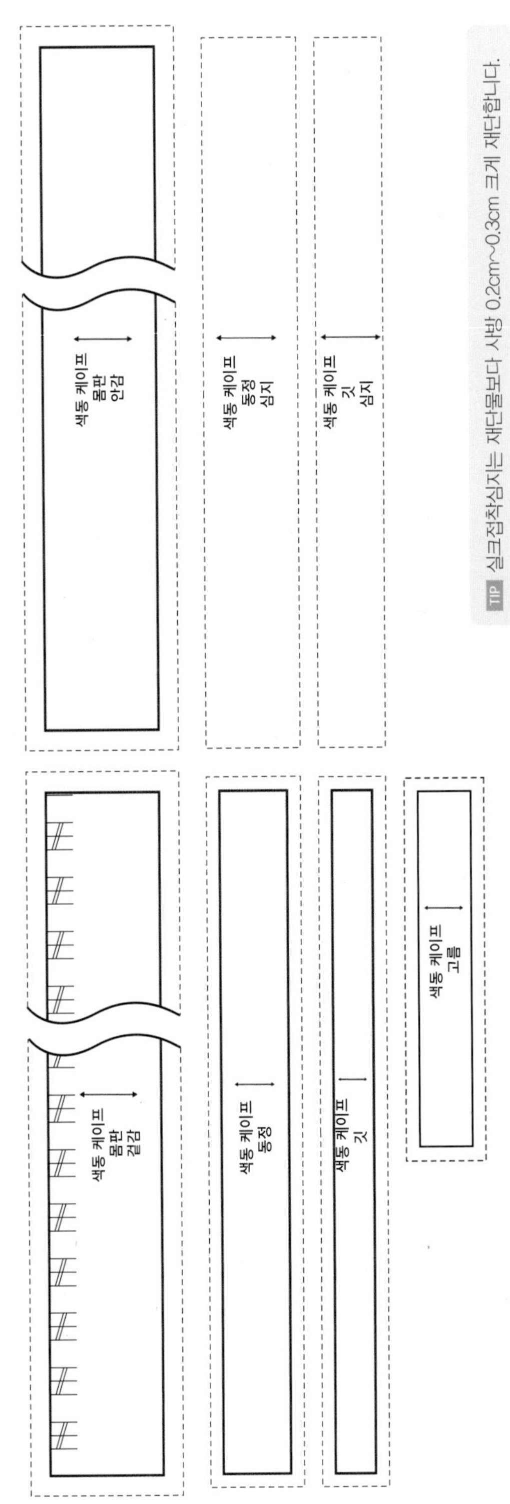

TIP 실크접착심지는 재단물보다 사방 0.2cm~0.3cm 크게 재단합니다.

글자가 마주 보이도록 책을 돌려서 보세요. 실제 사이즈 패턴은 부록으로 제공합니다.

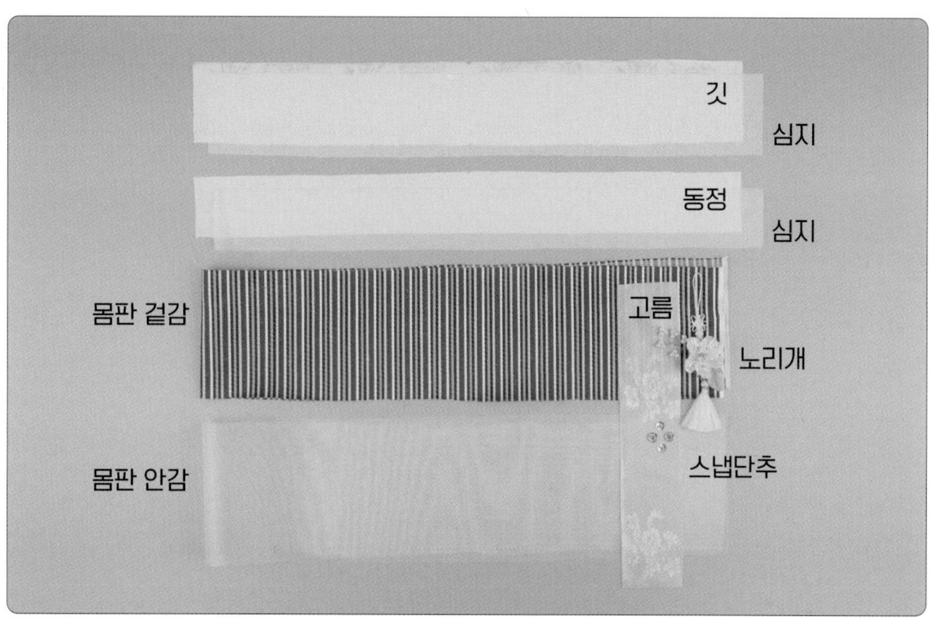

원단 위에 패턴을 올린 후 시접분을 그려줍니다. 시접선을 따라 재단해 주세요.

재단 TIP

1. 시접 분량은 완성선에서 1cm를 더해 줍니다.
2. 끝이 뭉툭하지 않은 초크 혹은 펜을 사용하시면 더욱 정확하게 그릴 수 있습니다.
3. 재단할 때 중심 표시와 너치를 꼭 넣어주세요.
4. 원단의 식서 방향은 꼭 지켜주세요.
5. 양단은 표면에 날카롭거나 뾰족한 물건이 스치면 올이 잘 풀릴 수 있습니다.

재봉 TIP

1. 바늘땀은 2.0 이하로 조절해서 재봉해 주세요.
2. 중간중간 다림질을 넣어주면 더욱 깔끔하게 완성됩니다. 다리미 온도가 너무 높으면 원단이 탈 수 있습니다. 가능하면 다림질은 원단 안쪽에서 하고, 경우에 따라 겉에서 할 경우 면 원단(손수건 정도의 두께)을 한 장 깔고 다림질해 주세요.

▶ 재봉 따라하기

동정(안), 깃(안)에 실크접착심지를 다림질로 붙여주세요.

깃과 동정을 재봉해 주세요. 시접은 동정쪽으로 넘겨 다려주세요.

동정(겉)을 위로 두고, 재봉된 선에서 1cm 떨어진 곳에 열펜으로 선을 그어주세요.

그어진 선에 맞춰 안쪽으로 접어 다림질해 주세요(동정 부분이 1cm 보임). 그리고 다시 열펜으로 겉깃에 시접을 0.8cm 그려주세요.

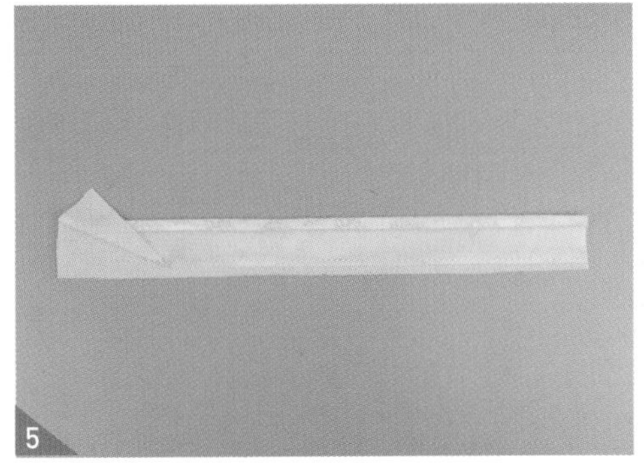

그린 겉깃 시접을 안으로 접어 다림질해 주세요.

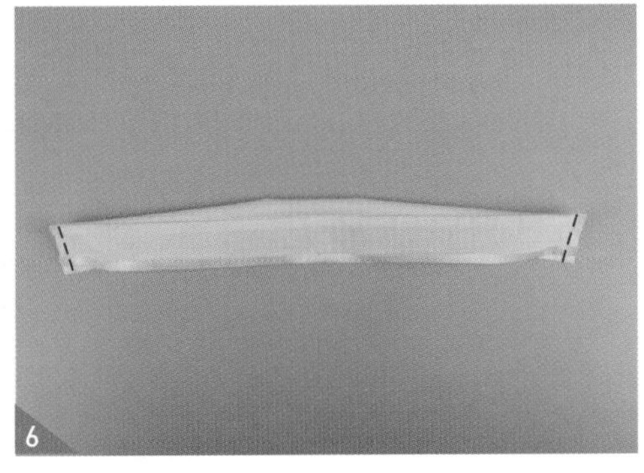

동정 접힌 선을 기준으로 겉끼리 마주 대고 깃의 양끝을 재봉해 주세요.

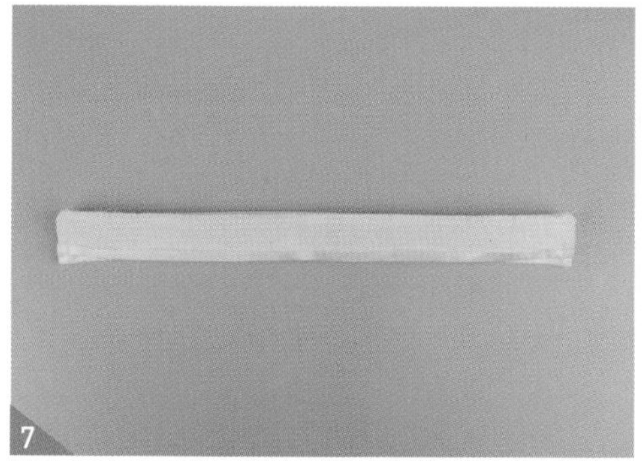

7

양쪽 끝 시접의 모서리를 자르고 시접을 접어 다림질해 주세요.

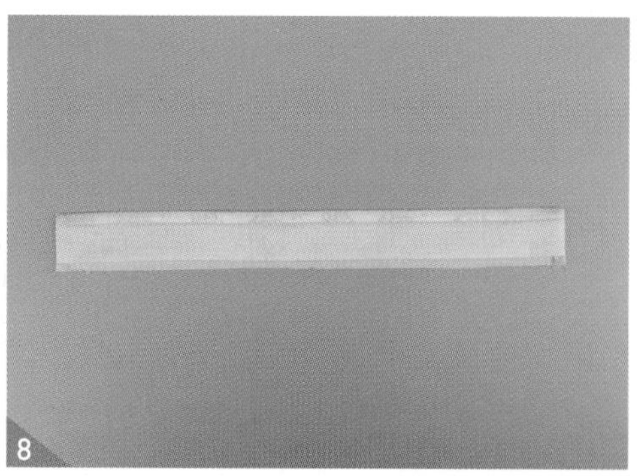

8

뒤집어서 다림질해 주세요(깃이 1cm 접혀 있는 상태).

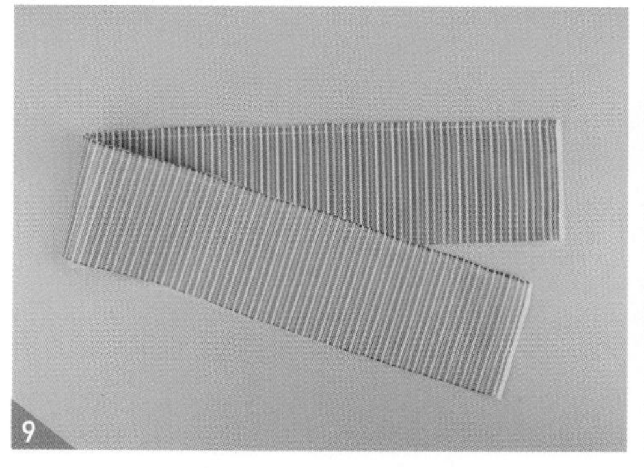

9

케이프 몸판의 겉감과 안감을 겉끼리 마주 대고 3면을 재봉해 주세요.

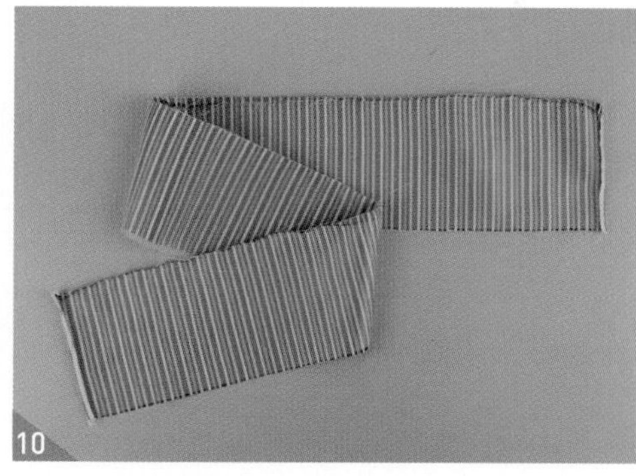

10

시접을 겉감 쪽으로 접어서 3면을 다림질해 주세요.

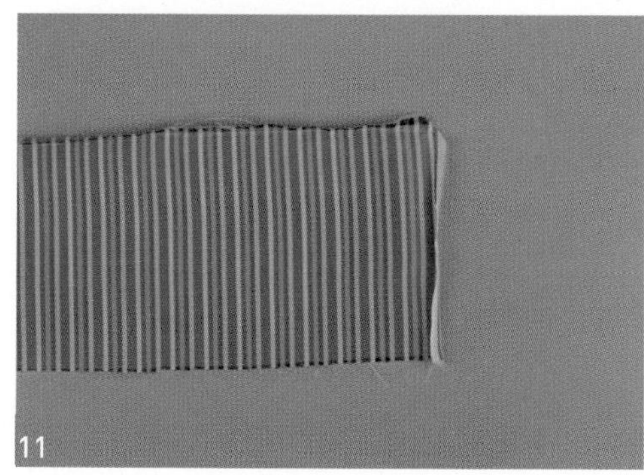

11

모서리를 사선으로 잘라주세요.

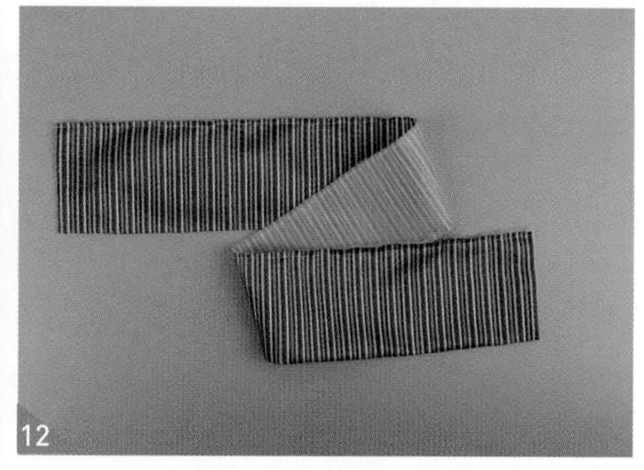

12

뒤집어서 다림질한 후 재봉하지 않은 윗부분을 0.5cm 시접으로 재봉해 주세요.

13

외주름을 잡아 시침 핀으로 고정한 후 0.7cm로 재봉해 주세요(2배 주름).

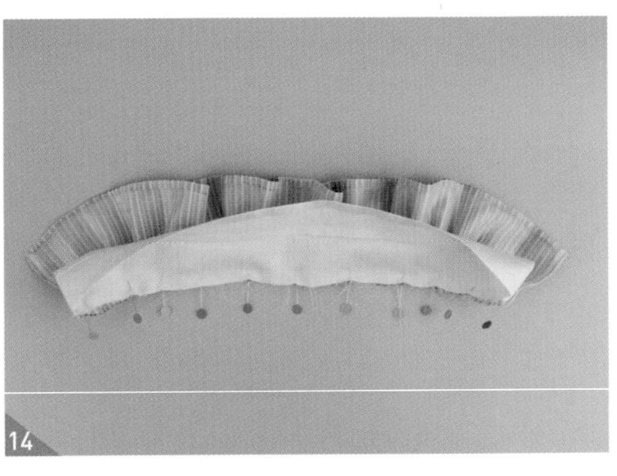

14

동정 원단(시접이 접히지 않은 면)과 몸판의 안을 마주 대고 시침 핀으로 고정한 후 재봉해 주세요.

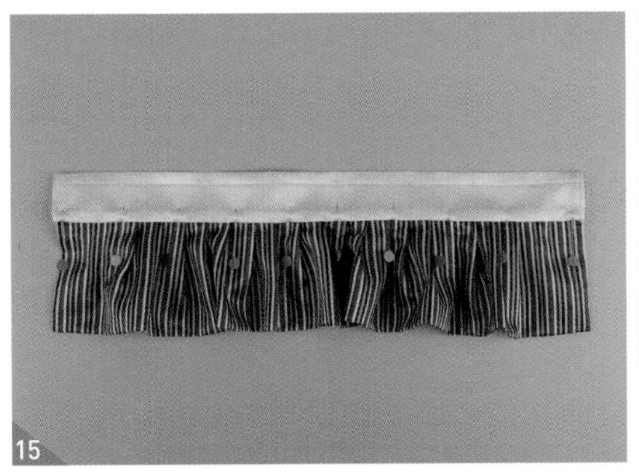

15

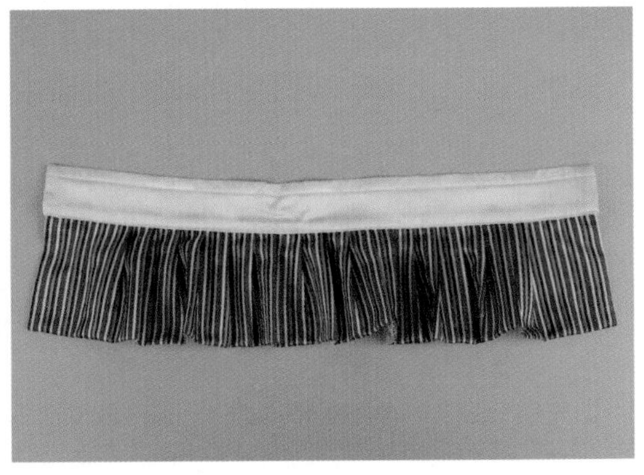

시접을 동정쪽으로 넘겨 다림질한 후 겉깃(시접이 접힌 면)을 몸판 겉감 완성선에 올려 시침 핀으로 고정한 후 0.2cm 상침해 주세요.

16

스냅단추 위치 확인 후 손바느질로 단추를 달아주세요. 시착 후 스냅단추 위치를 잡아 달아주세요.

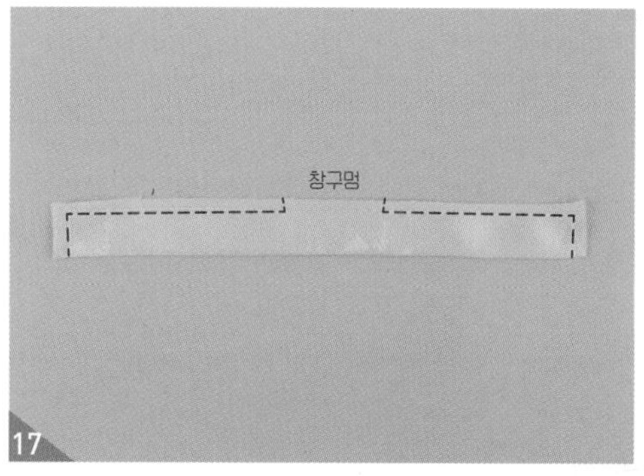

17

고름을 만들어주세요. 먼저 고름을 반으로 접어 창구멍 4cm 정도 남겨둔 후 3면을 재봉해 주세요.

18

시접을 접어 다림질해 주세요.

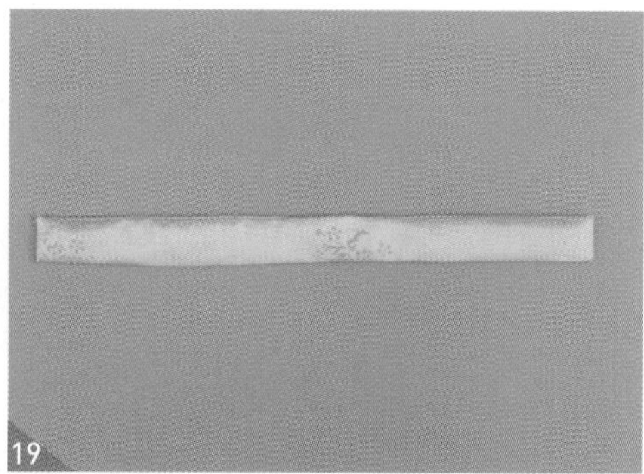

19

창구멍으로 뒤집어준 후 창구멍은 공그르기해 주세요.

20

고름을 묶어 노리개와 함께 손바느질로 고정하면 완성입니다.

색동 볼끼(귀도리)

볼끼는 뺨과 턱을 덮는 전통 방한구입니다. 턱을 감싸서 머리 위로 묶어 고정하는 형태로 시작했는데, 지금은 머리를 감싸는 귀도리 형태로 많이 사용되고 있습니다.
색동 한복과 어울리는 패션 아이템으로 털 트리밍을 사용해 보온성도 높이면서 색동 원단과 퀼팅 원단을 양면으로 사용해 리버서블한 볼끼를 만들어 보아요.
볼끼의 귀가 나오는 구멍 지름이 작아서 여러 번 노루발을 들었다 놨다 반복해야 합니다.

준비물(L SIZE 기준)

원단
1) 몸판 : 색동 원단 30cm X 15cm
2) 퀼팅 원단 30cm X 15cm

부자재
1) 털 트리밍 60cm
2) 레이스 리본 테이프 40cm(20cm X 2장)
3) 접밴드 32cm
4) 나비 와펜 1개

색동 볼끼 재단하기

글자가 마주 보이도록 책을 돌려서 보세요. 실제 사이즈 패턴은 부록으로 제공합니다.

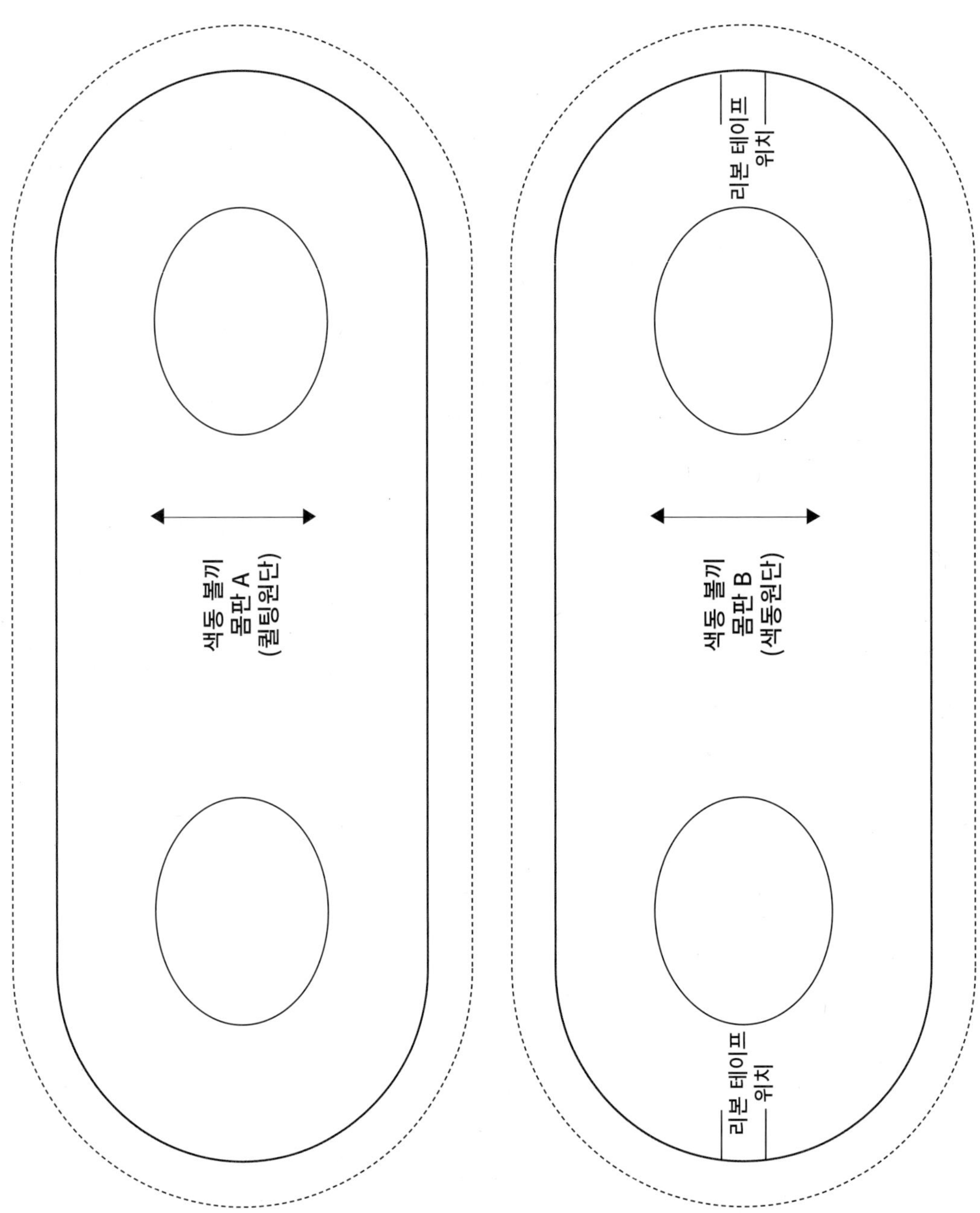

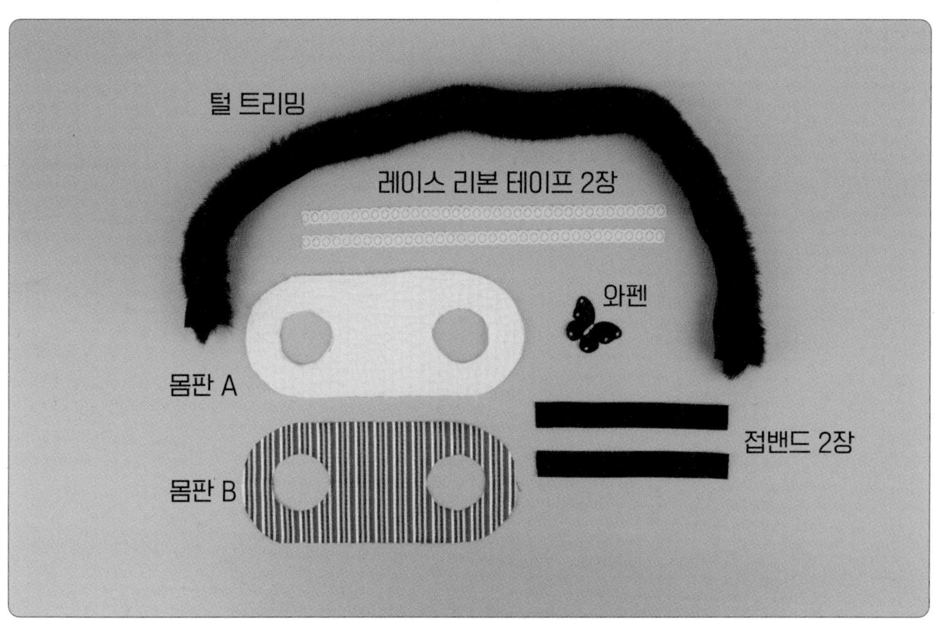

 원단 위에 패턴을 올린 후 시접분을 그려줍니다. 시접선을 따라 재단해 주세요.

재단 TIP

1. 시접 분량은 완성선에서 1cm를 더해 줍니다.
2. 끝이 뭉툭하지 않은 초크 혹은 펜을 사용하시면 더욱 정확하게 그릴 수 있습니다.
3. 재단할 때 중심 표시와 너치를 꼭 넣어주세요.
4. 원단의 식서 방향은 꼭 지켜주세요.
5. 양단은 표면에 날카롭거나 뾰족한 물건이 스치면 올이 잘 풀릴 수 있습니다.

재봉 TIP

1. 털 트리밍은 손으로 털을 눕혀가며 재봉해 주세요.
2. 커브가 많아서 너치를 맞춰 시침 핀으로 고정해도 조금씩 밀릴 수 있습니다. 이럴 때는 노루발을 살짝 살짝 들었다 놨다 반복해가며 재봉해 주세요.

재봉 따라하기

볼끼 몸판A(퀼팅원단) 중심에 자수 와펜을 달아주세요.

와펜이 달린 쪽 겉 시접에 맞춰 털 트리밍을 달아주세요. 커브가 있는 부분은 가윗밥을 넣어서 시접이 잘 넘어가도록 해주세요.

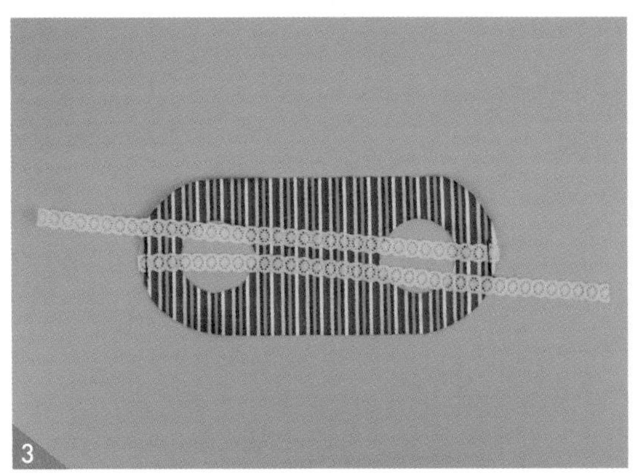

볼끼 몸판B(색동 원단)에 레이스 리본 테이프를 고정해 주세요.

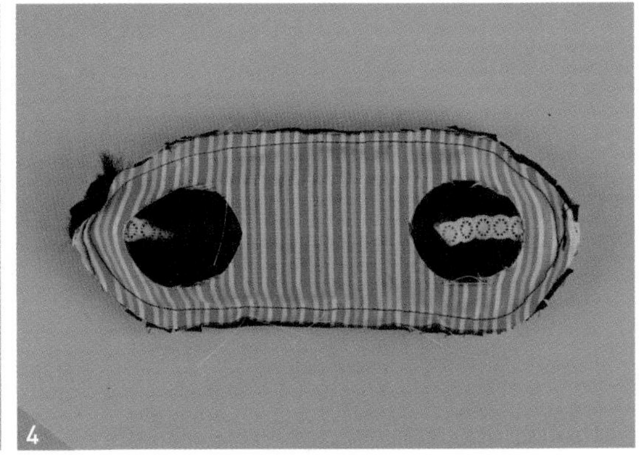

볼끼 몸판A(퀼팅)과 몸판B(색동)를 겉끼리 마주 대고 너치를 맞춰가며 둘레를 합봉해 주세요.

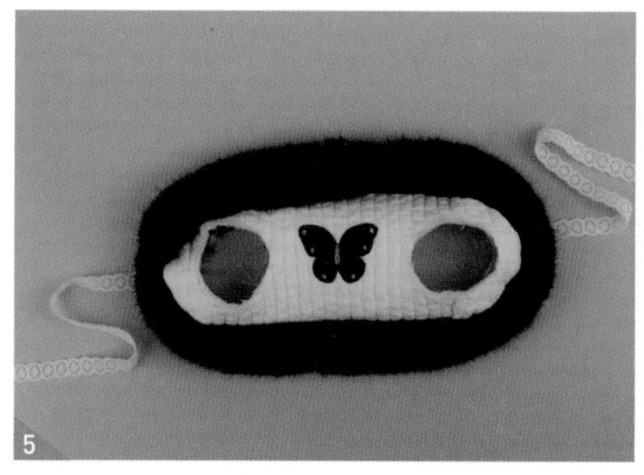
5

귓구멍으로 뒤집은 후 귓구멍을 잘 맞춰 0.7cm로 재봉해 주세요.

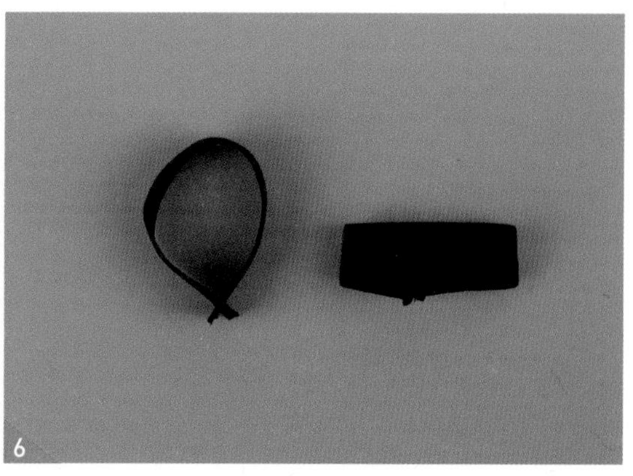
6

접밴드를 원으로 만들어 재봉하고, 시접은 가름솔로 다림질해 주세요. 좌우 귓구멍 처리용으로 사용할 거예요.

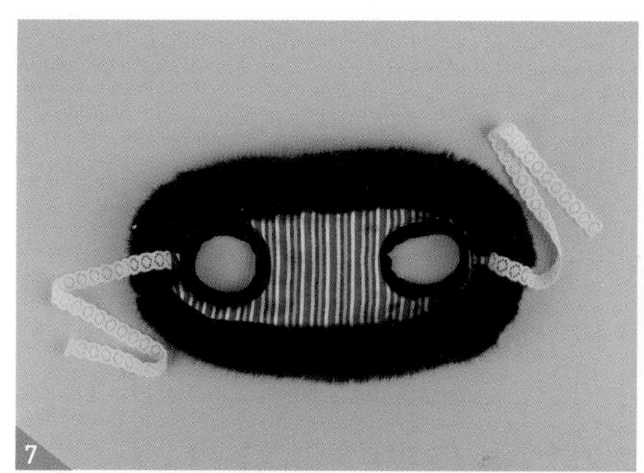
7

귓구멍을 잘 맞춰 접밴드로 싸서 눌러 박아주세요. 시침 고정된 실밥은 접밴드에 덮여 보이지 않도록 처리해 주세요.

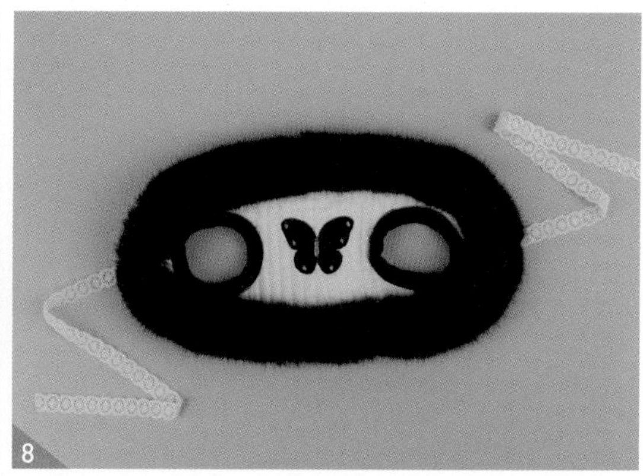
8

완성입니다.

색동 조바위

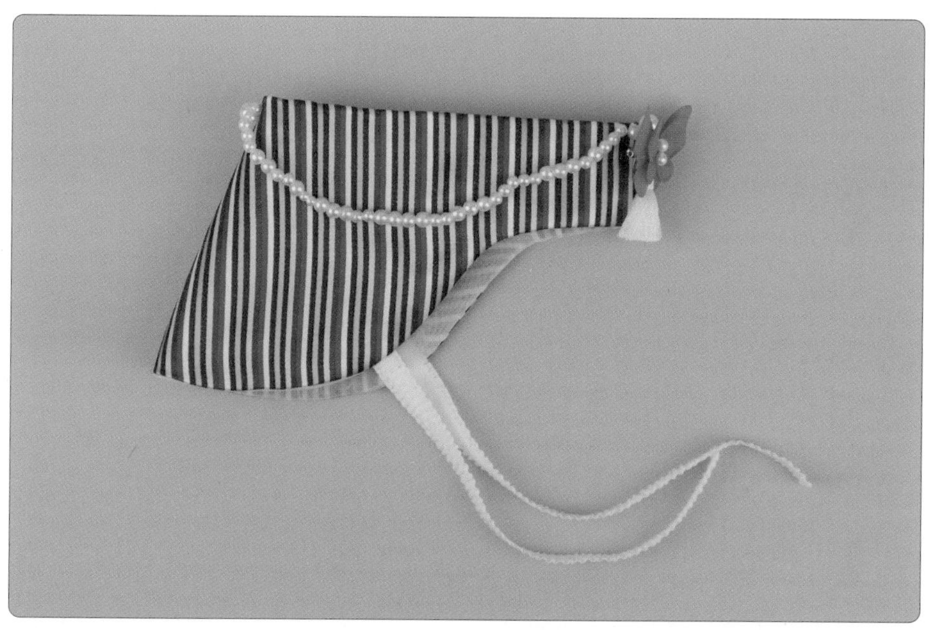

조바위는 외출용 또는 방한용으로 사용한 전통 모자입니다. 요즘은 여아 돌잔치 한복의 소품으로 많이 사용되고 있습니다. 색동 한복과 잘 어울리는 색동 원단을 사용하고 포인트로 진주 스트랩을 달아서 럭셔리한 조바위를 만들어 우리 아이에게 완벽한 날을 만들어 주세요.

준비물(L SIZE 기준)

원단

1) 몸판 : 색동 원단 45cm X 15cm
2) 노방 45cm X 15cm

부자재

1) 고무 레이스 40cm(20cm X 2개)
2) 나비 노리개 브로치 1개
3) 진주(비즈) 스트랩 1개

색동 조바위 재단하기

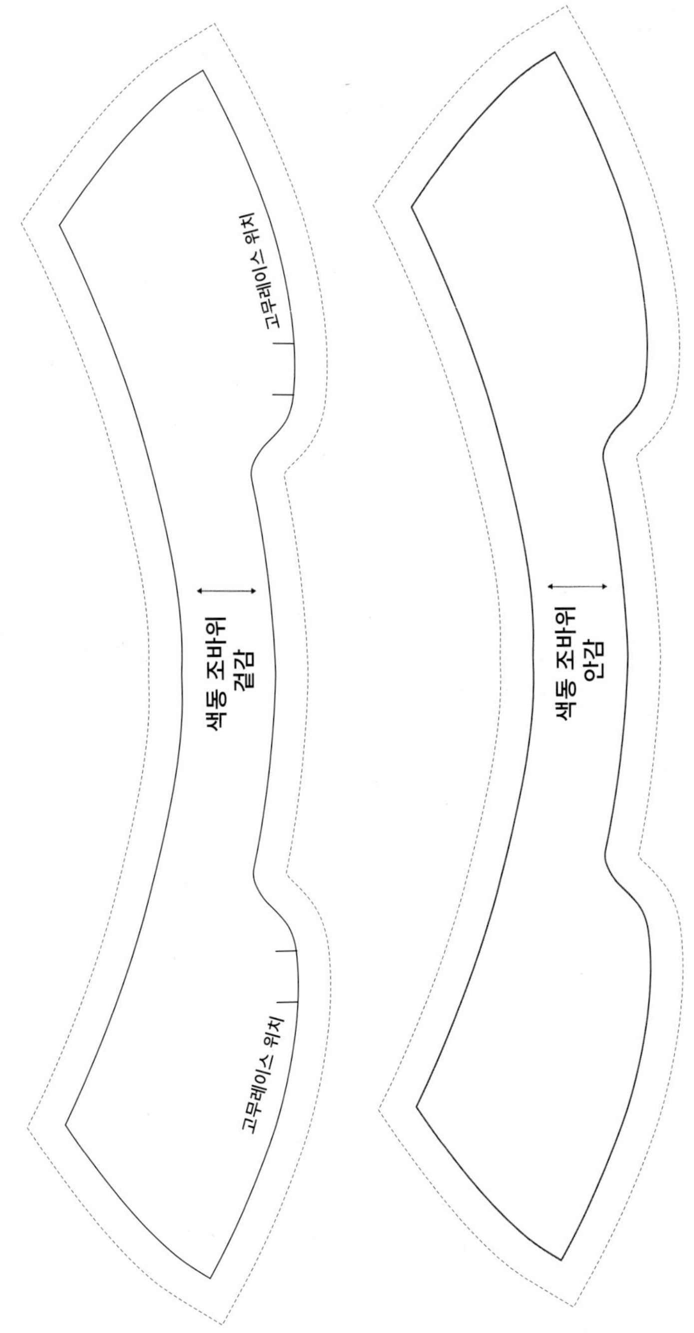

글자가 마주 보이도록 책을 돌려서 보세요. 실제 사이즈 패턴은 부록으로 제공합니다.

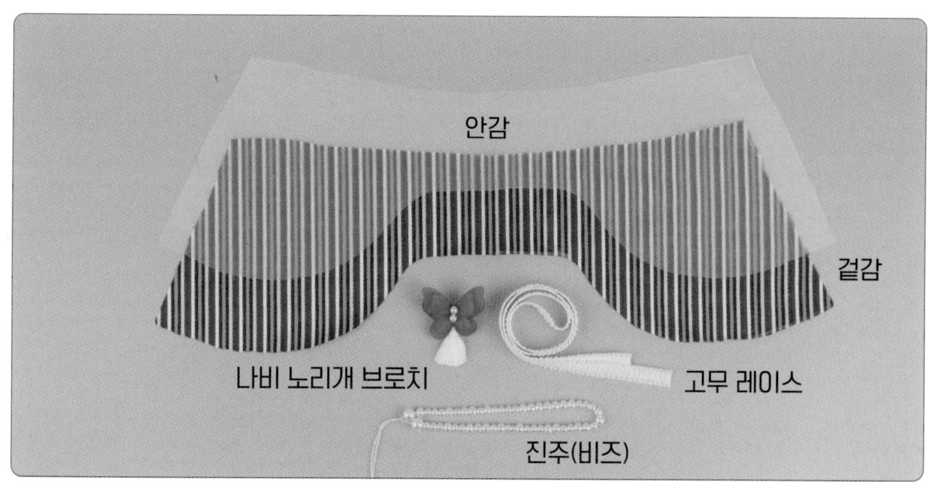

 원단 위에 패턴을 올린 후 시접분을 그려줍니다. 시접선을 따라 재단해 주세요.

재단 TIP

1. 시접 분량은 완성선에서 1cm를 더해 줍니다.
2. 끝이 뭉툭하지 않은 초크 혹은 펜을 사용하시면 더욱 정확하게 그릴 수 있습니다.
3. 재단할 때 중심 표시와 너치를 꼭 넣어주세요.
4. 원단의 식서 방향은 꼭 지켜주세요.
5. 양단은 표면에 날카롭거나 뾰족한 물건이 스치면 올이 잘 풀릴 수 있습니다.

재봉 TIP

1. 바늘땀은 2.0 이하로 조절해서 재봉해 주세요.
2. 시접은 가름솔을 기본으로 합니다.
3. 중간중간 다림질을 넣어주면 더욱 깔끔하게 완성됩니다. 다리미 온도가 너무 높으면 원단이 탈 수 있습니다. 가능하면 다림질은 원단 안쪽에서 하고, 경우에 따라 겉에서 할 경우 면 원단(손수건 정도의 두께)을 한 장 깔고 다림질해 주세요.
4. 커브 재봉 시 너치를 맞춰 시침 핀으로 고정해도 조금씩 밀릴 수 있습니다. 이럴 때는 노루발을 살짝 살짝 들었다 놨다 반복해가며 재봉해 주세요.

▶ 재봉 따라하기

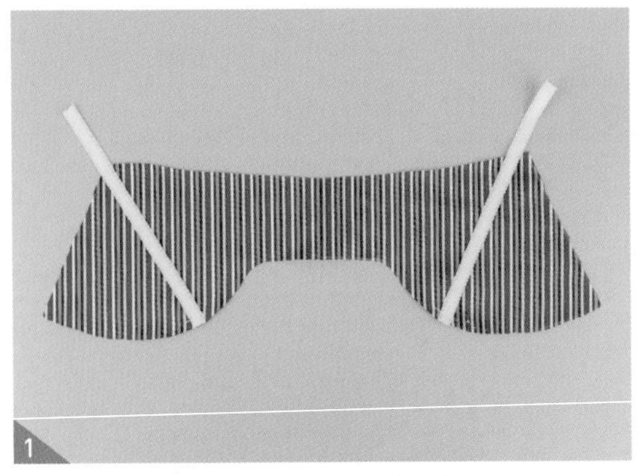

겉감(겉)의 밑단에 고무 레이스를 고정해 주세요.

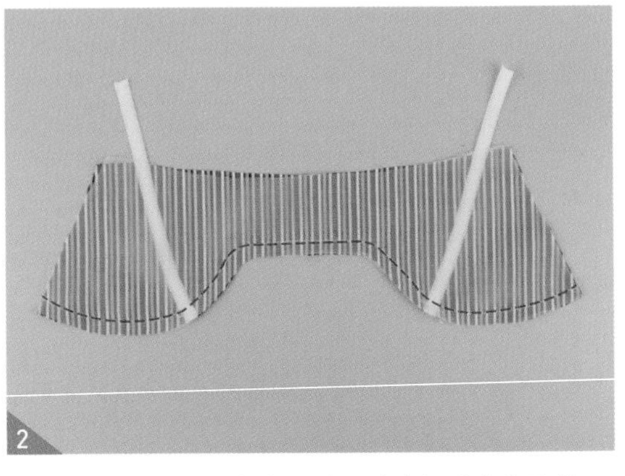

안감과 겉감을 겉끼리 마주 대고 밑단을 재봉해 주세요.

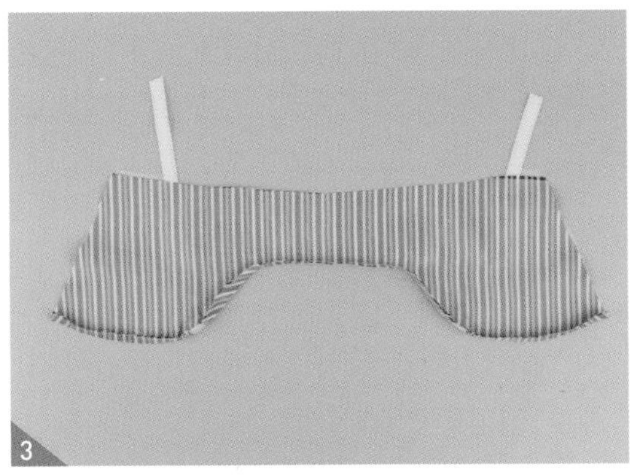

시접을 겉감 쪽으로 넘겨 다림질한 후 커브가 있는 곳은 가윗밥을 넣어주세요.

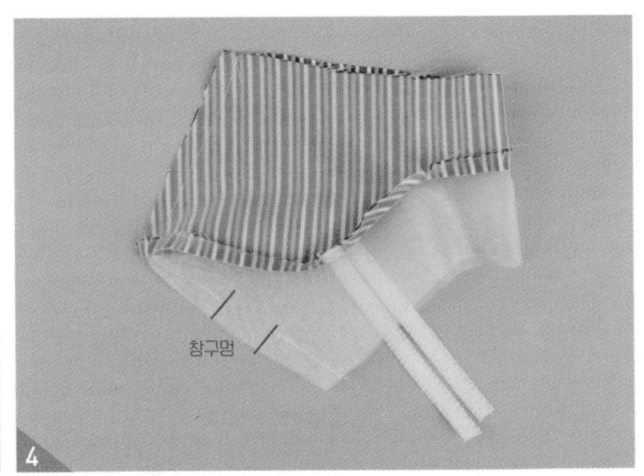

겉감과 안감을 펼쳐 겉끼리 마주 대고 옆선을 재봉해 주세요. 이때 안감 쪽에 3~4cm 정도 창구멍을 남겨주세요.

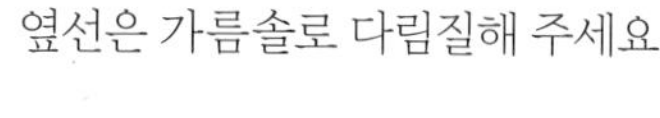
옆선은 가름솔로 다림질해 주세요.

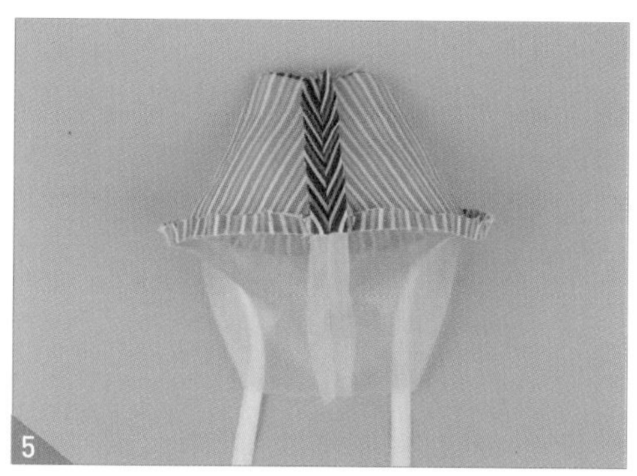

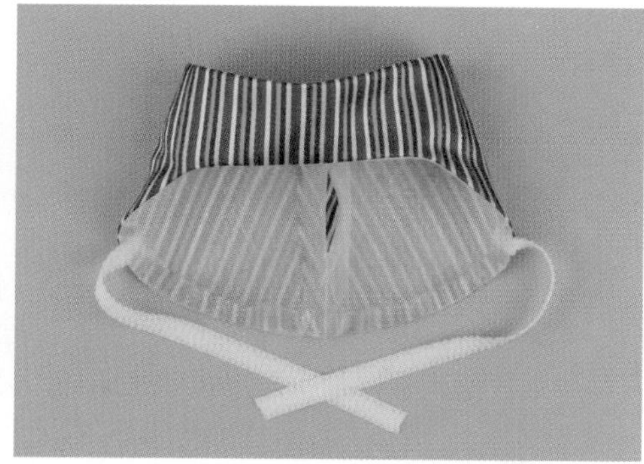

조바위의 윗부분을 겉감과 안감의 겉끼리 마주 대고 둥글게 재봉해 시접을 겉감 쪽으로 다림질한 후 창구멍으로 뒤집어주세요.

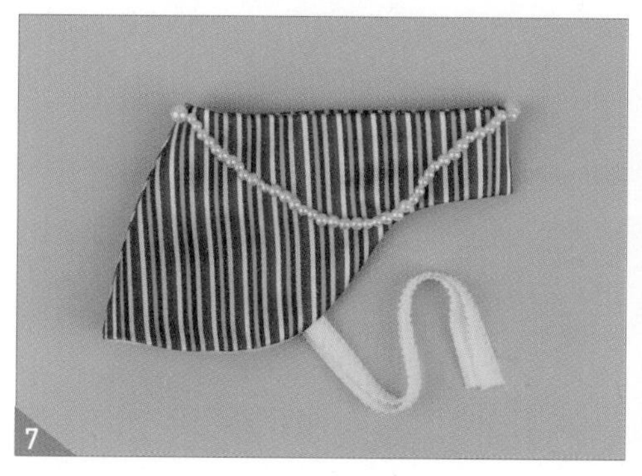

창구멍을 공그르기로 막아준 후 비즈를 달아주세요.

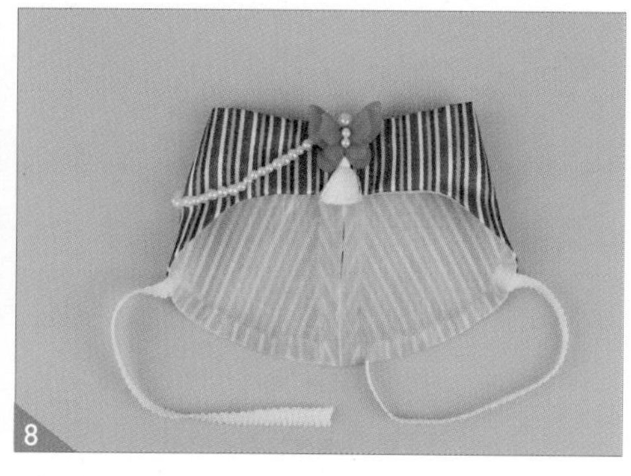

나비 노리개 브로치를 앞 중심에 꽂아 주면 완성입니다.

호박 족두리

족두리는 궁중 여인들이 가르마에 장식용으로 사용했습니다. 요즘에는 배씨 댕기, 웨딩 족두리 등 예복에 맞춰 다양한 디자인으로 착용합니다.
간단한 방법으로 호박 족두리를 만들어 볼게요.

준비물

원단

1) 색동 원단 29cm X 18cm

부자재

1) 방울솜
2) 스트링 고무줄 40cm
3) 스토퍼 1개
4) 진주 장식 1개

호박 족두리 재단하기

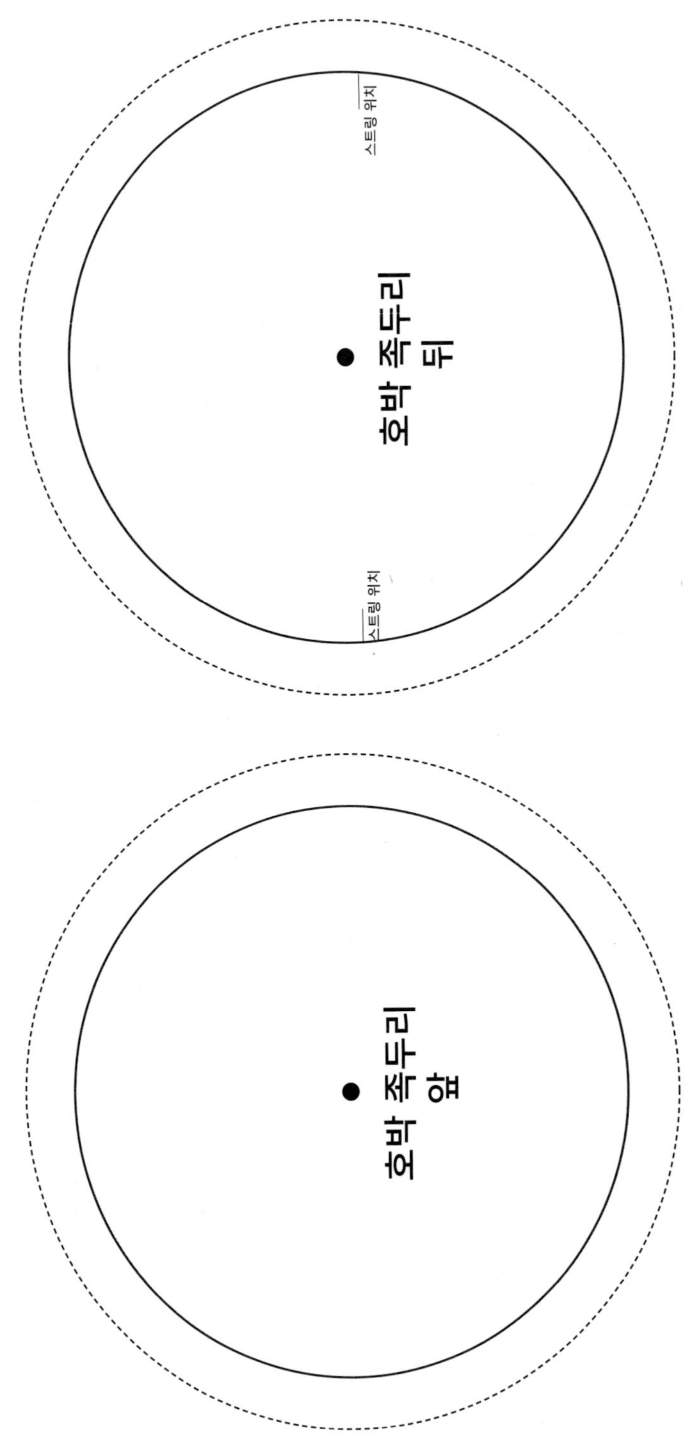

글자가 마주 보이도록 책을 돌려서 보세요. 실제 사이즈 패턴은 부록으로 제공합니다.

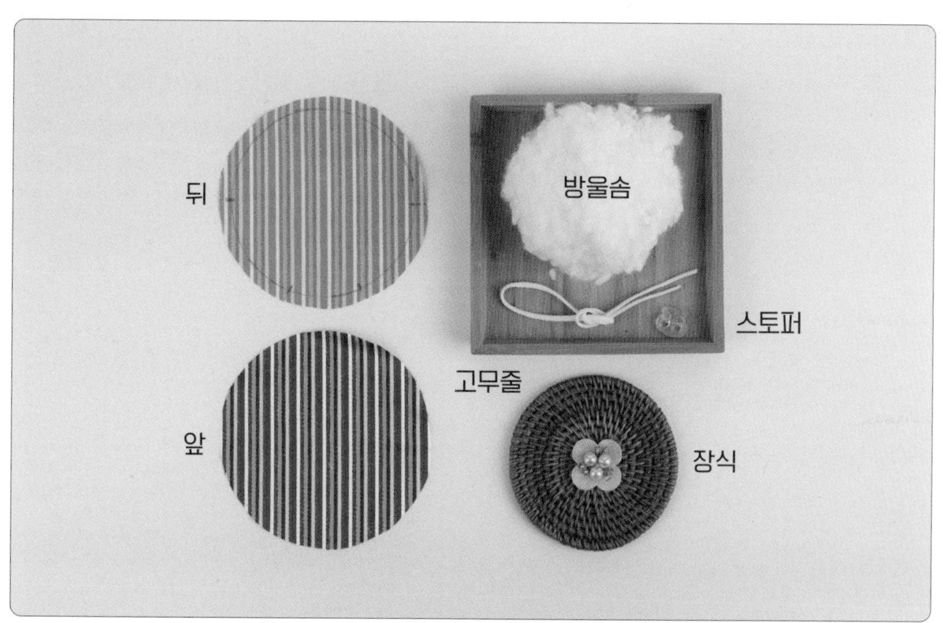

 원단 위에 패턴을 올린 후 시접분을 그려줍니다. 시접선을 따라 재단해 주세요.

재단 TIP

1. 시접 분량은 완성선에서 1cm를 더해 줍니다.
2. 끝이 뭉툭하지 않은 초크 혹은 펜을 사용하시면 더욱 정확하게 그릴 수 있습니다.
3. 재단할 때 중심 표시와 너치를 꼭 넣어주세요.
4. 원단의 식서 방향은 꼭 지켜주세요.
5. 양단은 표면에 날카롭거나 뾰족한 물건이 스치면 올이 잘 풀릴 수 있습니다.

재봉 TIP

1. 바늘땀은 2.0 이하로 조절해서 재봉해 주세요.
2. 중간중간 다림질을 넣어주면 더욱 깔끔하게 완성됩니다. 다리미 온도가 너무 높으면 원단이 탈 수 있습니다. 가능하면 다림질은 원단 안쪽에서 하고, 경우에 따라 겉에서 할 경우 면 원단(손수건 정도의 두께)을 한 장 깔고 다림질해 주세요.
3. 커브가 많아서 너치를 맞춰 시침 핀으로 고정해도 조금씩 밀릴 수 있습니다. 이럴 때는 노루발을 살짝 살짝 들었다 놨다 반복해가며 재봉해 주세요.

공그르기 

재봉 따라하기

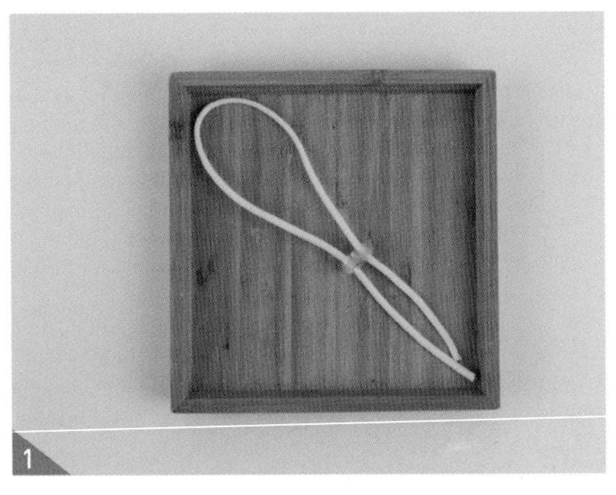

스토퍼에 스트링 고무줄을 통과시켜주세요.

※ 스토퍼 버튼을 누른 상태에서 스트링 고무줄을 통과시켜줍니다.

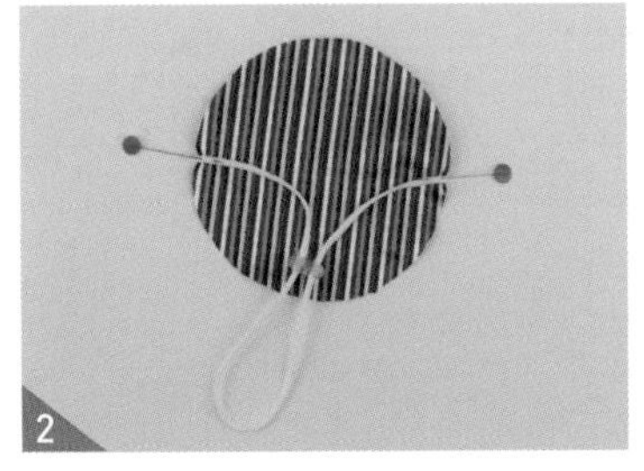

족두리 뒤 원단의 스트링 고무줄 위치에 고무줄을 시침 핀으로 고정 후 되돌려박기로 눌러 박아 주세요.

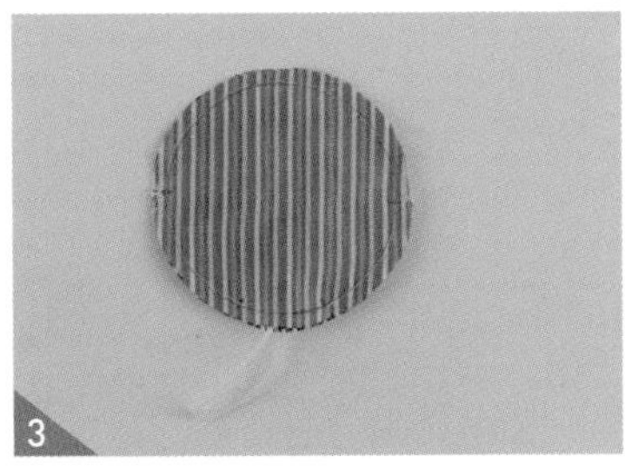

족두리 앞, 뒤 원단을 겉끼리 마주 대고 창구멍을 제외한 둘레를 재봉해 주세요.

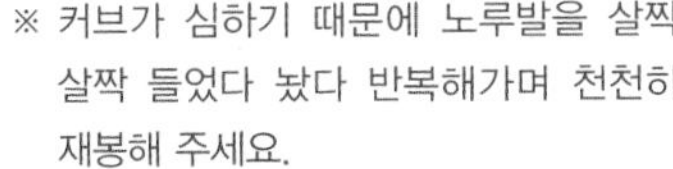

※ 커브가 심하기 때문에 노루발을 살짝 살짝 들었다 놨다 반복해가며 천천히 재봉해 주세요.

시접을 족두리 앞 원단 쪽으로 접어 다림질한 후 창구멍을 제외하고 가윗밥을 넣어주세요.

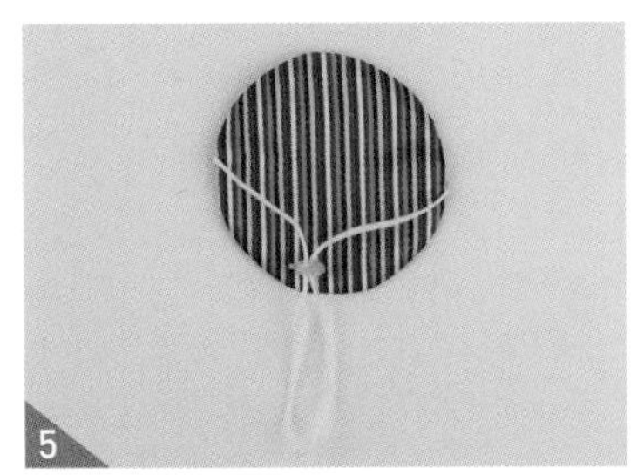

창구멍으로 뒤집어주세요.

방울솜은 풀어서 공기 층을 만들어 준 후 창구멍 안으로 넣어주세요.

※ 호박 족두리 내부가 가득 차게 방울솜을 넣어주세요.

창구멍을 공그르기로 막아주세요.

손바느질로 8등분의 호박 모양을 만들어 줄 거에요. 실을 4줄로 만들어 바늘귀에 통과시키고, 실끝의 매듭을 두 세 번 묶어 크게 만들어주세요. 위쪽 중앙에 직각으로 바늘을 꽂아 아래쪽 중심으로 3번 통과시켜주세요. +자 모양으로 위쪽 중앙에서 아래쪽 중앙으로 통과해가며 4등분으로 모양을 만든 후 다시 8등분을 만들고 마지막 매듭은 족두리 앞 중앙으로 지어주세요.

※ 중앙은 반드시 족두리 앞, 뒤 원단을 직각으로 통과하며, 볼록볼록한 모양이 동일하게 나오도록 모양과 실을 당기는 힘을 조절해 가며 바느질해주세요.

호박 모양이 완성되면, 매듭이 보이는 족두리 앞(위) 중앙에 글루건으로 진주 장식을 고정해주면 완성입니다.

색동 말기 치마

연말연시 이벤트에 우리 아이들의 색동 한복, 케이프, 볼끼, 조바위, 호박 족두리 세트와 함께 커플로 입을 수 있는 색동 말기 치마를 만들어 더욱 특별한 추억을 만들어 보아요.

말기 치마는 전통 한복을 응용해 만든 치마이며, 다양한 상의와 여러 가지 코디로 연출이 가능하고, 다양한 원단으로 만들면 랩 스커트처럼 착용할 수도 있습니다.

준비물(L SIZE 기준)

원단

1) 원피스 : 색동 원단 111cm X 155cm
2) 허릿단(아이보리) 111cm X 20cm

부자재

1) 실크접착심지 107cm X 16cm

색동 말기 치마 재단하기

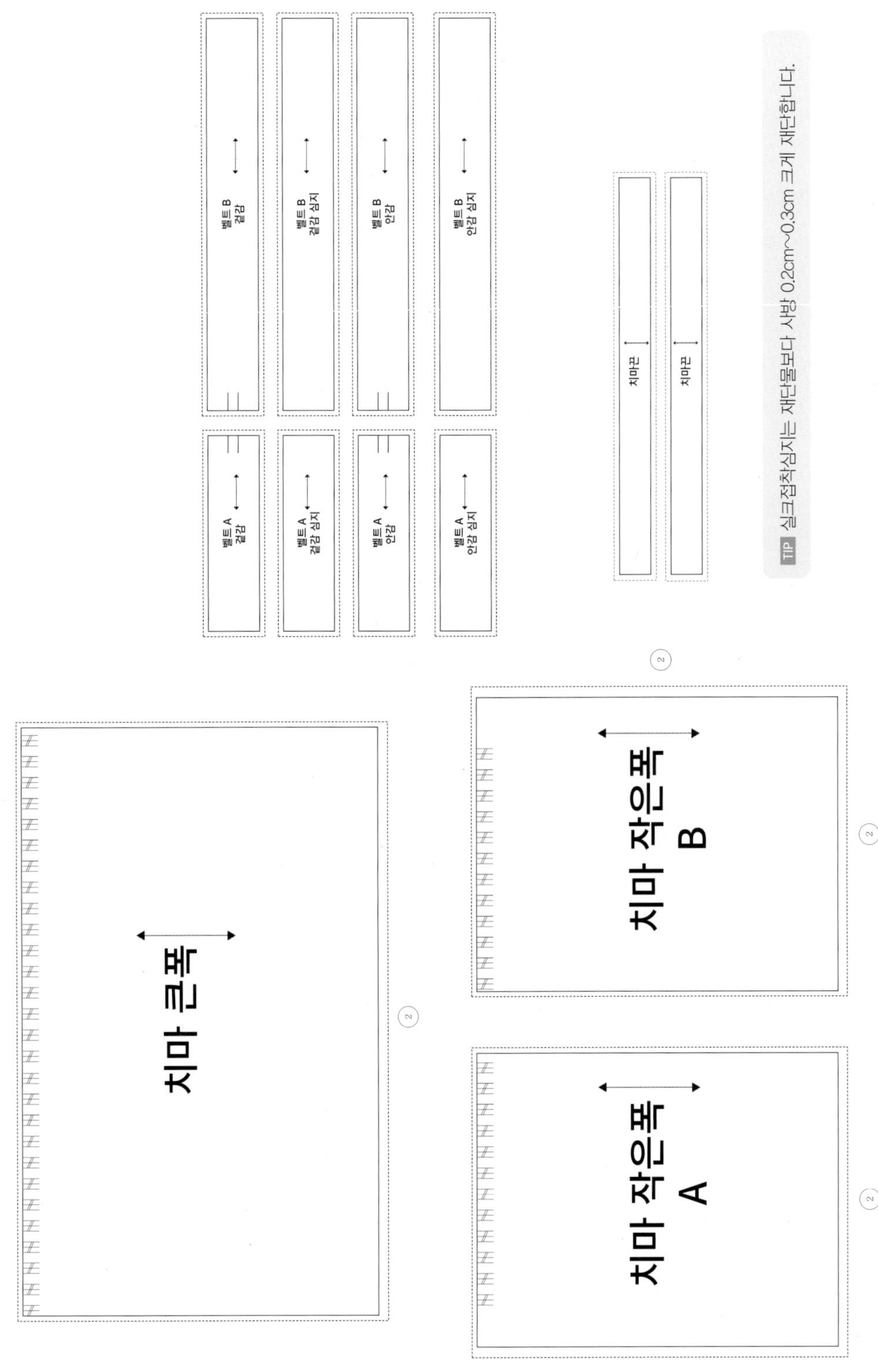

글자가 마주 보이도록 책을 돌려서 보세요. 실제 사이즈 패턴은 부록으로 제공합니다.

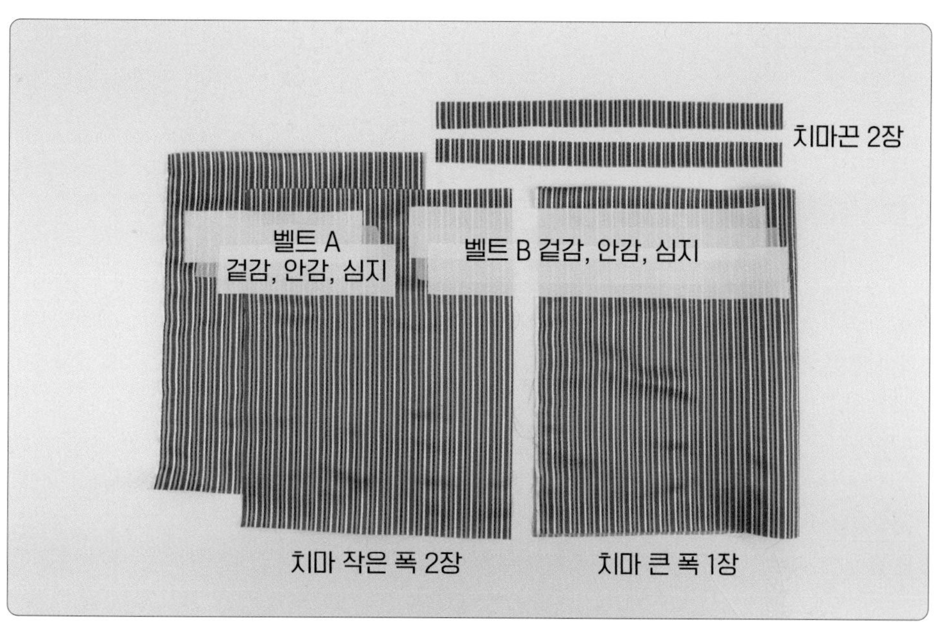

 원단 위에 패턴을 올린 후 시접분을 그려줍니다. 시접선을 따라 재단해 주세요.

재단 TIP

1. 시접 분량을 확인해주세요.
2. 끝이 뭉툭하지 않은 초크 혹은 펜을 사용하시면 더욱 정확하게 그릴 수 있습니다.
3. 재단할 때 중심 표시와 너치를 꼭 넣어주세요.
4. 원단의 식서 방향은 꼭 지켜주세요.
5. 양단은 표면에 날카롭거나 뾰족한 물건이 스치면 올이 잘 풀릴 수 있습니다.

재봉 TIP

1. 바늘땀은 2.0 이하로 조절해서 재봉해 주세요.
2. 중간중간 다림질을 넣어주면 더욱 깔끔하게 완성됩니다. 다리미 온도가 너무 높으면 원단이 탈 수 있습니다. 가능하면 다림질은 원단 안쪽에서 하고, 경우에 따라 겉에서 할 경우 면 원단(손수건 정도의 두께)을 한 장 깔고 다림질해 주세요.
3. 재봉은 기본적으로 겉끼리 마주 대고 재봉합니다.

심지 붙이기 

시접 처리하기 

▶재봉 따라하기

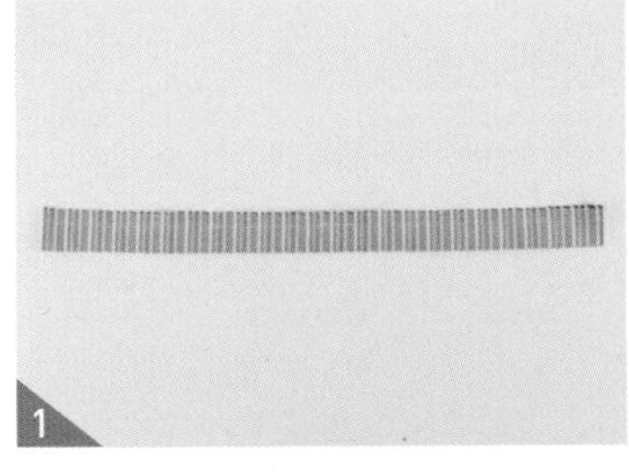

1

치마끈 두 장을 각각 ㄱ자로 재봉해 주세요. 한쪽 면은 재봉하지 않습니다.

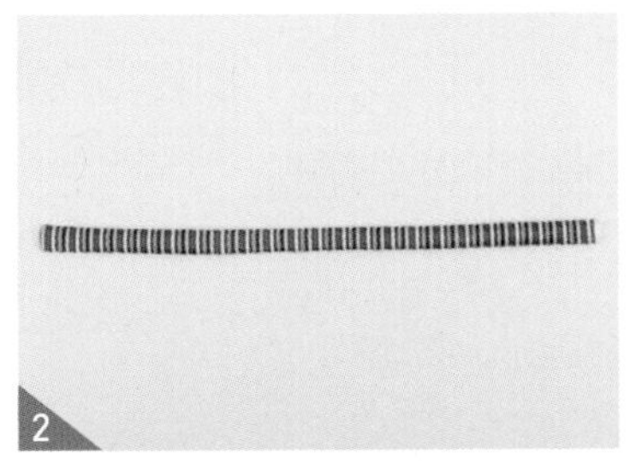

2

끈 두 장 모두 시접을 접어 모서리는 사선으로 잘라준 후 뒤집어 다림질해 주세요. 치마끈 두 장이 완성되었습니다.

3

벨트 겉감(안)에 심지를 다림질로 붙여주세요.

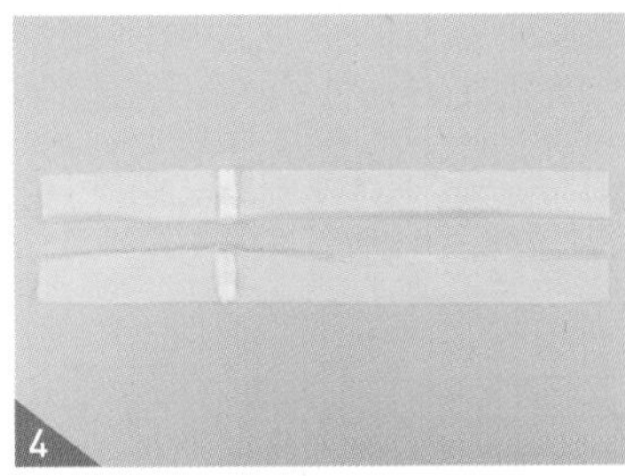

4

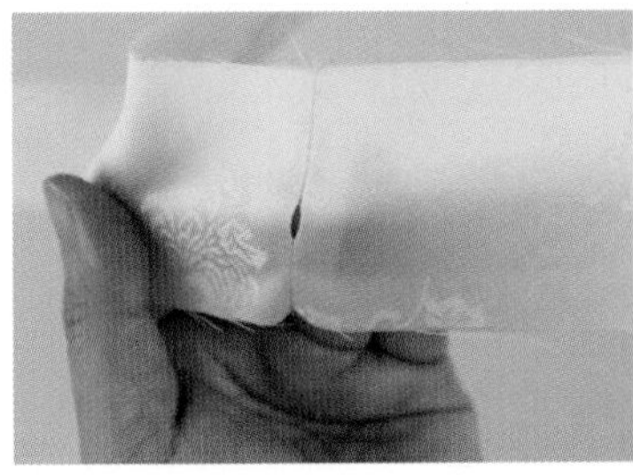

벨트A, B를 겉감끼리 안감끼리 재봉한 후 시접을 가름솔로 다림질해 주세요. 이때 옆선에 끈 통과 구멍을 남겨둔 뒤 재봉하고, 구멍의 양끝은 반드시 되돌아박기 해주세요.

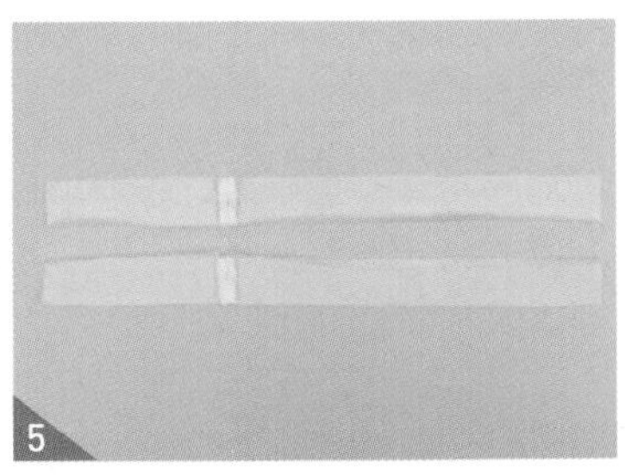

5

벨트 겉감과 안감의 밑단을 각각 1cm 안쪽으로 접어 다려주세요.

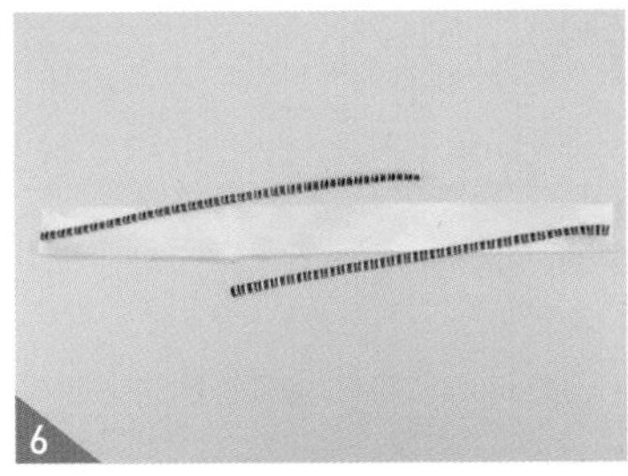

6

벨트 겉감에 만들어진 끈을 시침한 후 0.7cm로 재봉해 주세요.

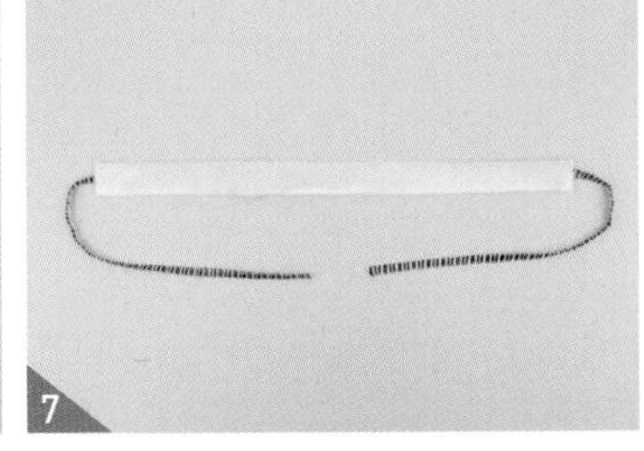

7

벨트 겉감과 안감을 ㄷ자로 재봉해 주세요. 시접을 접어둔 밑단은 재봉하지 않아요. 시접을 겉감 쪽으로 접어 다림질하고 뒤집어주세요.

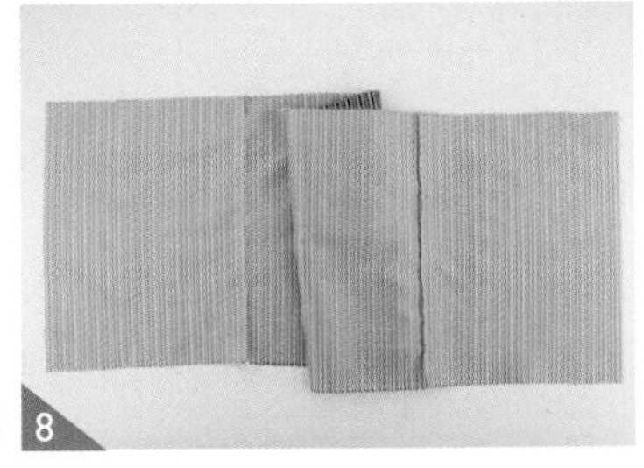

8

치마를 만듭니다. 먼저 치마용 원단 3장을 연결해 주세요. 작은 폭+큰 폭+작은 폭 순서로 옆선을 재봉한 후 오버록이나 지그재그 박기로 시접을 정리해 주세요. 양쪽 시접을 치마 큰 폭 쪽으로(중심쪽) 넘겨 다림질합니다.

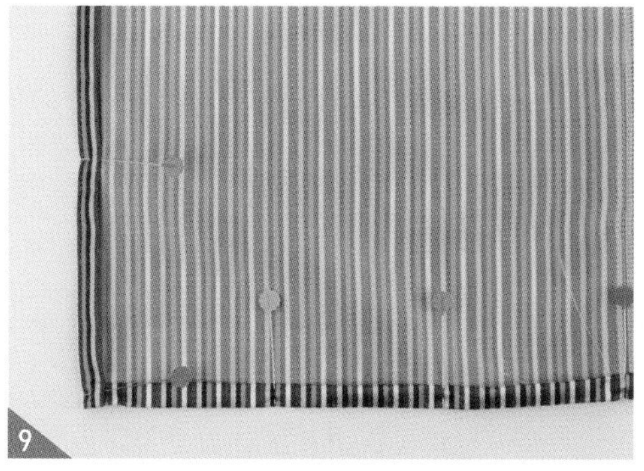
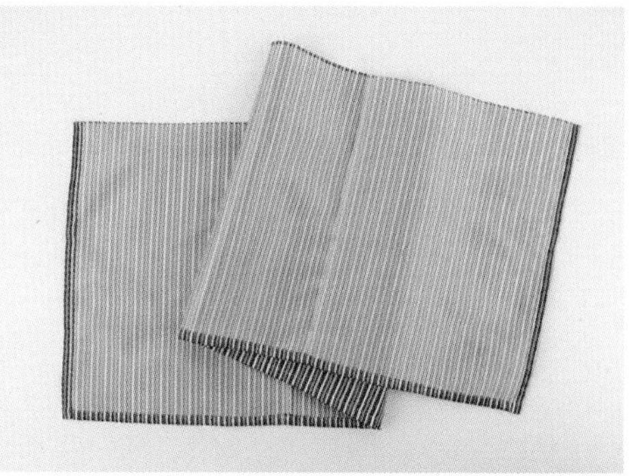

치마의 좌우 옆선과 밑단을 1cm씩 두 번 접어 다림질로 고정한 후 0.1~0.2 cm로 상침해 주세요.

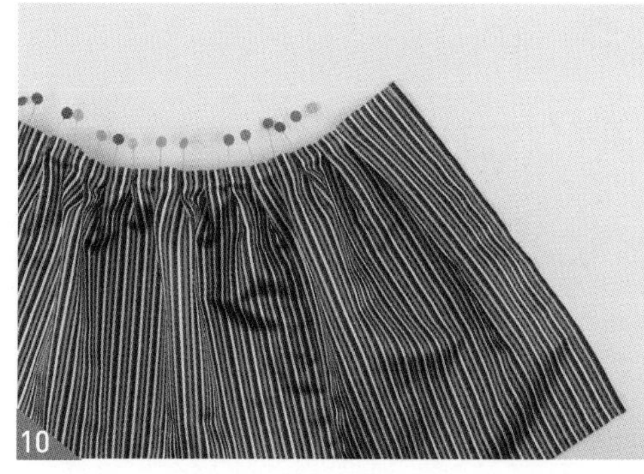

치마 허리에 주름을 잡아 시침 핀으로 고정한 후 0.7cm로 재봉해 주세요. 다림질로 허릿단 주름을 눌러가며 잡아 주세요.

※ 패턴을 확인해 주세요. 치마 원단을 펼쳐 오른쪽에서 10cm 들어간 후 4cm 간격으로 초크선을 표시하고, 2cm씩 한 방향으로 주름을 접어주세요. 왼쪽에도 10cm 정도 남겨주세요.

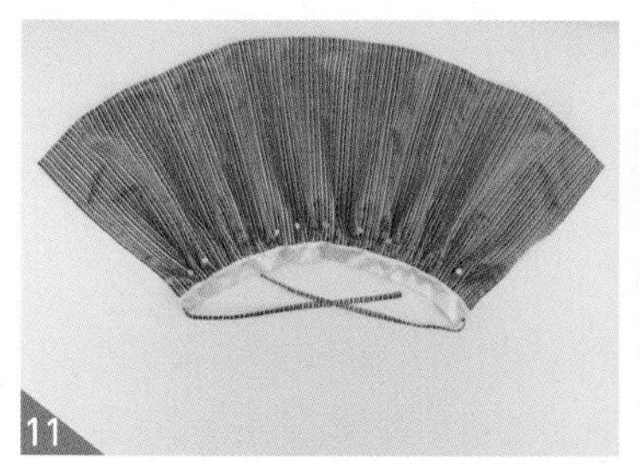

만들어 둔 벨트 사이에 치마 허릿단을 끼워 완성선에 맞춰 시침 핀으로 고정한 후 0.3~0.5.cm 간격으로 상침해 벨트의 겉, 치마, 벨트 안을 고정해 주세요.

※ 끈 통과 구멍은 착용시 우측에 있습니다.

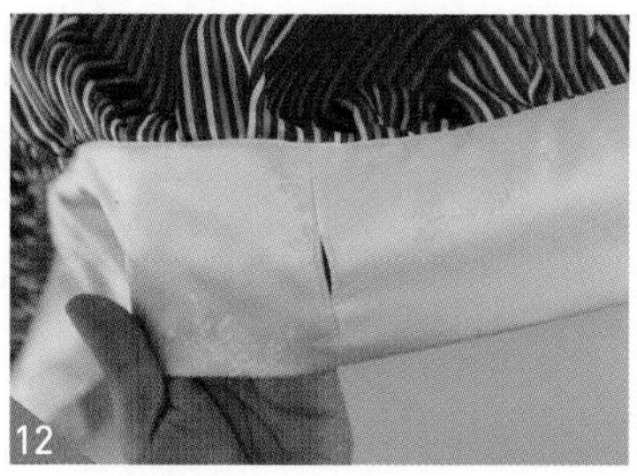

벨트 안감과 겉감의 끈 통과 구멍 위치를 맞춰 구멍 둘레를 사각형으로 0.1~0.2cm 상침해 주세요.

완성입니다.

momo boutique

모모부띠끄의

사계절 강아지 옷 만들기

내가 만들고 네가 행복한 PET & PEOPLE LIFE

1판 1쇄 발행 2024년 2월 19일
1판 2쇄 발행 2025년 4월 22일

저　　자 | 서성림
발 행 인 | 김길수
발 행 처 | (주)영진닷컴
주　　소 | (우)08512 서울특별시 금천구 디지털로9길 32
갑을그레이트밸리 B동 10층
등　　록 | 2007. 4. 27. 제16-4189

ISBN | 978-89-314-6698-0

YoungJin.com Y.
영진닷컴

PET & PEOPLE LIFE

momo boutique